普通高等教育“十一五”国家级规划教材

工程图学基础

Gongcheng Tuxue Jichu

第3版

主　编　丁　一　王　健
副主编　李奇敏　罗远新　王建宏
　　　　夏　红　张庆伟　刘　静

高等教育出版社·北京

内容提要

本书是根据教育部高等学校工程图学课程教学指导委员会 2015 年制定的“普通高等学校工程图学课程教学基本要求”，结合编者多年来工程图学教学改革和课程建设的经验，在第 2 版的基础上修订而成的。

本书内容包括绪论、制图基本知识、正投影基础、基本体及体表面交线、SolidWorks 三维实体建模、组合体、机件常用表达方法、标准件与常用件、零件图、装配图、其他工程图样及附录等。

与本书配套的丁一、王健主编《工程图学基础习题集》(第 3 版)同时出版，可供选用。

本书可作为高等学校近机类、非机类各专业工程制图课程的教材，也可供其他类型院校相关专业选用。

图书在版编目(CIP)数据

工程图学基础 / 丁一，王健主编. -- 3 版. -- 北京：高等教育出版社，2018.9 (2022.12 重印)
ISBN 978-7-04-050084-4

Ⅰ. ①工… Ⅱ. ①丁… ②王… Ⅲ. ①工程制图-高等学校-教材 Ⅳ. ①TB23

中国版本图书馆 CIP 数据核字(2018)第 153026 号

策划编辑 宋 晓　　责任编辑 宋 晓　　封面设计 于文燕　　版式设计 于 婕
插图绘制 于 博　　责任校对 刘 莉　　责任印制 存 怡

出版发行 高等教育出版社
社　　址 北京市西城区德外大街 4 号
邮政编码 100120
印　　刷 三河市潮河印业有限公司
开　　本 787mm×1092mm 1/16
印　　张 18.75
字　　数 460 千字
购书热线 010-58581118
咨询电话 400-810-0598
网　　址 http://www.hep.edu.cn
　　　　 http://www.hep.com.cn
网上订购 http://www.hepmall.com.cn
　　　　 http://www.hepmall.com
　　　　 http://www.hepmall.cn
版　　次 2008 年 6 月第 1 版
　　　　 2018 年 9 月第 3 版
印　　次 2022 年 12 月第 8 次印刷
定　　价 39.50 元

物 料 号 50084-00

工程图学基础

（第3版）

1 计算机访问http://abook.hep.com.cn/1234527，或手机扫描二维码、下载并安装Abook应用。

2 注册并登录，进入“我的课程”。

3 输入封底数字课程账号（20位密码，刮开涂层可见），或通过Abook应用扫描封底数字课程账号二维码，完成课程绑定。

4 单击“进入课程”按钮，开始本数字课程的学习。

课程绑定后一年为数字课程使用有效期。受硬件限制，部分内容无法在手机端显示，请按提示通过计算机访问学习。

如有使用问题，请发邮件至abook@hep.com.cn。

http://abook.hep.com.cn/1234527

第 3 版前言

本书是根据教育部高等学校工程图学课程教学指导委员会 2015 年制定的“普通高等学校工程图学课程教学基本要求”,结合编者多年来工程图学教学改革和课程建设的经验,广泛参考国内同类教材,在第 2 版的基础上修订而成的。

本书的主要特点如下:

1. 适合作为 32～80 学时工程制图课程的通用教材,可供近机类、非机类各专业选用。

2. 体系结构紧扣社会需求,注重实用性。削减了部分传统的画法几何内容,削弱体表面交线投影求解等内容。从体出发阐述正投影基本规律,将传统的点、线、面融入立体投影中,有利于培养学生的空间思维能力。

3. 增加 SolidWorks 三维实体建模内容,以表格方式归纳 SolidWorks 软件常用命令的功用及操作,简洁明了。同时将使用频率高的命令结合到绘图实例讲解,便于学生理解掌握。

4. 将基本概念和基础理论尽可能多地融入实例及图例讲解,插图均采用套色印刷,一图一步骤,突出解题的条理,便于学生理解和掌握。

5. 采用最新颁布的国家标准《技术制图》《机械制图》,充分体现工程图学学科的发展。

6. 本书是新形态教材,配套有多媒体课件、电子习题解答等数字资源,部分典型例题提供视频讲解(可扫二维码查看),为课程教学提供整体解决方案。

与本书配套的丁一、王健主编《工程图学基础习题集》(第 3 版)同时由高等教育出版社出版。习题集的编排顺序与教材一致,且主要章节都配有自测题,习题集的最后还配有两套综合测试题(少学时和多学时各一套),这些自测题、综合测试题均给有分值及参考答案,以方便学生对学习进行阶段性检验。

本书由丁一、王健任主编,李奇敏、罗远新、王建宏、夏红、张庆伟、刘静任副主编。参加修订的有重庆大学罗远新(绪论)、张庆伟(第 1 章)、丁一(第 2、3、5 章)、李奇敏(第 4 章)、夏红(第 6 章)、王健(第 7 章及附录)、刘静(第 8 章)、王建宏(第 9、10 章)。

北京科技大学窦忠强教授认真审阅了本书,并提出了许多宝贵意见和建议。在此表示衷心感谢。

由于作者水平有限,书中缺点在所难免,敬请读者提出宝贵意见。

编者

2017 年 12 月

第3版前言

目　录

绪论

一、课程的地位、性质和任务

人类生存的环境是一个有形的世界，世间万物千姿百态、五彩缤纷。回顾人类文明的历史进程，人类生存环境的变化与社会生产力的发展水平密切相关，而社会生产力发展的一个关键推动力就是工程科技。在全球化趋势发展迅猛的今天，绝大多数的工程产品和工程项目都需要分工与合作，熟练掌握准确的信息交流方法是对工程技术人员的基本要求。信息表达的方式主要有语言、文字和图形。高效、准确的工程信息表达方法是工程有效实施的保证，尤其是形状、结构、位置和大小信息必须得到直观、形象、精确的表达，而图形是表达产品和工程项目最理想的工具。

图形(graphics)、图样(drawing)、图像(image)、图画(picture)统称为图。在工程技术中用以准确地表达产品形状、结构、尺寸大小和技术要求的图，称为工程图样。设计者通过图样来描述设计对象，表达其设计意图；制造者通过图样来了解设计要求，组织制造和施工；使用者通过图样来了解使用对象的结构和性能，进行保养和维修。因此，图样被称为工程界的技术语言。

随着计算机科学技术的迅速发展，计算机图形学 CG(computer graphics)、计算机辅助设计 CAD(computer aided design)和计算机辅助分析 CAE(computer aided engineering)在工程领域中广泛应用。在设计过程中，设计人员可以借助 CAD 系统建立表述对象的三维模型，生成表达对象的图形，代替手工绘图；以三维为中心的协同设计方法，有效提高设计的效率和质量。

在信息和知识经济的时代，工程科技人员需要在短时间内接受和处理大量的图形信息，这就要求工程科技人员不仅要熟练掌握三维图形应用能力，还应具备很好的二维图形表达及识别的能力。因此，培养工程科技人才的高等院校都将工程图学作为一门必修课程。工程图学基础是一门实践性很强的基础课程，是工程图学的重要组成部分，主要任务是学习正投影的基本理论，掌握绘制阅读工程图样的方法，熟悉三维建模软件的操作，为机械设计、机械制造基础等后续课程和课程设计、毕业设计及今后工作中的设计绘图奠定必要的技术基础，并且培养学生的严谨作风和负责任精神。本课程的主要任务是：

1) 学习投影法(主要是正投影法)的基本理论，培养学生形象思维能力和空间构形分析能力，正确理解和表达设计意图；

2) 学习掌握三维实体建模的基础理论，熟练掌握 SolidWorks 三维的应用；

3) 熟悉国家标准《技术制图》《机械制图》的有关规定，学习有关设计和制造工艺的知识，培养正确绘制和阅读符合生产要求的工程图样的能力；

4) 培养学生严谨的工作作风和认真负责的工作态度，养成遵守国家标准的自觉性。

二、课程的内容和要求

工程图学是研究如何用图形表达空间形体和信息，根据图形想象其表达的空间形体的形状、结构和大小的科学。工程图学基础包括制图基础、形体的图形表达和工程图样的绘制与阅读三个部分。

制图基础部分主要介绍绘制工程图样的基本方法和基本技能、国家标准《技术制图》与《机械制图》的基本规定，让学生能正确使用绘图工具和仪器绘图，掌握常用的几何作图方法，做到作图准确、图线分明、字体工整、整洁美观，会分析和标注平面图形尺寸，掌握徒手绘图的基本技能。

形体的图形表达部分主要介绍投影法的基本理论和知识，研究三维空间点、直线、平面、常用曲线和曲面以及立体的投影，让学生能运用形体分析和线面分析方法进行组合体的画图、读图和尺寸标注；引入三维实体建模，培养学生三维实体建模能力，能够利用软件生成工程图；掌握国家标准对机件表达的各种规定（视图、剖视图、断面图及其他规定画法），做到视图选择和配置恰当，投影正确，尺寸齐全、清晰。通过学习和实践培养学生空间思维能力和工程表达能力。

工程图样的绘制与阅读部分包括标准件、常用件、零件图、装配图和其他工程图等内容。让学生了解零件图、装配图的作用、内容，熟悉产品技术规范，初步了解零件结构设计和加工工艺的知识与合理标注尺寸的方法。通过学习培养学生绘制和阅读工程图样的基本能力。

三、课程的学习方法

本课程具有较强的实践性，学习本课程时要注意理论联系实际，在认真学习正投影理论的同时，通过大量的画图和读图练习，不断地由物画图、由图想物，可借助三维建模软件分析和想象空间形体与平面图形之间的对应关系，逐步提高形象思维和空间构思分析能力，掌握本课程的基本内容。

每次课后都有绘图作业，都应在掌握有关理论和思路的基础上，遵循正确的作图方法和步骤；三维建模学习是要正确理解基础理论，并根据数字教程和网络资源进行大量练习，方可熟练运用和掌握。在完成作业时，无论徒手绘草图、用仪器工具绘图或用计算机生成的图样，都应严格遵守国家标准的有关规定。

图样是产品生产和工程建设中表达设计意图的最重要的技术文件，绘图和读图的差错都会给工程带来损失，因此学习本课程时应该注意培养工程设计人员必须具备的认真负责的工作态度和细致严谨的工作作风。

第一章　制图基本知识

工程图样是设计者设计意图的具体体现，是工业界交流信息的共同语言，具有严格的规范性。掌握制图基本知识与技能，是正确绘制和阅读工程图样的基础。本章首先介绍对保证工程图样质量起重要作用的主要绘图工具的使用；其次摘要介绍国家标准《技术制图》与《机械制图》对图纸幅面、比例、字体、图线和尺寸标注的有关规定；最后介绍基本的几何作图方法及平面图形的绘制与尺寸标注。

§1-1　绘图工具及其使用

正确地使用和维护绘图工具，既能保证图样质量，又能提高绘图速度，而且还能延长其使用寿命。常用的绘图工具有图板、丁字尺、三角板和绘图仪器等。

一、绘图铅笔的选择和使用

绘图铅笔的铅芯有软硬之分。符号 B 表示铅芯的软度，号数越大铅芯越软；H 表示铅芯的硬度，号数越大铅芯越硬。HB 的铅芯软硬程度适中。根据不同的使用要求，应准备以下几种不同硬度的铅笔：

B 或 2B——画粗线用；HB 或 H——画细线用；2H——画底稿用。

其中用于画粗线的铅笔应磨成凿形，其凿形铅芯的断面为矩形。矩形的高度是粗线的宽度，约为 0.7 mm。其余的用于画细线的铅笔磨成圆锥形（图 1-1）。

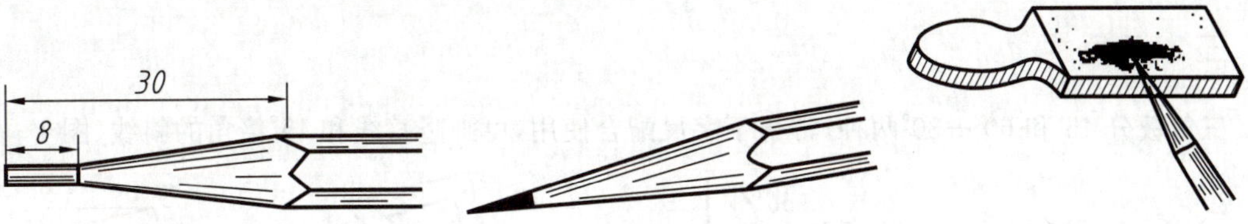

(a) 磨成凿形　　(b) 磨成锥形　　(c) 铅笔的磨法

图 1-1　铅笔的削法

二、图板和丁字尺

图板供铺放图纸用，表面必须平坦、光滑，左边为导边，必须平直，这样当与丁字尺尺头配用时才能保持准确性。图板视所绘图样的幅面大小分为 A0 号、A1 号和 A2 号三种,其中 A1 号图板最常用。

丁字尺由尺头和尺身组成,与图板配合使用(图 1 - 2)。绘图时,尺头内侧紧贴图板左导边上下移动,与之相互垂直的尺身工作边用于画水平线(图 1 - 3a)。丁字尺与三角板配合使用时,可画竖直线(图 1 - 3b)。水平线应从左往右画,竖直线应从下往上画。画线时,铅笔向画线前进方向倾斜约 60°(图 1 - 3)。

丁字尺质量的好坏直接影响画图质量。为此,必须严加保护,如不能受热、受潮等。丁字尺不用时应竖挂,而不是平放。

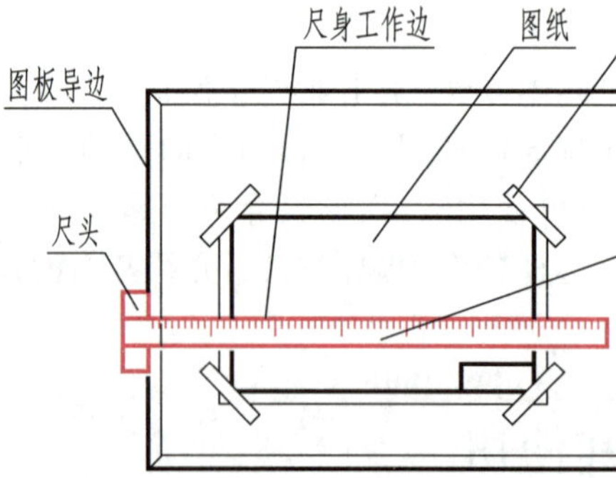

图 1 - 2　图板和丁字尺

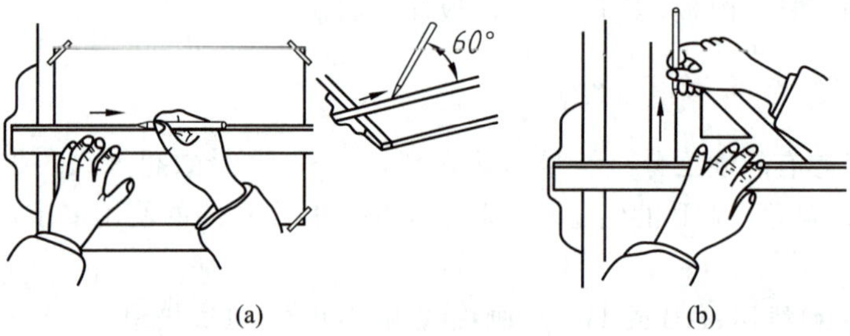

图 1 - 3　用丁字尺画水平线和用丁字尺与三角板画竖直线

三、三角板

三角板分 45°和 60°—30°两种,常与丁字尺配合使用,可画竖直线和 15°倍角的斜线(图 1 - 4)。

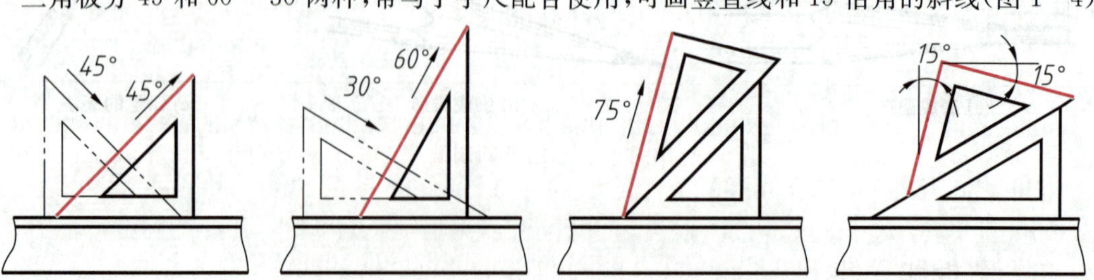

图 1 - 4　三角板配合丁字尺画特殊角度的线

两块三角板配合使用，可画任意斜线的平行线或垂线。三角板的配置和画线时的运笔方向如图 1-5 所示。

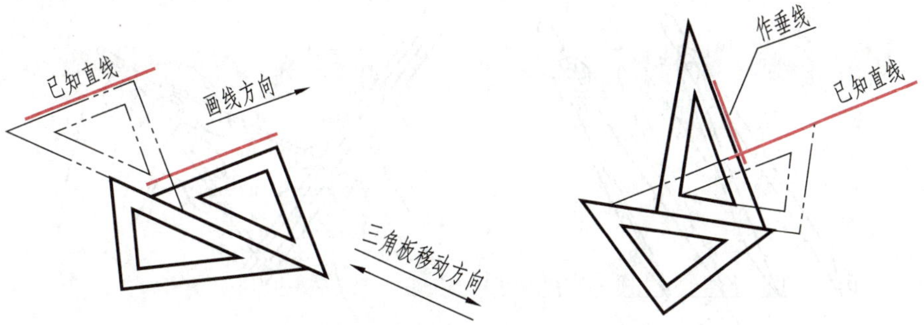

图 1-5　两块三角板配合使用，画已知直线的平行线或垂线

四、圆规、分规

圆规用来画圆和圆弧。附件有钢针插脚、铅芯插脚和延伸杆等(图 1-6)。圆规的钢针有两个尖端，一端是画圆定心用，另一端作分规用。定心针尖应调得略比铅芯稍长一些。圆规中铅芯要比画线用铅笔的铅芯软一级，且应磨成矩形断面。

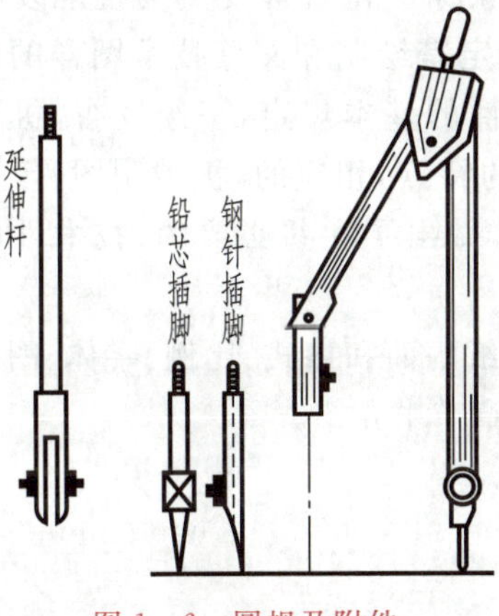

图 1-6　圆规及附件

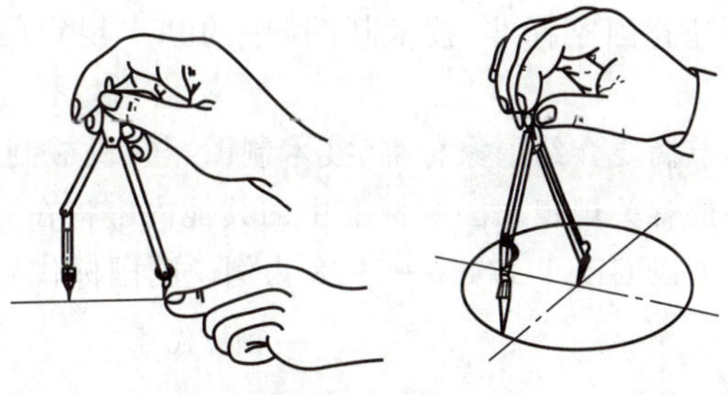

图 1-7　圆规的使用方法

圆规的使用方法如图 1-7 和图 1-8 所示。不论所画圆的直径多大，针尖和插脚都应尽可能垂直纸面，而铅芯插脚沿画线方向保持适当倾斜，作匀速转动。

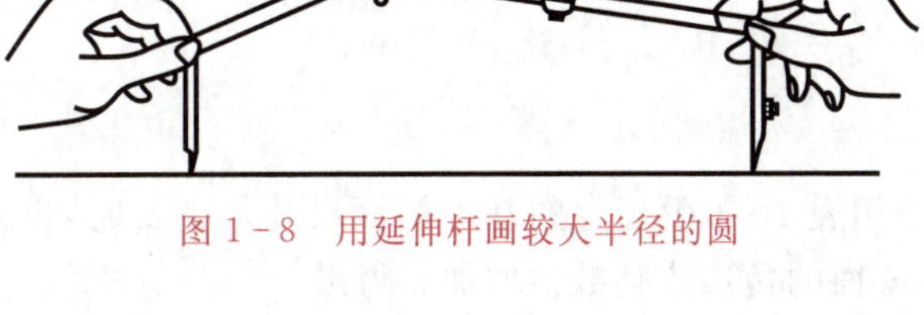

图 1-8　用延伸杆画较大半径的圆

分规是用来量取线段和等分线段的工具。两针尖应伸出一样齐，这样作图才能准确。注意用分规量取尺寸时，不应把针尖扎入纸面。分规的使用如图 1-9 所示。

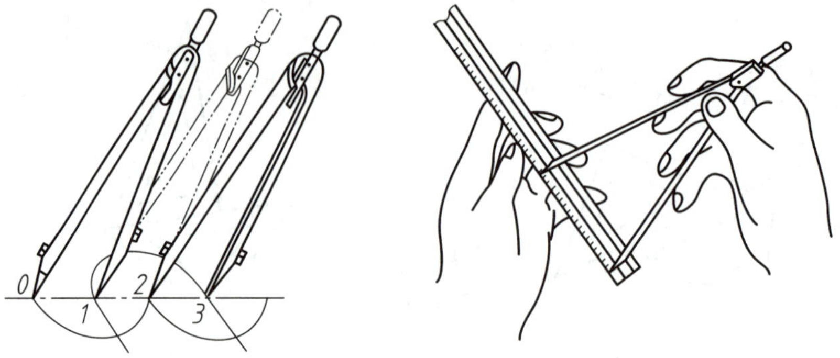

(a)　　(b)

图 1-9　分规的使用

§1-2　国家标准《技术制图》与《机械制图》中的一些规定

为了统一图样的画法，便于技术管理和技术交流，国家标准化管理委员会批准发布了国家标准《技术制图》，对图样做了统一的技术规定。这些规定是绘制和阅读技术图样的准则和依据。国家标准《技术制图》是指导各行各业制图的通则性的基本规定，一经发布，机械等各专业制图原则上必须遵循。但是为适应各专业领域自身的特点，相应的《机械制图》等国家标准在不违背国家标准《技术制图》中的基本规定的前提下，做出了一些必要的、技术性的具体补充。

本节摘要介绍国家标准《技术制图》与《机械制图》对图纸幅面和格式、比例、字体、图线和尺寸标注的有关规定。国家标准中的其他内容将在后面有关章节中介绍。

下面以 GB/T 17450—1998 为例说明国标代号的构成。

国标代号

GB/T　17450—1998

——标准批准年号(四位数)

——标准顺序号

——标准代号及属性

国标代号中的"GB"表示国家标准，"GB/T"意指推荐性国家标准。

一、图纸幅面和格式(GB/T 14689—2008)

1. 图纸幅面

绘制图样时，优先采用表 1-1 中规定的基本幅面尺寸。必要时，也允许选用加长幅面。加长幅面的尺寸是由基本幅面的短边成整数倍增加后得出。

表 1-1 图 纸 幅 面

mm

幅面代号	A0	A1	A2	A3	A4
$B\times L$	841×1 189	594×841	420×594	297×420	210×297
e	20		10		
c	10			5	
a	25				

2. 图框格式

无论图样是否装订，均应在图幅内画出图框，图框线用粗实线绘制。不留装订边的图纸，其图框格式如图 1-10 所示，周边尺寸 e 见表 1-1；需要装订的图纸，其格式如图 1-11 所示，周边尺寸 a 和 c 见表 1-1。一般采用 A4 幅面竖装或 A3 幅面横装。

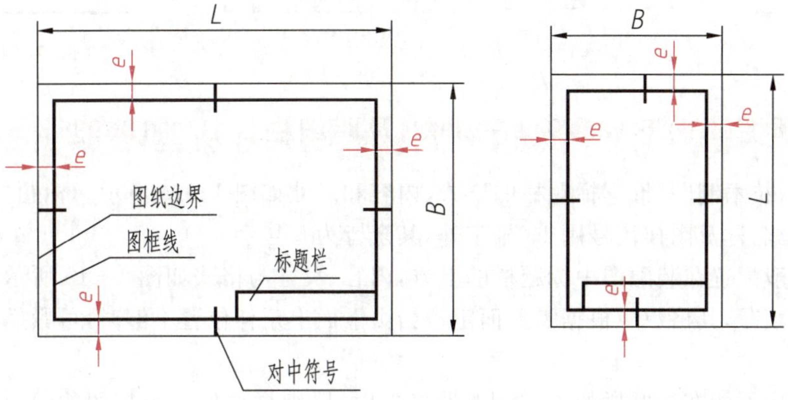

(a) (b)

图 1-10 不留装订边的图纸

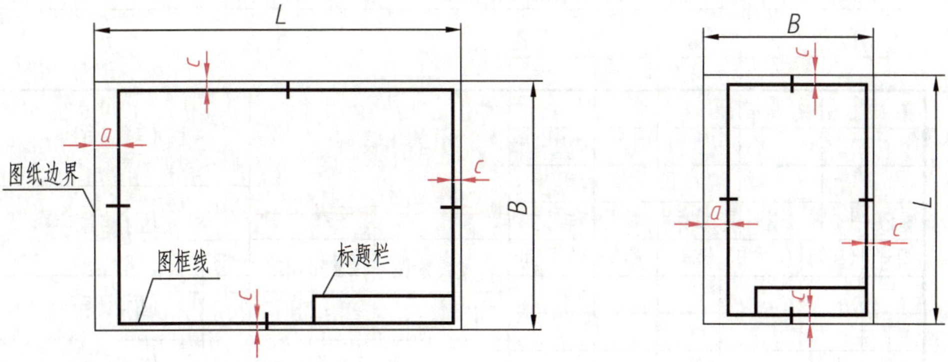

(a) (b)

图 1-11 留装订边的图纸

3. 标题栏的方位

每张图样上必须画出标题栏。标题栏的位置应按图 1-10 和图 1-11 所示的方式配置，即标题栏位于图纸右下角。标题栏中的文字方向为看图方向。

为了利用预先印制的图纸，当图纸按“标题栏在右下角”放置给绘图带来不便时，允许将图纸逆时针转动以使图纸中的标题栏位于右上角，即可按图 1－12 所示的方式配置。这时应在图纸下边对中符号处加画一个方向符号(图 1－13)，以明确绘图或看图的方向。

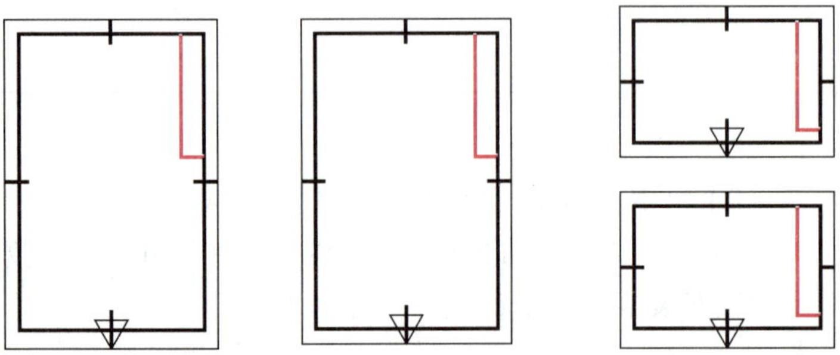

图 1－12　标题栏另一方式配置

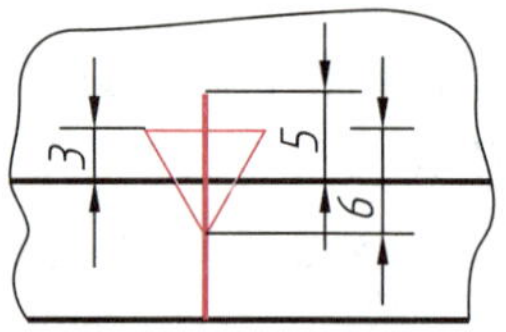

图 1－13　方向符号的画法

二、标题栏(GB/T 10609.1—2008)及明细栏(GB/T 10609.2—2009)

国家标准《技术制图》推荐标题栏的格式、内容和尺寸如图 1－14 所示。标题栏中的字体，除图样名称、单位名称及图样代号用 10 号字外，其余皆为 5 号字。

明细栏一般配置在装配图中标题栏的上方，内容、尺寸与格式如图 1－15 所示。填写时按由下而上的顺序填写，其格数应根据需要而定。当由下而上延伸位置不够时，可紧靠标题栏的左边自下而上延续。

当装配图中不能在标题栏的上方配置明细栏时，明细栏可作为装配图的续页按 A4 幅面单独给出。学生作业建议采用图 1－16 所示的简化格式。

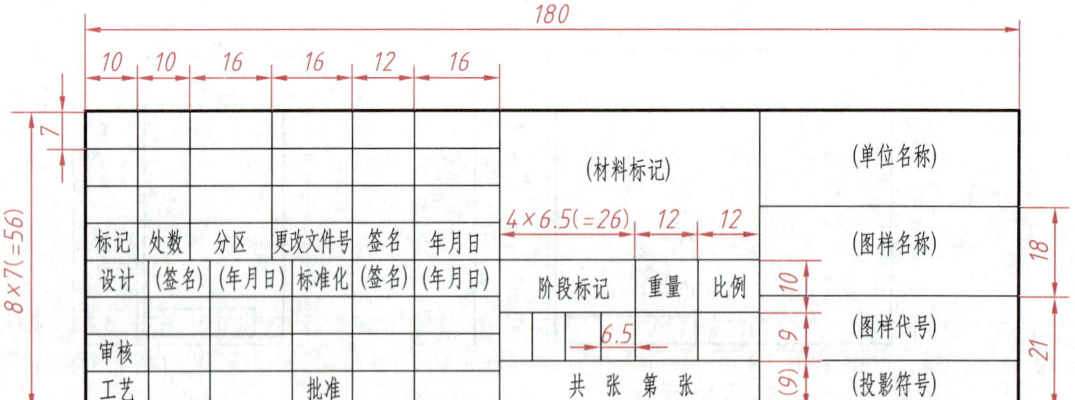

图 1－14　标题栏的格式、内容和尺寸

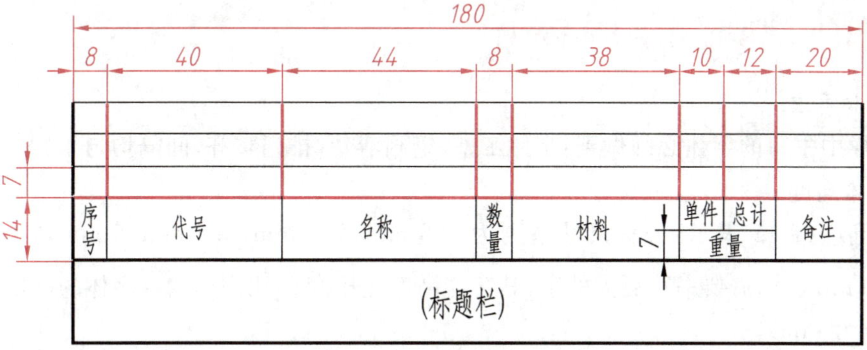

图 1-15　明细栏的格式和尺寸

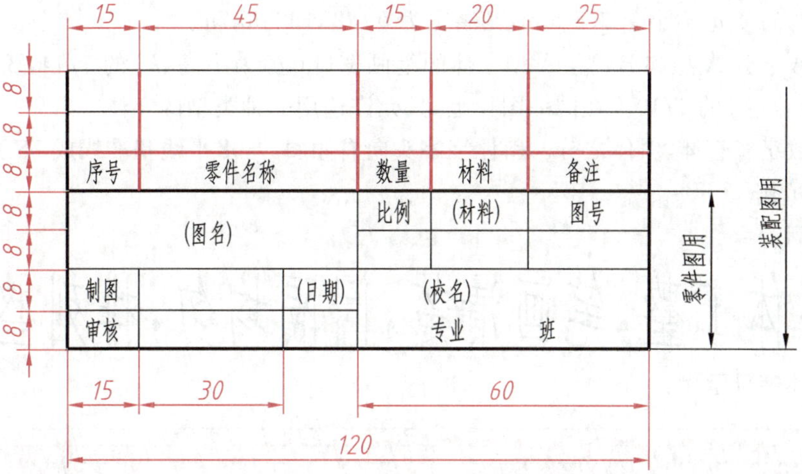

图 1-16　学生作业用标题栏和明细栏

三、比例(GB/T 14690—1993)

比例是指图中图形与实物相应要素的线性尺寸之比。绘制技术图样时，应优先选择表 1-2 中不带括号的比例。在绘制机械图样时，为了从图形中直接反映实物大小，绘图时尽可能采用 1∶1 的比例。

表 1-2　比例的类型

原值比例	1∶1
放大比例	2∶1，(2.5∶1)，(4∶1)，5∶1，1×10^n∶1，2×10^n∶1，(2.5×10^n∶1)，(4×10^n∶1)，5×10^n∶1
缩小比例	(1∶1.5)，1∶2，(1∶1.25)，(1∶3)，(1∶4)，1∶5，(1∶6)，1∶1×10^n，1∶2×10^n，(1∶1.5×10^n)，(1∶2.5×10^n)，(1∶3×10^n)，(1∶4×10^n)，1∶5×10^n，(1∶6×10^n)

注：n 为正整数。

四、字体(GB/T 14691—1993)

1. 基本要求

在图样中书写的字体必须做到:字体工整,笔画清楚,排列整齐,间隔均匀。

2. 字体高度

字体高度(用 h 表示)公称尺寸系列为 1.8 mm,2.5 mm,3.5 mm,5 mm,7 mm,10 mm,14 mm,20 mm。如需要书写更大的字,其字体高度应按$\sqrt{2}$的比率递增。字体的高度代表字体的号数(单位为 mm)。

3. 字体格式

图样上的汉字应写成长仿宋体,并应采用国家正式公布推行的《汉字简化方案》中规定的简化字。汉字的高度 h 不小于 3.5 mm,其字宽为 $h/\sqrt{2}$,即为 $0.7h$。

字母和数字分 A 型和 B 型。A 型字体的笔画宽度(d)为字高(h)的 1/14,B 型字体的笔画宽度(d)为字高(h)的 1/10。在同一图样上,只允许选用一种类型的字体。

字母和数字有直体、斜体之分。斜体字字头向右倾斜,与水平线基准线成 75°角。

4. 字体示例

汉字示例:

字体工整,笔画清楚,间隔均匀,排列整齐

A 型字体字母示例:

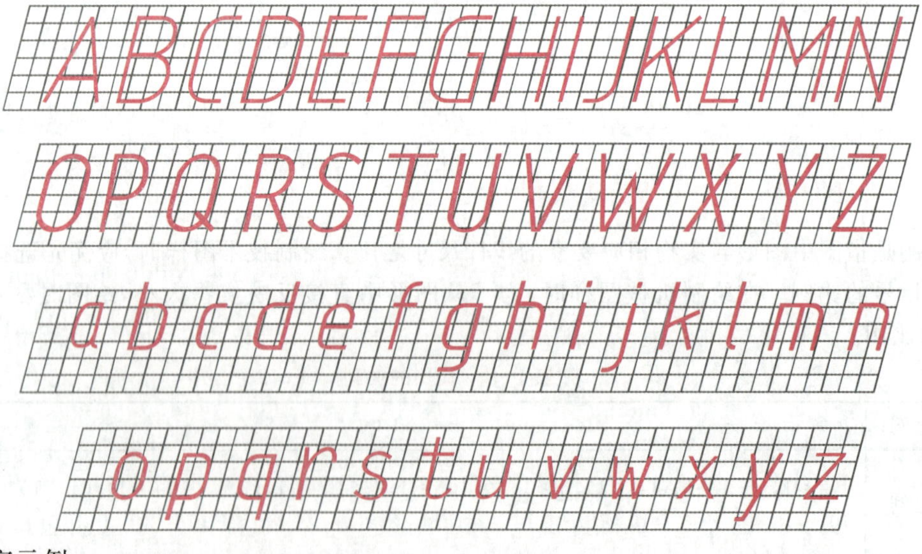

数字示例:

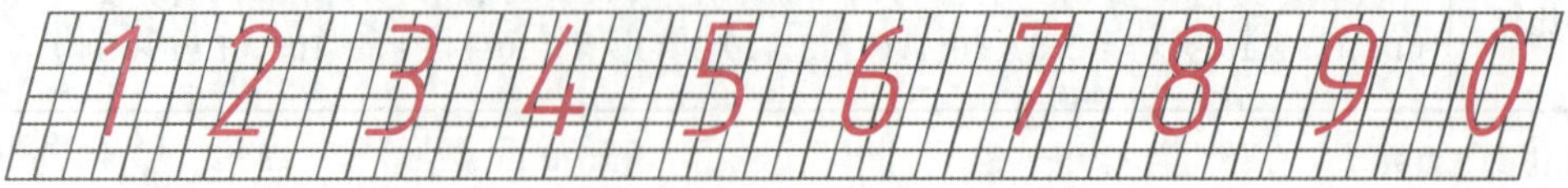

五、图线及其画法(GB/T 17450—1998、GB/T 4457.4—2002)

1. 基本线型

图样中的图形是由各种不同线型的图线组成,不同线型的图线代表不同的含义。《技术制图 图线》(GB/T 17450—1998)规定了 15 种基本线型。《机械制图 图样画法》(GB/T 4457.4—2002)选用了 15 种基本线型中的 4 种:01 实线、02 虚线、04 点画线、05 双点画线。机械制图用的线型由这 4 种基本线型分粗、细而演变成 9 种(表 1-3)。9 种线型中,除波浪线、双折线名称前无“粗”或“细”的定语外,其余 7 种名称一律冠以“粗”或“细”的定语。

表 1-3　机械制图的图线及应用

序号	代码	线型	主要用途
1	01.1	细实线	尺寸线和尺寸界线、剖面线、指引线和基准线、弯折线、过渡线
2	01.1	波浪线	断裂处的边界线、局部剖视与视图的分界线
3	01.1	双折线	断裂处的边界线、局部剖视与视图的分界线
4	01.2	粗实线	可见轮廓线、相贯线、剖切符号用线、模样分型线
5	02.1	细虚线	不可见轮廓线
6	02.2	粗虚线	允许表面处理的表示线
7	04.1	细点画线	对称中心线、回转体的轴线、剖切线
8	04.2	粗点画线	有特殊要求的表面的表示线
9	05.1	细双点画线	相邻辅助零件轮廓线、极限位置轮廓线,轨迹线,中断线

《技术制图 图线》(GB/T 17450—1998)将图线分为粗、中粗、细线三种,它们之间的宽度比例为 4∶2∶1。需要指出的是,这是对各种专业制图中图线宽度比例的总规定。《机械制图 图样画法》(GB/T 4457.4—2002)则明确规定,在机械图样中采用粗、细两种线宽,它们之间的比例为 2∶1。当粗线的宽度为 d 时,细线的宽度应为 $d/2$。图线的宽度有 9 种:0.13 mm,0.18 mm,0.25 mm,0.35 mm,0.5 mm,0.7 mm,1 mm,1.4 mm,2 mm。

同一张图样中,同类图线的宽度应基本一致,间隔、短画应基本一致。当图中的图线发生重合时,其优先表达顺序为粗实线、细虚线、细点画线。

2. 图线尺寸

细虚线、细点画线、细双点画线的画长度和间隔建议在图 1-17 所示的范围选取。

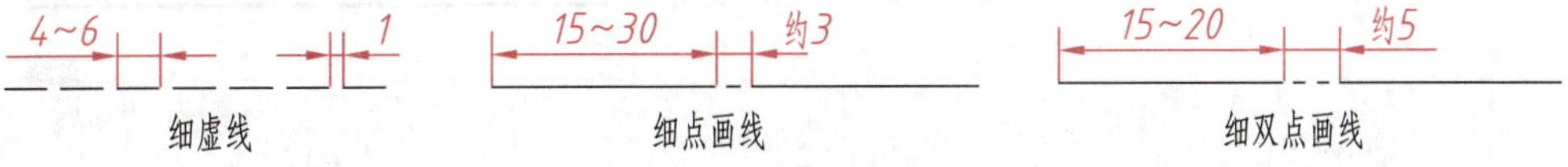

图 1-17　细虚线、细点画线,细双点画线的画长度和间隔

3. 绘制图线的注意事项(表 1-4)

表 1-4 绘制图线的注意事项

注 意 事 项	图例	
	正确	错误
细点画线相交应是长画相交且起始与终了应是长画。例如画圆时,圆心应该是长画交点且细点画线超出轮廓线 2～3 mm。对于直径小于 12 mm 的圆,细点画线可用细实线代替	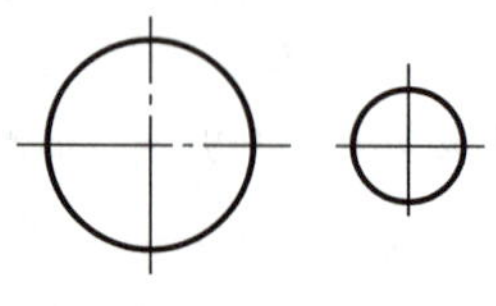	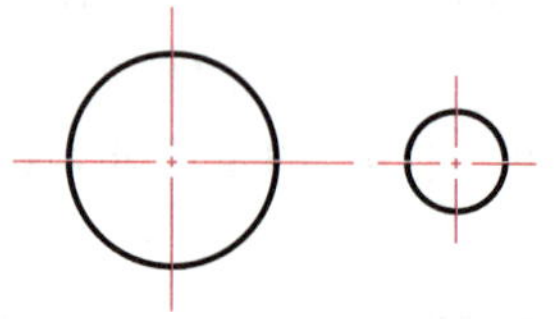
细虚线相交或细虚线与其他图线相交,应为短画相交	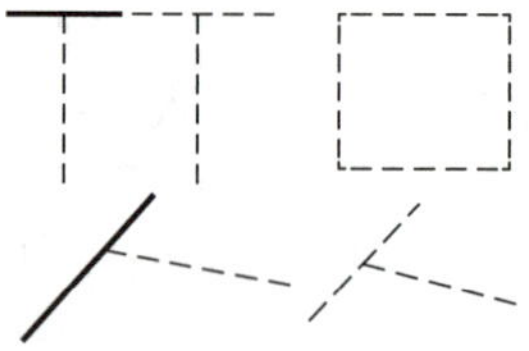	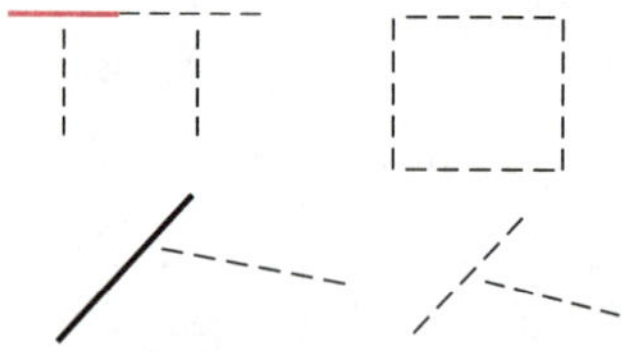
当细虚线是粗实线的延长线时,应留有间隙,以表示两种图线的分界	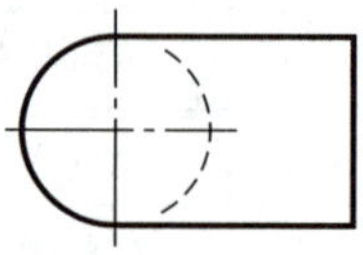	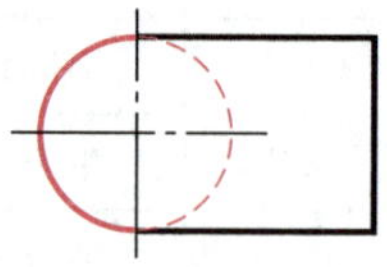

六、尺寸注法(GB/T 4458.4—2003)

不论图样按什么比例画出,图样中的图形只能表示物体的形状、结构,不能确定其大小。物体的大小需要通过标注尺寸来确定。零件的制造、装配、检验等都要以尺寸为依据。因此,尺寸是工程图样的一项重要组成内容。若尺寸有遗漏、错误,将给生产带来困难和损失。

1. 基本规则(GB/ T 4458.4—2003)

1) 机件的真实大小应以图样上所注的尺寸数值为依据,与图形的比例及绘图的准确性无关(图 1-18)。

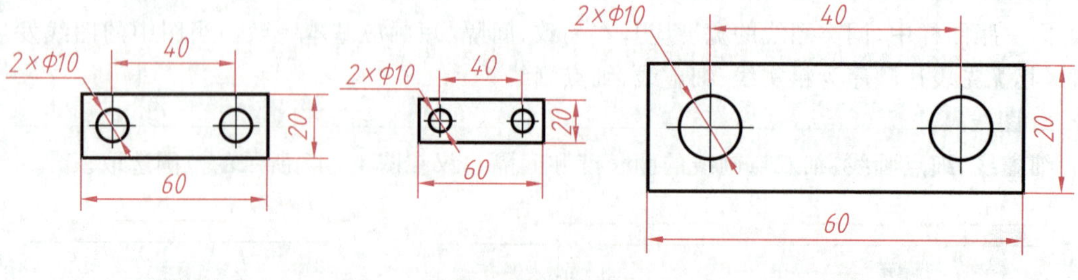

(a) 1∶1 (b) 1∶2 (c) 2∶1

图 1-18 同一物体,不同比例示例

2）图样中的尺寸以 mm 为单位时，不需标注计量单位的代号或名称。如采用其他单位，则必须注明相应的计量单位的代号或名称，如 30°(度)、cm(厘米)、m(米)等。

3）机件的每一结构尺寸只标注一次，且应标注在表示该结构最清晰的图形上。

4）图样中所标注的尺寸是机件的最后完工尺寸，否则应另加说明。

5）绘图是都按理想关系绘制的，如相互平行平面和相互垂直平面的关系均按图形所示几何关系处理，一般不要标注尺寸，如垂直不需标注 90°(图 1－19)。

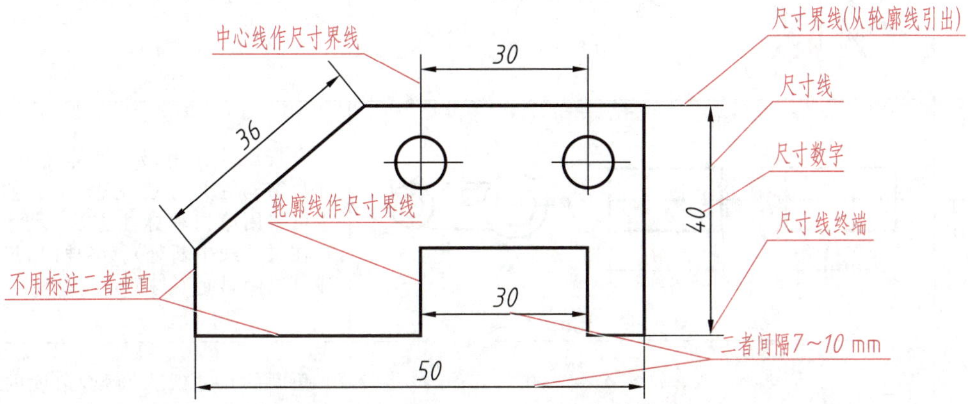

图 1－19　尺寸注法

2. 尺寸的组成

一个完整的尺寸由尺寸界线、尺寸线、尺寸线终端、尺寸数字四个基本要素组成(图 1－19)。

1）尺寸界线　用来表示所注尺寸的范围，用细实线绘制。应由图形的轮廓线、轴线、对称中心线引出或由它们代替(图 1－19)。

2）尺寸线　用来表示尺寸度量的方向，用细实线绘制。尺寸线不能用其他图线代替，也不能与其他图线重合或画在其延长线上。同方向尺寸线之间间隔应均匀，间隔7～10 mm(图 1－19)。

注意：尺寸界线一般与尺寸线垂直，且超出尺寸线 2～5 mm。

3）尺寸线终端　用来表示尺寸的起止，常用形式和画法见表 1－5。同一张图样中只能采用一种尺寸终端形式。

4）尺寸数字　用以表示所注机件的实际大小。水平尺寸：尺寸数字写在尺寸线的上方，字头向上(如图 1－19 所示的 50 等)；竖直尺寸：尺寸数字写在尺寸线的左边，字头朝左(如图 1－19 所示的 40)；倾斜尺寸：尺寸数字写在尺寸线的上方，字头要有朝上的趋势(如图 1－19 所示的 36)。

尺寸标注说明和常用尺寸注法见表 1－5。

表 1－5　尺寸标注说明及常用尺寸注法

项目	图例	说明
尺寸线终端形式	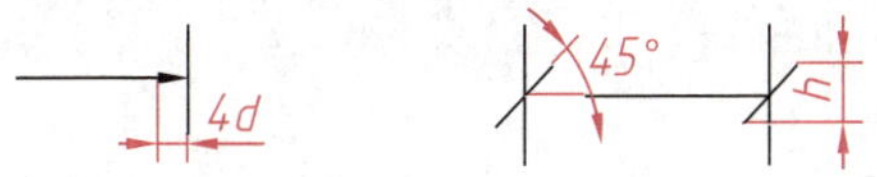	图中 d 为粗线宽度，h 为尺寸数字高度。机械图样采用实心三角形箭头

项目	图例	说明
线性尺寸 方向	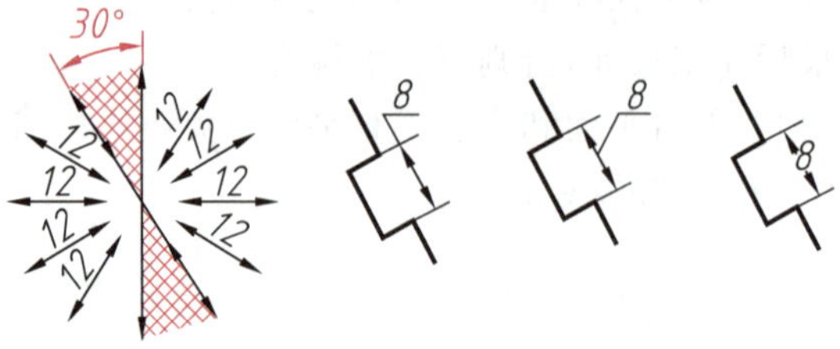	线性尺寸数字应尽量避免在图示网格范围内标注，无法避免时，应采用引出标注形式。在同一张图样中，标注应统一
线性尺寸 标注方法	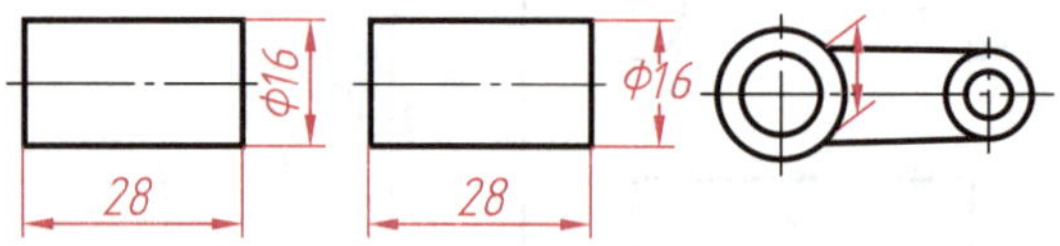	竖直尺寸常用第一种标注方法（尺寸数字写在尺寸线左边，字头朝左），也可采用第二种标注方法（尺寸数字写在尺寸线中断处）。必要时，尺寸界线可以倾斜而不与尺寸线垂直
角度和 弧长注法	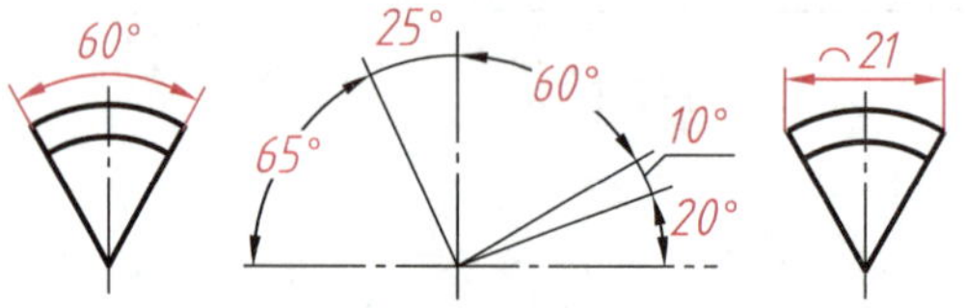	角度的尺寸线为圆弧，角度的数字一律水平书写且一般注写在尺寸线的中断处。必要时，也可注写在尺寸线上方或用指引线引出标注。弧长的尺寸界线应平行于弧对应弦的垂直平分线，弧长的尺寸数字前加符号“⌒”
圆及圆弧 尺寸注法	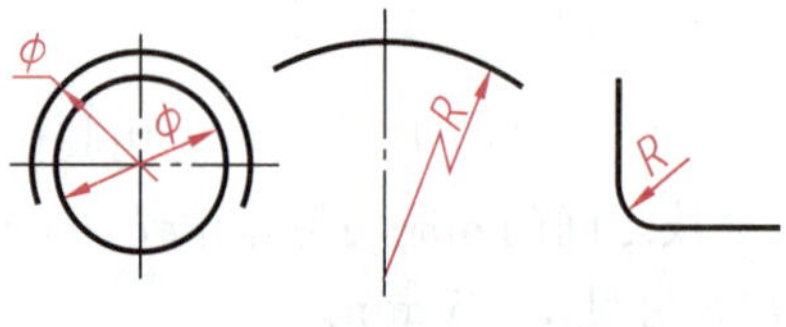	ϕ 表示直径。当其一端无法画出箭头时，尺寸线应超出圆心一段。R 表示半径，其尺寸线一般过圆心。ϕ、R 均需注写在尺寸数字前
狭小 尺寸注法	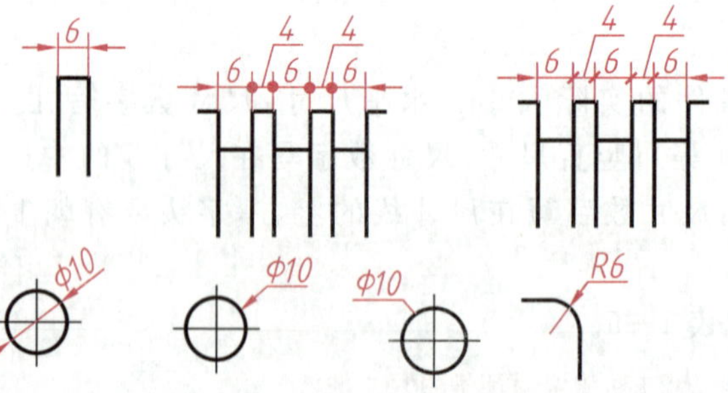	狭小图形中，箭头可外移，也可用点或斜线代替；尺寸数字可写在尺寸线外引出标注

§1－3 几何作图

机件的形状虽然各有不同，但都是由各种几何形体组合而成的。它们的图形也是由一些几何图形组成。最基本的几何作图包括等分线段、等分圆周(圆内接正多边形)、斜度和锥度的画法、圆弧连接和平面曲线等的作图法。

一、等分作图

1. 等分线段

如图 1-20 所示,5 等分线段 AB。

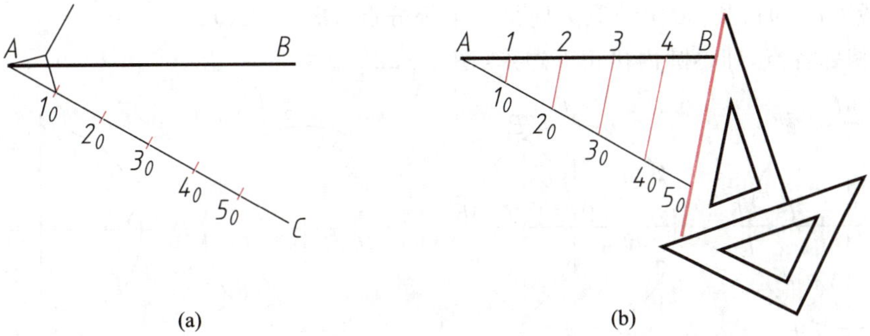

(a) (b)

图 1-20 等分线段

1) 过端点 A 作任意线段 AC,并在其上用分规以适当长度为单位长度截取 5 等份,得到各点 1_0、2_0、3_0、4_0、5_0。

2) 连接 5_0B,并过点 1_0、2_0、3_0、4_0 分别作 5_0B 的平行线,分别交直线 AB 于 1、2、3、4,即将线段 AB 分为 $A1$、12、23、34、$4B$ 五等份。

2. 等分圆周和作圆内接正多边形

(1) 3 等分、6 等分、12 等分圆周及圆内接正三边形、六边形、十二边形

如图 1-21a 所示,已知半径为 R 的圆,交中心线于点 A、B、C、D。

1) 以交点 A 为圆心,以 R 为半径画弧交圆周于点 1、2,则点 1、2 和点 B 即为三等分点。

2) 依次连接点 1、2 和点 B 即得到圆内接正三边形,也即是正三角形。

以 B 为圆心、以 R 为半径画弧交圆周于点 3、4,则点 3、4 和点 A 即为三等分点,结合点 1、2 和点 B 即为六等分点。依次连接各点即为圆内接正六边形(图 1-21b)。

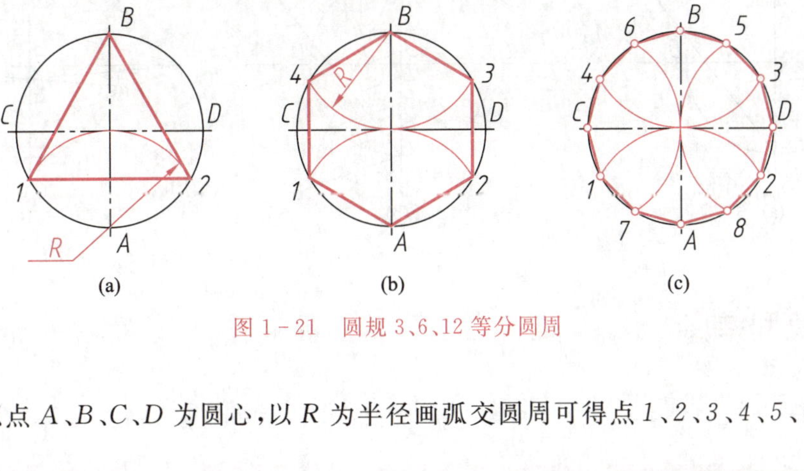

(a) (b) (c)

图 1-21 圆规 3、6、12 等分圆周

若分别以点 A、B、C、D 为圆心,以 R 为半径画弧交圆周可得点 1、2、3、4、5、6、7、8,则圆

周上共有 12 个点，即十二等分点。依次连接各点，即得圆内接正 12 边形（图 1－21c）。

(2) 5 等分圆周及圆内接正五边形

如图 1－22a 所示，已知半径为 R 的圆，交中心线于点 A、B、C、D。

1）平分半径 OB 得中点 G（图 1－22a）。

2）以点 G 为圆心，线段 GC 为半径作圆弧交 AO 于点 H，线段 CH 即为圆内接正五边形边长（图 1－22b）。

3）以线段 CH 为边长，依次截取圆周得 5 个等分点（图 1－22c）。

4）连接相邻各点，即得圆内接正五边形（图 1－22d）。

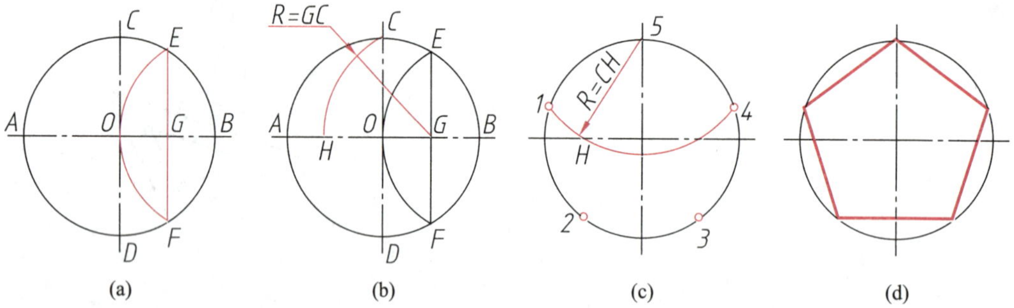

图 1－22　5 等分圆周及圆内接正五边形

(3) n 等分圆周及圆内接正 n 边形（以 $n=7$ 为例说明作图过程）

如图 1－23a 所示，已知半径为 R 的圆，交中心线于点 A、B、C 和 D。

1）以点 B 或点 A 为圆心，以线段 AB 为半径画圆弧交直径 CD 延长线于点 k 和 k_1（图 1－23a）。

2）将直径 AB 分为七等份，获得 1～7 各个等分点（图 1－23b）。

3）将点 k 和点 k_1 与直径 AB 上的偶数点（或奇数点）连线并延长至圆周，得七个等分点 1_0、2_0、3_0、4_0、5_0、6_0、7_0。

4）连接相邻点，即得圆内接正七边形（图 1－23c）。

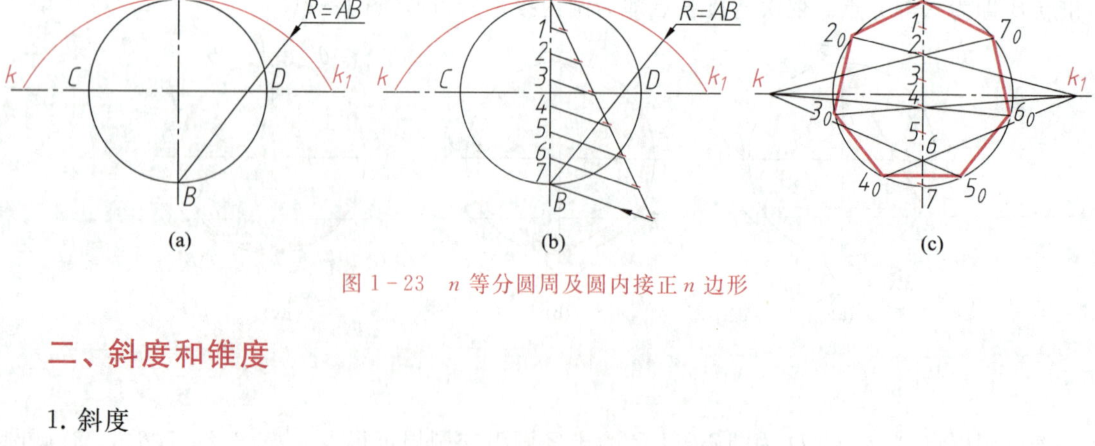

图 1－23　n 等分圆周及圆内接正 n 边形

二、斜度和锥度

1. 斜度

(1) 定义

斜度是一直线(或平面)对另一直线(或平面)的倾斜程度,其大小用两者之间的夹角正切值来表示(图 1-24a),并把比值简化为 1∶n 的形式,即斜度$=\tan\alpha=BC/AB=10/50=1:5$。

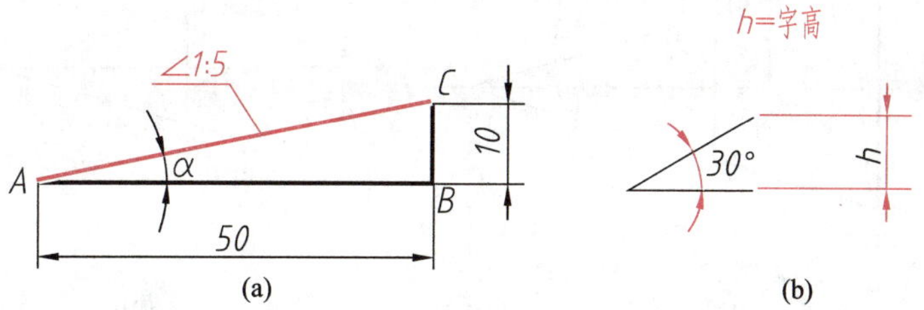

图 1-24 斜度和斜度符号

(2) 斜度符号的绘制

斜度符号按图 1-24b 用细实线绘制。斜度符号的斜线方向应与斜度方向一致。

(3) 图样绘制

在图 1-25a 中,过点 C 作斜度为 1∶4 的倾斜线与直线 OL 相交。

1) 在底边 OA 上取 4 个单位长度,在垂边 OL 上取 1 个单位长度,连接点 4 和点 1,即得到 1∶4 的参考斜度线(图 1-25b)。

2) 过点 C 作参考斜度线的平行线交直线 OL 于点 B,线段 CB 即为所求的 1∶4 的斜度线(图 1-25b)。

3) 整理,加粗线段 BC 并在图样中标注斜度符号。注意符号所示的方向应与斜度的方向一致(图 1-25c)。

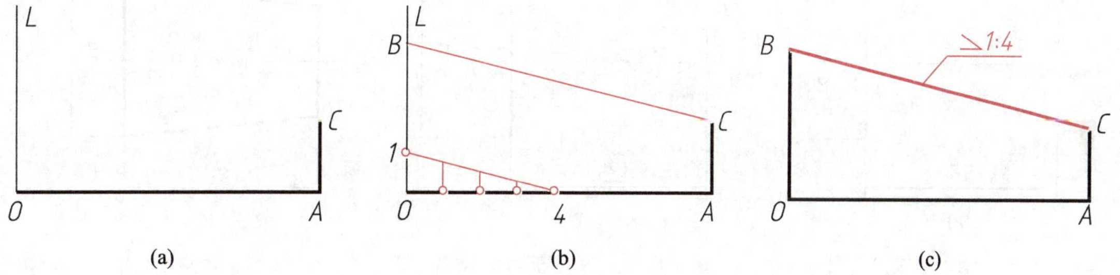

图 1-25 斜度的作图步骤

2. 锥度

(1) 定义

锥度是正圆锥体的底圆直径与锥体轴向长度之比值。如果是锥台,则为两底圆直径差与锥台轴向长度之比值(图 1-26a)。锥度比值也简化为 1∶n 的形式,即锥度$=\dfrac{D}{L}=\dfrac{D-d}{l}=2\tan\dfrac{\alpha}{2}=1:n$。

(2) 锥度符号的绘制

锥度符号按图 1-26b 用细实线绘制。锥度符号的指向应与锥度方向一致。

(3) 图样绘制

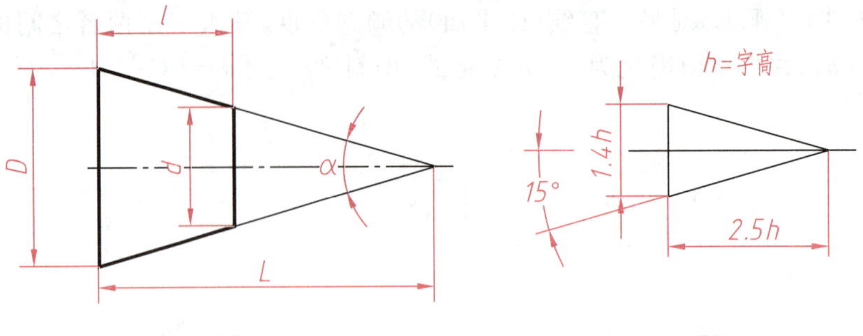

(a) (b)

图 1-26 锥度和锥度符号

如图 1-27a 所示，已知圆锥台的大端直径 $\phi30$，轴向长度 35，锥度为 1∶5，试完成该圆锥台作图。

1）在圆锥轴线上按 1∶5 的锥度作等腰三角形辅助线。该等腰三角形的底为 1 个单位长度，轴向长度为 5 个单位长度（图 1-27b）。

2）过大端直径的端点 A 和 B 作该等腰三角形两腰的平行线并延长交小端 L 于点 C 和 D。连接点 B、D 和 A、C（图 1-27b）。

3）整理、加深图线，并在图样中标注锥度符号。注意符号所示的方向应与锥度的方向一致（图 1-27c）。

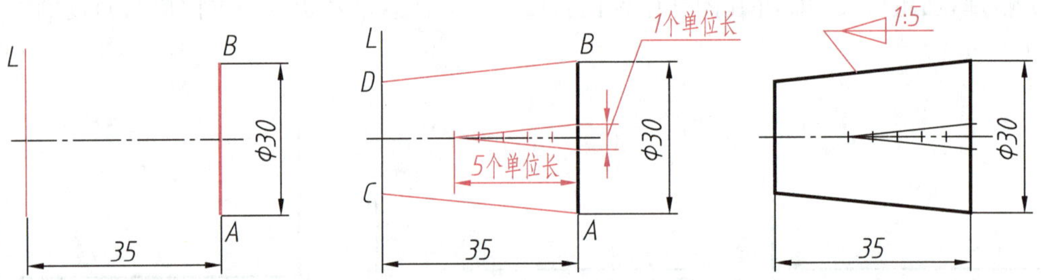

(a) (b) (c)

图 1-27 具有锥度的图样

三、弧线连接

在绘制工程图样时，经常要用已知半径的圆弧光滑地连接两已知线段（直线或圆弧），所谓的光滑连接，就是相切，其切点称为连接点，该已知半径的圆弧称为连接弧。连接弧的圆心和连接点（切点）则需作图确定。

1. 求连接弧圆心、切点的作图

（1）连接弧与直线相切

与已知直线相切的连接弧（半径 R），其圆心的轨迹是一条与已知直线平行且相距为 R 的直线。从连接弧圆心作已知直线的垂线，其垂足就是切点（图 1-28a）。

（2）连接弧与已知弧外切

与已知弧（圆心 O_1、半径 R_1）外切的连接弧（半径 R），其圆心轨迹为已知弧的同心圆。该圆

半径 $R_x = R_1 + R$；两圆弧的圆心连线与已知弧的交点就是两圆弧的切点(图 1-28b)。

(3) 连接弧与已知弧内切

与已知弧(圆心 O_1、半径 R_1)内切的连接弧(半径 R)，其圆心轨迹为已知弧的同心圆。该圆半径 $R_x = |R_1 - R|$；两圆弧的圆心连线的延长线与已知弧的交点就是两圆弧的切点(图 1-28c)。

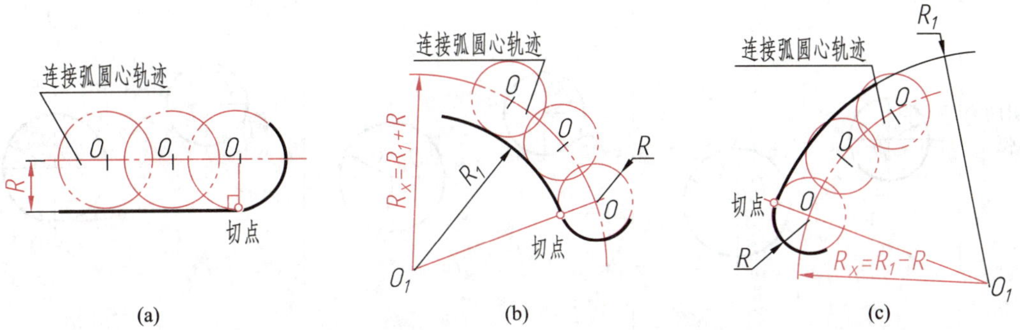

图 1-28 求连接弧圆心及切点的作图原理

2. 弧线连接作图方法与步骤(表 1-6)

表 1-6 常见弧线连接作图

连接形式	作图方法及步骤		
	求圆心 O	求切点 K_1、K_2	画连接弧
连接两直线	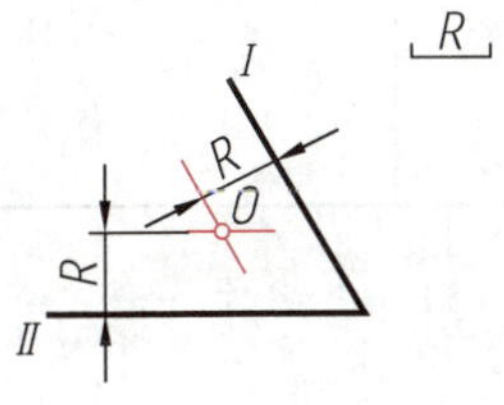	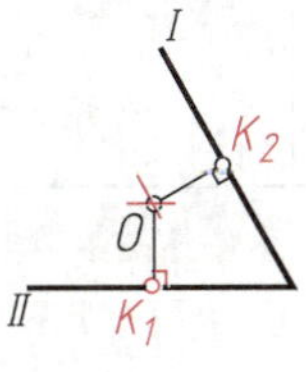	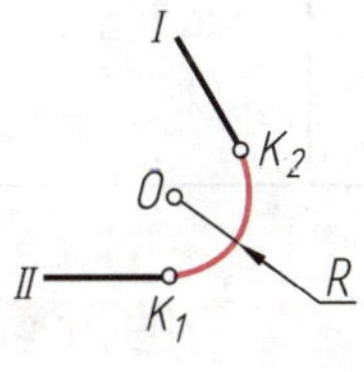
连接直线与圆弧	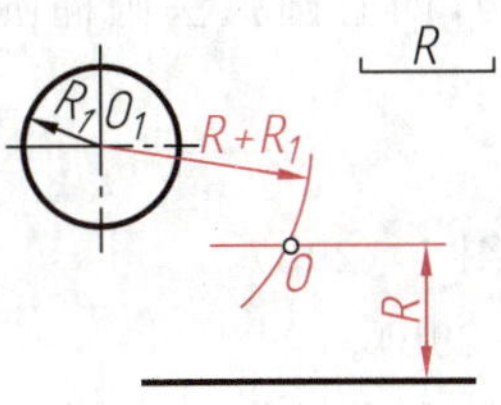	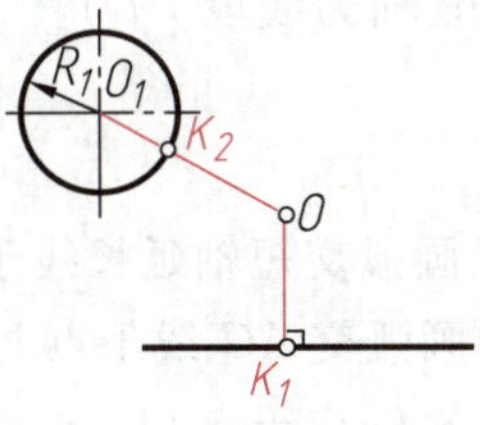	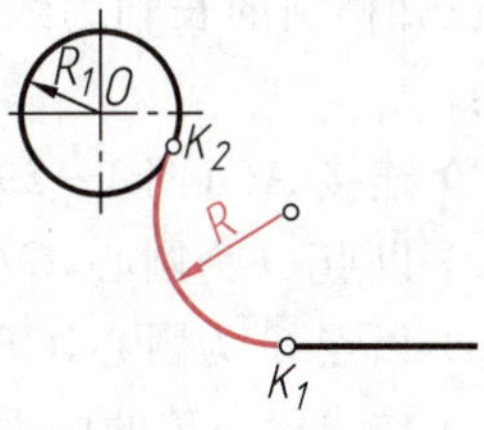
外切两圆弧	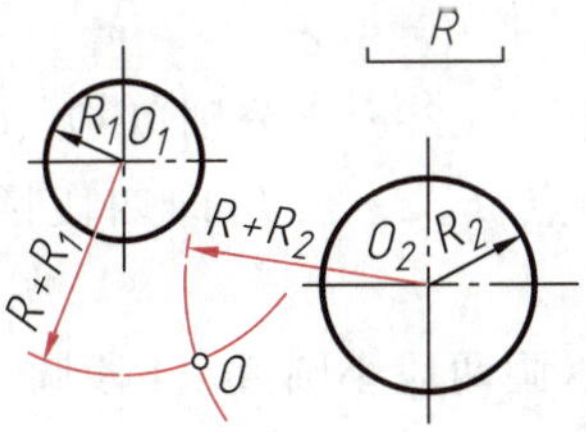	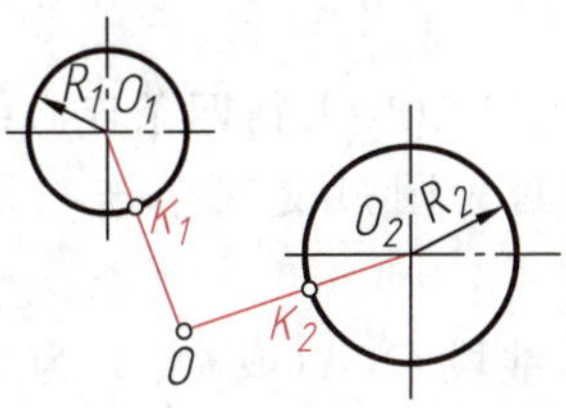	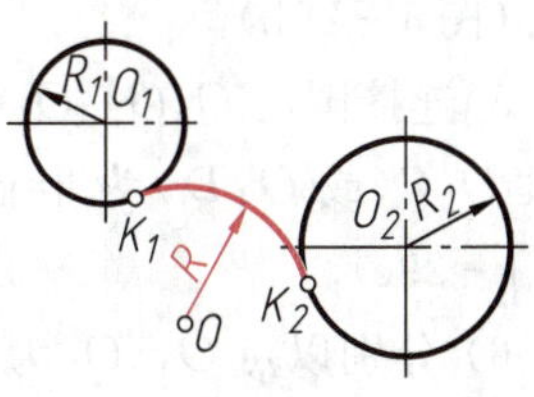

续表

连接形式	作图方法及步骤		
	求圆心 O	求切点 K_1、K_2	画连接弧
内切两圆弧	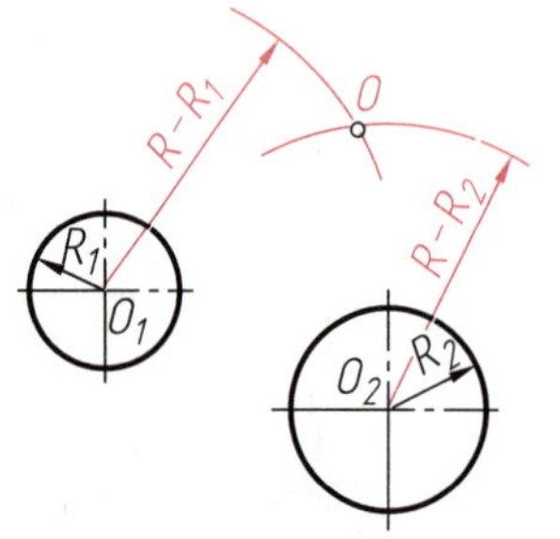	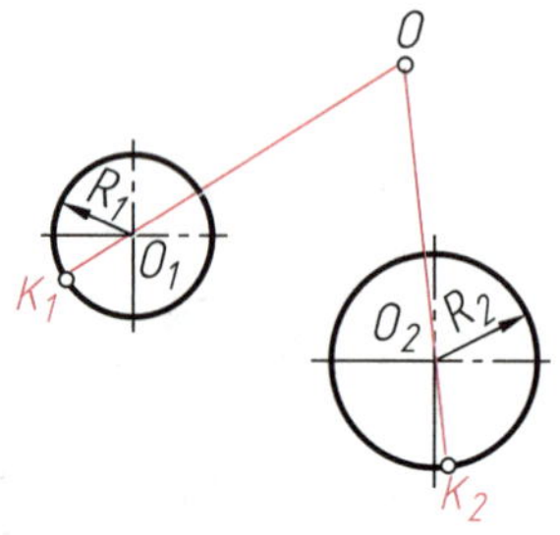	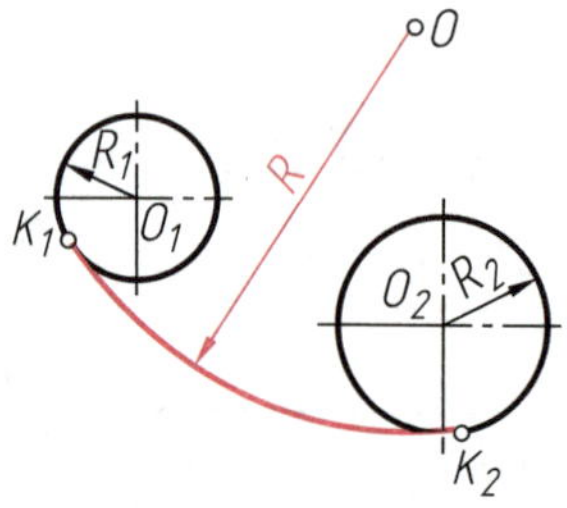
外切圆弧和内切圆弧	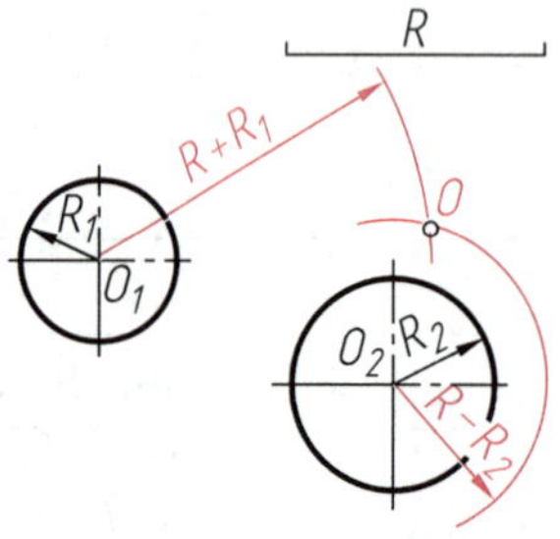	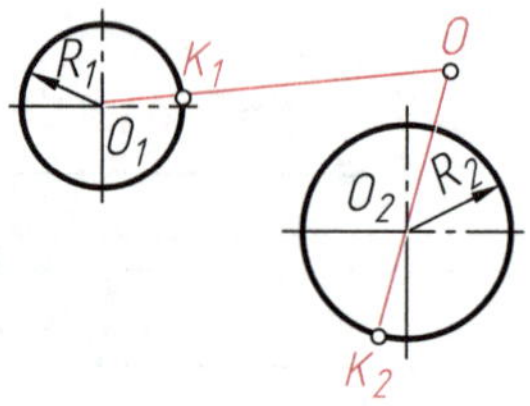	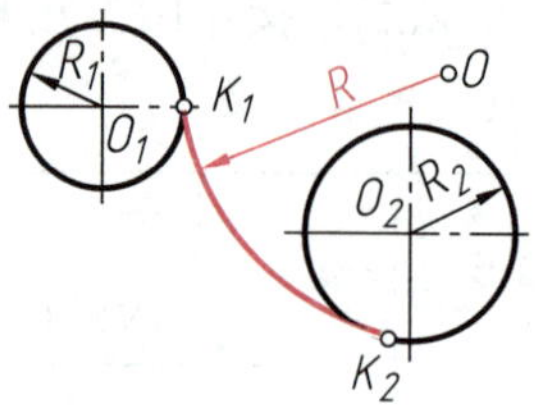

四、椭圆的近似画法

已知椭圆的长轴为线段 AB、短轴为线段 CD（图 1－29a），四心圆弧法画椭圆的画图步骤如下：

1）连接 AC（图 1－29b）。

2）以点 O 为圆心，OA 为半径画弧交短轴延长线于点 E（图 1－29b）。

3）以点 C 为圆心，CE 为半径画弧交 AC 线于点 F（图 1－29b）。

4）作线段 AF 的中垂线与长、短轴交于点 O_1、点 O_2。在轴上取对称点 O_3 和 O_4，则得 4 个圆心（图 1－29b）。

5）连接圆心 O_1O_2、O_2O_3、O_3O_4、O_1O_4 得四条连心线（图 1－29c）。分别以 O_2、O_4 为圆心，线段 O_2C（或 O_4D）为半径，画两大圆弧交四条连心线于点 1、2、3、4，即四段圆弧的切点（图 1－29c）。

6）分别以点 O_1、O_3 为圆心，线段 O_1A（或 O_3B）为半径，画两段小圆弧。4 段圆弧则形成近似椭圆（图 1－29d）。

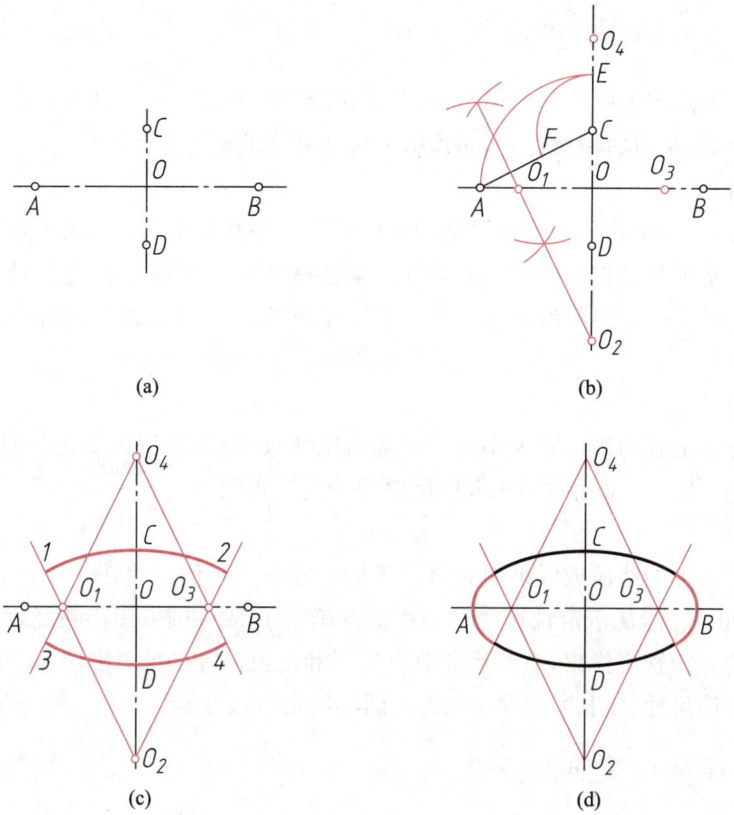

图 1-29　四心法画椭圆

§ 1-4　平面图形的尺寸分析及画图步骤

如图 1-30 所示，平面图形常由一些线段连接而成的一个或数个封闭线框所构成。在画图时，要根据图中尺寸，确定画图步骤；在标注尺寸时（特别是弧线连接的图形），需根据线段间的关系分析需要注什么尺寸。注出的尺寸要齐全，而且图中尺寸不应该有自相矛盾的现象。

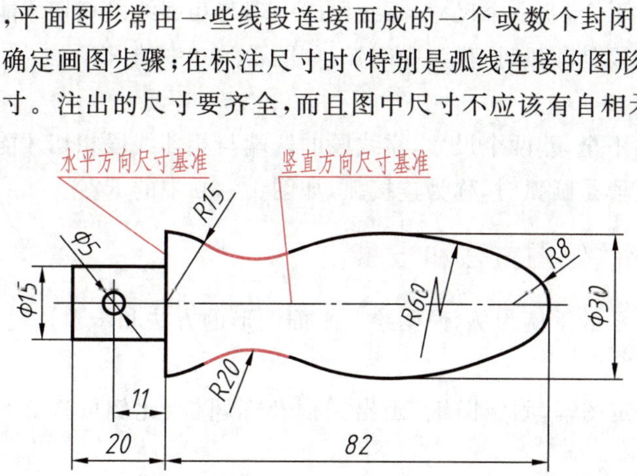

图 1-30　手柄

一、平面图形的尺寸分析

尺寸按其在平面图形中所起的作用，可分为定形尺寸和定位尺寸两类。此外，要想确定平面图形中线段的上下、左右的相对位置，必须引入尺寸基准的概念。

1. 尺寸基准

在平面图形中，用来确定图线或线框相对位置的一些基准线或点称为平面图形的尺寸基准。平面图形尺寸有水平和竖直两个方向的基准。常选择图形的对称中心线、较长线段等作为尺寸基准。图 1－30 所示的手柄图形的水平尺寸基准是较长的竖直轮廓线，竖直尺寸基准是图形对称中心线。

2. 定形尺寸

确定平面图形上各图线形状大小的尺寸称为定形尺寸，如线段的长度、角度、圆（或圆弧）的直径（或半径）等。图 1－30 中的 $\phi5$、$R8$、$R20$ 等均为定形尺寸。

3. 定位尺寸

确定平面图形上的线段或线框间相对位置的尺寸称为定位尺寸，图 1－30 中的尺寸 11 是确定 $\phi5$ 小圆位置的尺寸，属于定位尺寸。尺寸 $\phi30$ 确定了 $R60$ 圆弧圆心在竖直方向上的位置，因此也是定位尺寸。特别应指出，有些尺寸兼有定形和定位两种功能，图 1－30 中的长度尺寸 82，它既是手柄的定形尺寸（定长），又是 $R8$ 圆弧圆心的定位尺寸。

二、平面图形中线段的分类

根据平面图形中所标尺寸的多少，通常将平面图形中的线段分为三类。

1. 已知线段

具有足够的定形、定位尺寸，根据图形中所标尺寸能直接画出的线段称为已知线段。已知半径（或直径）及圆心位置的圆弧称为已知弧，如图 1－30 中的 $R15$、$R8$、$\phi5$。

2. 中间线段

图形中所标尺寸不全，差一个尺寸，靠线段的一端与相邻线段相切才能绘出的这类线段称为中间线段。当中间线段是圆弧时，称为中间弧，如图 1－30 中的 $R60$。

3. 连接线段

图形中所标尺寸不全，差两个尺寸，靠线段的两端与相邻线段相切才能绘出的这类线段称为连接线段。当连接线段是圆弧时，称为连接弧，如图 1－30 中的 $R20$。

三、平面图形的绘图方法和步骤

现以图 1－30 所示的手柄为例，说明绘制平面图形的方法和步骤。

1. 准备工作

1）选择比例，确定图幅，固定图纸，画出图框及标题栏（此例可选 2∶1 的比例，横放的 A4 图纸）。

2）分析图形尺寸，确定尺寸基准及各线段性质（图 1－30 中，除 $R60$ 圆弧为中间线段外，其余所有黑色图线均为已知线段，红色图线为连接线段）。

2. 绘制底稿

1）计算出图形的总长和总宽，根据图幅大小确定图形在图纸上位置，画出尺寸基准，布局图形（图 1-31a）。

2）画出所有已知线段（图 1-31b）。

3）画出所有中间线段（图 1-31c）。

两段中间圆弧被限定在两直线段 L_1 和 L_2 之间。因此，画直线段 L_2 的平行线 L_3，使二者相距为 60（图 1-31c），线段 L_3 便是中间圆弧 $R60$ 的圆心轨迹。又因为中间圆弧与已知圆弧 $R8$ 内切，所以以点 O_2 为圆心、$R60-R8$ 为半径画圆弧交 L_3 于 O_3，点 O_3 便是中间圆弧 $R60$ 的圆心。连接点 O_2、O_3 并将其延长交已知圆弧 $R8$ 于切点 T_1。以点 O_3 为圆心、$R60$ 为半径从 T_1 开始画中间圆弧。同理可画另一侧。

4）画出所有连接线段（图 1-31d）。

以点 O_1 为圆心、$R15+R20$ 为半径画圆弧；以点 O_3 为圆心，$R20+R60$ 为半径画圆弧，两段圆弧的交点 O_5，便是连接圆弧 $R20$ 的圆心。连接点 O_1、O_5 交半径为 $R15$ 的已知圆弧于切点 T_6；连接点 O_3、O_5 交半径为 $R60$ 的中间圆弧于切点 T_4。以点 O_5 为圆心、$R20$ 为半径在切点 T_4、T_6 之间画连接弧。同理可画另一侧。

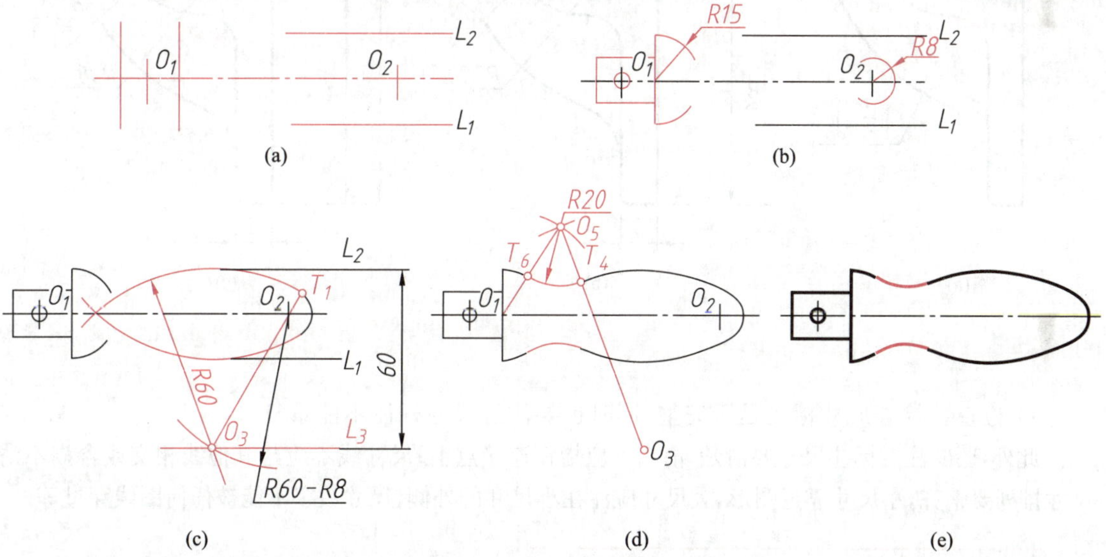

图 1-31　画平面图形的步骤

3. 检查加深图线

在加深图线前，全面检查底稿，修正错误，擦去多余的图线。图线加深顺序：先曲后直。加深直线：先水平，后竖直，再倾斜。加深曲线：先小圆弧，后大圆弧，再中等圆弧。

最后加粗描深后完成的手柄如图 1-31e 所示。

四、平面图形的尺寸标注

1. 基本要求

平面图形的尺寸标注要符合国家标准《技术制图》和《机械制图》中的规定。尺寸标注要正确、完整、清晰。

2. 标注平面图形尺寸的方法与步骤

下面以图 1－32a 所示的平面图形为例，说明标注平面图形尺寸的方法与步骤。

1）分析图形，确定线段性质及尺寸基准。该图形的线段性质及尺寸基准如图 1－32a 所示，图中红色图线为连接线段，黑色图线中右侧大圆弧为中间线段，其余黑色图线为已知线段。

2）标注已知线段、中间线段的定形、定位尺寸。图 1－32b 中的红色尺寸为已知线段、中间线段的定位尺寸；黑色尺寸为已知线段、中间线段的定形尺寸。

3）标注连接线段的尺寸。逐一标注该平面图形中所有连接线段的尺寸，如图 1－32c 中的所有红色尺寸。

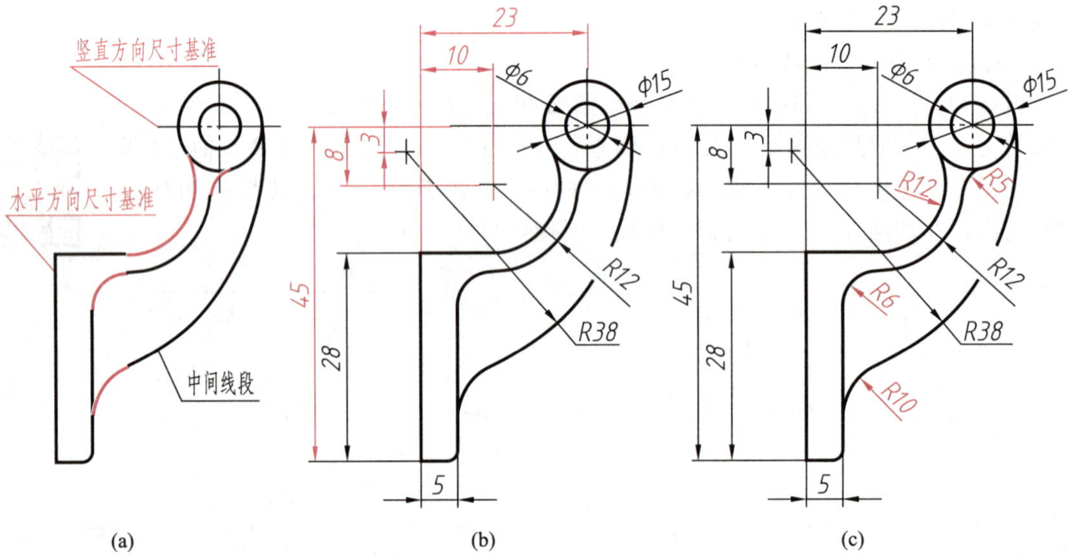

图 1－32　标注平面图形尺寸的步骤

4）检查。检查尺寸标注是否完整，同时也要注意尺寸标注不能重复。

此外，还要注意标注尺寸要清楚，箭头不应指在连接点上；尺寸线不应与其他线相交或含糊不清；尺寸排列要整齐，小尺寸靠近图形，大尺寸应注在小尺寸的外侧，尺寸数字不能被任何图线穿过等。

§1－5　徒手绘图的基本技能

在工程实践中，人们经常需要借助徒手图来记录或表达技术思想。徒手图是一种不用绘图仪器和工具而按目测比例徒手绘出的图样。绘徒手图时仍应基本上做到投影正确、线型分明、比例匀称、字体工整、图面整洁。徒手绘图是生产实践中应当具备的一项重要的基本技能，应通过实践提高徒手绘图的速度和技巧。

一、徒手画直线

握笔的手指不要离笔尖太近，可握在离笔尖约 35 mm 处。画直线时，要注意手指和手腕执笔的力度，小手指靠着纸面。在画水平线时，为了顺手，可将图纸斜放。画短线以手腕运笔，画长线需整个手臂动作。画线的运笔方向如图 1-33 所示。

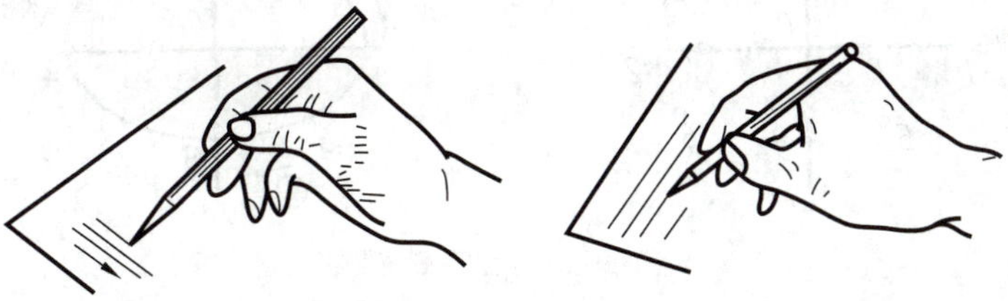

图 1-33　徒手画直线

二、徒手画常用角度

画 45°、30°、60°等常见角度，可根据两直角边的比例关系，在两直角边上定出两点，然后连接即可。画线的运笔方向如图 1-34 所示。

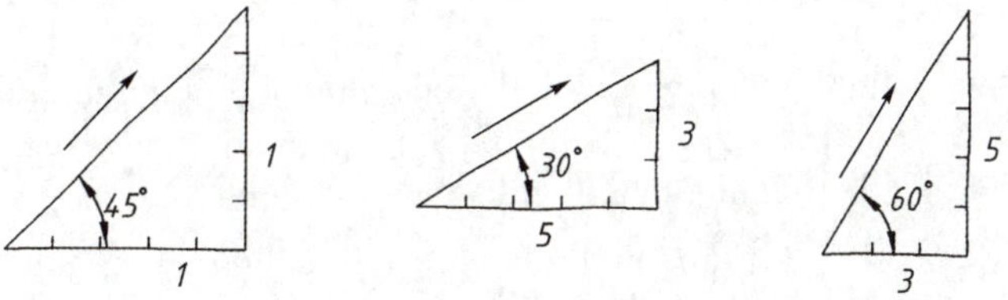

图 1-34　徒手画常用角度

三、徒手画圆

画小直径的圆时，首先画出垂直相交的两条细点画线，定出圆心；再按圆的半径大小在中心线上按半径目测定出 4 点，然后徒手将各点连接成圆，可以先画左半圆，再画右半圆，如图 1-35 所示。画直径较大的圆时，可过圆心加画一对十字线，按半径目测定出 8 点，连接成圆，如图 1-36 所示。

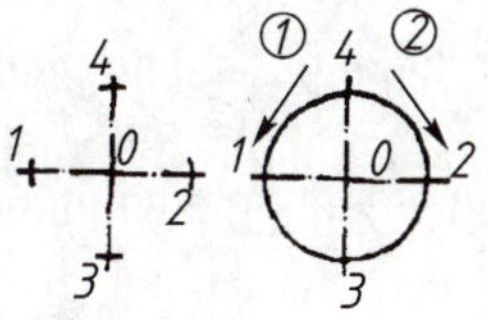

图 1-35　徒手画小圆

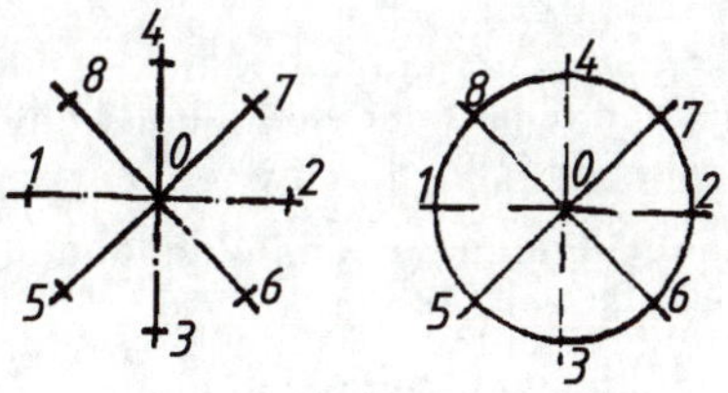

图 1-36　徒手画大圆

四、徒手画椭圆

画椭圆时，首先画出垂直相交的两条细点画线，其交点是椭圆的中心。按椭圆的长、短轴的数值目测定出椭圆长、短轴上的四个端点，再目测定出椭圆上另外四个点，如图 1-37 所示，最后用四段圆弧，徒手连成椭圆。

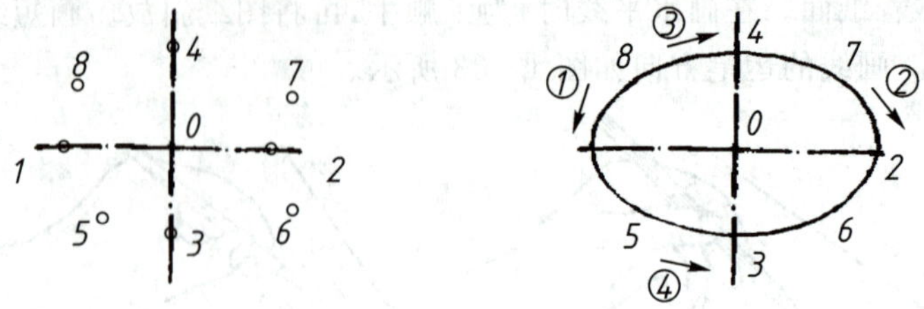

图 1－37　徒手画椭圆

第二章　正投影基础

正投影度量性好、作图简便，是绘制工程图样的基础。本章主要讨论正投影的形成及投影规律，讨论立体构成要素（点、直线、平面）的正投影特征。

§2-1　投影法基本知识

一、投影法的建立及其分类

1. 投影法的建立

物体在灯光或阳光的照射下，会在地面、桌面或墙壁上出现影子，如图 2-1a 所示，三角板在灯光的照射下，桌面上出现了它的影子。影子是一种自然现象，将影子这种自然现象进行几何抽象概括就会得到一个平面图形（图 2-1b）。在图 2-1b 中，S 为投射中心，A、B、C 为空间点，平面 H 为投影面，S 与点 A、B、C 的连线为投射线，SA、SB、SC 的延长线与平面 H 的交点 a、b、c 称为点 A、B、C 在平面 H 上的投影，将投影 a、b、c 按其空间关系连线得一平面图形（该平面图形就是空间平面△ABC 在平面 H 上的投影）。这种将空间物体用平面图形（投影）表达的方法就称为投影法。

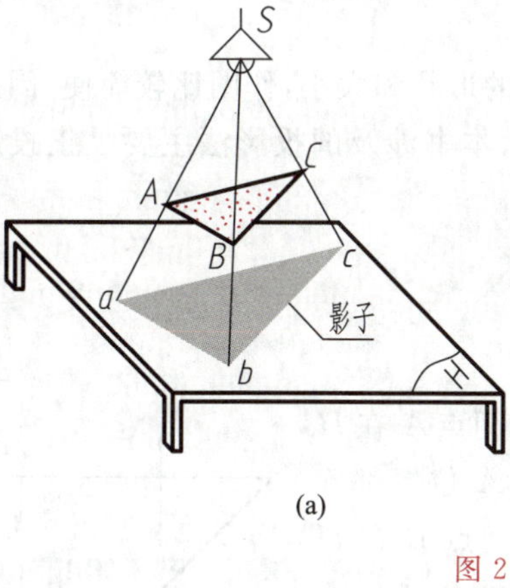

(a)

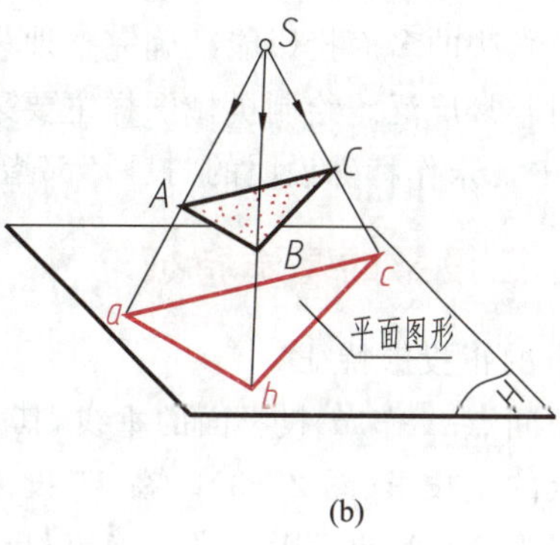

(b)

图 2-1　投影法的建立

2. 投影法的分类

投影法种类是根据投射线平行或汇交、投射线与投影面相对位置（垂直或倾斜）不同来区分的，投影法分为两类。

(1) 中心投影法

如图 2－1b 所示，投射线汇交于一点 S（投射中心）的投影法，称为中心投影法。用中心投影法得到的投影称为中心投影。

中心投影图形的大小随着投影面、物体和投射中心三者之间的相对距离不同而变化。绘制比较复杂，但视觉效果比较逼真，故在工程上它主要用于绘制建筑物的透视图，机械图样较少采用。

(2) 平行投影法

将图 2－1b 中的投射中心移至无穷远处时，所有的投射线都变成互相平行。投射线相互平行的投影法，称为平行投影法。用平行投影法得到的投影称为平行投影，无论物体与投影面的距离如何变化，平行投影法获得的投影图形大小不变。

平行投影法根据投射线是否垂直于投影面又分为斜投影法与正投影法。

1) 斜投影法　投射线倾斜于投影面的平行投影法称为斜投影法。用斜投影法得到的投影称为斜投影（图 2－2a）。

2) 正投影法　投射线垂直于投影面的平行投影法称为正投影法。用正投影法得到的投影称为正投影（图 2－2b）。

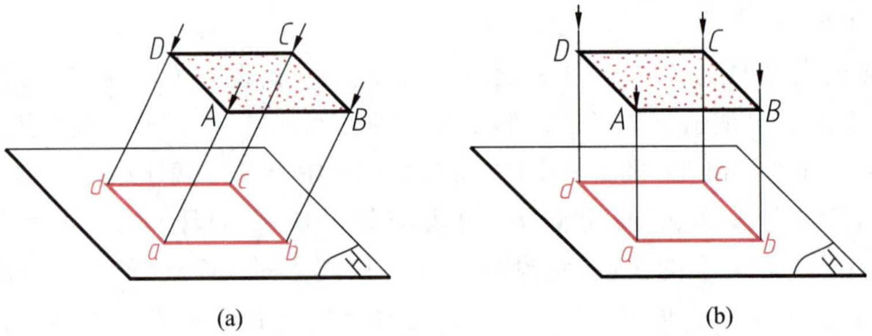

图 2－2　平行投影法

正投影法的多面投影能准确完整地表达空间物体的形状和大小，作图比较简便，因此它在工程上应用非常广泛。绘制机械图样主要采用正投影法，本书涉及的投影法主要是正投影法。因此，本书中凡未作特殊说明的“投影”都指正投影。

二、正投影的基本特征

1. 点的正投影特征

过空间点 A 作 H 投影面的垂线，其垂足 a 便是空间点 A 在 H 投影面上的正投影（图 2－3）。在 H 投影面及空间点 A 位置都确定的情况下，点 A 的投影 a 唯一确定；反过来，如果空间点 B 在 H 投影面上的投影 b 已知，则无法确定点 B 的空间位置（图 2－3）。

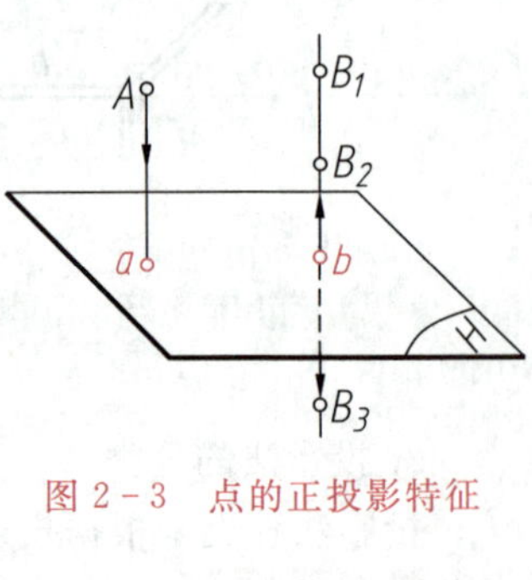

图 2－3　点的正投影特征

2. 直线、平面的正投影特征

1) 真实性　平面（或线段）平行于投影面时，其正投影反映实形(或实长),这种投影特征称为真实性或全等性(图 2-4a)。

2) 积聚性　平面(或线段)垂直于投影面时,其正投影积聚为线段(或一点),这种投影特征称为积聚性(图 2-4b)。

3) 类似性　平面(或线段)倾斜于投影面时,其正投影变小(或变短),如平面是多边形,则该多边形的投影与多边形的形状类似(边数、平行关系、直曲形状相同),这种投影特征称为类似性(图 2-4c)。

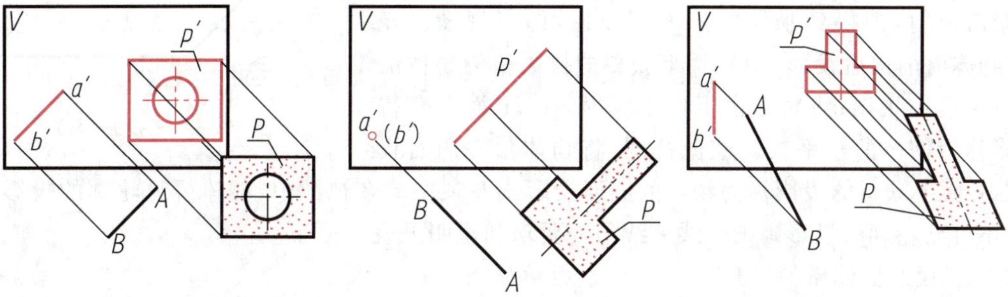

(a)　(b)　(c)

图 2-4　直线、平面的正投影特征

三、三视图的形成及其对应关系

由正投影的基本特征可知,点的一面投影不能确定该点的空间位置。同样,物体的一面投影也不能确定物体的空间形状(图 2-5a)。为使投影能唯一确定物体的空间形状,通常采用三面正投影(图 2-5b)。国家标准规定:用正投影法绘制出的物体多面正投影称为视图,因此物体的三面正投影也称为物体的三视图。

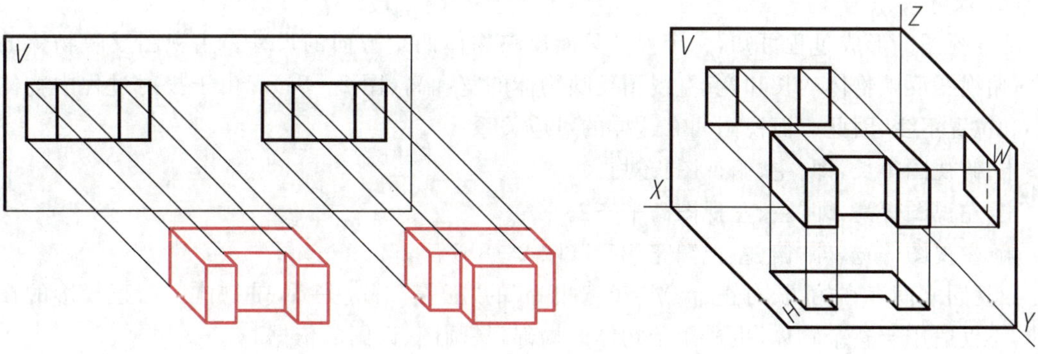

(a)　(b)

图 2-5　一面投影不能确定物体的空间形状

1. 直角三投影面体系的建立

直角三投影面体系由三个相互垂直的投影面所组成(图 2-6)。其中,正立投影面用 V 表示；水平投影面用 H 表示；侧立投影面用 W 表示。三个投影面的交线 OX、OY、OZ 称为投影轴，也互相垂直，分别代表长、宽、高三个方向。三根投影轴交于一点 O，称为原点。

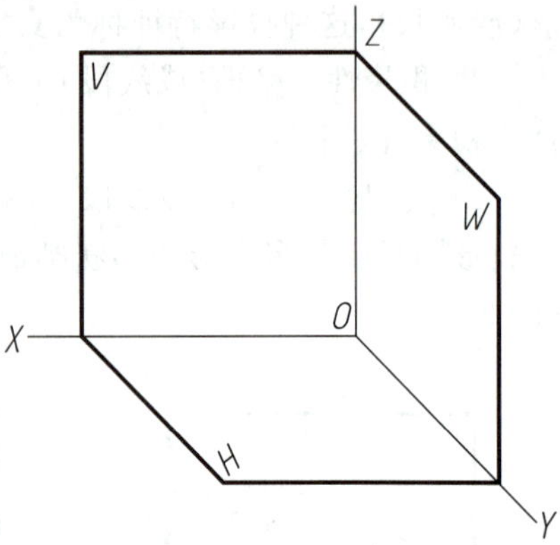

图 2-6　三投影面体系

2. 三视图的形成

(1) 物体的投影

如图 2-7a 所示，将物体放入三投影面体系中(使之处于观察者与投影面之间)，然后按正投影法将物体分别向各个投影面投射，即得到物体的三面正投影，即三视图。规定：将物体由前向后投射，在 V 面上获得的投影称为物体的正面投影或主视图；将物体由上向下投射，在 H 面上获得的投影称为物体的水平投影或俯视图；将物体由左向右投射，在 W 面上获得的投影称为物体的侧面投影或左视图。在视图中，物体可见轮廓的投影画粗实线，不可见轮廓的投影画细虚线。线型的要求和说明见表 1-3。

(2) 三投影面体系的展开

为了画图、看图及图样管理的方便，需要将物体的三视图绘制在一个平面内。为此，将三投影面体系展开，展开的方法是：V 面保持不动，H 面绕 OX 轴向下旋转 90°，W 面绕 OZ 轴向右旋转 90°，在旋转过程中 OY 轴被分成了两部分，一部分 OY_H 随 H 面旋转，另一部分 OY_W 随 W 面旋转(图 2-7b、c)。

在工程上，画物体三视图的目的是用一组平面图形(视图)来表达物体的空间形状。因此，画物体三视图时，不必画出投影面和投影轴，视图之间的距离也可自行确定(图 2-7d)。

3. 三视图之间的对应关系

(1) 位置关系

从三视图的形成过程看出，三面视图间的位置关系是：俯视图在主视图的正下方；左视图在主视图的正右方。按此位置配置的三视图，不需注写其名称(图 2-7d)。

(2) 尺寸关系

从三视图的形成过程可知，一个视图只能反映物体两个方向的尺寸。主视图反映物体的长和高；俯视图反映物体的长和宽；左视图反映物体的宽和高(图 2-8a)。由于投射过程中物体的大小和位置不变，因此三面视图间有这样的对应关系：

主、俯视图等长，即“主、俯视图长对正”。

主、左视图等高，即“主、左视图高平齐”。

俯、左视图等宽，即“俯、左视图宽相等”(图 2-8b)。

三视图之间存在的“长对正、高平齐、宽相等”的“三等”对应关系，是物体三面正投影的投影规律，不仅适用于整个物体，也适用于物体的局部，是画图、读图的依据。

(3) 方位关系

如图 2-9a 所示，物体具有上、下、左、右、前、后六个方位。

从图 2-9b 可看出：

主视图反映物体的上下、左右相对位置关系，不反映前后相对位置；

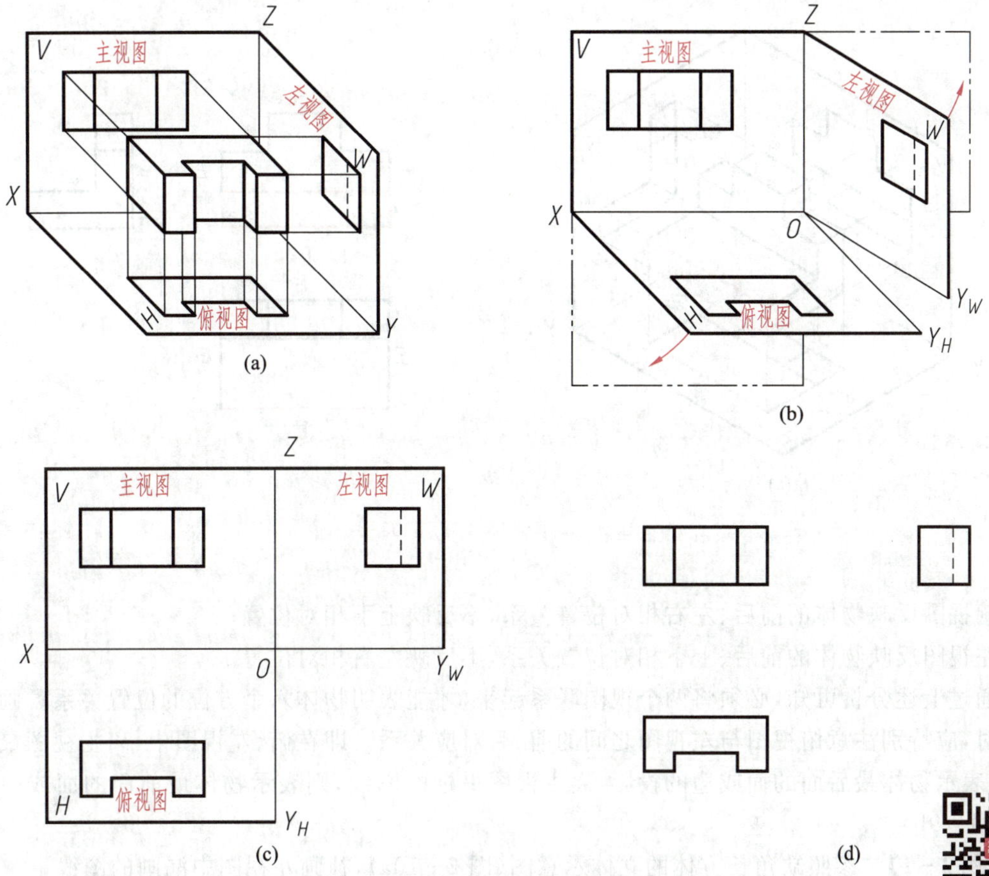

图 2-7 物体三视图的形成

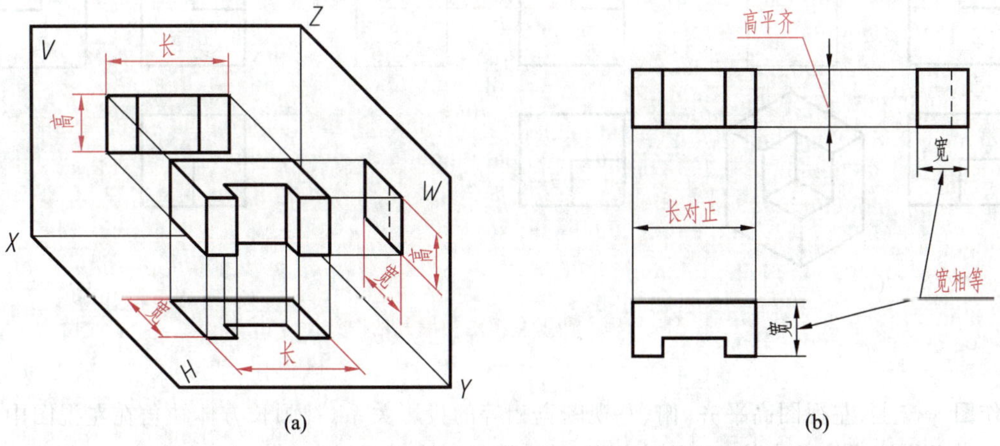

图 2-8 三视图的尺寸关系

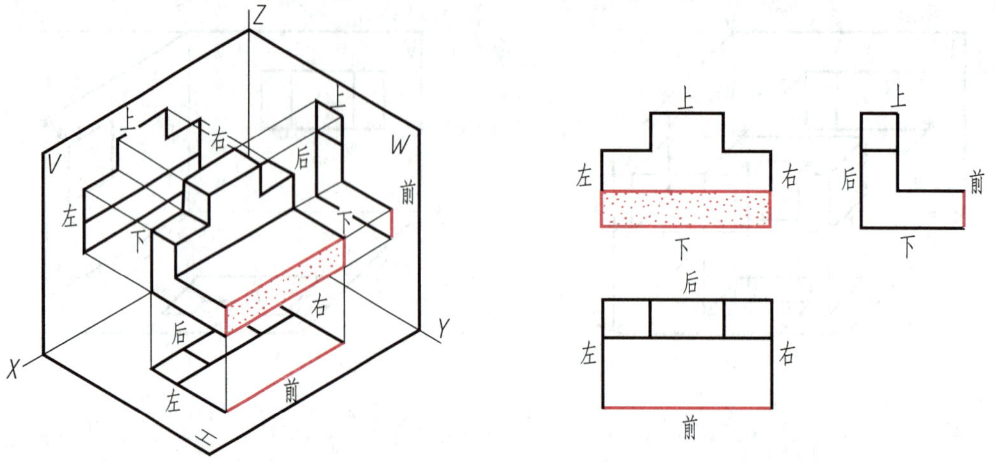

(a)　　(b)

图 2-9　三视图的方位关系

俯视图反映物体的前后、左右相对位置关系，不反映上下相对位置；

左视图反映物体的前后、上下相对位置关系，不反映左右相对位置。

通过上述分析可知，必须将两个视图联系起来，才能表明物体六个方位的位置关系。画图和读图时，应特别注意俯视图与左视图之间的前、后对应关系。即在俯、左视图中，离主视图最近的图线，表示物体最后面的面或边的投影，离主视图最远的图线，则表示物体最前面的面或边的投影(图 2-9b)。

【例 2-1】　参照缺角长方体的立体示意图(图 2-10a)，补画左视图中漏画的图线。

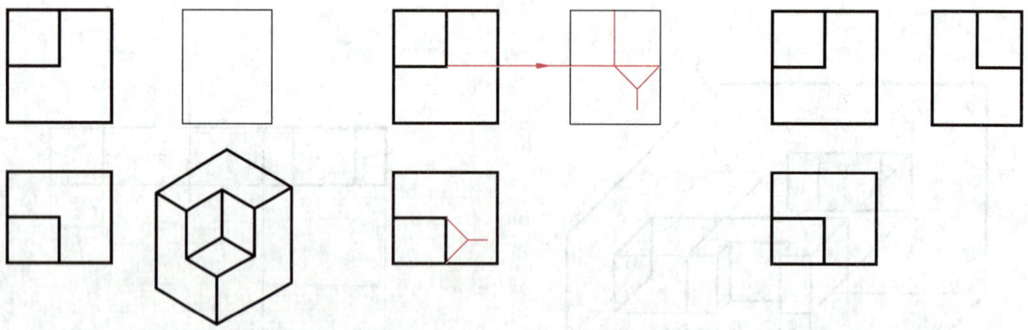

(a)　　(b)　　(c)

图 2-10　补画左视图中漏画的图线

作图　按主、左视图高平齐，俯、左视图宽相等的投影关系，补画长方体缺角在左视图中的投影。此时必须注意缺角在俯、左视图中前、后位置的对应关系(图 2-10b)。

§2-2 点的投影

任何物体的表面都是由点、线、面等几何元素组成的。图2-11所示的三棱锥，是由四个平面、六条棱线和四个点组成的。由于工程图样是用线框图形来表达，所以绘制三棱锥的三视图，实际上就是绘制构成三棱锥表面的这些点、棱线和平面的三面投影①。因此，要正确绘制和阅读物体的三视图，需掌握这些基本几何元素的投影规律。

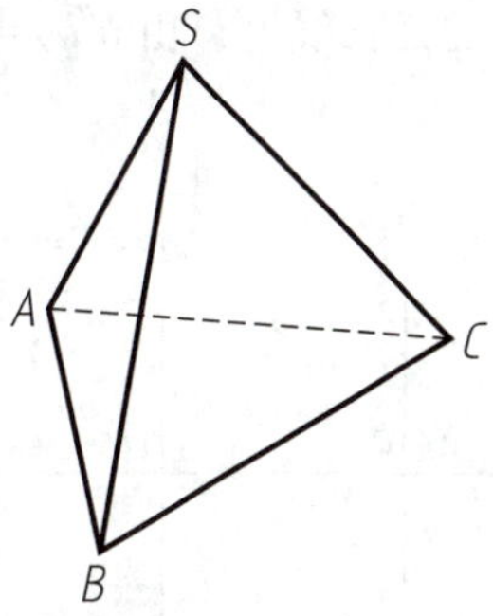

图2-11 三棱锥

一、点的三面投影形成

如图2-12a所示，过空间点A分别向三个投影面作垂线，其垂足a、a′、a″②即为点A在三个投影面上的投影。按前述三投影面体系的展开方法将三个投影面展开（图2-12b），去掉表示投影面范围的边框，即得点A的三面投影（图2-12c）。图中a_X、a_Y、a_Z分别为点的投影连线与投影轴OX、OY、OZ的交点。

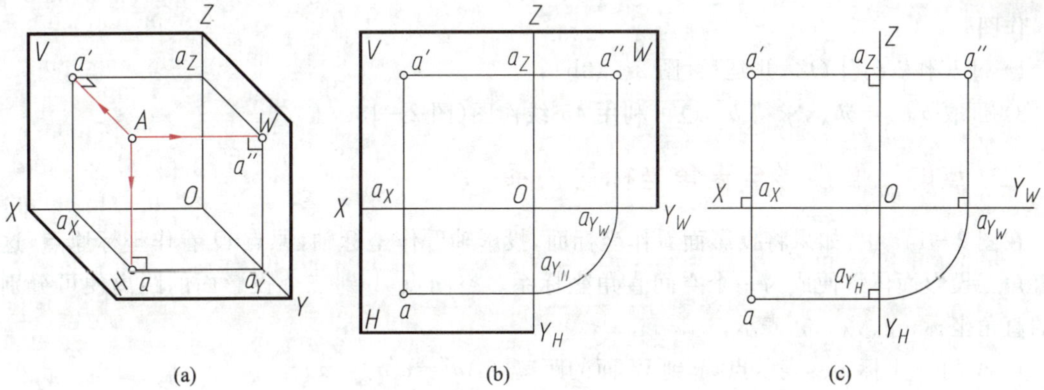

图2-12 点的三面投影形成

二、点的三面投影规律

从图2-12中点A的三面投影形成可得出点的三面投影规律：

1）点的正面投影与水平投影的连线垂直于OX轴，即$a'a \perp OX$。

2）点的正面投影与侧面投影的连线垂直于OZ轴，即$a'a'' \perp OZ$。

3）点的水平投影到OX轴的距离等于点的侧面投影到OZ轴的距离，即$aa_X = a''a_Z$。

根据点的三面投影规律，在点的三面投影中，只要已知点的任意两个面的投影，就可求作出

---

① 本书中，体的多面投影称为视图。点、线、面等几何元素的多面投影一般称为投影图。

② 空间点用大写字母表示，H面投影用相应的小写字母表示，V面投影用相应的小写字母加“′”表示，W面投影用相应的小写字母加“″”表示。

该点的第三面投影。

【例 2-2】 已知点 B 的 V 面投影 b' 与 H 面投影 b，求作其 W 面投影 b''（图 2-13a）。

分析 根据点的投影规律可知，$b'b'' \perp OZ$，过 b' 作 OZ 轴的垂线 $b'b_Z$ 并延长，所求 b'' 必在 $b'b_Z$ 的延长线上。由 $b''b_Z = bb_X$，可确定 b'' 的位置。

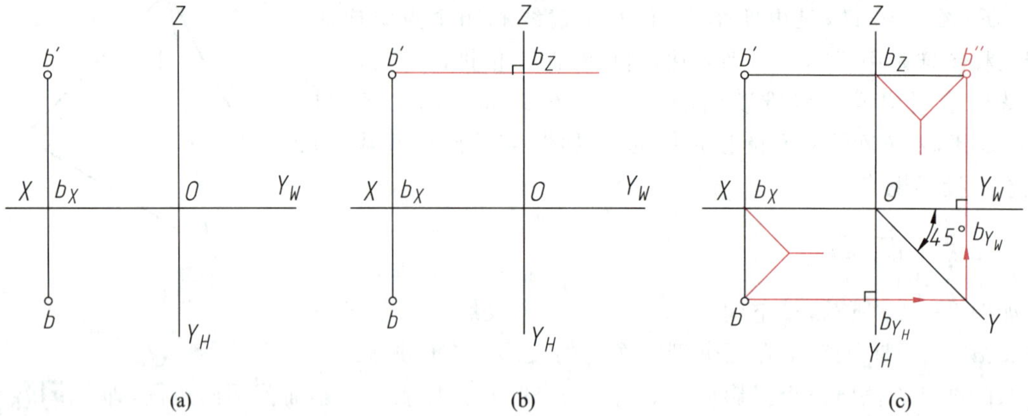

图 2-13 已知点的两面投影求作第三面投影

作图

1) 过 b' 作 $b'b_Z \perp OZ$，并延长（图 2-13b）。

2) 量取 $b''b_Z = bb_X$，求得 b''，也可利用 45°线作图（图 2-13c）。

三、点的三面投影与直角坐标的关系

在图 2-14a 中，如果将投影面看作坐标面，投影轴看作坐标轴，原点 O 看作坐标原点，这样的直角三投影面体系便成为一个空间直角坐标系。空间点 A 到三个投影面的距离便可分别用它的直角坐标 x_A、y_A、z_A 表示。

点 A 的 x 坐标 x_A：表示点 A 到 W 面的距离 $= Aa'' = a'a_Z = aa_{YH}$

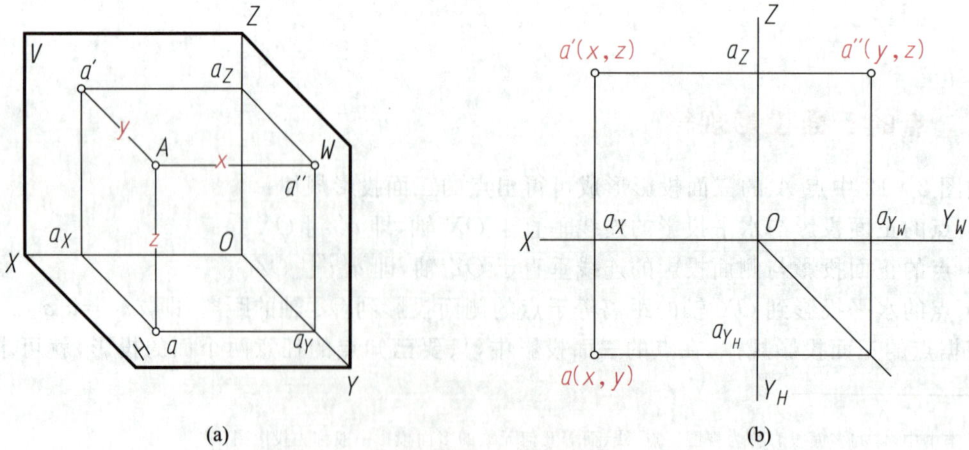

图 2-14 点的投影与直角坐标的关系

点 A 的 y 坐标 y_A：表示点 A 到 V 面的距离 $=Aa'=a''a_Z=aa_X$

点 A 的 z 坐标 z_A：表示点 A 到 H 面的距离 $=Aa=a'a_X=a''a_{Y_W}$

点的空间位置可由点的坐标(x,y,z)确定。如图 2-14b 所示，点 A 三面投影的坐标分别为 $a(x,y)$、$a'(x,z)$、$a''(y,z)$。任一面投影都反映点的两个坐标，所以一个点的两面投影就反映了确定该点空间位置的三个坐标，即确定了点的空间位置。

【例 2-3】 已知点 $A(15,10,20)$，试作其三面投影。

作图

1）作投影轴，在 OX 轴上向左量取 15，得 a_X(图 2-15a)。

2）过 a_X 作 OX 轴的垂线，在此垂线上沿 OY_H 方向量取 10 得 a，沿 OZ 方向量取 20，得 a'(图 2-15b)。

3）由 a、a' 作出 a''(图 2-15c)。

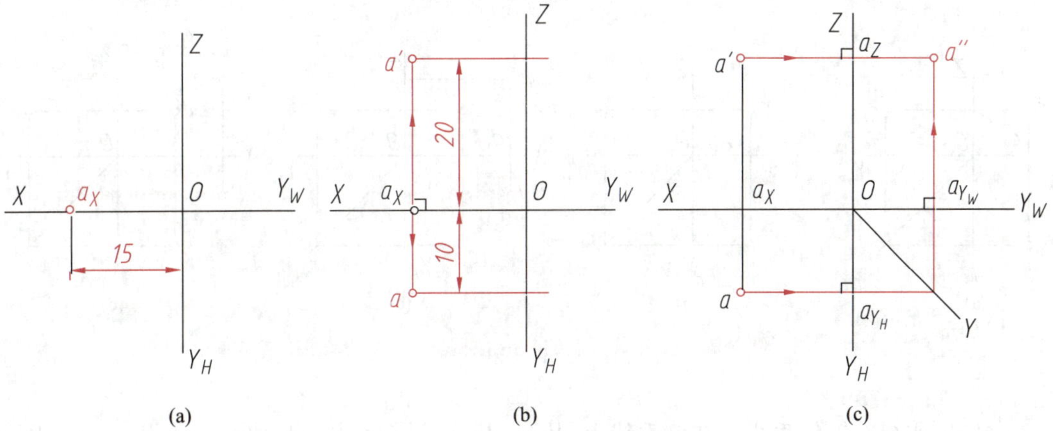

图 2-15 已知点的坐标作投影

四、两点的相对位置

1. 两点相对位置的确定

空间两点的相对位置可用两种方式确定。

(1) 直接从两点的投影确定：从正面投影或侧面投影可确定两点的上、下位置，图 2-16b 所示的正面投影中，a' 在 b' 上方，可知点 A 在点 B 之上。同理，从正面投影或水平投影可确定两点的左、右位置；从水平投影或侧面投影可确定两点的前、后位置。

(2) 从两点的坐标差判断：从两点的 z 坐标差，可判断两点的上、下位置，如图 2-16所示，$z_A-z_B>0$，说明点 A 在点 B 之上。同理，从两点的 x 坐标差，可判断两点的左、右位置；从两点的 y 坐标差，可判断两点的前、后位置。

【例 2-4】 已知空间点 C 的三面投影(图 2-17a)，点 D 在点 C 的左方 5，后方 6，上方 4。求作点 D 的三面投影。

作图

1）在 OX 轴上的 c_X 处向左量取 5，得 d_X(图 2-17b)。

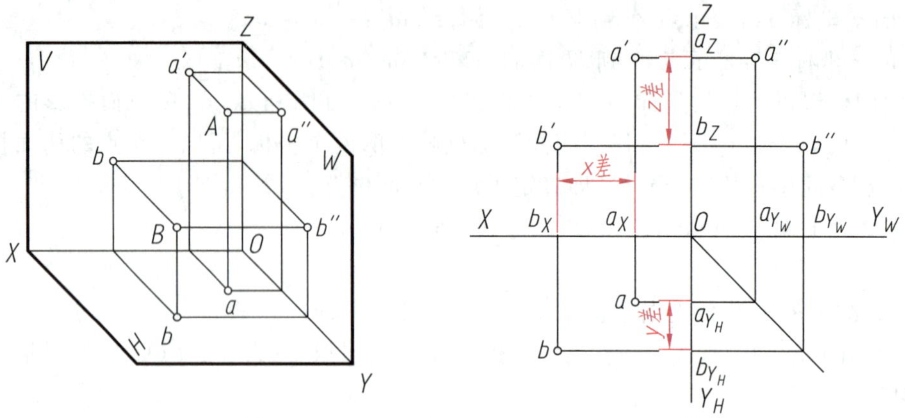

(a) (b)

图 2-16 两点的相对位置

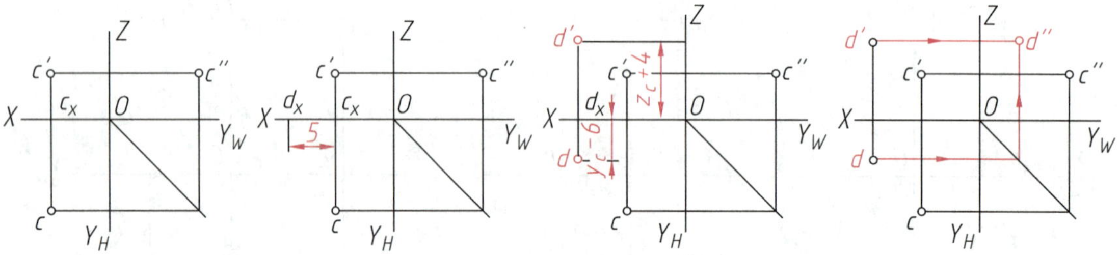

(a) (b) (c) (d)

图 2-17 根据两点的相对位置，求作点的投影

2）过 d_X 作 OX 轴的垂线。在该垂线上，从 d_X 开始，沿 OZ 方向量取 z_C+4 得 d'，沿 OY_H 方向量取 y_C-6 得 d（图 2-17c）。

3）由 d'、d 作出 d''（图 2-17d）。

2. 重影点及其投影的可见性

如图 2-18a 所示，当空间两点 A、B 位于垂直于 H 面的同一投射线上时，这两个点在 H 面上的投影重合为一点，称这两个点为 H 面的重影点。同理，点 C、D 为 V 面的重影点。

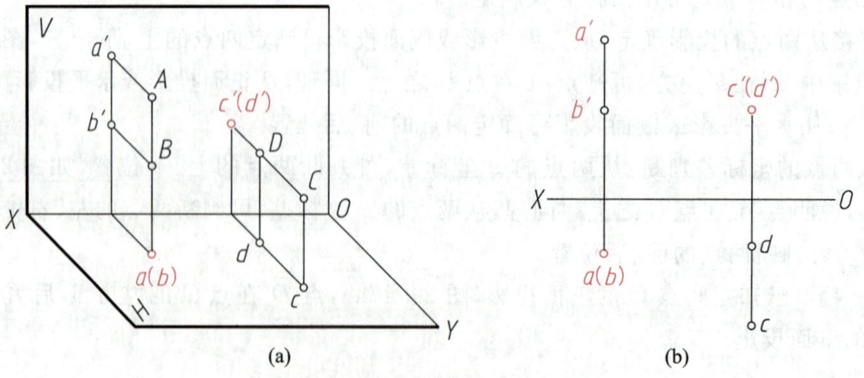

(a) (b)

图 2-18 重影点的投影

由于点的一面投影能反映点的两个坐标，所以重影点必有两个坐标相同。H 面的重影点，x、y 坐标相同，即 $x_A=x_B$，$y_A=y_B$，z 坐标不同；V 面的重影点，x、z 坐标相同，即 $x_C=x_D$，$z_C=z_D$，y 坐标不同(图 2-18b)；同理 W 面的重影点，y、z 坐标相同，x 坐标不同。

重影点重合的那面投影存在遮挡关系，如图 2-18b 所示，H 面重影点 A、B 的 z 坐标不同，由于 $z_A>z_B$，所以 a 可见，b 不可见，不可见投影字母加括号表示，如(b)。

§2-3 直线的投影

一、直线[①]的三面投影形成

空间两点确定一条直线。因此，求直线的投影实质上仍是求点的投影。如图 2-19a 所示，在直线上任取两点(一般取端点)，作出该两点的三面投影(图 2-19b)，然后将该两点的同面投影(即两点在同一个投影面上的投影)用粗实线相连，即得该直线的三面投影(图 2-19c)。

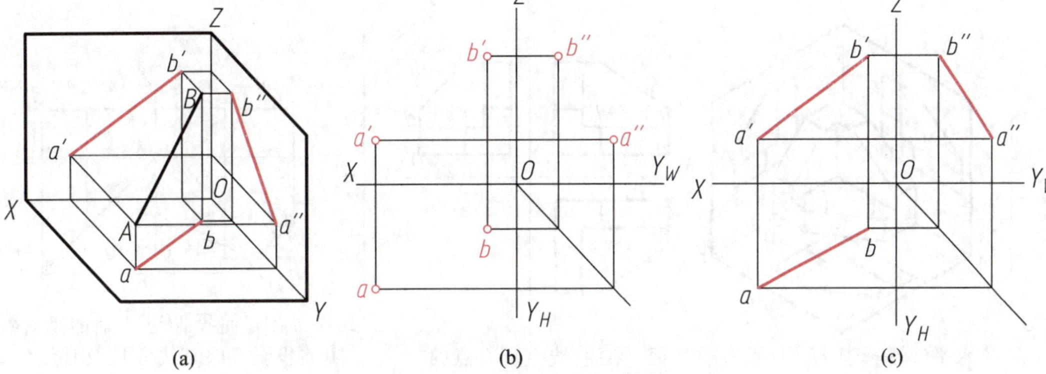

图 2-19 直线的三面投影

二、各类直线的投影特征

直线相对于投影面的位置不同，直线的投影亦不同(图 2-4)。因此，根据直线在三投影面体系中的位置不同，将直线分为三类：投影面平行线、投影面垂直线、投影面倾斜线。并规定：直线与 H 面的倾角用 α 表示；与 V 面的倾角用 β 表示；与 W 面的倾角用 γ 表示。下面讨论各类直线的位置特点及投影特征。

1. 投影面平行线

平行于某一个投影面，而与另外两个投影面倾斜的直线称为投影面平行线。根据所平行的投影面不同，投影面平行线又分为三种：正平线、水平线、侧平线，各种投影面平行线的投影特征如表 2-1 所示。

① 本书中，直线均指直线段。

表 2-1 投影面平行线的投影特征

	结合立体分析	投影特征
正平线	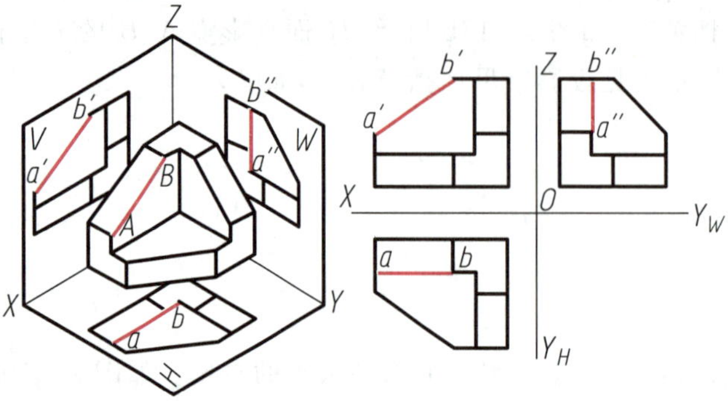 正平线平行于 V 面，倾斜于 H 面、W 面，线上所有点的 y 坐标相同	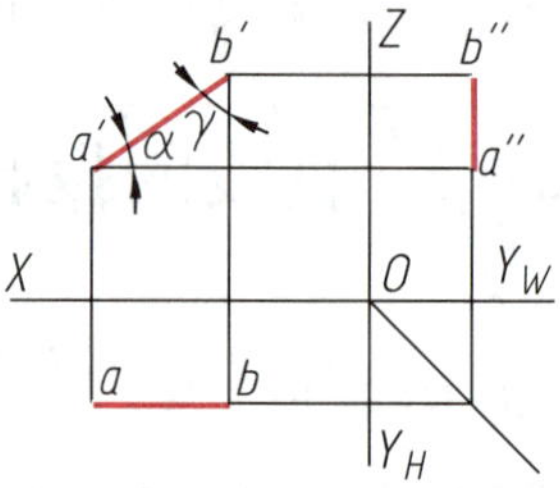 H 面、W 面投影是 Y 轴的垂直线，V 面投影反映直线实长及直线的 α、γ 角
水平线	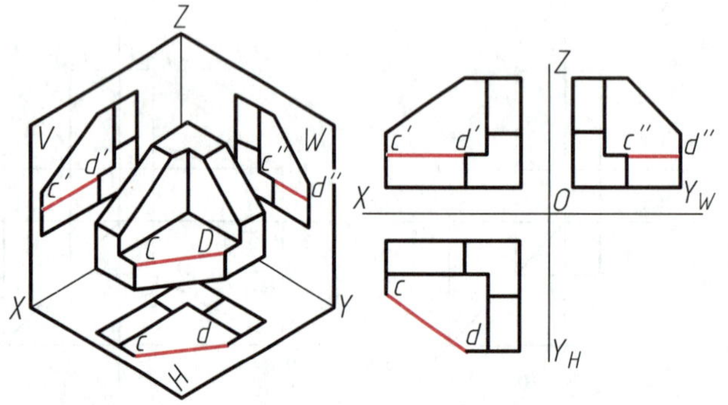 水平线平行于 H 面，倾斜于 V 面、W 面，线上所有点的 z 坐标相同	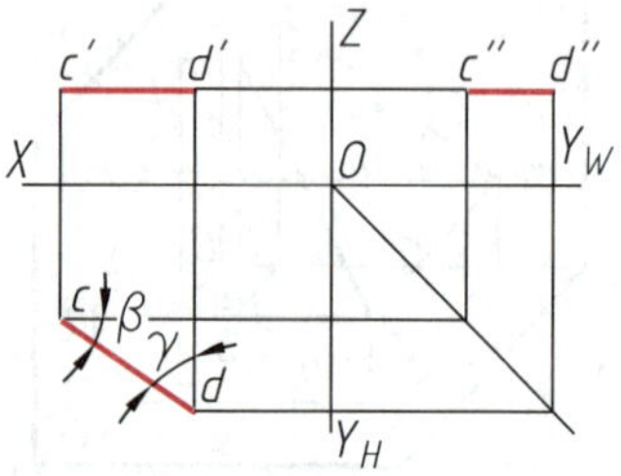 V 面、W 面投影是 Z 轴的垂直线，H 面投影反映直线实长及直线的 β、γ 角
侧平线	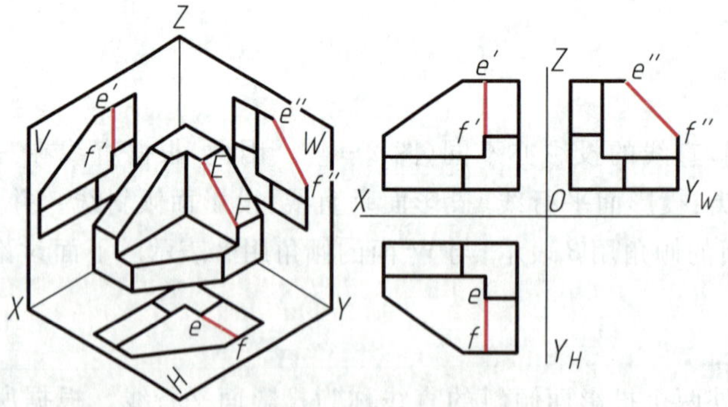 侧平线平行于 W 面，倾斜于 V 面、H 面，线上所有点的 x 坐标相同	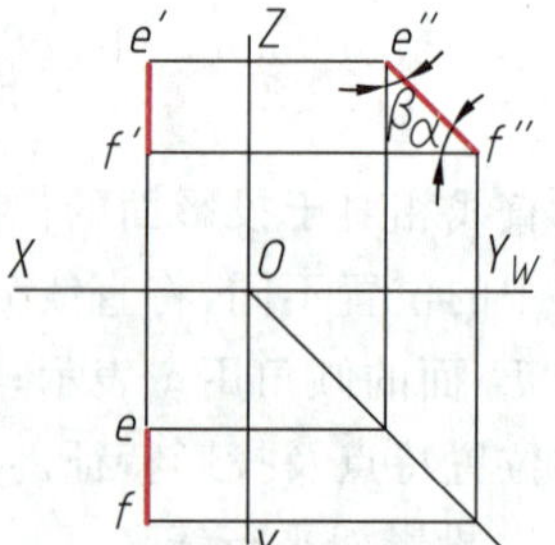 V 面、H 面投影是 X 轴的垂直线，W 面投影反映直线实长及直线的 α、β 角

由表 2-1 可知：对投影面平行线，线上所有点总有一个坐标相等（正平线 y 坐标相等，水平线 z 坐标相等，侧平线 x 坐标相等），因此它的投影特征是两面投影是投影轴的垂直线，另一面投影反映直线实长及直线与不平行投影面的夹角。

2. 投影面垂直线

垂直于某一个投影面，而与另外两个投影面平行的直线称为投影面垂直线。根据所垂直的投影面不同，投影面垂直线又分为三种：正垂线、铅垂线、侧垂线，各种投影面垂直线的投影特征如表 2-2 所示。

表 2-2 投影面垂直线的投影特征

<table>
<tr><th></th><th>结合立体分析</th><th>投影特征</th></tr>
<tr><td>正垂线</td><td>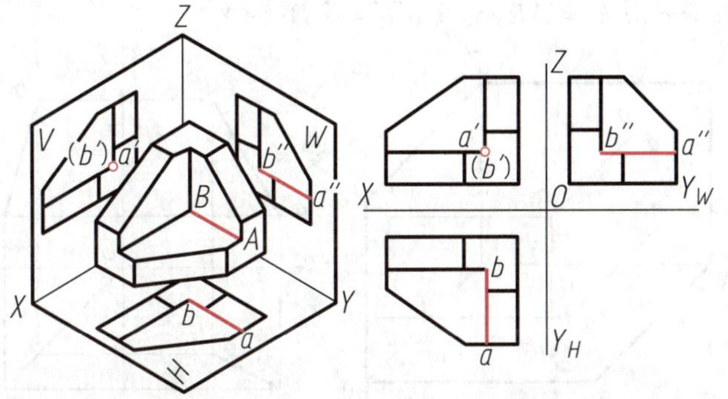正垂线垂直于 V 面，平行于 H 面、W 面及 Y 轴，线上所有点都是 V 面的重影点</td><td>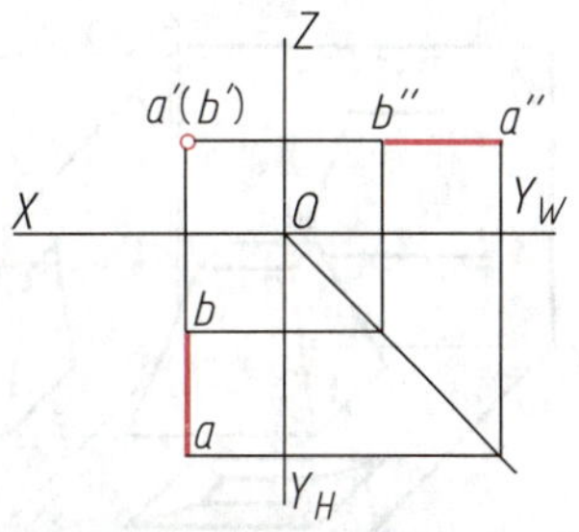V 面投影积聚为一个点，H 面、W 面投影平行于 Y 轴且反映直线实长</td></tr>
<tr><td>铅垂线</td><td>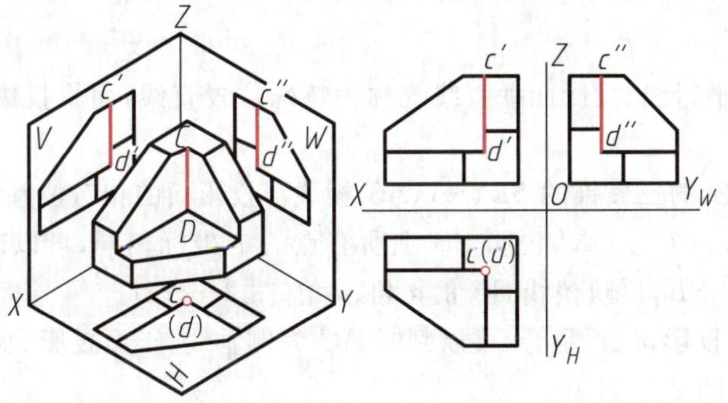铅垂线垂直于 H 面，平行于 V 面、W 面及 Z 轴，线上所有点都是 H 面的重影点</td><td>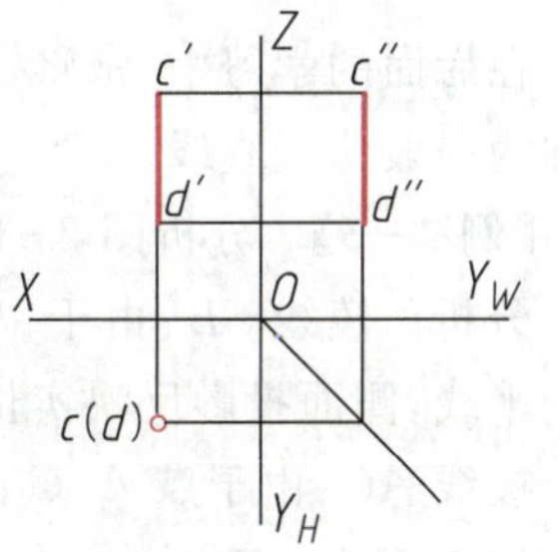H 面投影积聚为一个点，V 面、W 面投影平行于 Z 轴且反映直线实长</td></tr>
<tr><td>侧垂线</td><td>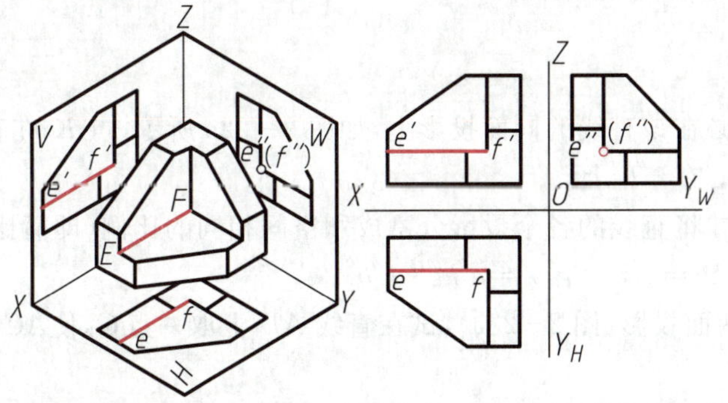侧垂线垂直于 W 面，平行于 V 面、H 面及 X 轴，线上所有点都是 W 面的重影点</td><td>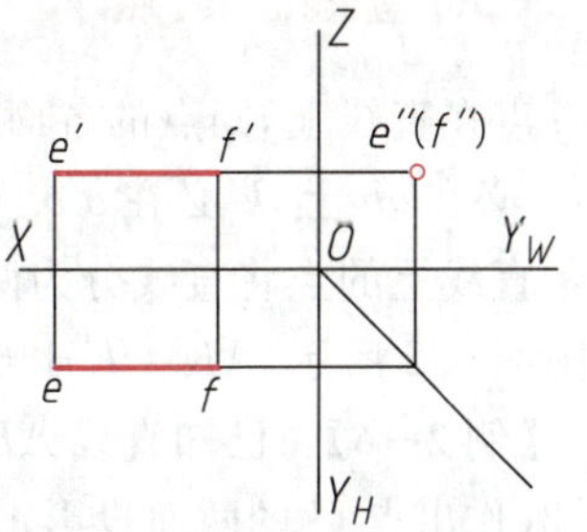W 面投影积聚为一个点，V 面、H 面投影平行于 X 轴且反映直线实长</td></tr>
</table>

由表 2-2 可知：对投影面垂直线，在垂直于某一投影面的同时，平行于某一投影轴（铅垂线 $/\!/$ Z 轴，正垂线 $/\!/$ Y 轴，侧垂线 $/\!/$ X 轴），因此它的投影特征是一面投影积聚为一个点，另两面投影不但反映直线的实长，且还平行于相应的投影轴。

3. 投影面倾斜线

倾斜于三个投影面的直线称为投影面倾斜线，如图 2-20a 中的 AB 棱线。

投影面倾斜线的投影特征：

(1) 三面投影都倾斜于投影轴（主要特征），但它与投影轴的夹角不反映直线的 α、β、γ 角。

(2) 三面投影都缩短：$ab=AB\cos\alpha$，$a'b'=AB\cos\beta$，$a''b''=AB\cos\gamma$。

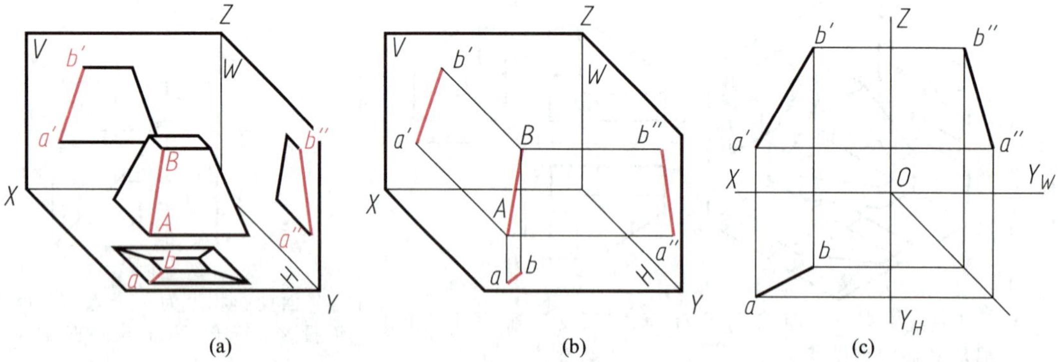

图 2-20 投影面倾斜线的投影特征

在后面的学习中，常将投影面平行线、投影面垂直线统称为特殊位置直线，而将投影面倾斜线称为一般位置直线。

【例 2-5】 分析图 2-21a 所示的三棱锥的 SB、SA、AC 棱线与投影面的相对位置。

分析 棱线 SB：由于 $sb\perp OX$，$s'b'\perp OX$，说明 SB 上所有点的 x 坐标相同，可以确定 SB 为侧平线，侧面投影反映实长 $s''b''=SB$，反映棱线 SB 的 α 角、β 角（图 2-21a）。

棱线 AC：由于点 A、C 的侧面投影 a''、c'' 重合，可以判断 AC 为侧垂线，正面投影、水平投影都平行于 X 轴，且 $a'c'=ac=AC$（图 2-21b）。

棱线 SA：由于 SA 的三面投影 sa、$s'a'$、$s''a''$ 都与投影轴倾斜，可以判断 SA 为一般位置直线（图 2-21c）。

三、直线上的点

点在直线上，则点的各面投影必在该直线的同面投影上，如图 2-22a 所示，点 K 在直线 AB 上，k 必在 ab 上，k' 必在 $a'b'$ 上，k'' 必在 $a''b''$ 上。

直线上的点将直线分为两段，并将直线的各个投影分割成和空间相同的比例（即简比不变），如图 2-22 所示，$AK:KB=ak:kb=a'k':k'b'=a''k'':k''b''$。

【例 2-6】 已知直线 AB 的两面投影（图 2-23a），试在直线 AB 上取一点 C，使 $AC:CB=1:2$，作出点 C 的两面投影 c、c'。

作图

1) 自 ab 的一个端点 a 作任一辅助线，在该辅助线上截取 3 个单位长，得点 B_0（图 2-23b）。

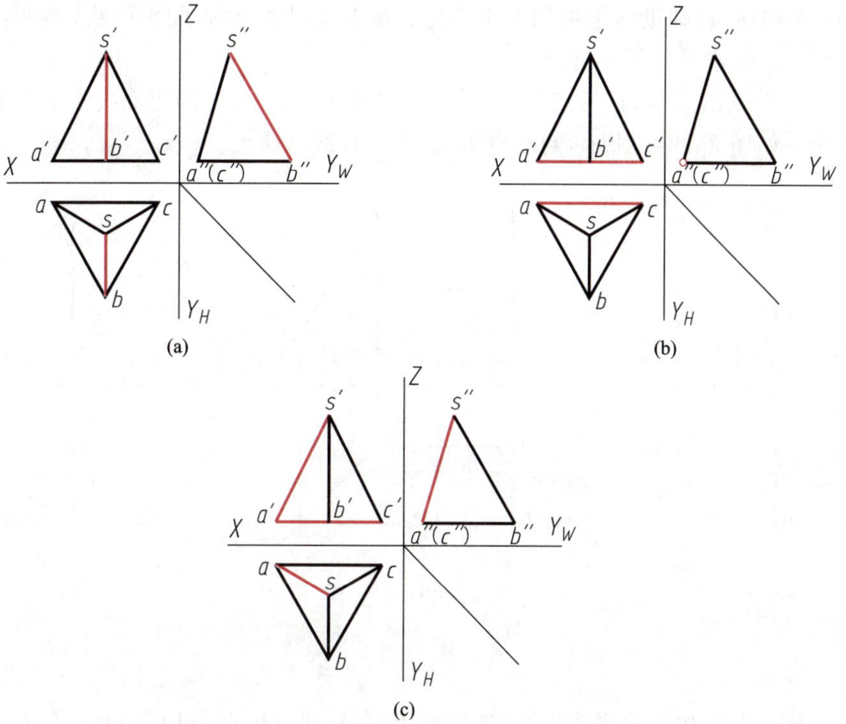

图 2-21　分析投影，确定直线与投影面的相对位置

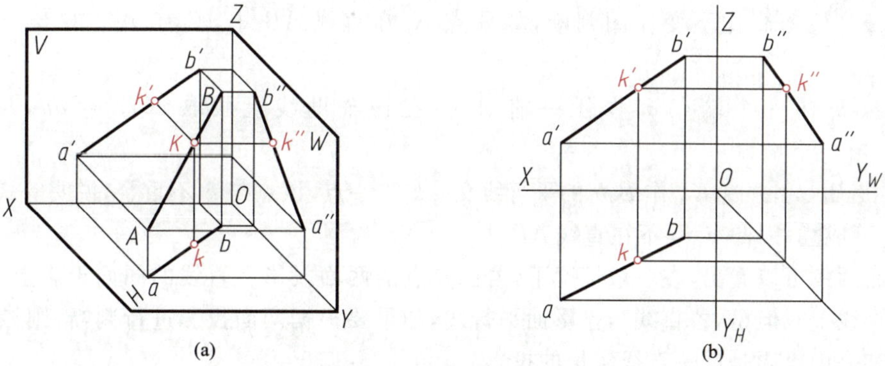

图 2-22　直线上的点

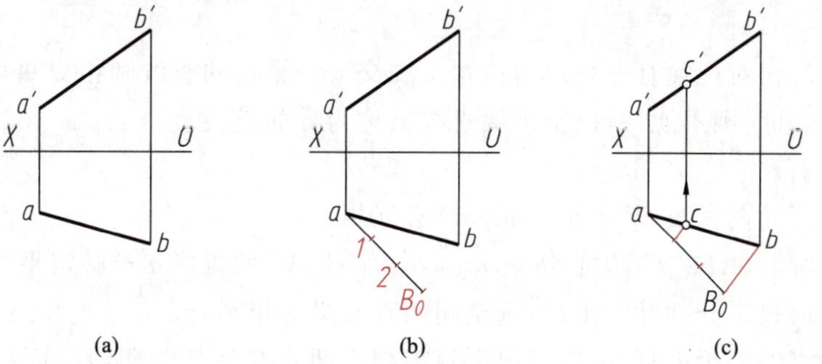

图 2-23　直线上取点

2）将 B_0、b 相连，过辅助线上的第一个单位长度截点 1 画 B_0b 的平行线，该平行线与 ab 的交点即是所求点 C 的水平投影 c（图 2－23c）。

3）过 c 作 OX 轴的垂线，该垂线与 $a'b'$ 的交点，即为所求点 C 的正面投影 c'（图 2－23c）。

【例 2－7】 如图 2－24a 所示，判断点 K 是否在直线 AB 上。

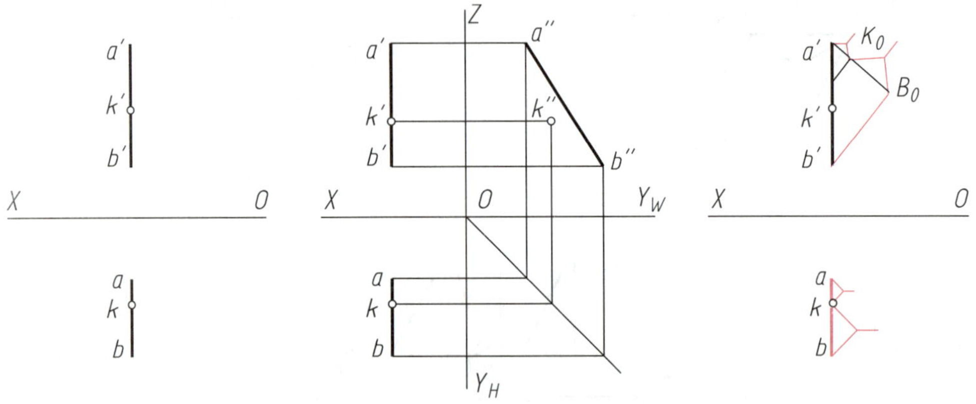

(a)　(b)　(c)

图 2－24　判断点是否在直线上

方法一　补画直线和点的侧面投影，如果点 K 在直线 AB 上，则 k''必在 $a''b''$上。从图 2－24b 看出，k''不在 $a''b''$上，所以点 K 不在直线 AB 上。

方法二　根据简比不变作图判断，如果点 K 在直线 AB 上，必有 $ak : kb = a'k' : k'b'$。

1）自 $a'b'$ 的一个端点 a' 作任一辅助线，在该辅助线上截取 $a'K_0 = ak$，$K_0B_0 = kb$（图 2－24c）。

2）连接 B_0、b'，并过 K_0 作 B_0b'的平行线交 $a'b'$于一点，该点与 k'不重合，说明等式 $ak : kb = a'k' : k'b'$ 不成立，因此点 K 不在直线 AB 上。

从上面两例可以看出，在一般情况下，若已知点的两面投影在直线的同面投影上，就可以断定该点在直线上。但是，若直线为投影面平行线，如果要根据两面投影进行判断，则该两面投影中一定要有一面投影是反映直线实长的投影。

四、两直线的相对位置

空间两直线的相对位置有三种：平行、相交和交叉。平行两直线和相交两直线都可以组成一个平面，而交叉两直线则不能，所以交叉两直线又称为异面直线。

1. 两直线平行

空间互相平行的两直线，其各组同面投影必互相平行。

如图 2－25 所示，$AB /\!/ CD$，则 $ab /\!/ cd$、$a'b' /\!/ c'd'$，W 面投影 $a''b''$必定平行于 $c''d''$。若空间两直线的三组同面投影分别互相平行，则空间两直线必互相平行。

判断空间两直线是否平行，一般情况下只需判断两直线的任意两组同面投影是否分别平行即可（图 2－25b）。但是当两直线同为某一投影面的平行线时，要判断它们是否平行，则取决于

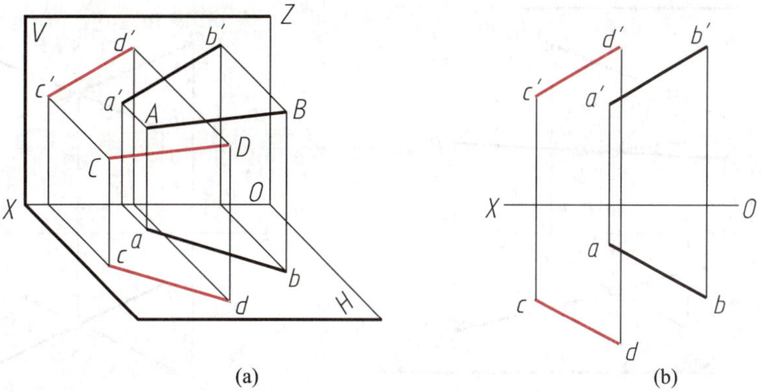

图 2-25　两直线平行

该两直线所平行的那个投影面上的投影是否平行。如图 2-26a 所示，EF、CD 为侧平线，虽然 $ef \parallel cd$、$e'f' \parallel c'd'$，但求出侧面投影（图 2-26b）后，由于 $e''f''$ 不平行于 $c''d''$，故 EF、CD 不平行。

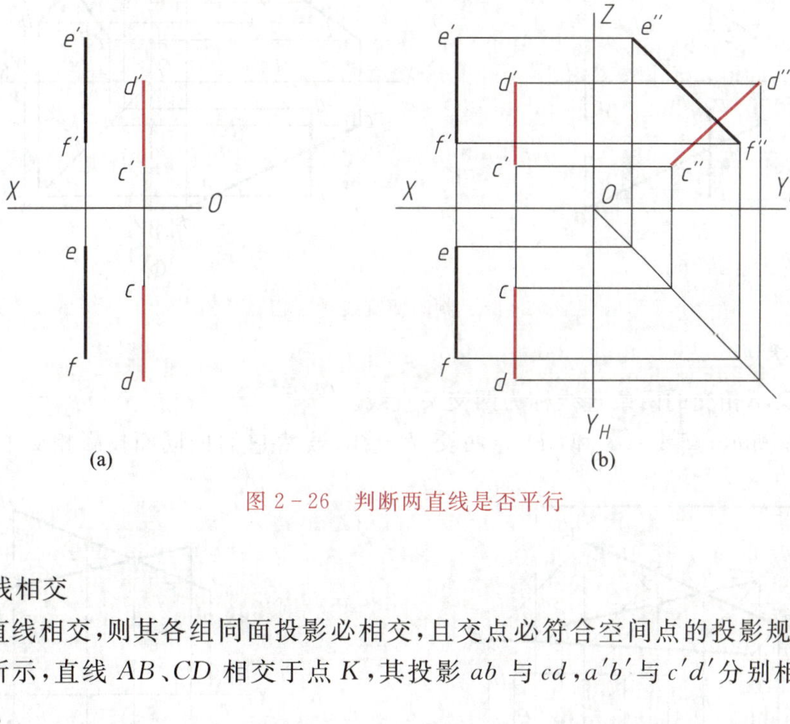

图 2-26　判断两直线是否平行

2. 两直线相交

空间两直线相交，则其各组同面投影必相交，且交点必符合空间点的投影规律；反之亦然。如图 2-27 所示，直线 AB、CD 相交于点 K，其投影 ab 与 cd，$a'b'$ 与 $c'd'$ 分别相交于 k、k'，且 $kk' \perp OX$ 轴。

判断空间两直线是否相交，一般情况下，只需判断任意两组同面投影是否相交，且交点符合点的投影规律即可（图 2-27b）。但是，当两条直线中有一条直线为投影面平行线时，要判断它们是否相交，则取决于直线投影的交点是否是同一点的投影。

【例 2-8】 判断图 2-28a 中直线 AB、CD 是否相交？

补画 AB、CD 的第三面投影，虽然 AB、CD 的第三面投影也相交，但两直线投影的交点不是同一点的投影，所以两直线在空间不相交（图 2-28b）。

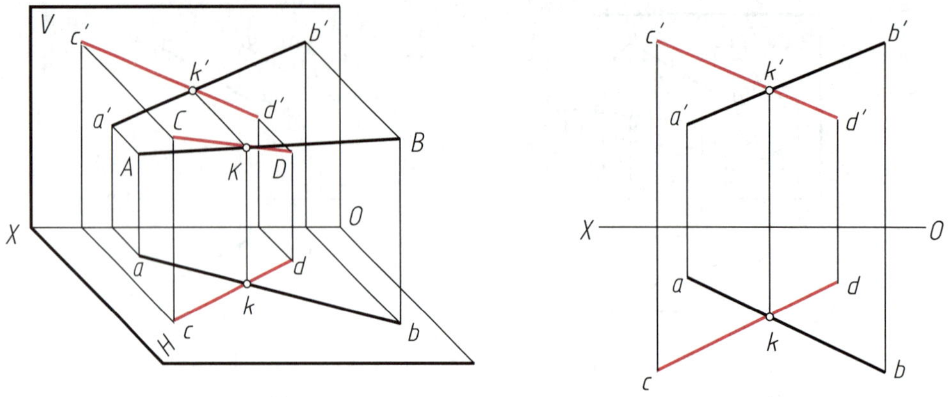

(a) (b)

图 2－27 两直线相交

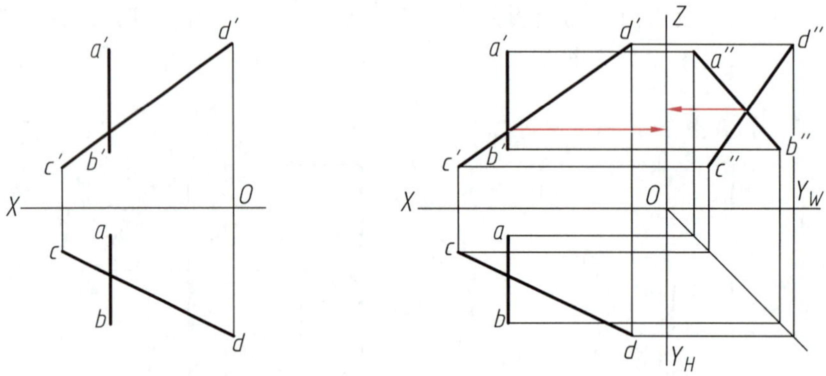

(a) (b)

图 2－28 判断两直线是否相交

3. 两直线交叉

既不平行又不相交的两条直线称为两交叉直线。

如图 2－29 所示，直线 AB 和 CD 为两交叉直线，虽然它们的同面投影相交了，但“交点”不

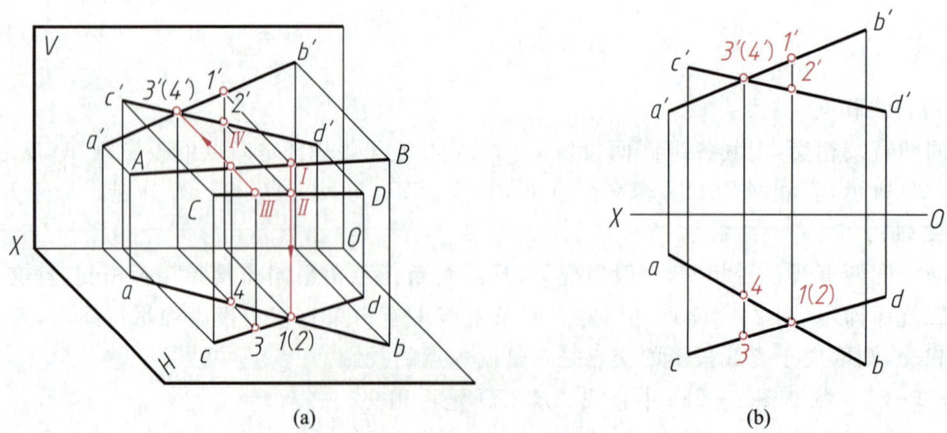

(a) (b)

图 2－29 两直线交叉

符合点的投影规律，该“交点”只是两直线的重影点。如 ab、cd 的交点 $1(2)$，是直线 AB 上的点Ⅰ与直线 CD 上的点Ⅱ水平投影的重合（即 H 面重影点）；$a'b'$、$c'd'$ 的交点 $3'(4')$ 是直线 AB 上的点Ⅳ与直线 CD 上的点Ⅲ正面投影的重合（即 V 面重影点）。

利用交叉两直线重影点的投影可以判断两直线的相对位置，如图 2－29b 所示，根据两直线的 H 面重影点的投影 $1(2)$，找出该重影点的正面投影 $1'$、$2'$，由于 $1'$ 在 $2'$ 的上方，所以可以判断直线 AB 在直线 CD 上方；根据两直线的 V 面重影点的投影 $3'(4')$，找出该重影点的水平投影 3、4，由于 3 在 4 的前方，所以可以判断直线 CD 在直线 AB 前方。

§2－4　平面的投影

一、平面的几何表示法

从几何学可知，不在同一条直线上的三点确定一平面。这一基本情况可转化为：一直线和直线外一点；相交两直线；平行两直线；任意的平面图形。平面的投影也可以用这些几何元素的投影来表示，如图 2－30 所示。

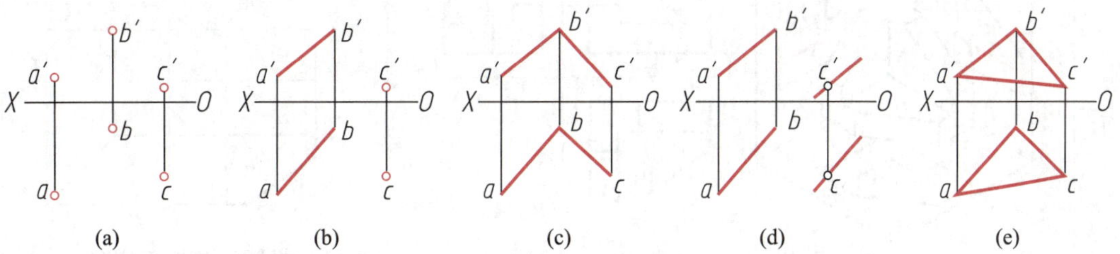

图 2－30　平面的几何表示法

一般，平面的投影只用来表达平面的空间位置，并不限制平面的空间范围。因此，没加特别说明时，平面都是可无限延伸的。

二、各类平面的投影特征

与直线相类似，平面相对于投影面的位置不同，平面的投影亦不同（图 2－4）。因此，根据平面在三投影面体系中的位置不同，将平面分为三类：投影面平行面、投影面垂直面、投影面倾斜面。并规定：平面与 H 面的倾角用 α 表示；平面与 V 面的倾角用 β 表示；平面与 W 面的倾角用 γ 表示。下面讨论各类平面的位置特点及投影特征。

1. 投影面平行面

平行于某一个投影面，而与另外两个投影面垂直的平面称为投影面平行面。根据所平行的投影面不同，投影面平行面又分为三种：正平面、水平面、侧平面，各种投影面平行面的投影特征如表 2－3 所示。

表 2-3　投影面平行面的投影特征

<table>
<tr><th></th><th>结合立体分析</th><th>投影特征</th></tr>
<tr><td>正平面</td><td>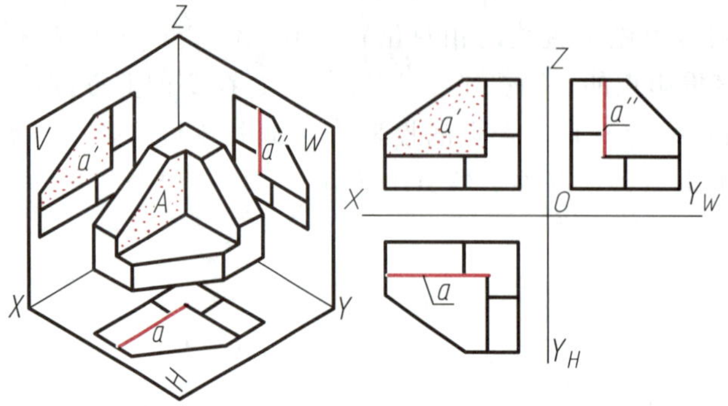
正平面平行于 V 面，垂直于 H 面、W 面及 Y 轴，面上所有点的 y 坐标相等</td><td>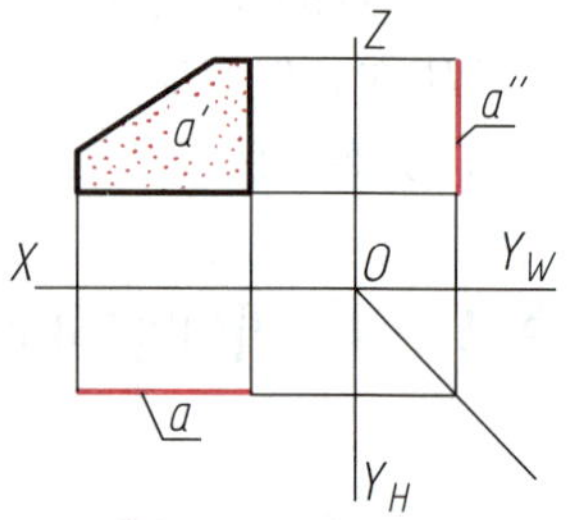
V 面投影反映平面实形，H 面、W 面投影积聚为 Y 轴的垂直线</td></tr>
<tr><td>水平面</td><td>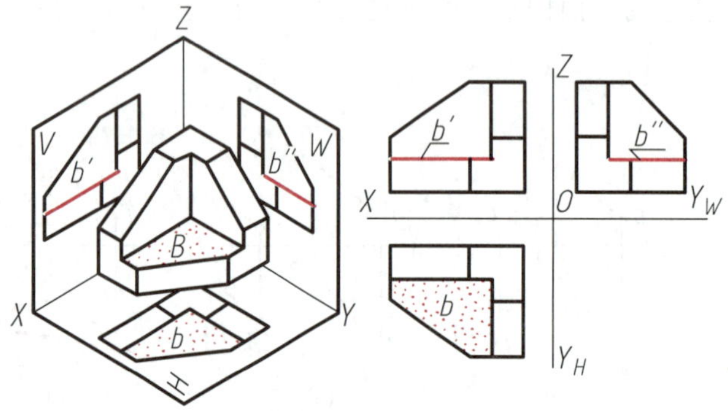
水平面平行于 H 面，垂直于 V 面、W 面及 Z 轴，面上所有点的 z 坐标相等</td><td>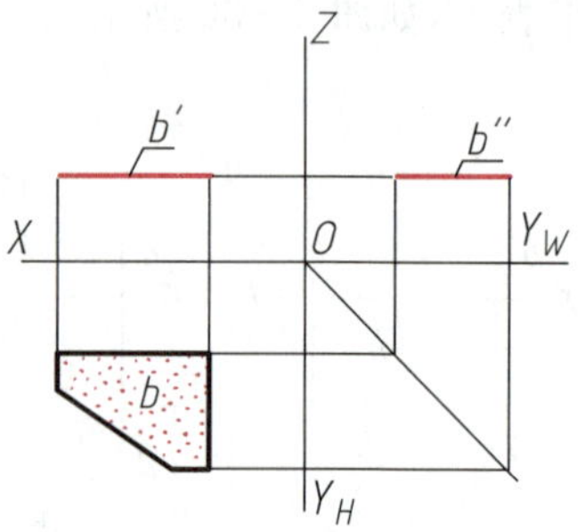
H 面投影反映平面实形，V 面、W 面投影积聚为 Z 轴的垂直线</td></tr>
<tr><td>侧平面</td><td>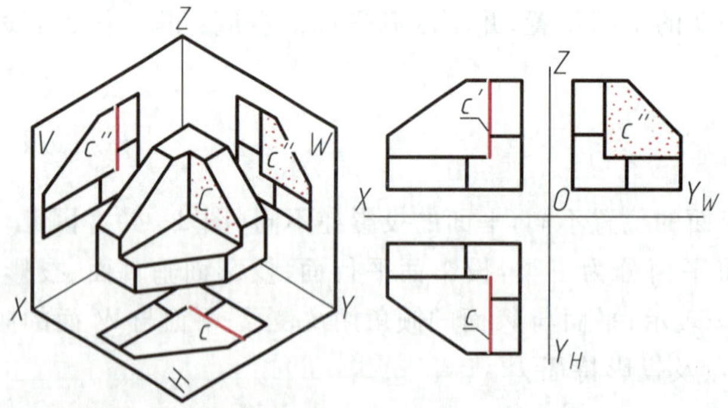
侧平面平行于 W 面，垂直于 V 面、H 面及 X 轴，面上所有点的 x 坐标相等</td><td>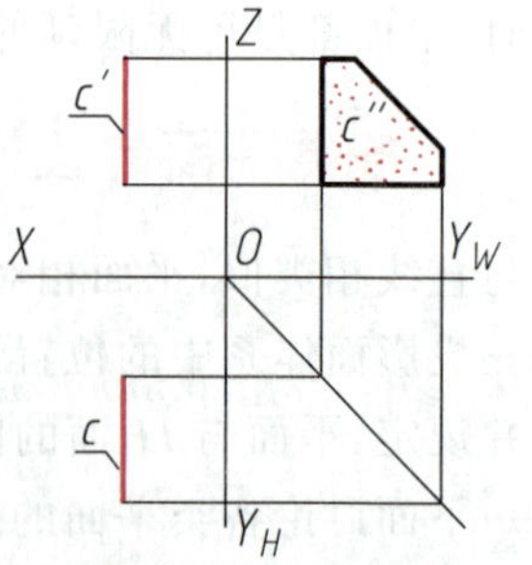
W 面投影反映平面实形，V 面、H 面投影积聚为 X 轴的垂直线</td></tr>
</table>

由表 2-3 可知：对投影面平行面，面上所有点总有一坐标相等（正平面 y 坐标相等、水平面 z 坐标相等、侧平面 x 坐标相等），因此它们的投影特征是：在所平行的投影面上的投影反映平面实形，另两面投影积聚为对应投影轴的垂直线。

2. 投影面垂直面

垂直于某一个投影面，而与另外两个投影面倾斜的平面称为投影面垂直面。根据所垂直的投影面的不同，投影面垂直面又分为三种：正垂面、铅垂面、侧垂面，各种投影面垂直面的投影特征如表 2－4 所示。

表 2－4　投影面垂直面的投影特征

	结合立体分析	投影特征
正垂面	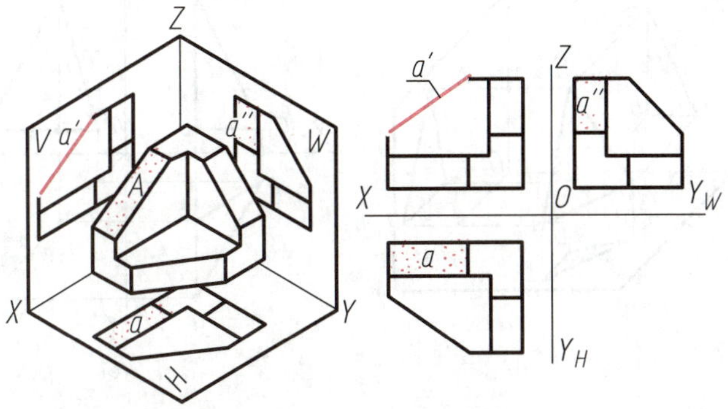 正垂面垂直于 V 面，倾斜于 H 面、W 面	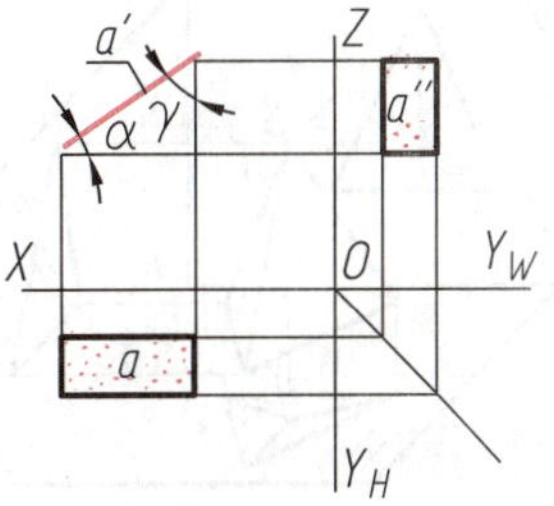 V 面投影积聚为投影轴的倾斜线，该线与 Z 轴夹角是平面的 γ 角、与 X 轴的夹角是平面的 α 角，H 面、W 面投影是平面的类似形
铅垂面	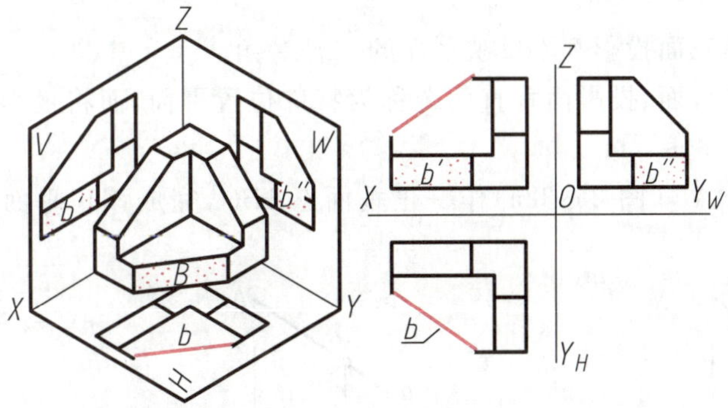 铅垂面垂直于 H 面，倾斜于 V 面、W 面	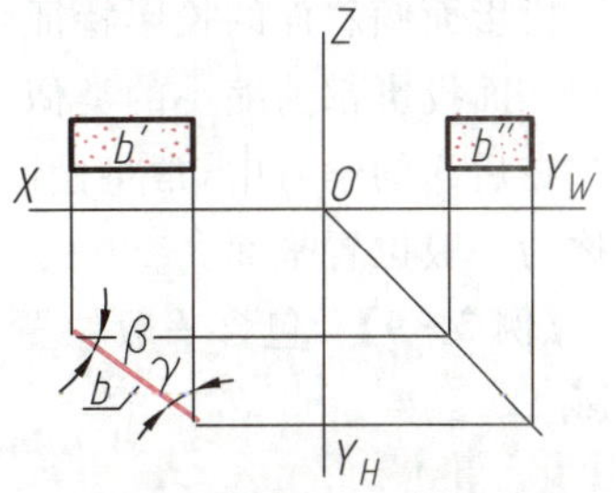 H 面投影积聚为投影轴的倾斜线，该线与 X 轴夹角是平面的 β 角、与 Y 轴的夹角是平面的 γ 角，V 面、W 面投影是平面的类似形
侧垂面	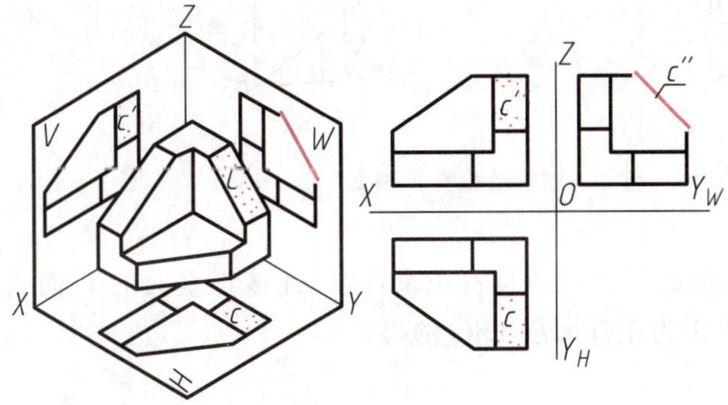 侧垂面垂直于 W 面，倾斜于 V 面、H 面	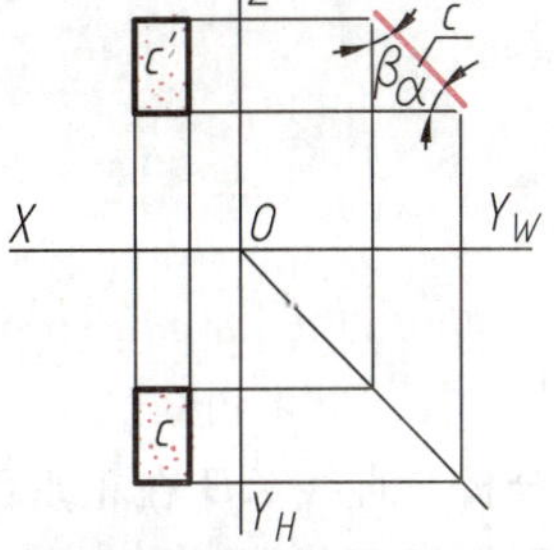 W 面投影积聚为投影轴的倾斜线，该线与 Z 轴夹角是平面的 β 角、与 Y 轴的夹角是平面的 α 角，V 面、H 面投影是平面的类似形

由表 2-4 可知投影面垂直面的投影特征：两面投影是平面缩小的类似形，另一面投影积聚为倾斜于投影轴的直线，该直线与两投影轴的夹角反映平面与其倾斜投影面的夹角。

思考 有一空间平面△ABC，它垂直于 V 面的同时又垂直于 W 面，该平面△ABC 是投影面平行面还是投影面垂直面？

3. 投影面倾斜面

倾斜于三个投影面的平面称为投影面倾斜面，如图 2-31a 中的 SAB 棱面。

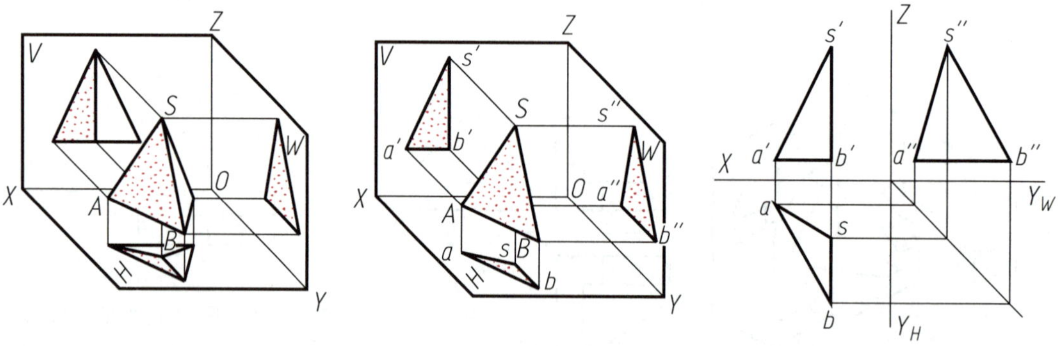

(a) (b) (c)

图 2-31 投影面倾斜面

投影面倾斜面的投影特征：

三面投影都为缩小的类似形，其三面投影都不反映平面的 α、β、γ 角。

在后面的学习中，常将投影面平行面、投影面垂直面统称为特殊位置平面，而将投影面倾斜面称为一般位置平面。

【例 2-9】 包含一般位置直线 AB（图 2-32a）作一正垂面△ABC，完成该正垂面的两面投影。

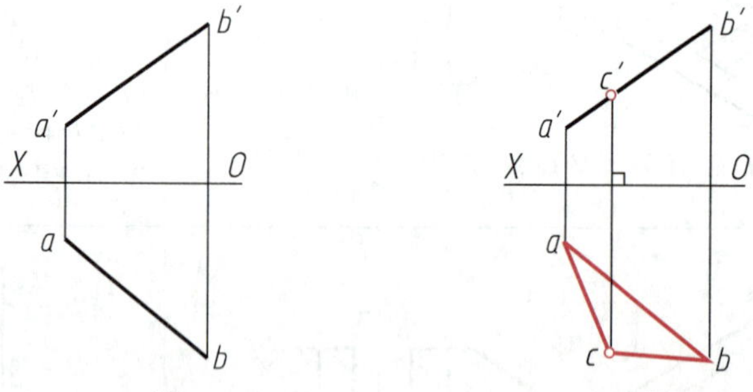

(a) (b)

图 2-32 包含一般位置线作正垂面

分析 直线 AB 在正垂面上，正垂面正面投影具有积聚性，因此该正垂面的 V 面投影与直线 AB 的 V 面投影 $a'b'$ 重合，H 面投影为正垂面△ABC 的类似形。

作图

1）在 $a'b'$ 上任取一点为 c'；

2）过 c' 作 OX 轴垂线并延长；

3）在该延长线上任取一点为 c；

4）连接 abc 为所求。

思考

1）例 2－9 是否有无数解？

2）能否包含图 2－32a 中的直线 AB 作一正平面？

三、平面的迹线表示法

平面延伸后与投影面的交线称为平面的迹线，平面延伸后与 V、H、W 面的交线分别称为平面的正面迹线、水平迹线、侧面迹线，并用平面名称（大写字母）加对应投影面字母为角标表示，如平面 P 的三条迹线就表示为 P_H、P_V、P_W（图 2－33a）。用平面的三条迹线 P_V、P_H、P_W 的投影来表示平面的空间位置，平面的这种表示法称为平面的迹线表示法。迹线是平面与投影面的共有线，如迹线 P_V，它即位于 V 面上，同时也位于平面 P 上，因此它的 V 面投影与自身重合，H 面投影与 OX 轴重合，W 面投影与 OZ 轴重合，为了简化平面的迹线表示，一般不画迹线与投影轴重合的投影（图 2－33b）。

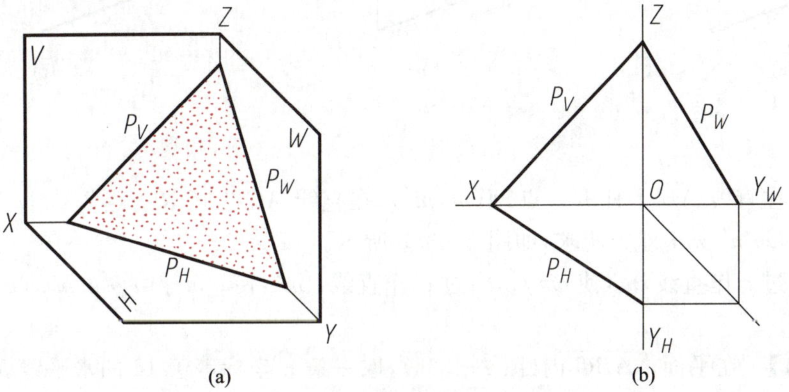

图 2－33　平面的迹线表示法

在例 2－9 中，虽然 c'、c 都是任意选定的，但该题是唯一解。因为没加特别说明时，平面的投影只用来确定平面的空间位置，并不限定平面的范围。在例 2－9 中取不同的 c'、c，作出的投影只是表达了该平面的不同区域。事实上对于正垂面而言，正面投影确定了，正垂面的空间位置就唯一确定了，因此在工程上对已指明的特殊位置平面，常用与积聚性投影重合的迹线投影来表示（图 2－34）。

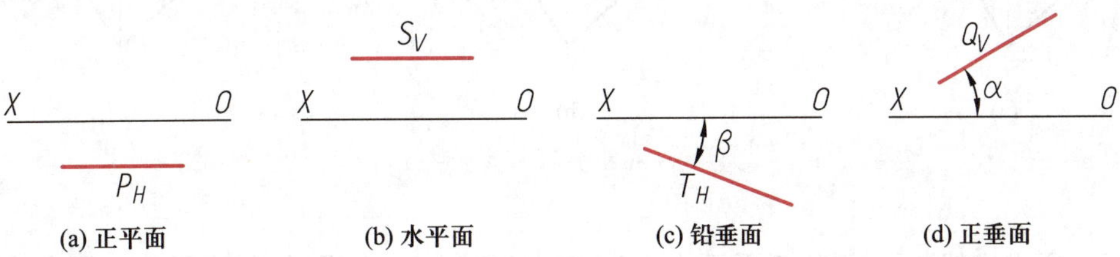

图 2－34　特殊位置平面的迹线表示

四、平面内的直线和点

1. 平面内取直线

直线位于平面内的几何条件是：直线通过一平面内的两个点或通过平面内的一个点，且平行于平面内的某条直线。

【例 2-10】 在相交两直线 AB、AC 确定的平面内（图 2-35a），任取一直线，完成该直线的两面投影。

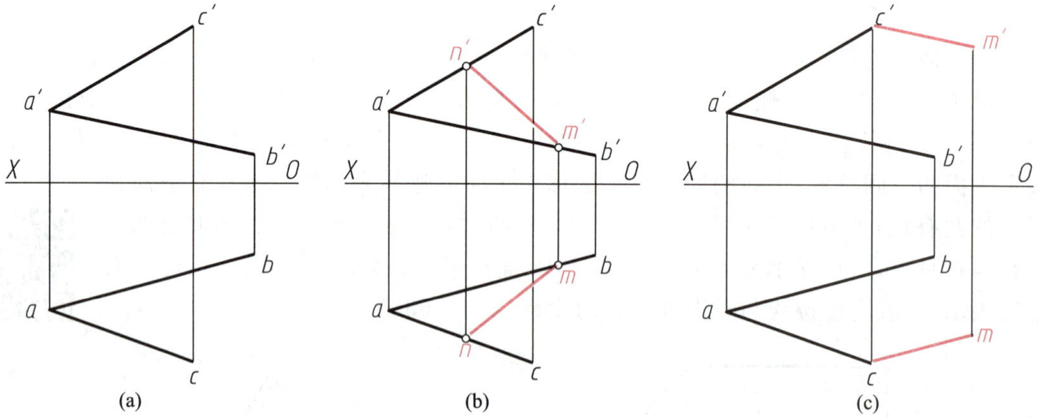

图 2-35 平面内取任意直线

方法一 在直线 AB 上任取一点 $M(m, m')$，在直线 AC 上任取一点 $N(n, n')$，将 M、N 的同面投影相连，$m'n'$、mn 即为所求，如图 2-35b 所示。

方法二 过 c 作直线 cm，使 $cm \parallel ab$；过 c' 作直线 $c'm'$，使 $c'm' \parallel a'b'$，cm、$c'm'$ 即为所求，如图 2-35c 所示。

【例 2-11】 在平面△ABC 内（图 2-36a），取一条 z 坐标等于 16 的水平线 MN，完成该水平线 MN 的两面投影。

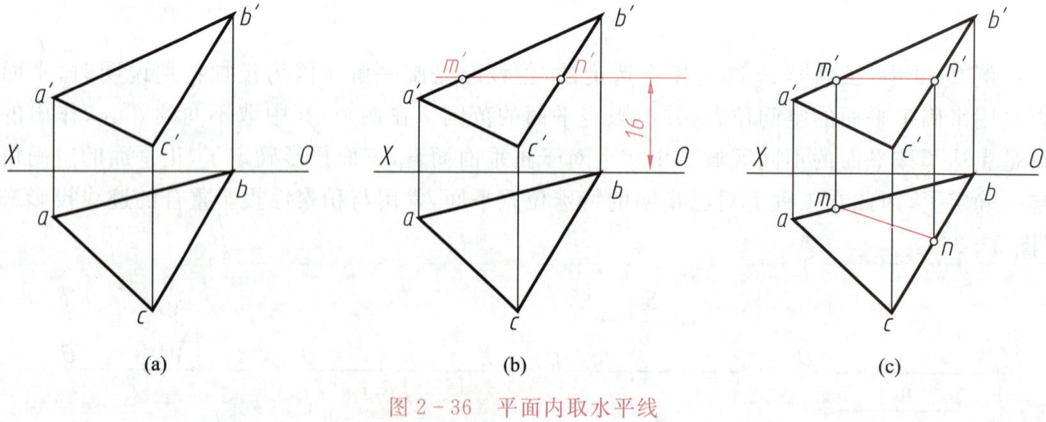

图 2-36 平面内取水平线

分析 所求直线 MN 既位于平面△ABC 内，又平行于 H 投影面（水平线），因此它的投影既应满足直线位于平面内的几何条件（通过平面内的两个点），又要满足投影面平行线（水平线）的投影特征，正面投影 $m'n' /\!/ OX$。

作图

1）在 OX 轴上方，作一条与 OX 轴相距 16 且平行的直线（图 2－36b），该直线分别与 $a'b'$、$b'c'$ 交于 m'、n'；

2）根据 m'、n' 求出 m、n，连接 m、n，m'、n' 即为所求（图 2－36c）。

2. 平面内取点

点位于平面内的几何条件是：若点在平面内的任一直线上，则点在此平面内。因此，在平面内取点应先在平面内取一直线，然后再在该直线上取符合要求的点。

【例 2－12】 已知点 E 位于平面△ABC 内（图 2－37a），求作点 E 的正面投影。

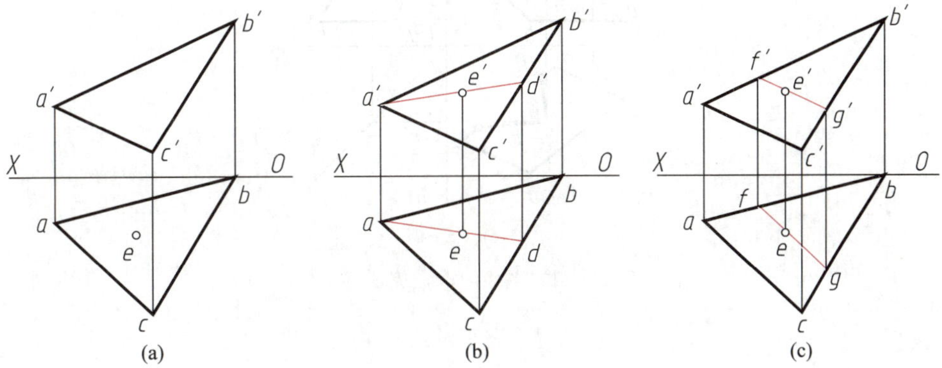

图 2－37 平面内取点

方法一 连接 a、e 并延长交 bc 于 d；由 d 求 d'；连接 a'、d'；由 e 求得 e'（图 2－37b）。

方法二 过 e 作 ac 的平行线，分别交 ba、bc 于 f 和 g；由 f、g 求 f'、g'；连接 f'、g'；由 e 求得 e'（图 2－37c）。

【例 2－13】 四边形 $ABCD$ 剪去一个缺口 Ⅰ Ⅱ Ⅲ（图 2－38a），完成该缺口四边形的水平投影和侧面投影。

分析 完成缺口四边形投影的关键是求出点 Ⅰ、Ⅱ、Ⅲ 的 H、W 面投影。由于点 Ⅰ、Ⅱ、Ⅲ 位于四边形平面内，因此利用平面内取点即可求解此题。

作图

1）由于点 Ⅰ、Ⅱ 为 CD 边上的点，所以可以由 $1'2'$ 直接求出 1、2 和 $1''$、$2''$（图 2－38b）；

2）过 $3'$ 作 $a'b'$ 的平行线交 $a'd'$ 于 e'（图 2－38c）；

3）由 e' 求出 e，过 e 作 ab 的平行线，由 $3'$ 求出 3（图 2－38c）；

4）由 3、$3'$ 求出 $3''$（图 2－38c）；

5）分别连接 1、3，2、3 和 $1''$、$3''$，$2''$、$3''$，并加粗该平面图形的轮廓线即完成所求（图 2－38c）。

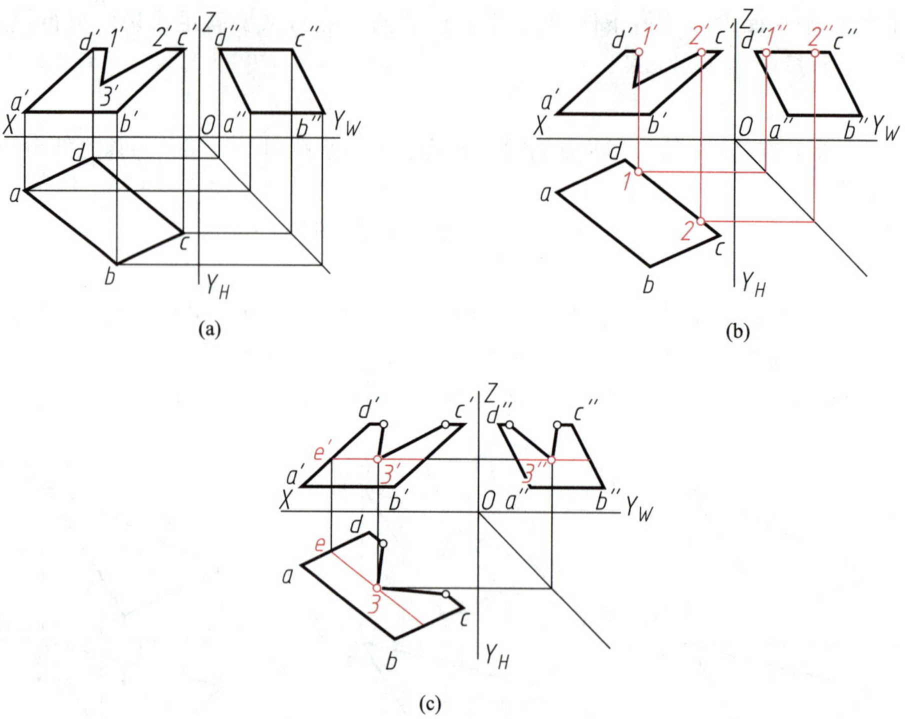

图 2-38　利用平面内取点完成平面投影

第三章　基本体及体表面交线

复杂物体都可以看成由若干基本体组合而成。基本体有平面体和曲面体两类。表面都是平面的立体称为平面体，如棱柱、棱锥；表面含有曲面的立体称为曲面体，常见的曲面体是回转体，如圆柱、圆锥、球等。本章主要讨论基本体(平面体、回转体)三视图的绘制及立体表面交线投影的求作方法。

§3-1　平面体的投影

一、平面体的投影作图

立体的投影是立体各表面投影的总和。平面体的表面都是平面，平面与平面的交线都是直线，因此画平面体投影的实质就是画给定位置的若干平面和直线的投影。运用前面所学的点、直线及平面投影特征，便可以完成平面体的投影作图。

1. 棱柱的投影作图(以六棱柱为例)

(1) 将棱柱放置一个适当位置

要尽可能多地让棱柱的主要表面和棱线与投影面平行或垂直，以方便画图和看图。如图 3-1a 所示，六棱柱的顶、底面为水平面，前、后棱面为正平面，左、右两侧的棱面为铅垂面。

(2) 具体画图

1) 画对称面的投影　用细点画线画出立体对称面有积聚性的投影。该六棱柱前后对称，对称面是正平面，用细点画线画出该平面有积聚性的投影(H 面投影、W 面投影)；同理画出六棱柱左、右对称面有积聚性的投影(V 面投影、H 面投影)(图 3-1b)。

2) 画顶、底面的投影　顶、底面是水平面，先画反映实形的 H 面投影(正六边形)，再画有积聚性的 V 面投影和 W 面投影(图 3-1b)。

3) 画六个棱面的投影　六个棱面的 H 面投影都积聚在正六边形的六条边上；前、后棱面 V 面投影相互重叠且反映实形，W 面投影积聚为 Z 轴的平行线；左、右四棱面 V 面投影，W 面投影都是缩小的类似形(矩形)，并且投影发生重叠(图 3-1c)。

4) 检查加粗图线　可见轮廓线的投影用粗实线绘制，不可见轮廓线的投影用细虚线绘制，对称面、轴线的投影用细点画线绘制(细点画线应超出图形 2～5 mm)，三种图线相互重叠时，优先表达前者(图 3-1c)。

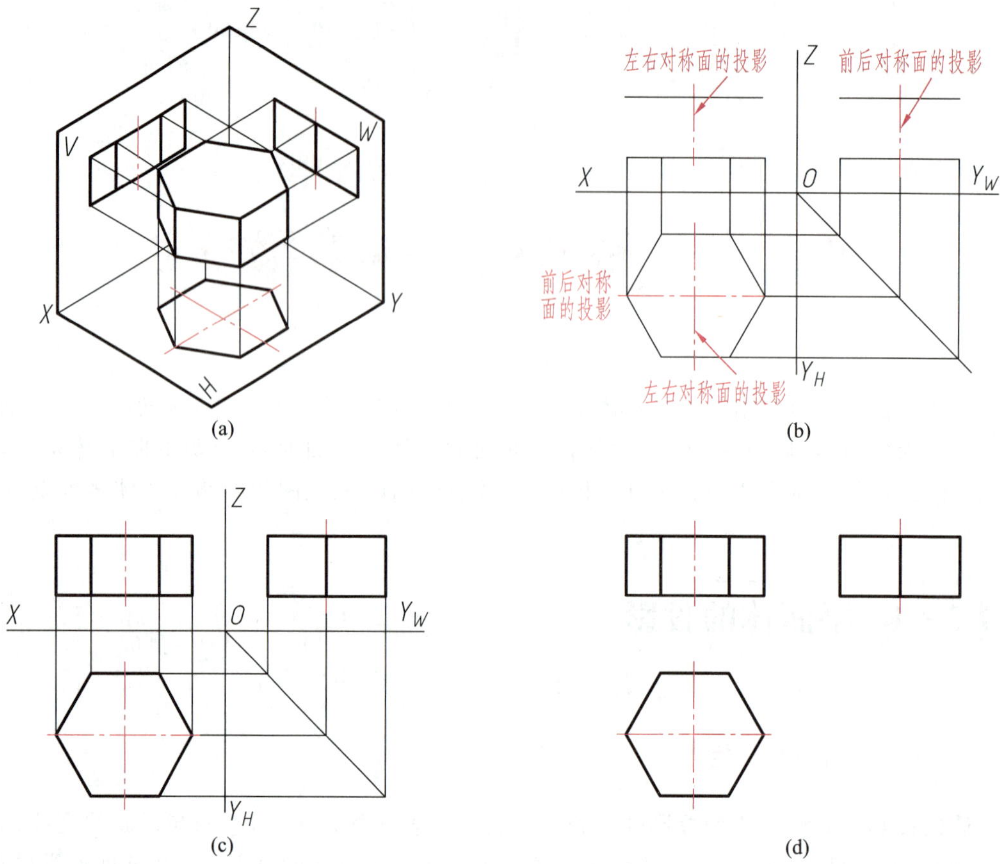

图 3-1　正六棱柱的投影作图

说明：画立体三面投影图的目的是用一组平面图形来表达物体的空间结构形状，将上述六棱柱放置在 H 面上或离 H 面一定距离，画出的三面投影图的图形是相同的，因此画立体三面投影时不必画出投影轴(图 3-1d)。

棱柱的投影特征：一面投影为多边形，多边形的各边是各棱面投影的积聚，另两面投影均为一个或多个矩形线框拼成的矩形框(图 3-2)。

2. 棱锥的投影作图(以五棱锥为例)

(1) 将棱锥放置一个适当位置

如图 3-3a 所示，五棱锥的底面为水平面，后棱面为侧垂面，其余四棱面为倾斜面。

(2) 具体画图

1) 画顶心线的投影　过锥顶与底面垂直的直线称为顶心线，用细点画线画出顶心线的三面投影。凡轴线、顶心线的投影积聚为一个点时，应用垂直相交的两条细点画线交点表示其投影(图 3-3b)。

2) 画底面的投影　底面是水平面，先画反映实形的 H 面投影(正五边形)，再画有积聚性的 V 面投影和 W 面投影(图 3-3b)。

3) 根据五棱锥的高确定锥顶 S 的三面投影　锥顶位于顶心线上，根据五棱锥的高定出锥顶

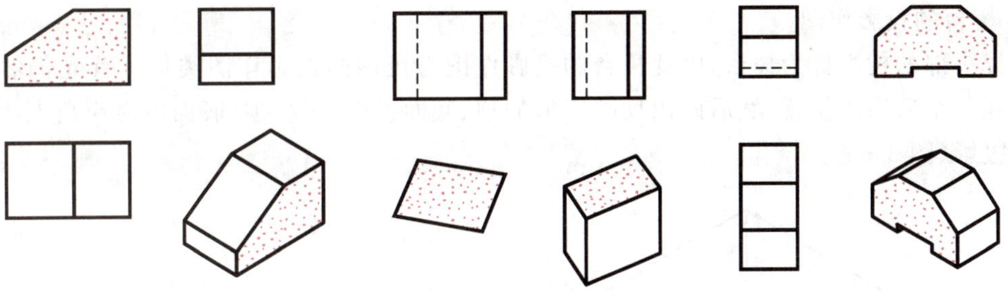

(a) (b) (c)

图 3－2　棱柱的投影特征

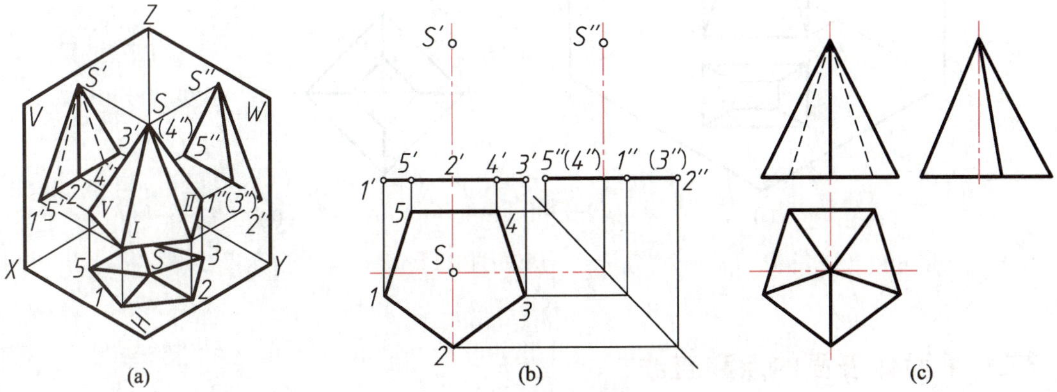

(a) (b) (c)

图 3－3　五棱锥的投影作图

S 的三面投影(图 3－3b)。

4）将锥顶与底面各角点的同面投影相连得五个棱面的三面投影(图 3－3c)。

5）检查、加粗图线(图 3－3c)。

棱锥的投影特征：一面投影是共顶点的三角形拼合成的多边形；另两面投影均为共顶点且底边重合于一条线的三角形拼合成的三角形(图 3－4)。

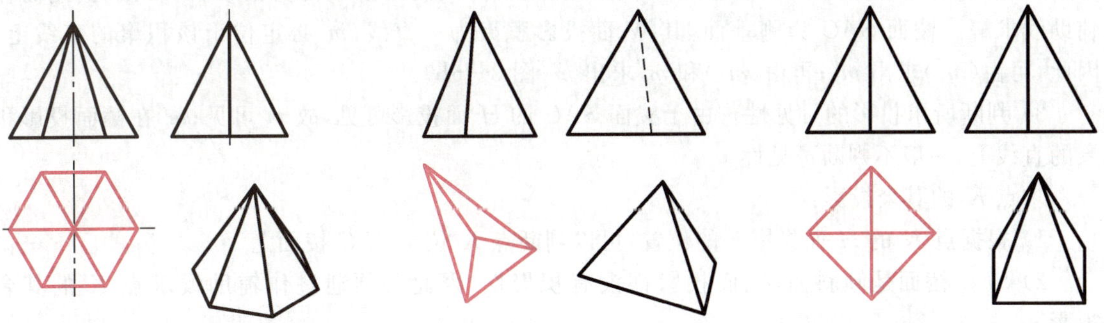

(a) (b) (c)

图 3－4　棱锥的投影特征

3. 棱台的投影作图

切掉头部的棱锥称为棱台，因此棱台的投影作图与棱锥的投影作图类似。首先仍然是将立体放置在一个适当的位置，然后画出反映实形的顶、底面投影，再将顶、底面各对应角点相连得各棱面的投影（图 3-5）。

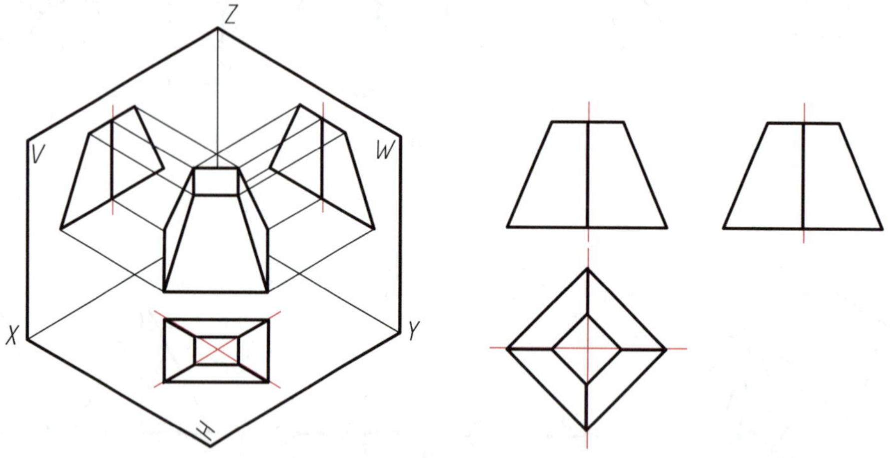

(a) (b)

图 3-5 四棱台的投影

二、平面体表面的点和直线

平面体的表面都是平面，因此在平面体表面取点、取线的作图与在平面上取点、取线的作图基本相同。但由于平面体各表面的投影存在相互遮挡的情况，因此在平面体表面取点、取线，需要判断点、线投影的可见性。

【例 3-1】 求作图 3-6a 所示三棱锥表面点 M、点 K 的其余投影。

求点 M 的其余投影：

1）判断点 M 位于哪个棱面上。因(m')为不可见，点 M 位于棱面 SAC 上。

2）判断点 M 所在棱面的投影有无积聚性。若有，则利用积聚性直接求解；若没有，则需作辅助线求解。棱面 SAC 为侧垂面，其 W 面投影积聚为一直线，m''必定位于该积聚的直线上。因此，可由(m')求出 m''；再由(m')和 m''求出 m（图 3-6b）。

3）判断所求投影的可见性。由于棱面 SAC 的 H 面投影可见，故 m 可见；m''在棱面投影积聚的直线上，一般不判断可见性。

求点 K 的其余投影：

1）根据点 K 的 H 面投影 k 的位置，可以判断点 K 位于 SBC 棱面上。

2）SBC 棱面是倾斜面，三面投影都没有积聚性，因此必须通过作辅助线求点 K 的其余投影。

方法一 由锥顶 S 过点 K 作辅助线 SⅠ，点 K 在辅助线 SⅠ上，则点 K 的投影必在 SⅠ的同面投影上。连接 s、k 延长交 bc 于 1，由 $s1$ 作出 $s'1'$，在 $s'1'$上定出 k'，再由 k、k'求出 k''（图 3-6c）。

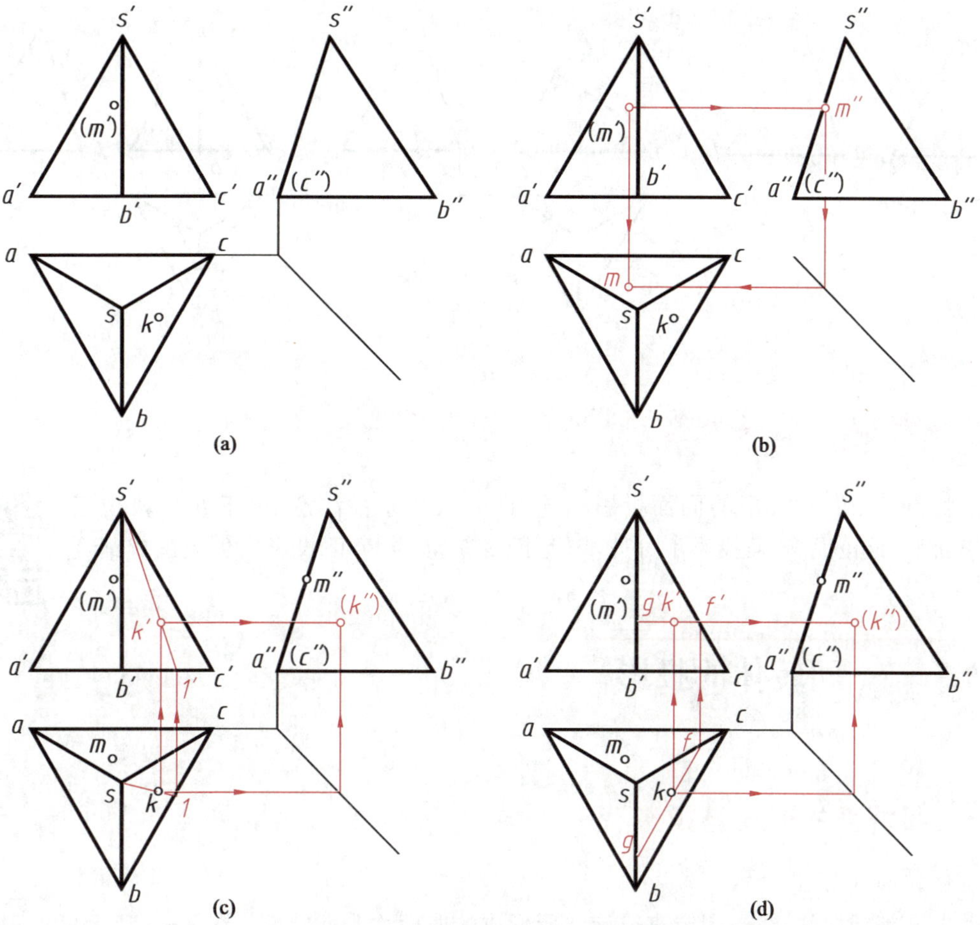

图 3-6 在三棱锥表面取点作图

方法二 过点 K 作 BC 的平行线 GF 为辅助线，点 K 在辅助线 GF 上，则点 K 的投影必在 GF 的同面投影上。过 k 作 bc 平行线交 sc 于 f，交 sb 于 g，由 f 求出 f'（f' 在 $s'c'$ 上），过 f' 作 $f'g' /\!/ b'c'$，由 k 求出 k'（k' 在 $f'g'$ 上），再由 k、k' 求出 k''（图 3-6d）。

3）判断点 K 投影的可见性，SBC 棱面的 V 面投影可见，k' 可见；SBC 棱面的 W 面投影不可见，k'' 不可见（图 3-6d）。

【例 3-2】 已知如图 3-7a 所示，完成三棱锥表面折线 Ⅰ Ⅱ Ⅲ Ⅳ 的其余投影。

分析 分析图 3-7a 可知，折线 Ⅰ Ⅱ Ⅲ Ⅳ 位于三棱锥的三个棱面上，是一个三折线。Ⅰ Ⅱ 段位于 SAB 棱面上，Ⅱ Ⅲ 段位于 SBC 棱面上，Ⅲ Ⅳ 段位于 SCA 棱面上。要完成该折线的其余投影，关键是求点 Ⅰ、Ⅱ、Ⅲ、Ⅳ 的其余投影。

作图

1）点 Ⅰ、Ⅱ、Ⅲ 分别位于 SA、SB、SC 三棱线上，因此由 $1'$、$2'$、$3'$ 求出 $1''$、$2''$、$3''$，再由 $1'$、$2'$、$3'$ 和 $1''$、$2''$、$3''$ 求 1、2、3（图 3-7b）。

2）点 Ⅳ 位于 SCA 棱面上，SCA 棱面是侧垂面，W 面投影具有积聚性，因此由 $4'$ 求出 $4''$，再由 $4'$ 和 $4''$ 求 4（图 3-7c）。

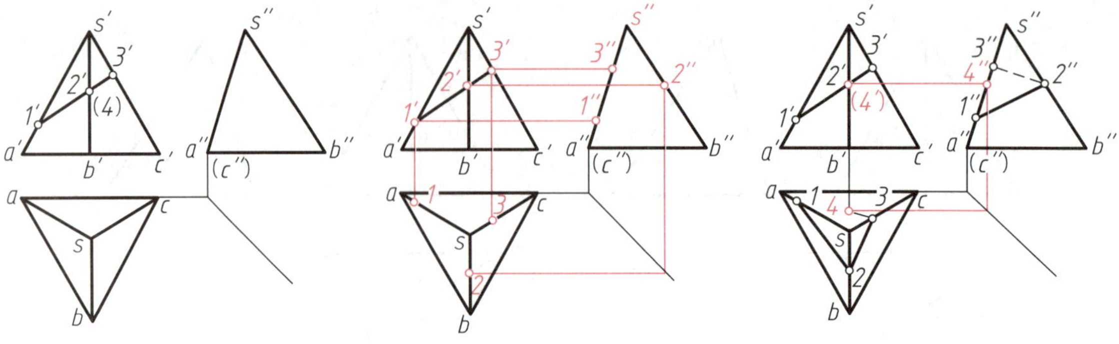

(a)　(b)　(c)

图 3－7　三棱锥表面取线作图

3）将点 Ⅰ、Ⅱ、Ⅲ、Ⅳ 的同面投影相连，即完成所求。注意：由于 ⅡⅢ 段位于 *SBC* 棱面上，该棱面 *W* 面投影不可见，因此折线 ⅡⅢ 的 *W* 面投影 2″3″应画成细虚线（图3－7c）。

§3－2　回转体的投影

一、回转面的形成及投影

1．回转面的形成

动线（直线或曲线）绕一固定直线旋转所形成的曲面称为回转面。图 3－8 所示的曲面，是以 *ABCD* 为动线，*O*—*O*为固定直线所形成的回转面。该动线称为母线，固定直线称为回转轴（简称轴线），母线的任一位置称为素线，母线上任一点随母线旋转一周所形成的轨迹是一个垂直于轴线，且圆心位于轴线上的圆，该圆称为纬圆。回转面上最大的纬圆称为赤道圆，最小的纬圆称为喉圆（图 3－8）。

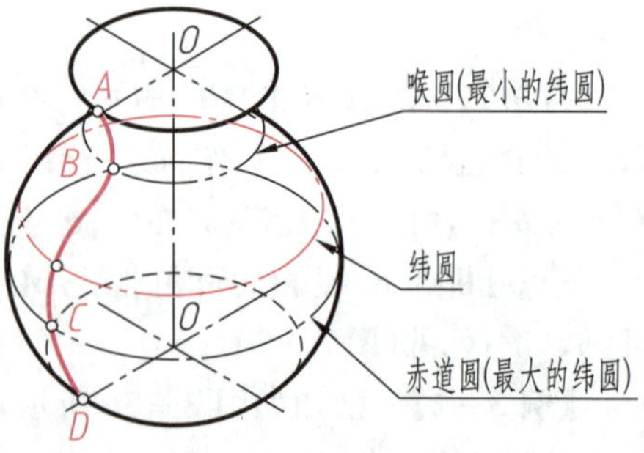

图 3－8　回转面的形成

工程上常见的回转面有圆柱面、圆锥面、球面、圆环面及组合型回转面，它们的形成如图3－9所示。注意：球面与圆环面形成的区别，母线圆心位于回转轴上形成球面；母线圆心不在回转轴上，形成的是圆环面。

2．回转面的投影

回转面向投影面投射时，若干投射线构成的面与回转面的切线称回转面转向线（图3－10a中的 *L* 线）。显然投射方向不同，回转面转向线在回转面上的位置不同（图 3－10a、b）。一般规定：将回转面向 *V* 面投射时具有的转向线称为回转面的 *V* 面转向线（图 3－10a中的 *L* 线）；回转面向 *H* 面投射时具有的转向线称为回转面的 *H* 面转向线

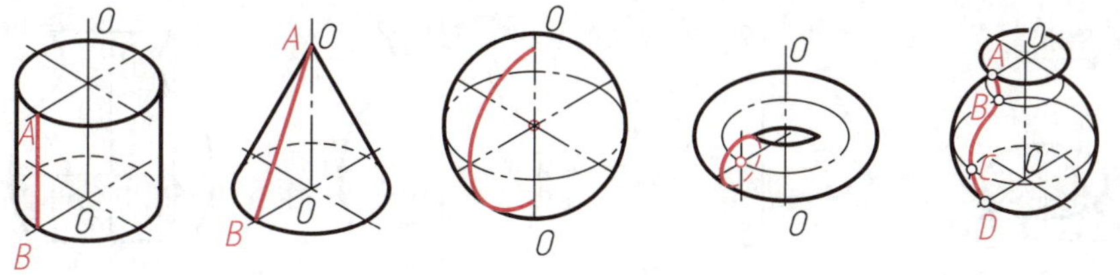

(a) 圆柱面　(b) 圆锥面　(c) 球面　(d) 圆环面　(e) 组合型回转面

图 3－9　常见回转面的形成

(图3－10b中的 M 线)；回转面向 W 面投射时具有的转向线称为回转面的 W 面转向线。

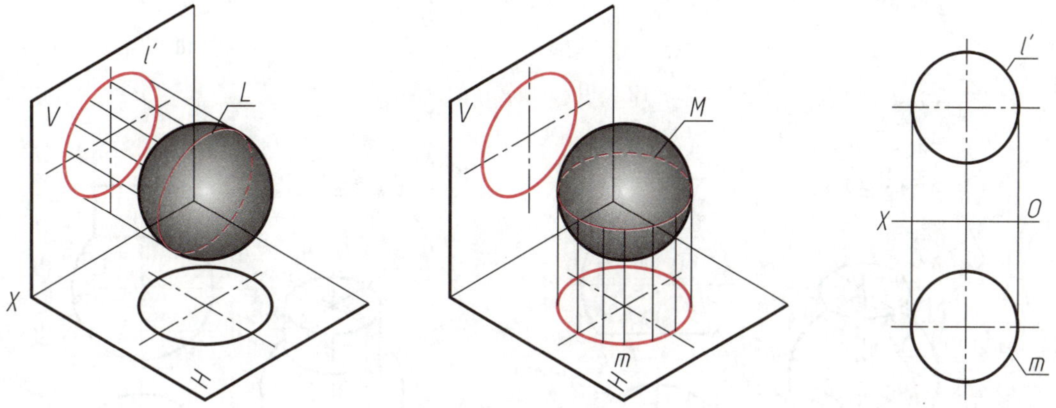

(a)　(b)　(c)

图 3－10　曲面的转向线

画回转面的投影主要是画回转面转向线的投影：画回转面的 V 面投影，主要是画回转面 V 面转向线的 V 面投影；画回转面的 H 面投影，主要是画回转面 H 面转向线的 H 面投影(图 3－10c)。由于回转面是母线绕回转轴旋转形成的曲面，因此它的回转轴线也是它的对称轴线。画回转面的投影时，应使回转面的轴线垂直于某一投影面。下面以图 3－11a所示的回转面为例，讨论回转面的投影作图。

1）用细点画线画出轴线的投影：该轴线是铅垂线，H 面投影积聚为点。当轴线的投影积聚为一个点时，应用垂直相交的两条细点画线的交点表示轴线积聚为点的位置(图 3－11b)。

2）画回转面 V 面转向线(平行于 V 面的两素线)的 V 面投影(图 3－11c)。

3）画回转面 H 面转向线喉圆(点 B 形成)、赤道圆(点 C 形成)的 H 面投影(图 3－11d)。

4）画母线上最高点 A、最低点 D 形成两圆(顶圆、底圆)的两面投影(图 3－11d)。注意：在 H 面投影中，底圆不可见，应画成细虚线。

必须注意，像图 3－11a 所示的这种组合型回转面，其母线是由两段相切的圆弧构成，切点在回转过程中不形成交线。因此，在投影图中，不应画出切点所形成的纬圆的投影(图 3－12a)。但对于这种组合型回转面，如果母线是由两段相交的线段构成，则交点在回转过程中要形成交线，在投影图中要画出交点所形成的纬圆的投影(图 3－12b)。

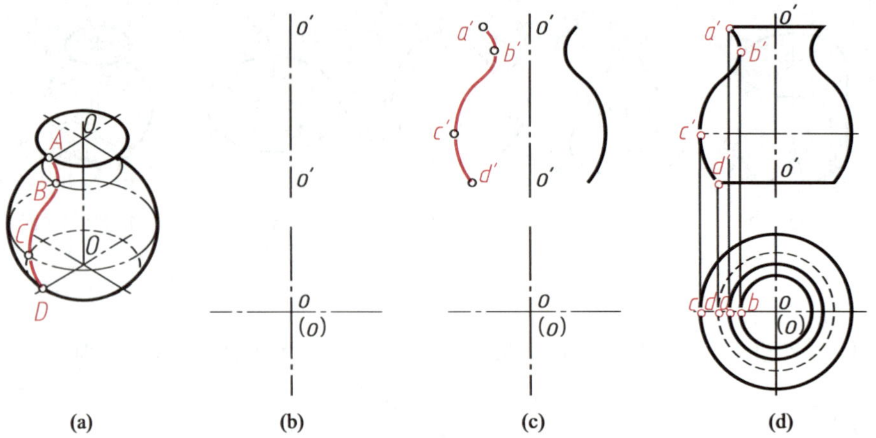

图 3-11　回转面的投影

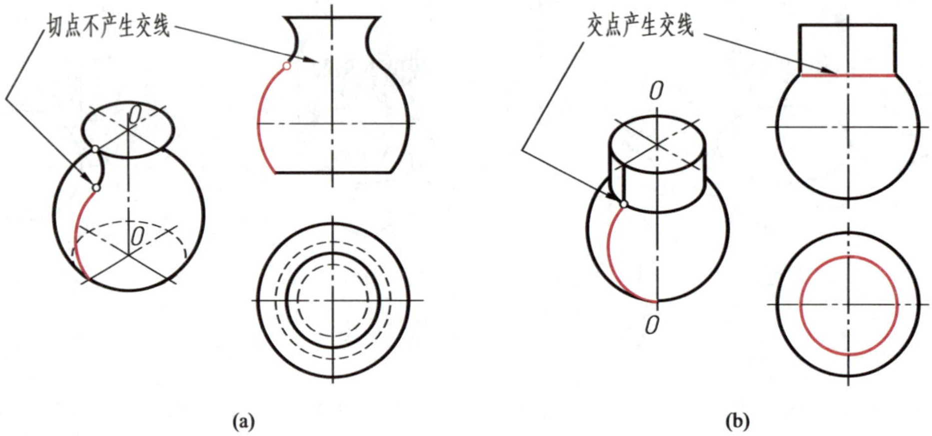

图 3-12　组合型回转面的投影特征

二、常见回转体的投影

表面由回转面或者回转面与平面构成的立体称为回转体。立体的投影是立体各表面投影的总和。因此，画回转体的投影实质就是画给定了位置的回转面和平面的投影。运用前面所学回转面及平面的投影特征可完成回转体的投影作图。

（一）圆柱

圆柱的表面由圆柱面及顶、底两平面构成。画圆柱的三面投影时，应尽可能将圆柱面的轴线放置为投影面垂直线，如图 3-13a 所示，其轴线为铅垂线。

1. 投影分析（以轴线为铅垂线的圆柱为例，图 3-13）

轴线为铅垂线的圆柱，其顶、底面是水平面，圆柱面是铅垂柱面。

（1）分析 *H* 面投影

H 面投影是一个圆。该圆区域是圆柱顶、底面投影的重合（反映顶、底面实形），该圆区域内

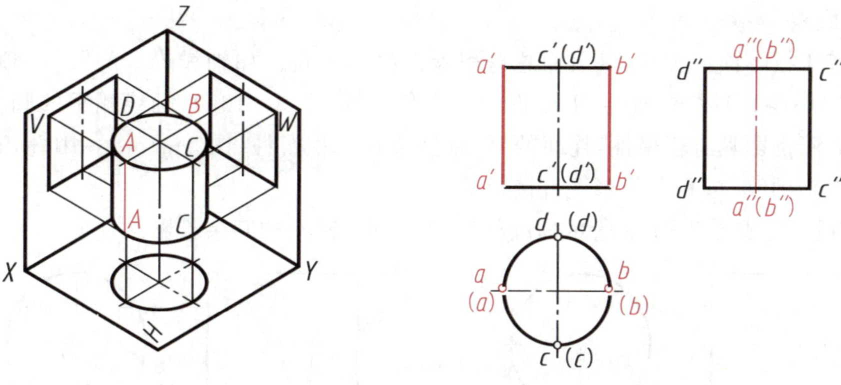

(a) (b)

图 3－13 圆柱的三面投影

可见的是顶面投影，不可见的是底面的投影，圆周为圆柱面投影的积聚。

(2) 分析 V 面投影

V 面投影是一个矩形。矩形的上、下边是圆柱顶、底面 V 面投影的积聚，两侧边$(a'a'、b'b')$是圆柱面 V 面转向线 AA、BB 的投影。在矩形区域内可见的是前半柱面的投影，不可见的是后半柱面的投影。铅垂柱面 V 面转向线 AA、BB 是圆柱面上最左、最右两素线，是前、后半柱面的分界线，它们的 H 面投影积聚为点 $a(a)$、$b(b)$，W 面投影$a''a''$、$(b'')(b'')$与回转轴投影重合，不用绘制。

(3) 分析 W 面投影

W 面投影是一个矩形。矩形的上、下边是圆柱顶、底面 W 面投影的积聚，两侧边$(c''c''、d''d'')$是圆柱面 W 面转向线 CC、DD 的投影。在矩形区域内可见的是左半柱面的投影，不可见的是右半柱面的投影。铅垂柱面 W 面转向线 CC、DD 是圆柱面上最前、最后两素线，是左、右半柱面的分界线，它们的 H 面投影积聚为点 $c(c)$、$d(d)$，V 面投影$c'c'$、$(d')(d')$与回转轴投影重合，不用绘制。

2. 作图(图 3－13b)

1) 画轴线的三面投影(轴线投影积聚成点时，应画成垂直相交的两条细点画线)。

2) 画顶、底面的三面投影(先画反映实形的 H 面投影，再画有积聚性的 V 面、W 面投影)。

3) 画柱面的三面投影(画 AA、BB 的 V 面投影，画 CC、DD 的 W 面投影)。

常见圆柱的三面投影如图 3－14 所示。

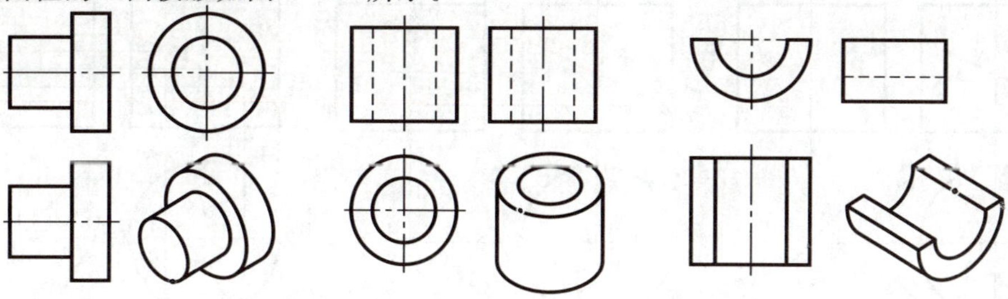

(a) (b) (c)

图 3－14 常见圆柱的三面投影

3. 表面取点

轴线垂直于投影面的圆柱，其表面总有积聚性投影出现。如轴线铅垂的圆柱，顶、底面的 V 面、W 面投影具有积聚性，柱面的 H 面投影具有积聚性(图 3－13b)；轴线侧垂的圆柱，左、右端面的 V 面、H 面投影具有积聚性，柱面的 W 面投影具有积聚性(图 3－15a)。因此，在圆柱表面取点不用先作辅助线，可利用积聚性直接求解。

【例 3－3】 完成图 3－15a 所示的圆柱表面点 M、点 K 的其余投影。

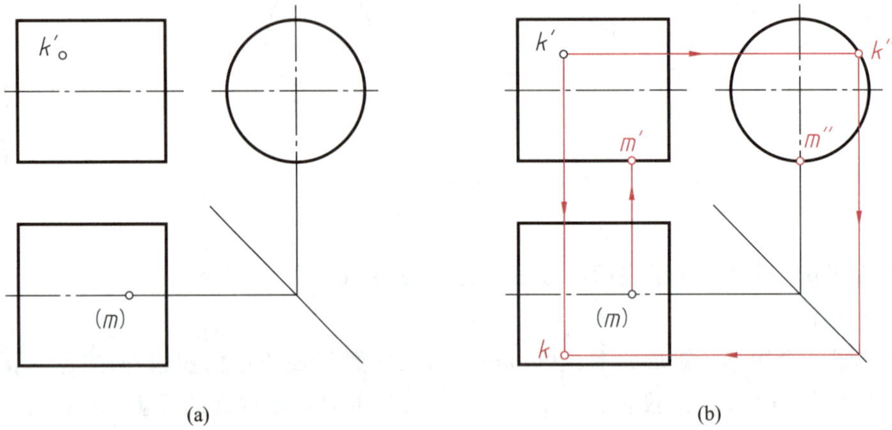

图 3－15　圆柱表面取点

分析　从 k'、(m)的位置可知，点 K 位于上半圆柱面上，点 M 位于圆柱 V 面转向线(前、后半柱面分界线)上。圆柱轴线是侧垂线，圆柱面的 W 面投影具有积聚性。因此，k''、m''均应位于圆柱面投影积聚的圆周上。

作图

1) 由 k'求出 k''，再由 k'、k''求出 k，k 为可见。

2) 由(m)求出 m'及 m''，m'可见(图 3－15b)。

注意　当点位于具有积聚性投影的面上时，在面的积聚性投影上，其点的投影可不判可见性，如该例中的 k''、m''。

【例 3－4】 完成图 3－16a 所示圆柱体表面线段 BCA 的其余投影。

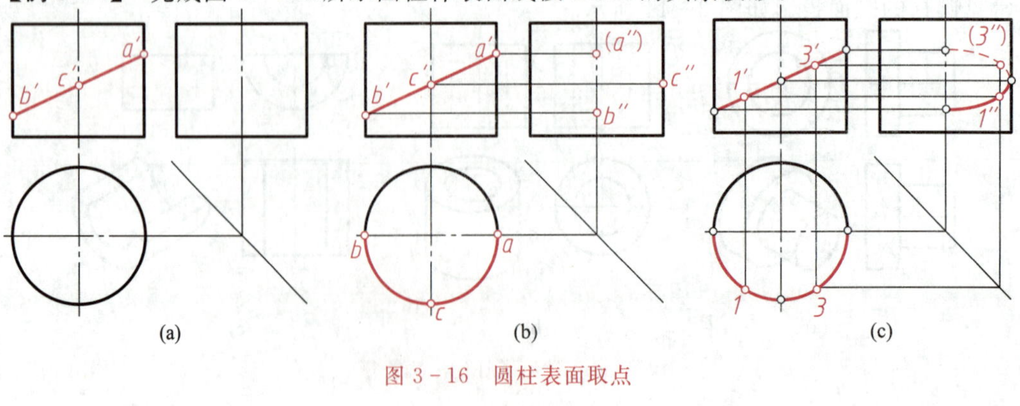

图 3－16　圆柱表面取点

分析 该圆柱面的水平投影具有积聚性，因此线段 *BCA* 的水平投影与圆柱面水平投影积聚的圆周重合（图 3－16b），要求作的只是线段 *BCA* 的侧面投影。由于线由点构成，因此求作体表面线的投影实质还是体表面取点作图，多取几个点，将各点的同面投影相连即可得体表面线的投影。

作图

1）求圆柱面转向线上点 *B*、*C*、*A* 的投影，根据圆柱面 *V* 面、*W* 面转向线的三面投影位置，由 b'、c'、a'求出 b、c、a 和 b''、c''、a''。b''、c''可见，a''不可见（图 3－16b）。

2）在线段 *BCA* 上取点 Ⅰ、Ⅲ，由 $1'$、$3'$求出 1、3，再求出 $1''$、$3''$。$1''$可见，$3''$为不可见（图 3－16c）。

3）按可见性光滑连接上述各点的侧面投影，完成所求（图 3－16c）。

（二）圆锥

圆锥的表面由圆锥面及底面构成。画圆锥的三面投影时，应尽可能将圆锥面的轴线放置为投影面垂直线，如图 3－17a 所示，其轴线为铅垂线。

1. 投影分析（以轴线为铅垂线的圆锥为例，图 3－17）

由于轴线是铅垂线，因此圆锥底面就为水平面，圆锥面的三面投影均无积聚性。

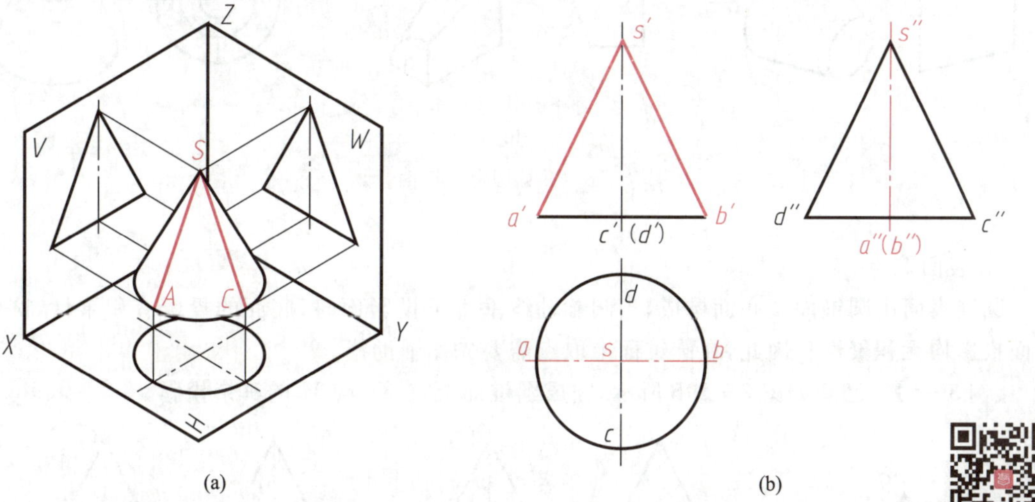

图 3－17　圆锥的三面投影

（1）分析 *H* 面投影

H 面投影是一个圆。该圆区域是圆锥面与底面投影的重合，该圆区域内可见的是圆锥面投影，不可见的是底面的投影（是底面实形）。

（2）分析 *V* 面投影

V 面投影是一个等腰三角形。三角形的底边是圆锥底面投影的积聚，三角形的两腰（$s'a'$、$s'b'$）是圆锥面 *V* 面转向线 *SA*、*SB* 的投影。在三角形区域内可见的是前半锥面的投影，不可见的是后半锥面的投影。该圆锥面 *V* 面转向线 *SA*、*SB* 是圆锥面上最左、最右两素线，是前、后半锥面的分界线，它们的 *H* 面投影 *sa*、*sb*，*W* 面投影 $s''a''$、$s''b''$与回转轴投影重合，不用绘制。

（3）分析 *W* 面投影

W 面投影也是一个等腰三角形。三角形的底边是圆锥底面投影的积聚，三角形的两腰($s''c''$、$s''d''$)是圆锥面 *W* 面转向线 *SC*、*SD* 的投影。在三角形区域内可见的是左半锥面的投影，不可见的是右半锥面的投影。该圆锥面 *W* 面转向线 *SC*、*SD* 是圆锥面上最前、最后两素线，是左、右半锥面的分界线，它们的 *H* 面投影 *sc*、*sd*，*V* 面投影 $s'c'$、$s'(d')$与回转轴投影重合，不用绘制。

2. 作图(图 3-17)

1）画轴线的三面投影。

2）画底面的三面投影(先画反映实形的 *H* 面投影，再画有积聚性的 *V* 面、*W* 面投影)。

3）画圆锥面的三面投影(画 *SA*、*SB* 的 *V* 面投影，画 *SC*、*SD* 的 *W* 面投影)。

常见圆台(切去头部的圆锥称为圆台)的三面投影如图 3-18 所示。

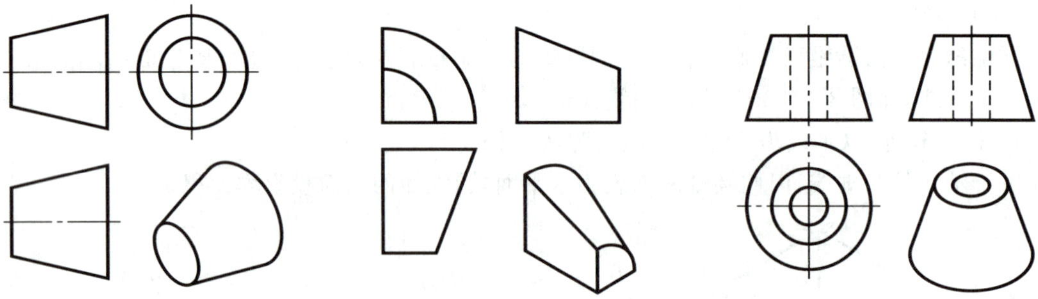

(a)　(b)　(c)

图 3-18　常见圆台的三面投影

3. 表面取点

圆锥表面由圆锥面及底面构成，当圆锥轴线垂直于投影面时，底面的投影有积聚性，圆锥面三面投影均无积聚性。因此，在圆锥面上取点需要先作辅助线。

【例 3-5】 已知如图 3-19b 所示，完成圆锥面上点 *K*、点 *M* 的其余投影。

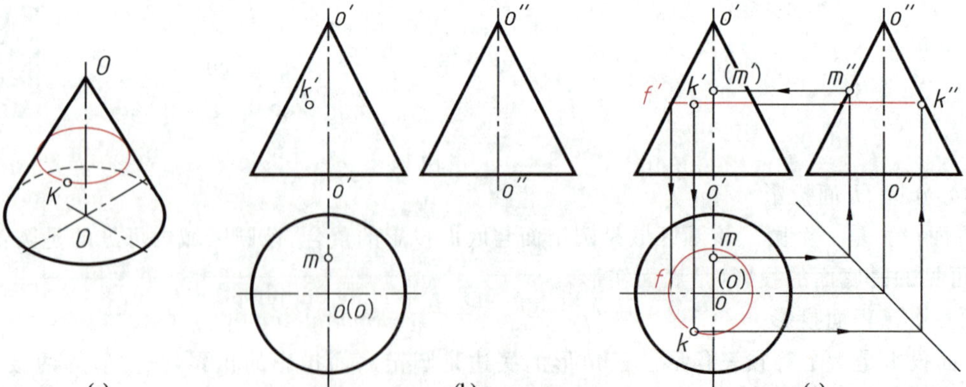

(a)　(b)　(c)

图 3-19　回转面上取点

分析　由于点 *K* 位于圆锥面上，需要定点先定线，选择纬圆作为辅助线来确定点 *K* 的投影。该圆锥面的轴线是铅垂线，因此纬圆应为水平圆（图 3－19a）；点 M 位于圆锥面的 W 面转向线上，因此求点 M 的投影不用作辅助线。

作图

1）过 k' 作轴线的垂线交圆锥面 V 面转向线于 f'，得所作纬圆的 V 面投影（图 3－19c）。

2）点 F 是所作纬圆与圆锥面 V 面转向线的交点，根据直线上点的投影特征，由 f' 求出 f（图 3－19c）。

3）以轴线水平投影 o 为圆心，以 of 为半径画圆，得纬圆的 H 面投影。

4）k' 可见，所以点 K 位于左、前半圆锥面上，由 k' 求出 k，再由 k、k' 求出 k''。k、k'' 均为可见（图 3－19c）。

5）由 m 求出 m''，再由 m、m'' 求出 m'，m' 不可见（图 3－19c）。

注意　当点位于回转面的转向线上时，一般求点的投影不需要作辅助线，如上例中点 M 的投影。

【例 3－6】　完成图 3－20a 所示圆锥面上线段 $ABCD$ 的其余投影。

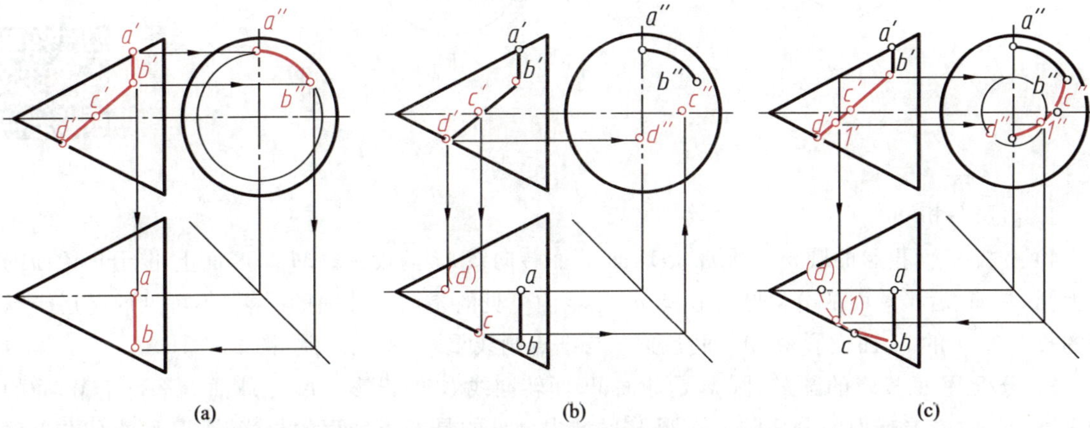

图 3－20　回转面上取点

分析　从正面投影可知，线段 $ABCD$ 由两段构成。AB 段为侧平圆弧（纬圆的一部分），可利用作纬圆完成其投影；BCD 段为一般曲线，需要用纬圆取点作图。

作图

1）求 AB 段的其余投影，由 a' 求 a''、a，作纬圆侧面投影，由 b' 求 b''、b。将 A、B 的同面投影连线，即完成 AB 段的其余投影（图 3－20a）。

2）求 BCD 段上点 C、D 的其余投影，由于点 C、D 分别位于圆锥面的 H 面、V 面转向线上，因此由 c'、d' 求 c、d，再求 c''、d''（图 3－20b）。

3）在 BCD 段上任取一点 Ⅰ（如图 3－20c 中的 $1'$），过 $1'$ 作纬圆求出点 Ⅰ 的 $1''$、1（图 3－20c）。

4）分析可见性，将上述各点的同面投影光滑连接，即完成圆锥面上 BCD 段的其余投影（图 3－20c）。

（三）球

球表面仅由球面构成。因此，球的三面投影实质就是球面的三面投影。球面有一个特点，即过球心的任一直线均可看作球面的回转轴。因此，如图 3－21a 所示，可将球的轴线看成铅垂线，也可看成正垂线或侧垂线。球面的三面投影均无积聚性，是三个全等的圆，圆的直径就是球的直径。

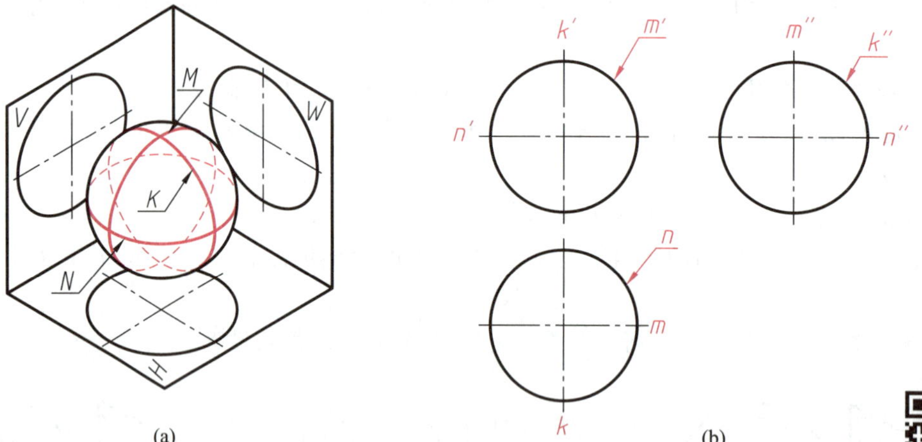

图 3－21　球的三面投影

1. 投影分析

1）分析 V 面投影的圆 m'：圆 m' 是球面 V 面转向线 M 的投影。M 是球面上平行于 V 面的最大圆，是前、后半球面的分界圆。在圆 m' 区域内可见的是前半球面的投影，不可见的是后半球面的投影。M 的 H 面投影 m、W 面投影 m'' 与细点画线重合，不用绘制（图 3－21b）。

2）分析 W 面投影的圆 k''：圆 k'' 是球面 W 面转向线 K 的投影。K 是球面上平行于 W 面的最大圆，是左、右半球面的分界圆。在圆 k'' 区域内可见的是左半球面的投影，不可见的是右半球面的投影。K 的 H 面投影 k、V 面投影 k' 与细点画线重合，不用绘制（图 3－21b）。

3）分析 H 面投影的圆 n：圆 n 是球面 H 面转向线 N 的投影。N 是球面上平行于 H 面的最大圆，是上、下半球面的分界圆。在圆 n 区域内可见的是上半球面的投影，不可见的是下半球面的投影。N 的 V 面投影 n'、W 面投影 n'' 与细点画线重合，不用绘制（图 3－21b）。

注意　球三面投影的三个圆的圆心即是球心的三面投影，垂直相交的细点画线可看做是球对称面投影的积聚。

2. 作图（图 3－21b）

1）画球心的三面投影（用垂直相交的两条细点画线的交点表示球心的投影位置）。

2）画球面的三面投影（三个直径等于球径的圆）。

常见部分球的三面投影如图 3－22 所示。

3. 表面取点

【例 3－7】　完成图 3－23a 所示的球表面点 N、点 K 的其余投影。

分析　从 k'、(n) 的位置可知，点 K 位于右上半球面，点 N 位于球面 W 面转向线上。球面的三面投影均无积聚性，因此确定 k、k'' 必须先作辅助线（纬圆）。而 W 面转向线（左、右半球面

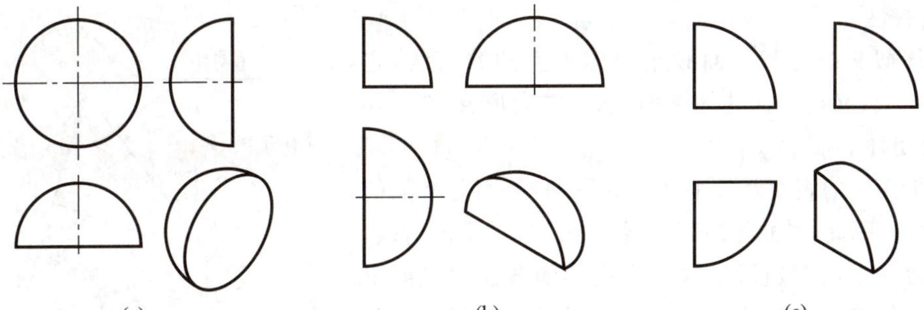

图 3-22　常见部分球的三面投影

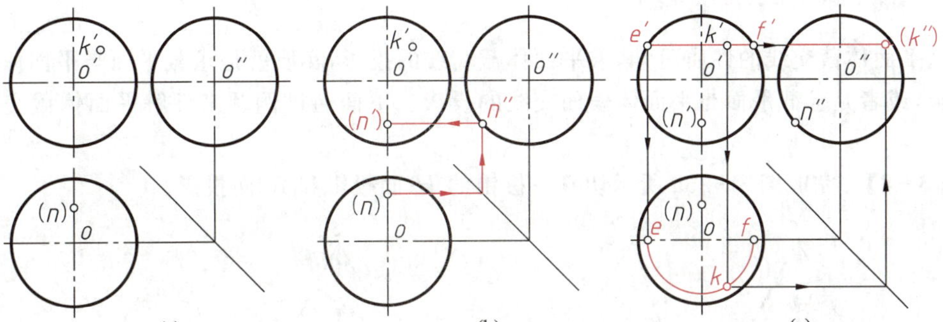

图 3-23　常见球的三面投影

分界线)三面投影位置确定,所以确定 n'、n''不必作辅助线。由于过球心的任一直线都可看作为球的回转轴。在此例中,可将球的轴线看作铅垂线,用水平纬圆取点作图(显然也可将球的轴线看作正垂线,用正平纬圆来取点作图)。

(1) 完成点 N 的其余投影

由(n)求出 n'',再由 n''求出 n',n'不可见(图 3-23b)。

(2) 完成点 K 的其余投影

过 k'作水平纬圆的正面投影 $e'f'$,再作该纬圆的水平投影 ef(以 o 为圆心,$e'f'$为直径画圆)。点 K 在该纬圆上,k 必在纬圆的水平投影上。由 k'求出 k;再由 k、k'求出 k''。从 k'的位置及可见性可知:k 可见,k''不可见(图 3-23c)。

§3-3　平面与平面体相交

平面与平面体相交(可看作平面体被平面切割),在平面体表面产生的交线称为平面体的截交线,这个平面称为截平面,由截交线围成的平面图形称为截断面(图 3-24)。

一、平面体截交线的性质

分析图 3-24 可知,平面体截交线具有如下性质:

1. 共有性

平面体截交线是截平面和平面体表面的共有线，它既在截平面上，又在平面体体表面上，为二者所共有。

2. 封闭性

由于平面体的表面及截平面都为平面，平面与平面的交线是直线。因此，平面体的截交线是一封闭的平面折线，故截断面为一平面多边形。这个多边形的各条边是截平面与平面体各表面的交线，各个顶点是截平面与平面体各棱线的交点（图 3-24）。

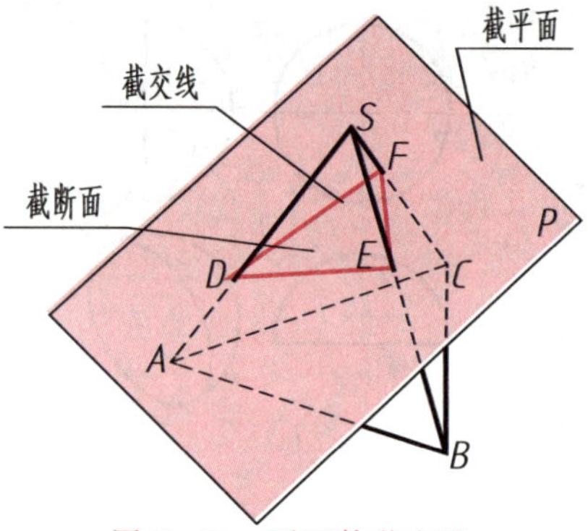

图 3-24　平面体截交线

二、平面体截交线投影的求法

根据平面体截交线的性质可知，求平面体截交线的投影，实质就是求截平面与平面体棱线交点的投影，或者是求截平面与平面体表面交线的投影。下面通过例题来理解平面体截交线投影的求法。

【例 3-8】　完成图 3-25a 所示切割三棱锥的 H 面投影和 W 面投影。

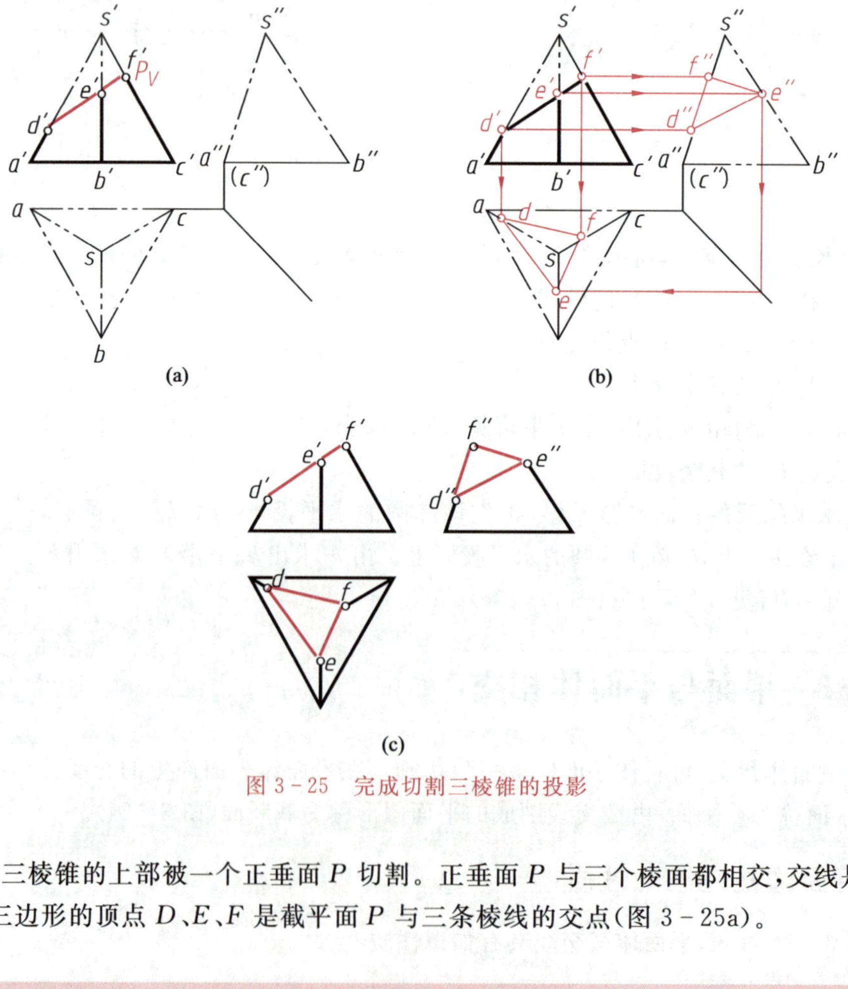

图 3-25　完成切割三棱锥的投影

分析　三棱锥的上部被一个正垂面 P 切割。正垂面 P 与三个棱面都相交，交线是一个封闭的三边形，三边形的顶点 D、E、F 是截平面 P 与三条棱线的交点（图 3-25a）。

作图

1）补画完整三棱锥的 H 面投影和 W 面投影（图 3－25a）。

2）求交线的投影。

交线 DEF 构成的截断面是正垂面，其 V 面投影与截平面 P 积聚的直线 P_V 重合。P_V 与三棱线投影 $s'a'$、$s'b'$、$s'c'$ 的交点 d'、e'、f' 是交线的三个顶点 D、E、F 的 V 面投影。根据直线上点的投影特征，由 d'、e'、f' 求出 d''、e''、f'' 及 d、e、f。再将各棱面上两交点的同面投影按可见性依次相连即得交线的三面投影（图 3－25b）。

3）判断立体存在域，SD、SE、SF 被切割掉，擦去它的三面投影，加粗可见轮廓线的投影，完成所求（图 3－25c）。

【例 3－9】 完成图 3－26a 所示的切割四棱柱的 H 面投影和 W 面投影。

分析 四棱柱的上部被一个正垂面 Q 和一个侧平面 P 切割。正垂面 Q 与四个棱面相交，交线是一个五边形 $ABCDE$；侧平面 P 与右侧两棱面及顶面相交，交线是一个四边形 $GAEF$；两组交线的公共边 AE 是两个截平面彼此的交线（图 3－26a）。

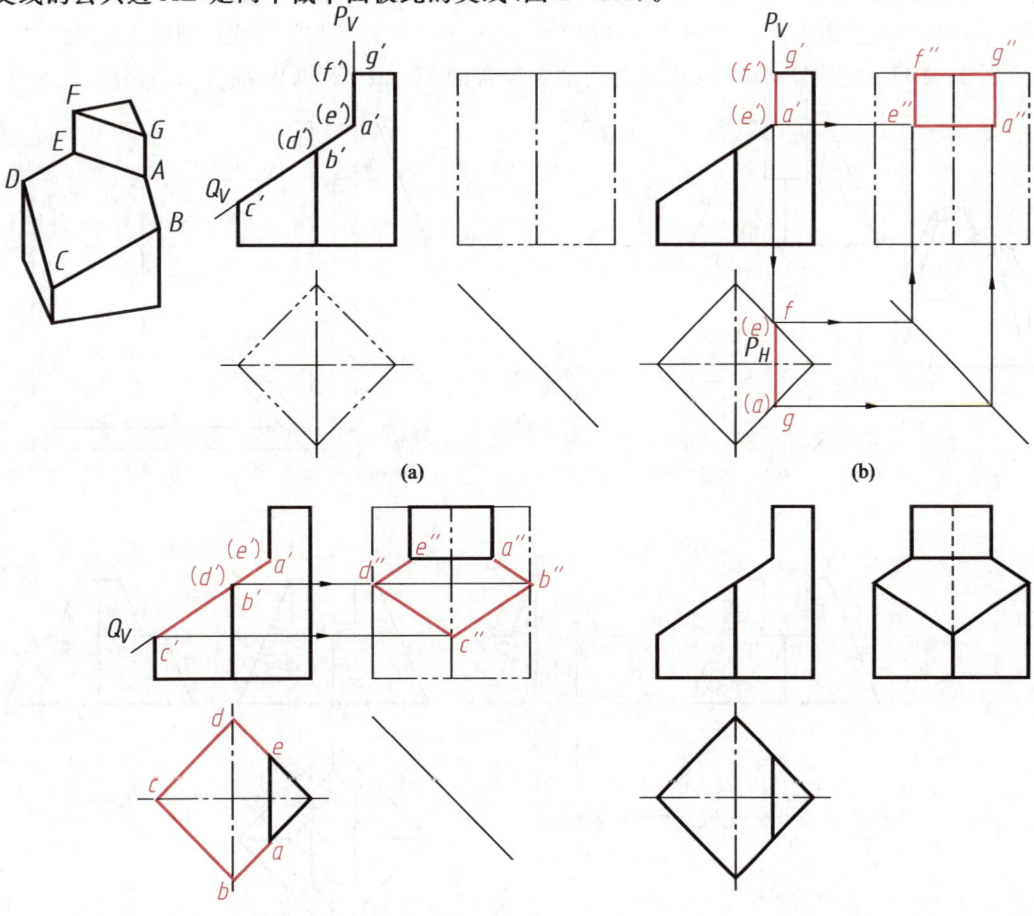

图 3－26 完成切割四棱柱的投影

作图

1）补画完整四棱柱的 H 面、W 面投影(图 3－26a)。

2）求立体切割后产生交线的投影。

① 求截平面 P 产生交线 $GAEF$ 的投影:交线 $GAEF$ 构成的截断面是侧平面。因此,交线的 V 面投影与 P_V 重合,H 面投影与 P_H 重合。由交线的 V 面投影($g'f'$、$g'a'$、$f'e'$、$a'e'$)和 H 面投影(gf、ga、fe、ae)求出交线的 W 面投影 $g''f''$、$g''a''$、$f''e''$、$a''e''$,W 面投影可见(图 3－26b)。

② 求截平面 Q 产生交线 $ABCDE$ 的投影:交线 $ABCDE$ 构成的截断面是正垂面。因此,交线的 V 面投影与 Q_V 重合,交线的 H 面投影与四个棱面 H 面投影重合。由交线的 V 面投影($a'b'$、$b'c'$、$c'd'$、$d'e'$)和 H 面投影(ab、bc、cd、de)求出交线的 W 面投影 $a''b''$、$b''c''$、$c''d''$、$d''e''$,W 面投影可见(图 3－26c)。交线 AE 的投影上述已求。

3）判断切割后立体的存在域。

该四棱柱被切割后,左侧棱线及前、后棱线的上部被切掉不存在。因此,擦去 V 面投影及 W 面投影中相应部分的投影,加粗其余可见轮廓线的投影完成所求(图 3－26d)。注意:由于 W 面投影中左侧棱线与右侧棱线的投影重合,因此在左侧棱线的切割部分,右侧棱线的投影应用细虚线画出。

【例 3－10】 完成图 3－27a 所示的切割四棱台的 H 面投影和 W 面投影。

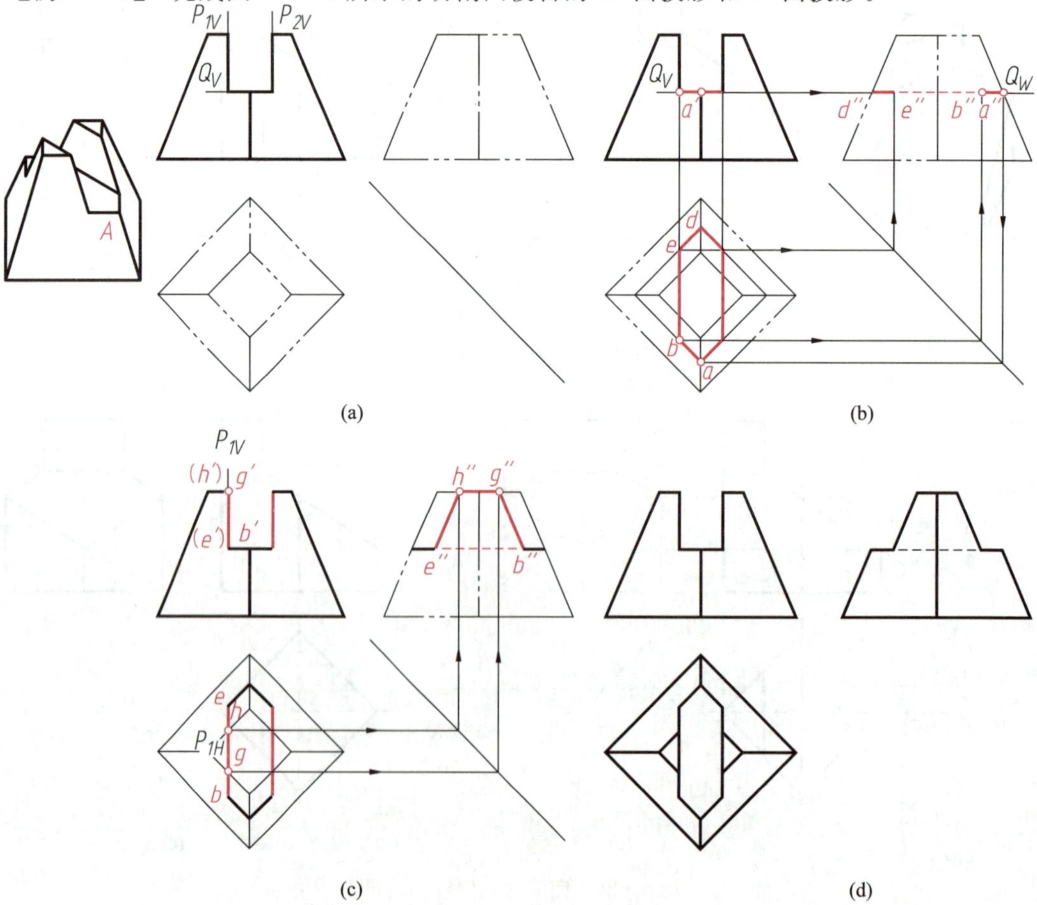

图 3－27　完成切割四棱台的投影

分析 四棱台的顶部被两个左右对称的侧平面 P_1、P_2 和一个水平面 Q 切割一通槽。水平面 Q 与四棱台底面平行，因此它与四个棱面的交线是水平线，分别平行于四棱台底面四边形的四条边。侧平面 P_1、P_2 与棱面的交线是侧平线，分别平行于前、后棱线；与顶面的交线、与 Q 平面的交线都是正垂线（图 3-27a）。

作图

1）补画完整四棱台的 H 面、W 面投影（图 3-27a）。

2）求立体切割后产生交线的投影：

① 求截平面 Q 产生交线的投影：截平面 Q 产生的交线是一六边形（其截断面为水平面），该交线的 V 面投影与 Q_V 重合，W 面投影与 Q_W 重合，H 面投影反映实形。将平面 Q 与前棱线的交点记为 A，由 a'、a'' 求出 a，过 a 作四棱台底面四边形四条边的平行线，由此可完成该交线的 H 面投影（图 3-27b）。水平面 Q 的侧面投影 $b''e''$ 段不可见，应画成细虚线。

② 求截平面 P_1、P_2 产生交线的投影：截平面 P_1 产生的交线是一四边形（其截断面为侧平面），该交线的 V 面投影与 P_{1V} 重合，H 面投影与 P_{1H} 重合。由上述截平面 Q 产生交线的端点 B、E 的 W 面投影 b''、e'' 作前、后棱线的平行线，可完成该交线的 W 面投影（图 3-27c）。同理可求截平面 P_2 产生交线的投影。注意：由于截平面 P_1、P_2 对称，因此产生的交线 W 面投影完全重合（图 3-27d）。

3）判断立体切割后的存在域。

擦去切割后不存在的棱线、棱面投影，加粗可见轮廓线的投影，完成所求（图 3-27d）。

§3-4 平面与回转体相交

平面与回转体相交（也可看作回转体被平面切割），在回转体表面产生的交线称为回转体截交线，这个平面称为截平面，由截交线围成的平面图形称为截断面（图 3-28）。

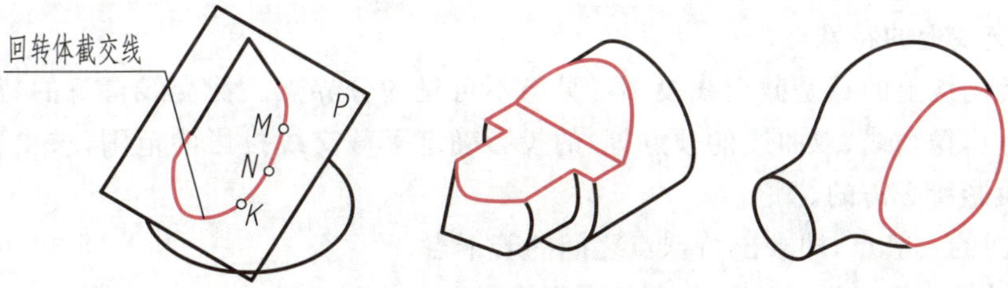

(a) (b) (c)

图 3-28 回转体的截交线

一、回转体截交线的性质

1. 共有性

回转体截交线是截平面与回转体表面的共有线，截交线的每个点都是截平面与回转体表面的共有点（图 3-28a）。

2. 封闭性

一般情况下，回转体截交线是一封闭的平面曲线或平面曲线和直线围成的封闭平面图形，其形状取决于回转面的几何特征及截平面与回转面的相对位置（图 3－28b、c）。

二、回转体截交线的求法

截交线是截平面与回转体表面的共有线。将截交线看成截平面上的线，当截平面投影出现积聚时，截交线的投影就与截平面投影积聚的直线重合，成为已知。如图 3－29a 所示，圆锥被正垂面 P 切割，其截交线的 V 面投影就与截平面 V 面投影积聚的直线 P_V 重合，成为已知。再将截交线看成回转体表面上的线，该线的一面投影已知，其余投影利用回转体表面取点的方法（如用纬圆取点 K）就可完成（图 3－29b）。求截交线投影的作图步骤如下：

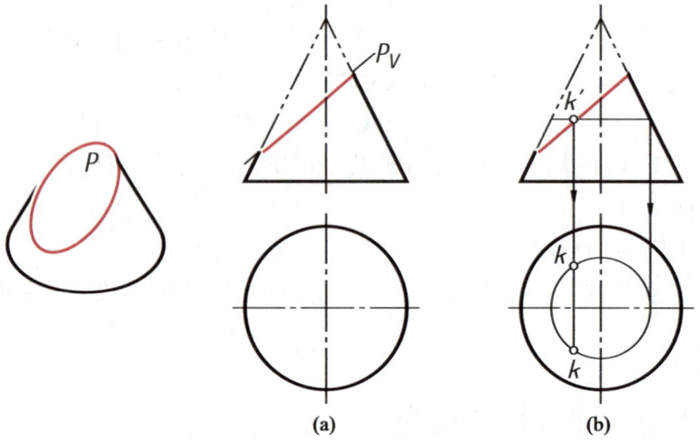

图 3－29　回转体截交线的求法

1）分析截交线的形状。

2）求截交线上的特殊点。

回转面转向线上的点是截交线投影可见与不可见的分界点。截交线自身的特殊点（如椭圆的长、短轴端点，抛物线、双曲线的顶点等）的投影确定了截交线投影的范围，求出这些点是准确求出截交线投影所必需的。

3）求适当的一般点，即求出特殊点之间的若干点。

4）按可见性依次光滑地连接各点的同面投影。

三、常见回转体的截交线

1. 圆柱的截交线

根据截平面与圆柱轴线的相对位置不同，圆柱截交线的空间形状有三种（表 3－1）。

表 3-1　圆柱的截交线

截平面位置	直观图	投影图
截平面 垂直于 圆柱轴线	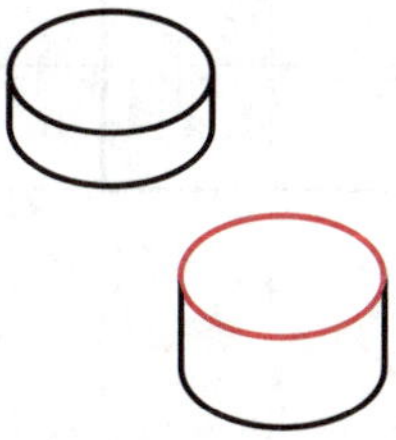 截交线为圆	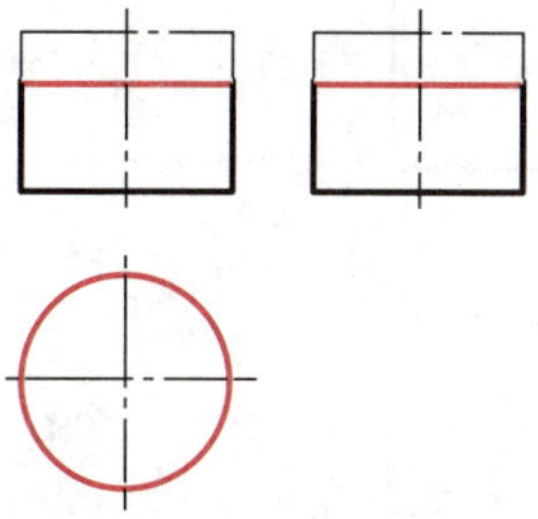
截平面 平行于 圆柱轴线	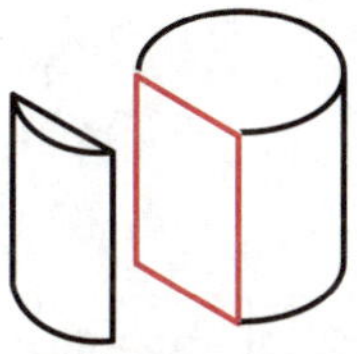 截交线为矩形	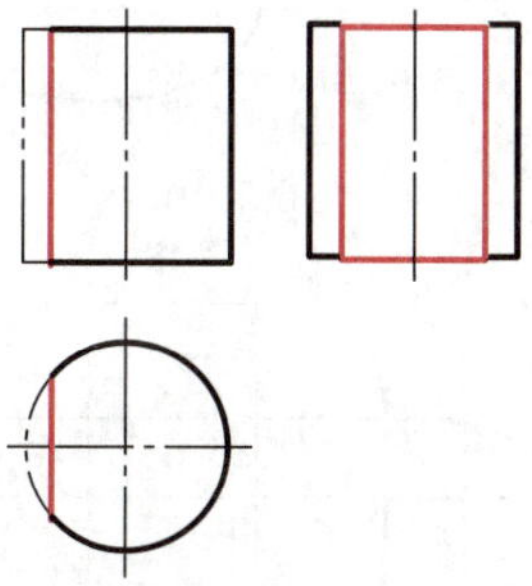
截平面 倾斜于 圆柱轴线	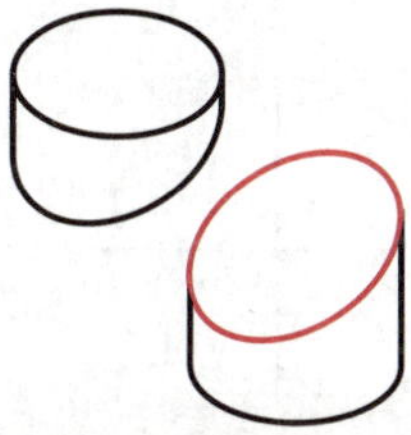 截交线为椭圆	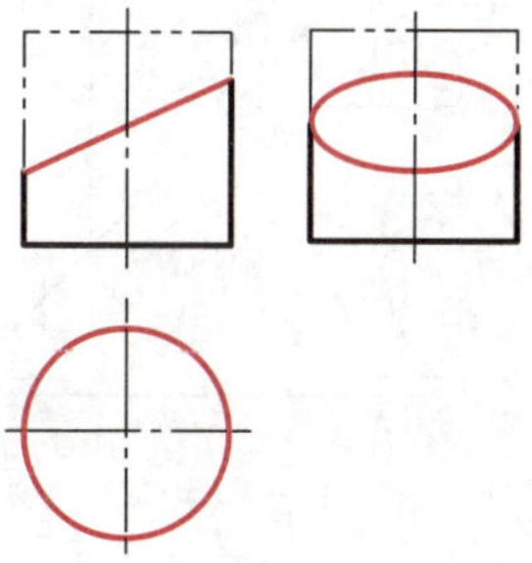

【例 3-11】 完成图 3-30a 所示切割圆柱的 W 面投影。

分析　该圆柱被截平面 P(正垂面)切去上部,由于截平面 P 与圆柱轴线倾斜,所以截交线为一椭圆。该椭圆的 V 面投影与 P_V 重合;H 面投影与圆柱面投影积聚的圆周重合;W 面投影仍为椭圆,但不反映实形(图 3-30a)。

作图

1) 补画完整圆柱的 W 面投影(图 3-30a)。

2) 补画交线椭圆的投影。

① 求交线特殊点:椭圆长、短轴端点 A、B、C、D,它们分别是圆柱面 V 面转向线及 W 面转向线与截平面 P 的交点,由 a'、b'、c'、d' 求出 a、b、c、d 及 a''、b''、c''、d''(图 3-30b),c''、d'' 是椭圆与圆柱面 W 面转向线投影的切点。

② 求交线一般点:在椭圆长、短轴端点之间取适当的一般点 Ⅰ、Ⅱ、Ⅲ、Ⅳ,由 $1'$、$2'$、$3'$、$4'$

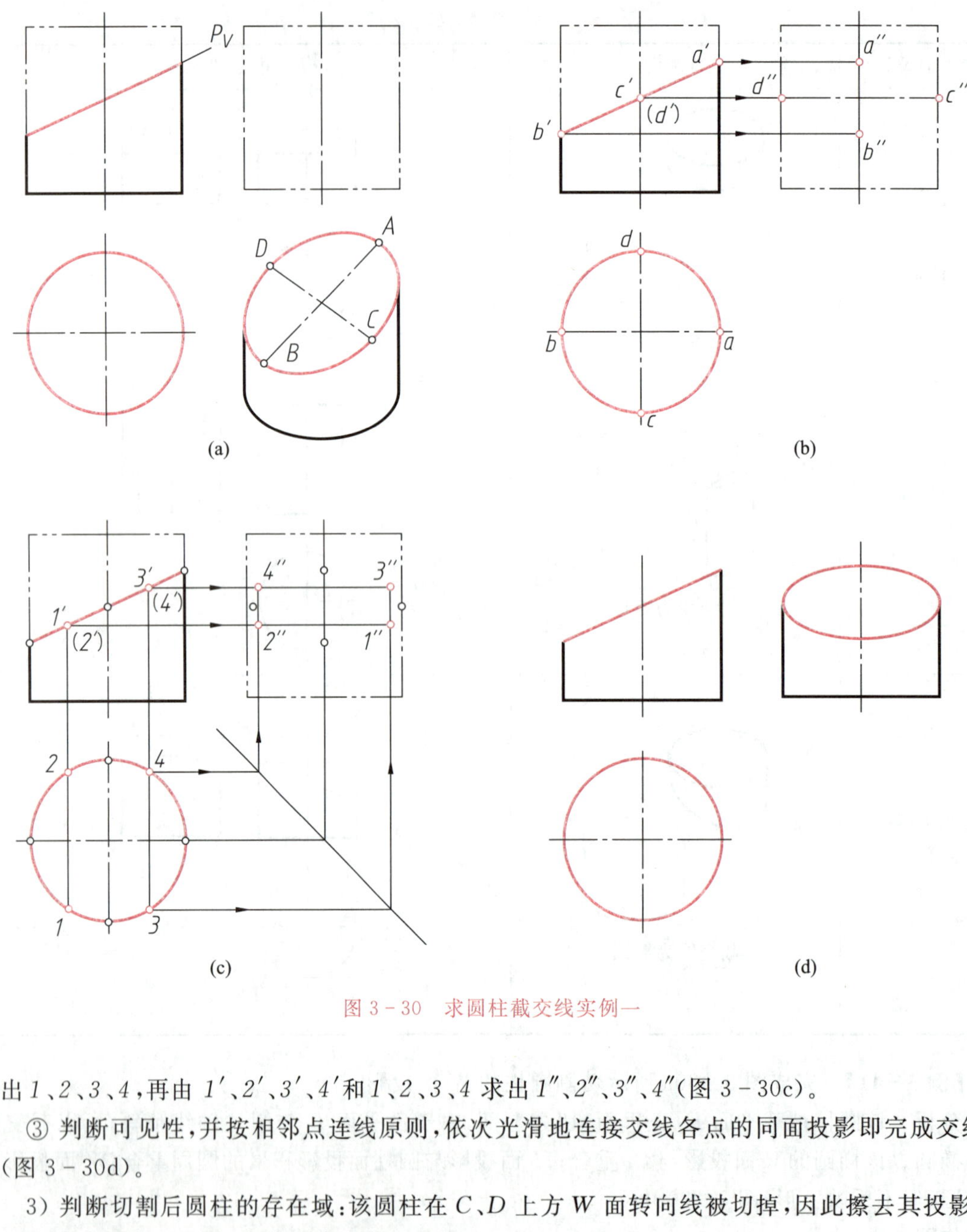

图 3 - 30　求圆柱截交线实例一

求出 1、2、3、4，再由 $1'$、$2'$、$3'$、$4'$和 1、2、3、4 求出 $1''$、$2''$、$3''$、$4''$（图 3 - 30c）。

③ 判断可见性，并按相邻点连线原则，依次光滑地连接交线各点的同面投影即完成交线投影（图 3 - 30d）。

3）判断切割后圆柱的存在域：该圆柱在 C、D 上方 W 面转向线被切掉，因此擦去其投影，加粗其余可见轮廓的投影，完成所求（图 3 - 30d）。

【例 3 - 12】　完成图 3 - 31a 所示切割圆柱的 H 面投影。

分析　侧垂圆柱被正垂面 P、水平面 Q 及侧平面 R 三个平面结合切出一通槽。

作图

1）补画完整圆柱的 H 面投影（图 3 - 31a）。

2）补画三个截平面切割产生交线的投影。

① 求截平面 Q 产生交线的投影：截平面 Q 与圆柱轴线平行，交线为一矩形 $ABDC$（截断面

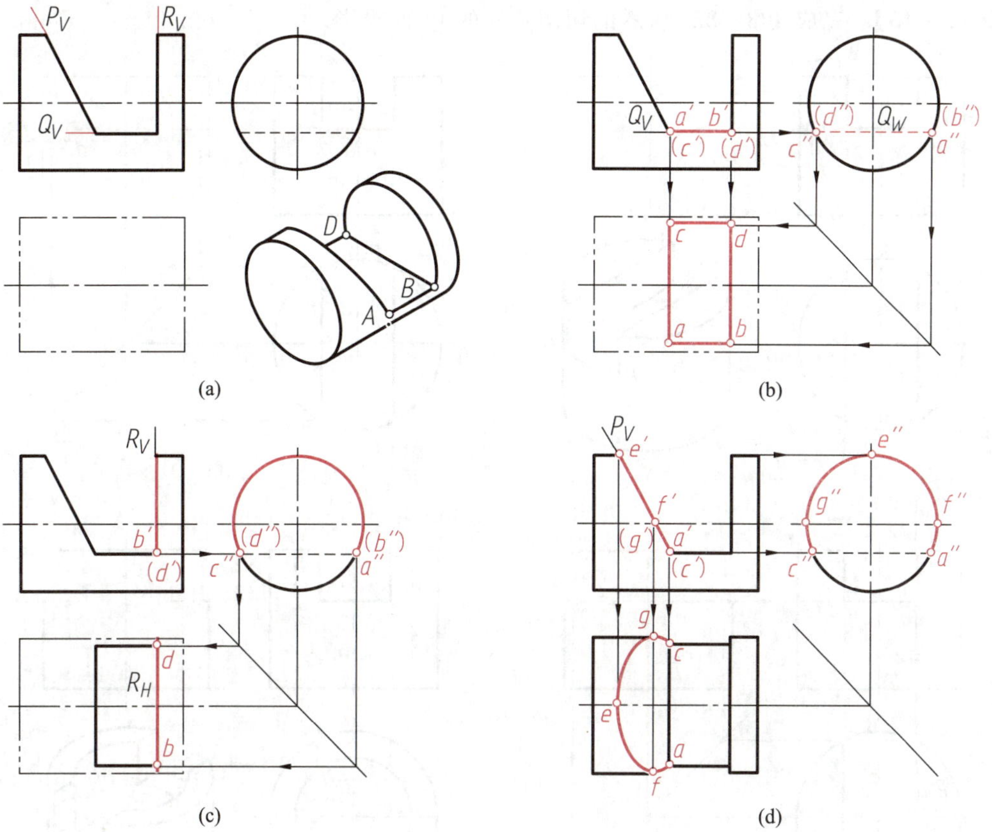

图 3-31　求圆柱截交线实例二

为水平面)。矩形的 AB、CD 边是截平面 Q 与圆柱面的交线(两侧垂线);AC、BD 边是截平面 Q 与另两截平面 P、R 的交线(两正垂线)。该矩形的 V 面投影与 Q_V 重合,W 面投影与 Q_W 重合,H 面投影反映截断面实形且可见(图 3-31b)。

② 求截平面 R 产生交线的投影:截平面 R 垂直于圆柱轴线,交线由一段圆弧和直线 BD 构成(截断面为侧平面)。圆弧是截平面 R 与圆柱面的交线;直线 BD 是截平面 R 与截平面 Q 的交线(BD 投影上述已求)。圆弧的 V 面投影与 R_V 重合,W 面投影与圆柱面积聚的圆周重合,H 面投影与 R_H 重合(图 3-31c),点 B、D 是圆弧的最低点。

③ 求截平面 P 产生交线的投影:截平面 P 与圆柱轴线倾斜,交线由一段椭圆弧和直线 AC 构成(截断面为正垂面)。椭圆弧是截平面 P 与圆柱面的交线;直线 AC 是截平面 P 与截平面 Q 的交线(AC 投影上述已求)。椭圆弧的 V 面投影与 P_V 重合,W 面投影与圆柱面积聚的圆周重合,H 面投影仍是段椭圆弧。先求截平面 P 与圆柱面 V 面转向线交点 E 的三面投影;再求截平面 P 与圆柱面 H 面转向线交点 G、F 的三面投影,椭圆弧的最低点 A、C 即是截平面 Q 产生交线的最左点。由于槽口被切去,所以该椭圆弧的 H 面投影为可见,将上述各点的 H 面投影光滑连接即得该椭圆弧的 H 面投影(图 3-31d)。

3) 判断圆柱切割后的存在域:该圆柱在 F、G 的右侧槽口处,圆柱面的 H 面转向线被切掉,因此擦去其投影,加粗其余可见轮廓的投影,完成所求(图 3-31d)。

【例 3-13】 完成图 3-32a 所示的切割圆柱的 W 面投影。

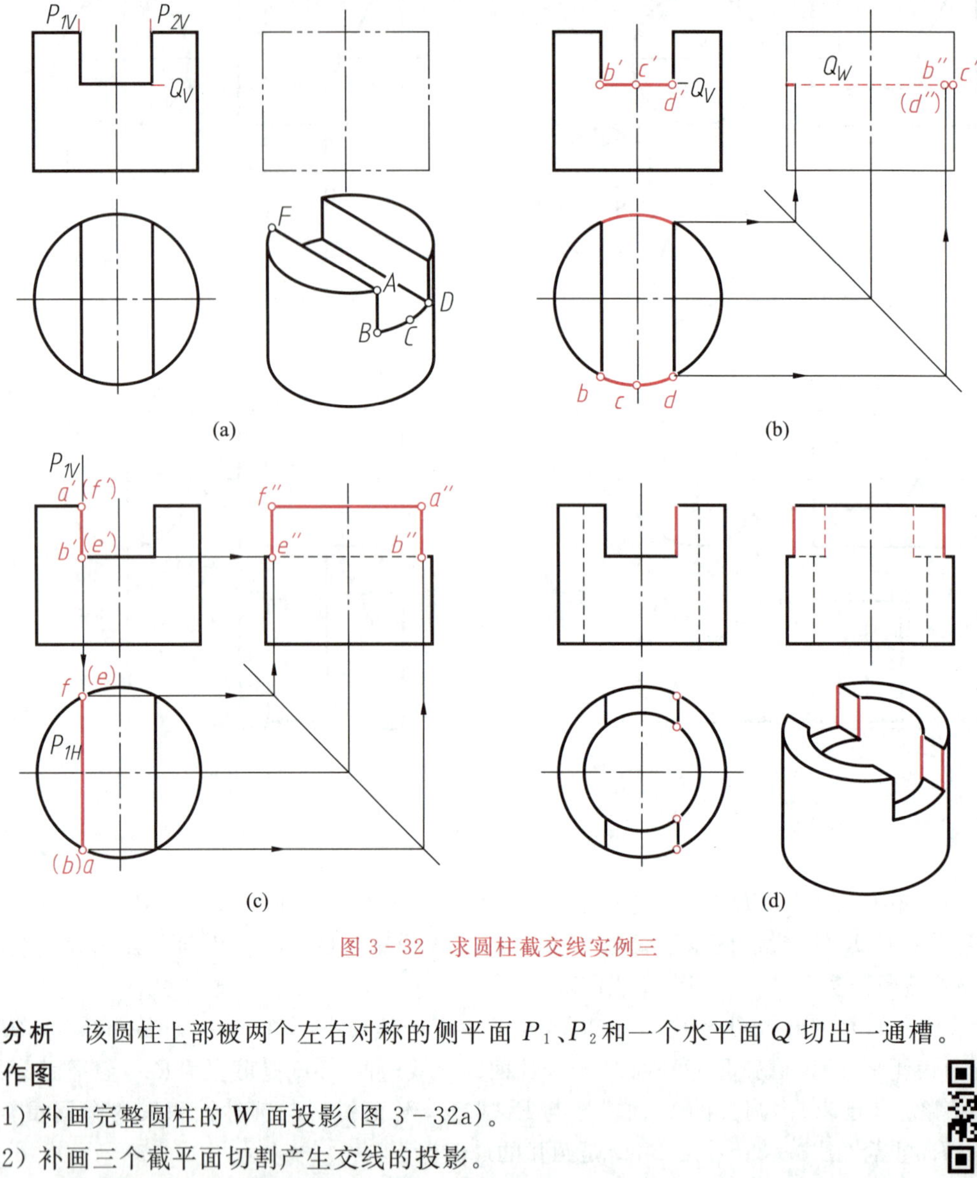

图 3-32 求圆柱截交线实例三

分析 该圆柱上部被两个左右对称的侧平面 P_1、P_2和一个水平面 Q 切出一通槽。

作图

1）补画完整圆柱的 W 面投影（图 3-32a）。

2）补画三个截平面切割产生交线的投影。

① 求截平面 Q 产生交线的投影：截平面 Q 垂直于圆柱轴线，交线由两段圆弧与两段直线构成（截断面为水平面）。两段圆弧是截平面 Q 与圆柱面的交线；两段直线是截平面 Q 与截平面 P_1、P_2的交线。交线的 V 面投影与 Q_V 重合；W 面投影与 Q_W 重合；H 面投影反映截断面实形（图 3-32b）。注意圆弧 BCD 三面投影的位置。

② 求截平面 P_1产生交线的投影：截平面 P_1平行于圆柱轴线，交线是一矩形 $ABEF$（截断面为侧平面）。矩形的 AB、FE 边是截平面 P_1与圆柱面的交线（铅垂线）；AF 边是截平面 P_1与圆柱顶面的交线（正垂线）；BE 边是截平面 P_1与截平面 Q 的交线（正垂线）。矩形的 V 面投影与 P_{1V}重合，H 面投影与 P_{1H}重合，W 面投影反映截断面实形，由 a'、b'、e'、f'及 a、b、e、f 求得（图 3-32c）。

同理可求截平面 P_2 产生交线的投影。由于截平面 P_1、P_2 左右对称，因此 P_1、P_2 产生交线的 W 面投影完全重合（图 3－32c）。

3）判断圆柱的存在域：在圆柱槽口处，圆柱面的 W 面转向线被切掉，擦去其投影，加粗其余可见轮廓的投影，完成所求（图 3－32c）。

图 3－32d 所示为空心圆柱被上述三个截平面切割而在上部形成槽口，这时截平面 Q、P_1、P_2 同时与内、外圆柱面相交，产生交线。这些交线投影的求法与例 3－13 相同。但由于空心圆柱的中部是空腔。因此，截平面 Q、P_1、P_2 都被分成前、后两部分，截平面 Q 与截平面 P_1、P_2 的交线也被中部空腔分为前、后两段。同时槽口处内、外圆柱面的 W 面转向线均被切去。

2. 圆锥的截交线

根据截平面与圆锥轴线的相对位置不同，圆锥截交线的空间形状有五种（表 3－2）。

表 3－2 圆锥的截交线

截平面位置		直观图	投影图
截平面垂直于圆锥轴线		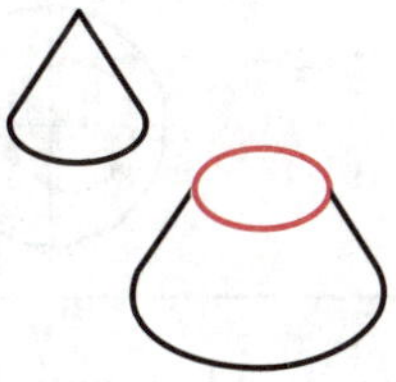 截交线为一纬圆	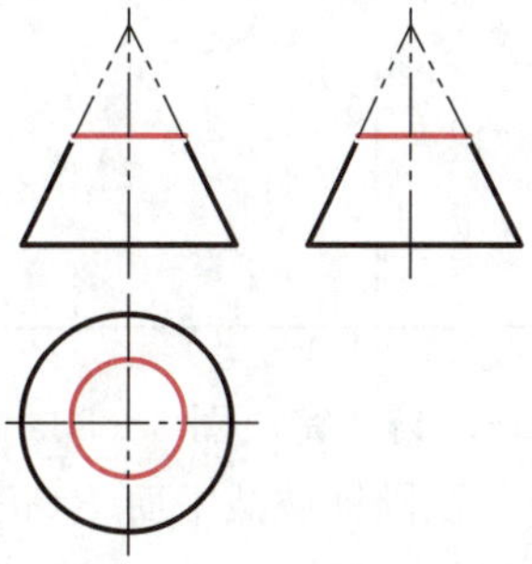
截平面过锥顶		 截交线为一三角形	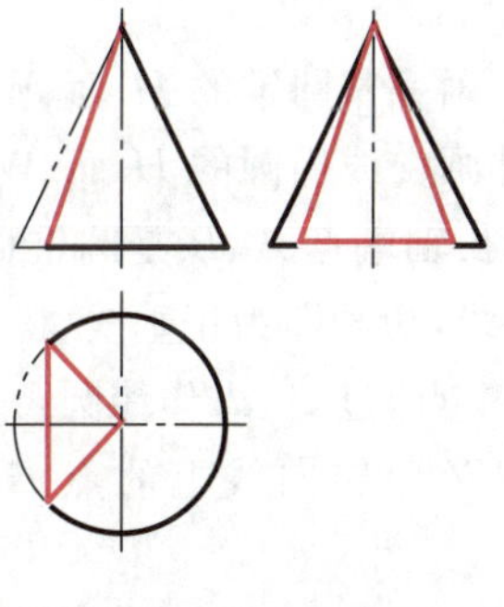
截平面倾斜于圆锥轴线	$\theta<\alpha$ 截平面平行于轴线 $\theta=0$	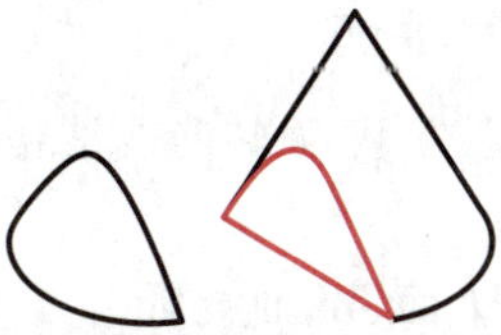 截交线为双曲线和一直线	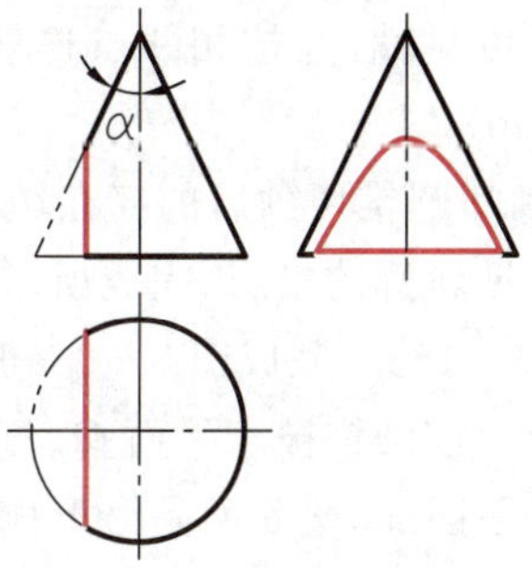

续表

截平面位置		直观图	投影图
截平面倾斜于圆锥轴线	$\theta=\alpha$	 截交线为抛物线和一直线	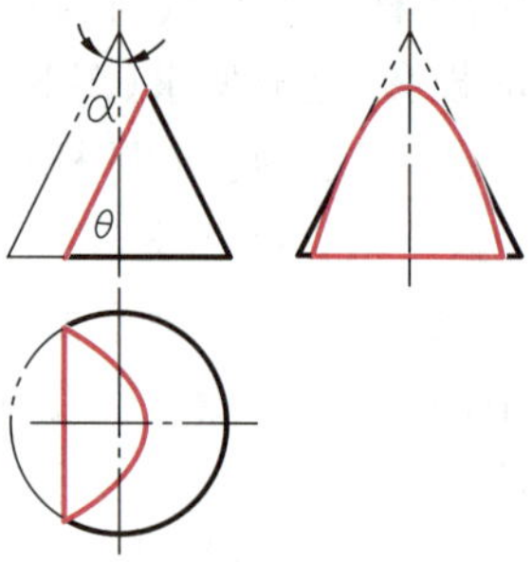
	$\theta>\alpha$	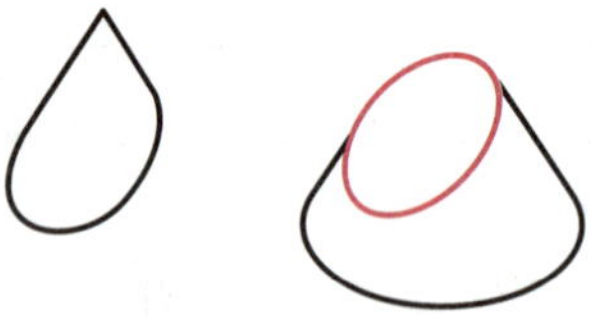 截交线为一椭圆	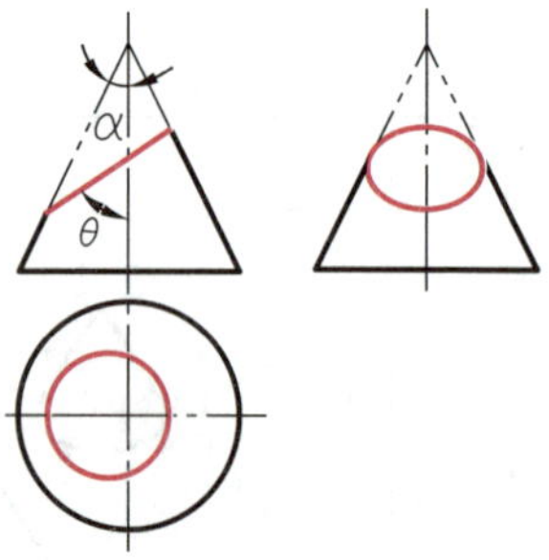

【例 3-14】 完成图 3-33a 所示的切割圆锥的 H 面、W 面投影。

分析 该圆锥被截平面 P（正垂面）切去头部，由于截平面 P 倾斜于圆锥轴线，且$\theta>\alpha$，所以它与圆锥面的交线为一椭圆，该椭圆的 V 面投影与 P_V重合；H 面投影、W 面投影仍为椭圆。

作图

1）补画完整圆锥的 H 面、W 面投影（图 3-33a）。

2）补画交线椭圆的 H 面、W 面投影。

椭圆长轴端点 A、B 是圆锥面 V 面转向线与截平面 P 的交点，由 a'、b'求出 a、b 及 a''、b''；长轴是正平线，短轴即为正垂线（椭圆长、短轴互相垂直且平分），短轴端点 C、D 的 V 面投影 c'、d' 是 $a'b'$的中点，过 c'、d'作纬圆可求出 C、D 的 H 面投影 c、d 及 W 面投影 c''、d''（图 3-33b）。

圆锥 W 面转向线上的点 E、F，由 e'、f' 求出 e''、f''，再由 e'、f' 及 e''、f'' 求出 e、f（图 3-33c）。

在上述各特殊点之间用纬圆取若干个一般点，如图 3-33d 所示的点 Ⅰ、Ⅱ。

判断可见性，并按相邻点连线原则，依次光滑地连接交线各点的同面投影即完成交线投影（图 3-33d）。

3）判断圆锥切割后的存在域：该圆锥在 E、F 上方 W 面转向线被切掉，因此擦去其投影，加粗其余可见轮廓的投影，完成所求（图 3-33d）。

【例 3-15】 完成图 3-34a 所示切割圆锥的 H 面、W 面投影。

分析 该圆锥被水平面 Q、侧平面 P 切去上部。侧平面 P 垂直圆锥轴线，与圆锥面的交线是一段侧平圆弧，截断面是弓形侧平面，W 面投影反映实形，H 面投影积聚为轴线的垂直线。水平面 Q 平行于圆锥轴线，因此它与圆锥面的交线为双曲线，截断面是弓形水平面，H 面投影反映

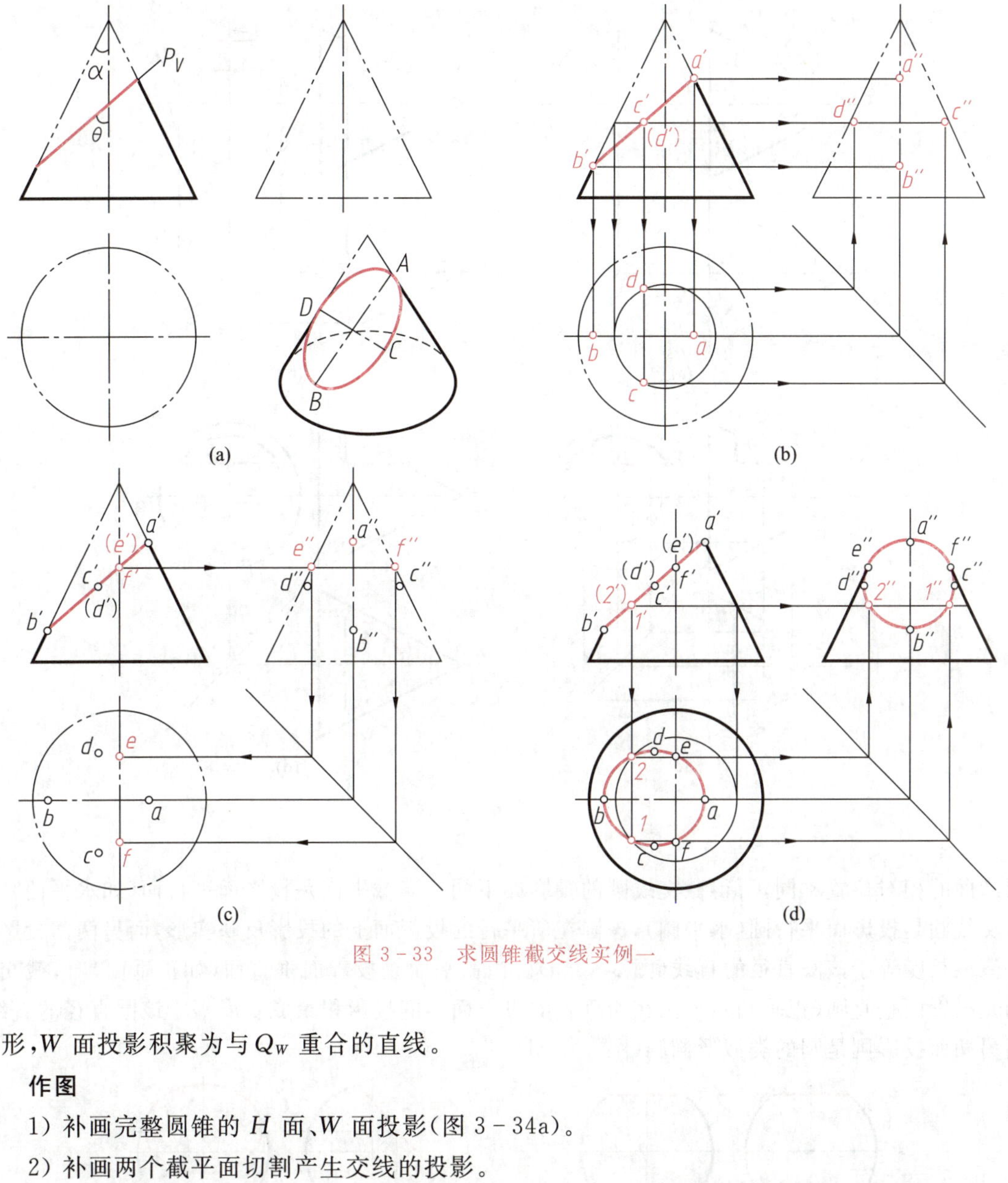

图 3－33　求圆锥截交线实例一

实形，W 面投影积聚为与 Q_W 重合的直线。

作图

1）补画完整圆锥的 H 面、W 面投影（图 3－34a）。

2）补画两个截平面切割产生交线的投影。

① 求截平面 P 切割产生交线（截断面为弓形侧平面）的 H 面、W 面投影（图 3－34b）。

② 求截平面 Q 切割产生交线（截断面为弓形水平面）的 H 面、W 面投影：W 面投影为 $b''c''$ 直线段；再求截平面 Q 与圆锥面 V 面转向线交点 D 的投影（图 3－34c），再利用纬圆求截平面 Q 与圆锥面交线（双曲线）上一般点 E、F 的投影（图 3－34c）。分析可见性，将上述各点同面投影光滑连接，即完成截平面 Q 产生交线的 H 面、W 面投影（图 3－34c）。

3）判断圆锥切割后的存在域，加粗可见轮廓的投影，完成所求（图 3－34d）。

3．球的截交线

平面与球相交，不论截平面与球的相对位置如何，其截交线的空间形状总是圆。但截平面对

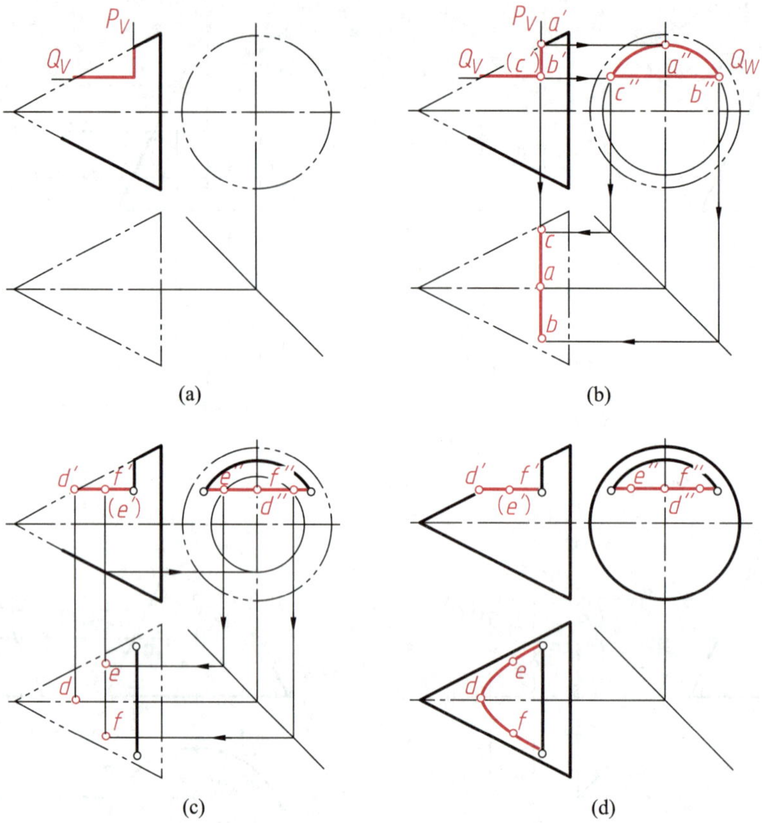

图 3-34　求圆锥截交线实例二

投影面的相对位置不同，所得截交线圆的投影亦不同。当截平面是投影面平行面（如水平面）时，截交线圆是投影面平行圆（水平圆），该圆在所平行的投影面上的投影反映实形，而另两面投影则积聚成长度等于该圆直径的直线（图 3-35a）。当截平面是投影面垂直面（如正垂面）时，截交线圆是投影面垂直圆（正垂圆），该圆在所垂直的投影面上的投影积聚成长度等于该圆直径的直线，而另两面投影则是圆的类似形椭圆（图 3-35b）。

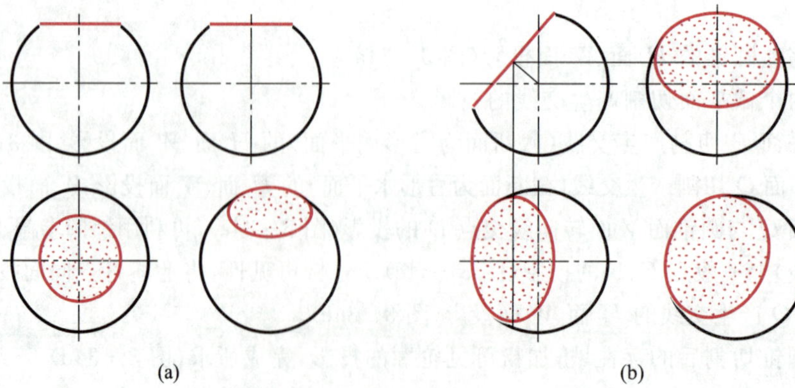

图 3-35　球截交线

【例 3-16】 完成图 3-36a 所示的切割球的投影。

分析 截平面 P 是一正垂面，所以截交线圆是一正垂圆，该圆的 V 面投影与 P_V 重合，其长度等于该圆的直径，它的 H 面投影、W 面投影都为椭圆。

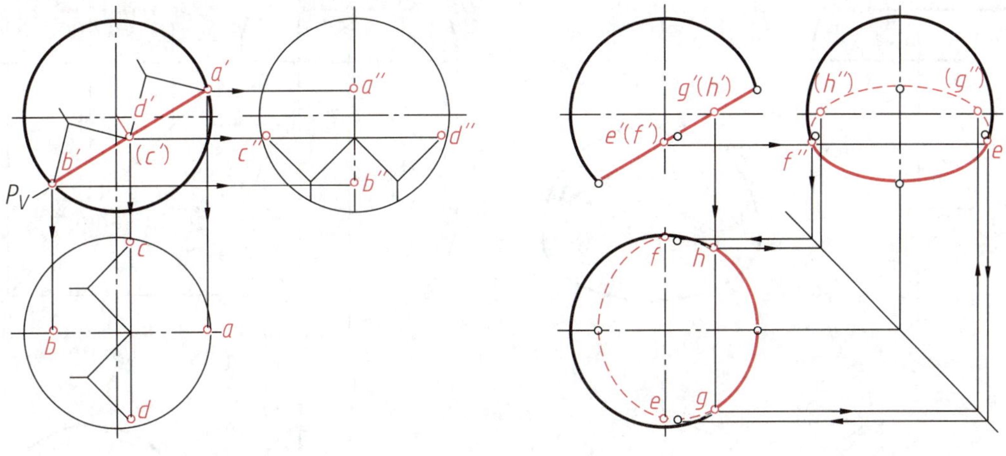

图 3-36 求球截交线实例一

作图

1) 补画交线圆的 H 面、W 面投影。

① 求投影椭圆的长、短轴端点：球 V 面转向线与截平面的交点 A、B，是正垂圆 H 面投影及 W 面投影椭圆的短轴端点，由 a'、b' 可直接求出 a、b 及 a''、b''（图 3-36a）。$a'b'$ 的中点 (c')、d' 是正垂圆 H 面投影及 W 面投影椭圆的长轴端点 C、D 的 V 面投影。CD 是正垂线，其 H 面投影 cd、W 面投影 $c''d''$ 都反映实长（即正垂圆的直径 $a'b'$），可用分规量取作图（图 3-36a）。

② 求球面 W 面转向线上的点 E、F：由 e'、f' 可直接求出 e''、f''，再由 e'、f' 及 e''、f'' 求出 e、f（图 3-36b）。

③ 求球面 H 面转向线上的点 G、H：由 g'、h' 可直接求出 g、h，再由 g'、h' 及 g、h 求出 g''、h''（图 3-36b）。

判断可见性，依次光滑地连接交线各点的同面投影即完成交线投影（图 3-36b）。

2) 判断球切割后的存在域：由于球下部被切割，因此球 V 面转向线的投影在 a'、b' 下部不存在，W 面转向线的投影在 e''、f'' 下部不存在，H 面转向线的投影在 g、h 右侧不存在。擦去不存在轮廓线的投影，加粗可见轮廓的投影，完成所求（图 3-36b）。

【例 3-17】 完成图 3-37a 所示的切割半球的投影。

分析 该半球被水平面 Q 及侧平面 P 切去左上部。

作图

1) 补画完整半球的 H 面投影及 W 面投影（图 3-37a）。

2) 补画两个截平面切割产生交线的投影。

① 求截平面 Q 切割产生交线的投影：截平面 Q 是水平面，交线由水平圆弧 $ABCDE$ 和直线 AE 构成（截断面为水平面）。水平圆弧 $ABCDE$ 是截平面 Q 与球面的交线；直线 AE 是截平面

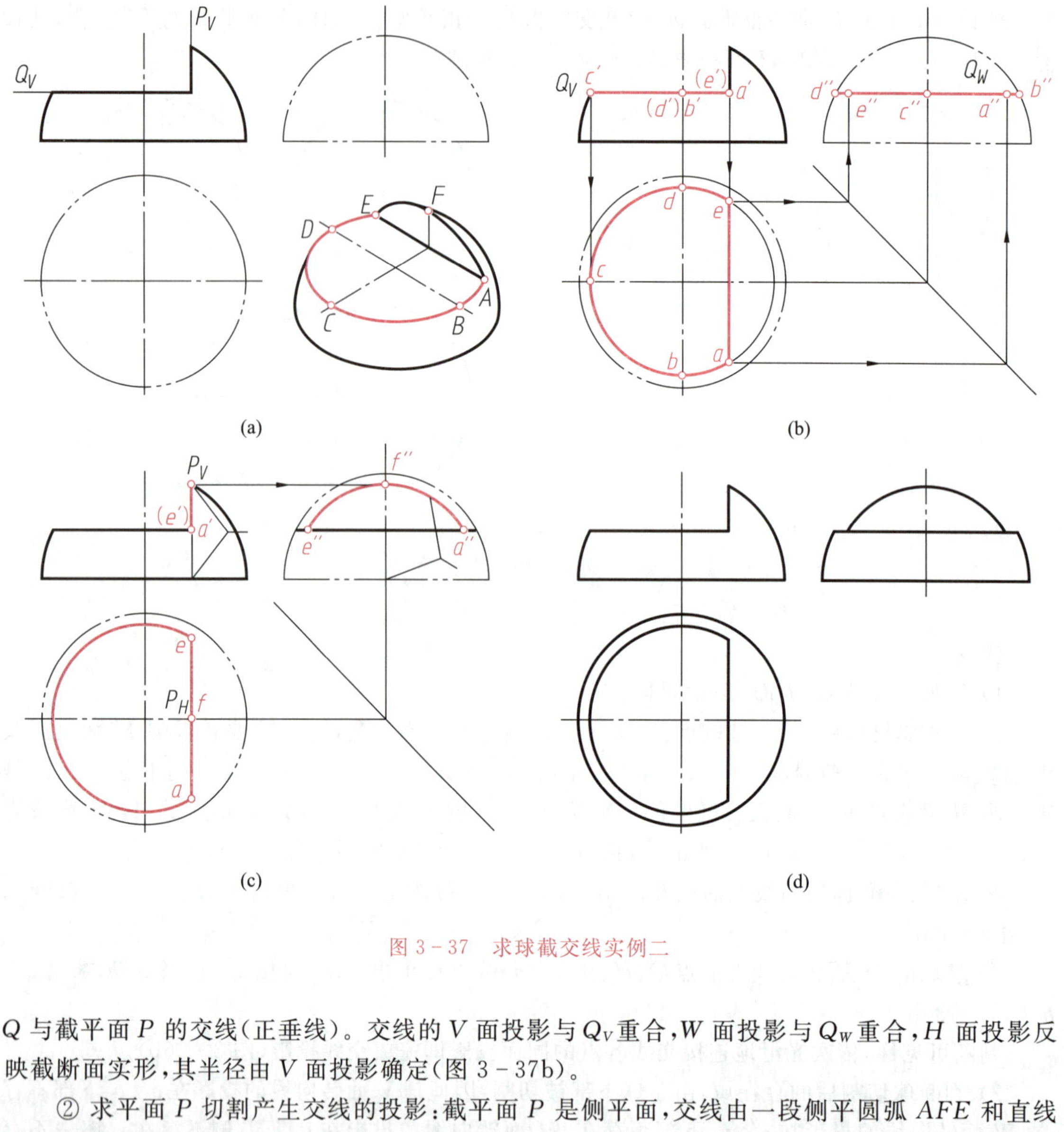

图 3-37　求球截交线实例二

Q 与截平面 P 的交线(正垂线)。交线的 V 面投影与 Q_V 重合,W 面投影与 Q_W 重合,H 面投影反映截断面实形,其半径由 V 面投影确定(图 3-37b)。

② 求平面 P 切割产生交线的投影:截平面 P 是侧平面,交线由一段侧平圆弧 AFE 和直线 AE 构成(截断面为侧平面)。侧平圆弧 AFE 是截平面 P 与球面的交线;直线 AE 是截平面 P 与截平面 Q 的交线(AE 投影上述已求)。侧平圆弧 AFE 的 V 面投影与 P_V 重合,H 面投影与 P_H 重合,W 面投影反映实形,其半径由 V 面投影确定(图 3-37c)。

3) 判断半球切割后的存在域:半球 W 面转向线在 Q_W 上部不存在,擦去其投影,加粗可见轮廓的投影,完成所求(图 3-37d)。

4. 组合型回转体的截交线

由多个共轴线的基本回转面组合而成的立体称为组合型回转体。组合型回转体截交线的求作步骤:

1）首先分析该组合型回转体的表面由哪些基本回转面组成，找出它们的分界纬圆。

2）分别求出各基本回转面的截交线，各部分截交线的连接点在分界纬圆上。

【例 3-18】 完成图 3-38a 所示的立体交线的投影。

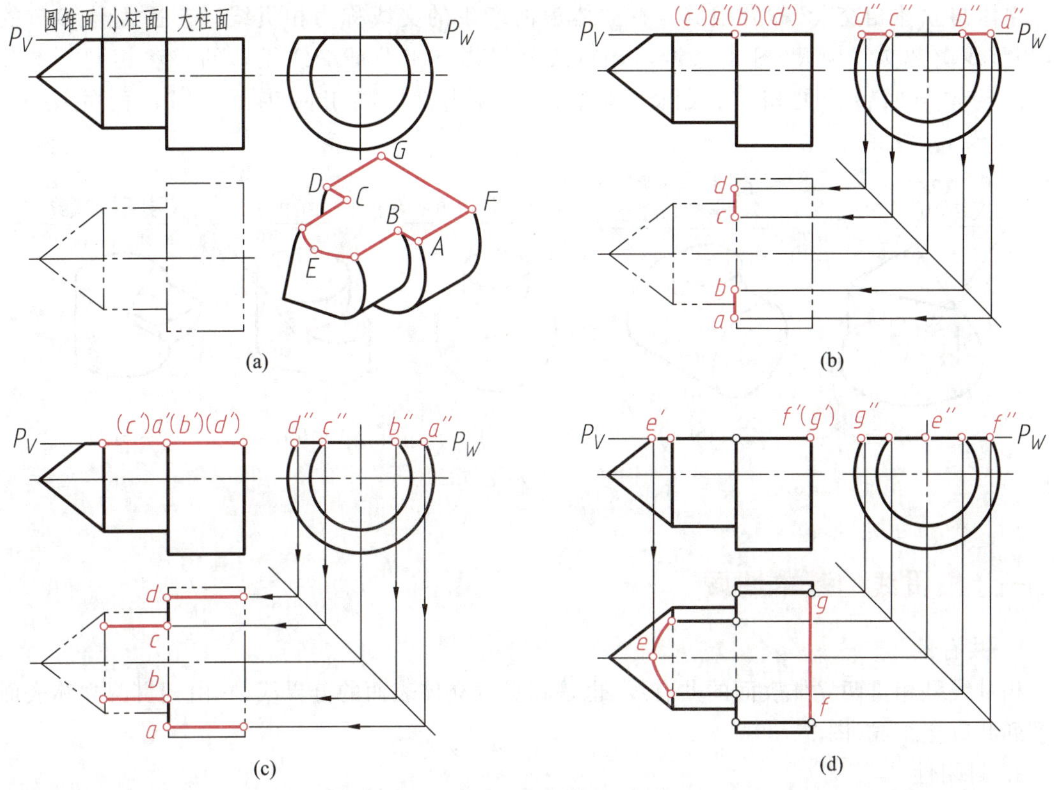

图 3-38 求组合型回转体截交线

1）确定各基本回转面的分界纬圆：该组合型回转面由圆锥面、小柱面、大柱面组成，它们的分界纬圆如图 3-38a 所示。

2）分段求各基本回转面上的交线。

① 求截平面 P 与小柱、大柱台阶面交线的投影：该交线是两段正垂线 AB、CD，其三面投影如图 3-38b 所示。

② 求截平面 P 与小柱面、大柱面交线的投影：该交线为四段侧垂线，其三面投影如图 3-38c所示。

③ 求截平面 P 与圆锥面交线的投影：该交线是一双曲线，双曲线的 V 面投影与 P_V 重合，W 面投影与 P_W 重合，H 面投影反映实形（图 3-38d）。

④ 求截平面 P 与立体右端面交线的投影：该交线 FG 是一正垂线，V 面投影是截平面 P 与立体右端面二者 V 面投影的交点，W 面投影与 P_W 重合，H 面投影与立体右端面投影积聚的直线重合（图 3-38d）。

注意 圆锥面与小柱面的分界纬圆、小柱面与大柱面的分界台阶面，上部均被切掉。因此，二者的 H 面投影中部有部分为不可见，应画成细虚线（图 3-38d）。

§ 3-5 回转面与回转面相交

立体与立体相交(又称为相贯),在立体表面产生的交线称为相贯线。有平面体参与的相贯,相贯线由截交线构成(图 3-39a),相贯线的投影与上节截交线投影的求法相同。本节只讨论回转体与回转体的相贯。因此,本节的相贯线就局限于回转面与回转面的交线(图 3-39b、c、d、e)。

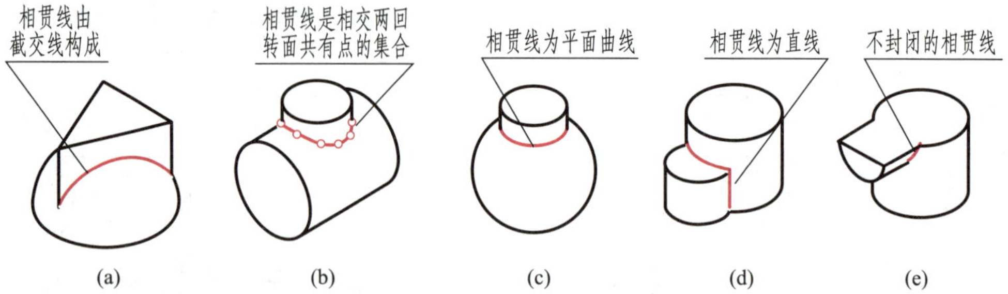

图 3-39　两立体相贯

一、相贯线的基本性质

1. 共有性

相贯线是相贯两立体表面的共有线,也是相贯两立体表面的分界线,它由相贯两立体表面的一系列共有点组成(图 3-39b)。

2. 封闭性

因为立体都是由一些表面所围成的封闭空间,因此一般情况下,相贯线是一封闭的空间曲线,特殊情况下可不封闭或为平面曲线或直线(图 3-39c、d、e)。

二、相贯线投影的求法

相贯线是相交两体表面的共有线,求相贯线的投影实质就是求相贯两立体表面一系列共有点的投影。常用的方法为表面取点法。

1. 表面取点法求相贯线的投影

表面取点法只适用于两相贯体中,至少有一个是轴线垂直于投影面的圆柱。

如求轴线正垂的圆柱面与轴线铅垂的圆锥面的相贯线(图 3-40a),由于相贯线是相交两体表面的共有线,将相贯线看成圆柱面上的线,相贯线的 V 面投影与圆柱面 V 面投影积聚的圆弧重合,成为已知(图 3-40a);将相贯线看成圆锥面上的线,根据这一已知投影,就可在圆锥面上取点作图完成相贯线的其余投影(图 3-40b)。因此,此法称为表面取点法。

【例 3-19】 完成图 3-40a 所示的相贯两立体的三面投影。

分析　见上述表面取点法的求解原理。

作图

1) 求特殊点。回转面转向线上的点、相贯线的极限位置点都属于相贯线上的特殊点,这些

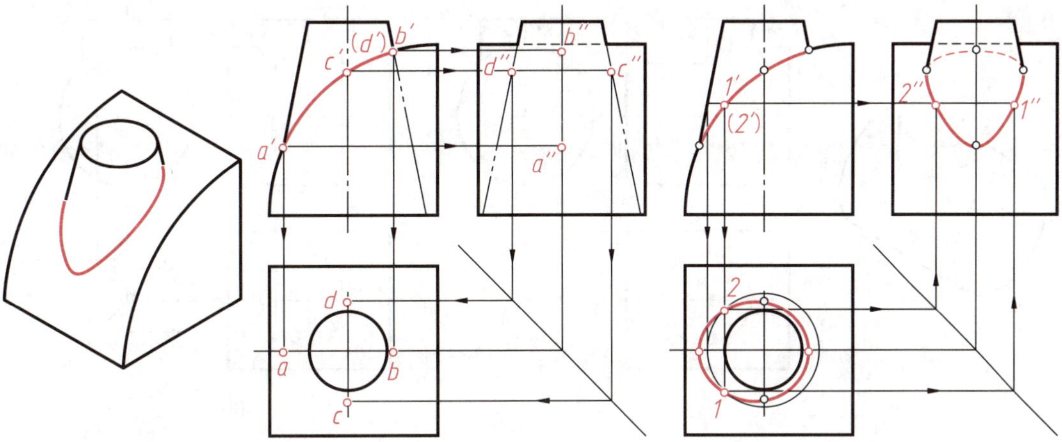

(a) (b)

图 3-40 圆柱、圆锥相贯

点的投影确定相贯线的投影范围和变化趋势应首先求出。该圆锥面 V 面转向线上的点 A、B 和 W 面转向线上的点 C、D，既是回转面转向线上的点，也是相贯线的极限位置点。由 a'、b'、c'、d' 求出 a''、b''、c''、d''，再由 a'、b'、c'、d' 及 a''、b''、c''、d'' 求出 a、b、c、d（图 3-40a）。

2）求一般点。在圆锥面上用纬圆取点作图，求出一般点 Ⅰ、Ⅱ 的三面投影（图 3-40b）。

3）按可见性光滑连接各点的同面投影。相贯两者体表面在某一个投影面上的投影都可见时，相贯线在该投影面上的投影可见，否则不可见。圆柱面、圆锥面的 H 面投影都可见，因此该相贯线的 H 面投影可见；圆柱面、左半圆锥面的 W 面投影可见，因此该相贯线的 W 面投影以 c''、d'' 为界，下半部投影可见，上半部投影不可见，画细虚线（图 3-40b）。

4）整体检查。立体相交后融为一体，在相交的区域内无表面存在。因此，圆锥面 V 面转向线、W 面转向线在交点的下部都不存在，擦去其投影，加粗可见轮廓投影即完成所求（图 3-40b）。

【例 3-20】 完成图 3-41a 所示的相贯两立体的三面投影。

分析 图 3-41a 所示为直径不等、轴线垂直相交的两圆柱面相贯。将相贯线看成圆柱面 Ⅰ 上的线，则相贯线的 H 面投影与圆柱面 Ⅰ 的 H 面投影积聚的圆周重合；将相贯线看成圆柱面 Ⅱ 上的线，则相贯线的 W 面投影与圆柱面 Ⅱ 的 W 面投影积聚的 $d''a''c''$ 弧重合。这里只需求相贯线的 V 面投影。

作图

1）求特殊点。由于圆柱面 Ⅰ 全部贯入圆柱面 Ⅱ，因此圆柱面 Ⅰ 的 V 面转向线上的点 A、B 和 W 面转向线上的点 C、D，既是回转面转向线上的点，也是相贯线的极限位置点。由 a、b、c、d 求出 a''、b''、c''、d''，再由 a、b、c、d 及 a''、b''、c''、d'' 求出 a'、b'、c'、d'（图 3-41a）。

2）求一般点。在相贯线的 H 面投影上任取 1、2，由 1、2 求出 $1''$、$2''$，再由 1、2 及 $1''$、$2''$ 求出 $1'$、$2'$（图 3-41b），同理可取一系列的一般点。

3）判断可见性，依次光滑连接各点的 V 面投影即得相贯线的 V 面投影（图 3-41b）。

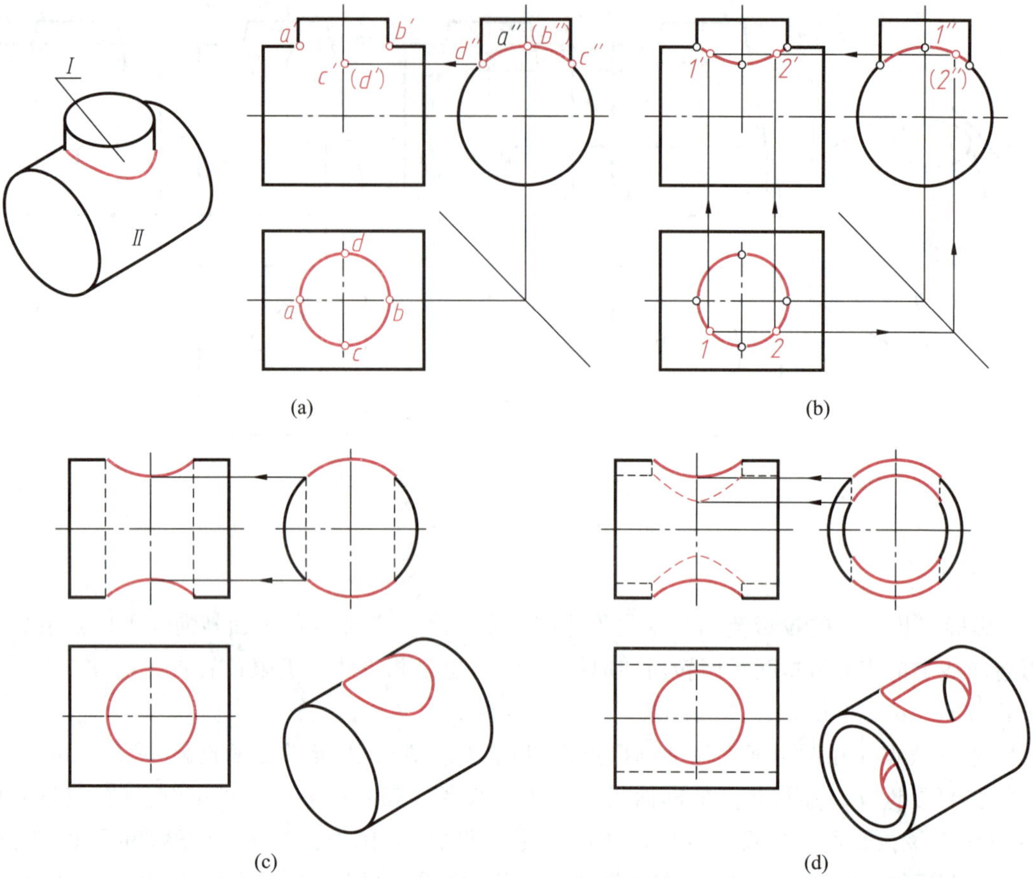

图 3－41　两圆柱相贯

4）整体检查。圆柱面Ⅰ的 V 面转向线在 A、B 的下方，W 面转向线在 C、D 的下方均不存在，圆柱面Ⅱ的 V 面转向线在 A、B 之间的部分不存在，擦去其投影。加粗可见轮廓线的投影即完成所求（图 3－41b）。

注意　该相贯体前后对称，因此相贯线也前后对称，它前、后两部分的 V 面投影重合。

若图 3－41a 中的铅垂圆柱面Ⅰ不是实体，而是一圆柱孔，它与侧垂圆柱面Ⅱ相交后，同样产生相贯线，该相贯线投影的求法与图 3－41a、b 完全相同（图 3－41c）。

若图 3－41a 中的侧垂圆柱Ⅱ不是实心体，而是一圆筒，这时铅垂圆柱孔Ⅰ将同时与侧垂圆筒Ⅱ的内、外圆柱面相交而分别产生四段相贯线（图 3－41d），该四段相贯线投影求法仍与图 3－41a、b 相同，不同的是内柱面上的两条相贯线 V 面投影不可见，应画成细虚线（图 3－41d）。

2. 相贯线的近似画法

对直径不等且轴线垂直相交的两圆柱面，在不至于引起误解时，其相贯线的投影允许采用近似画法，即用圆心位于小圆柱面的轴线上，半径等于大圆柱面半径 R 的圆弧代替相贯线的投影，画图过程如图 3－42 所示。

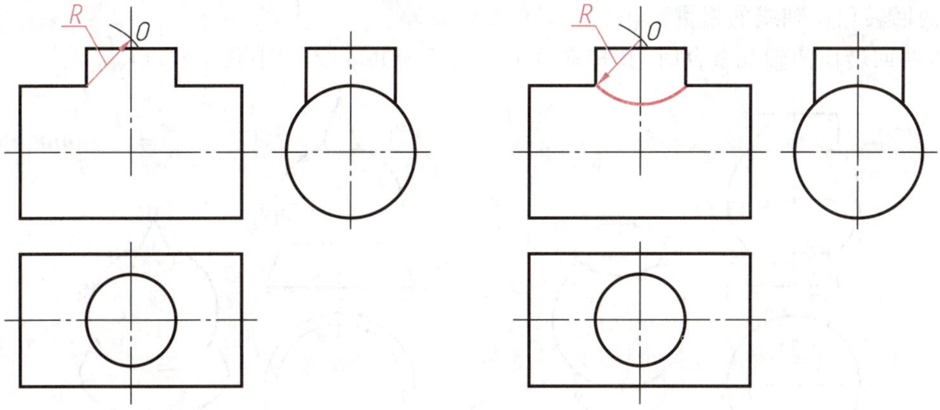

(a)　　　　　　　　(b)

图 3-42　相贯线的近似画法

三、特殊相贯线

一般情况下，两回转面相贯，其相贯线是一封闭空间曲线，该空间曲线的形状取决于相贯两者的几何性质、相对大小及相对位置。如图 3-43a 所示，相贯两圆柱面位置不变时，侧垂圆柱面直径不变，随着铅垂圆柱面的直径变化，相贯线的空间形状发生变化；如图 3-43b 所示，相贯两圆柱面的直径不变时，侧垂圆柱面位置不变，随着铅垂圆柱面的位置变化，相贯线的空间形状也发生变化。当相贯两者的相对大小、相对位置处于某个特定位置时，相贯线就会变成为平面曲线或直线，这类相贯线称为特殊相贯线。

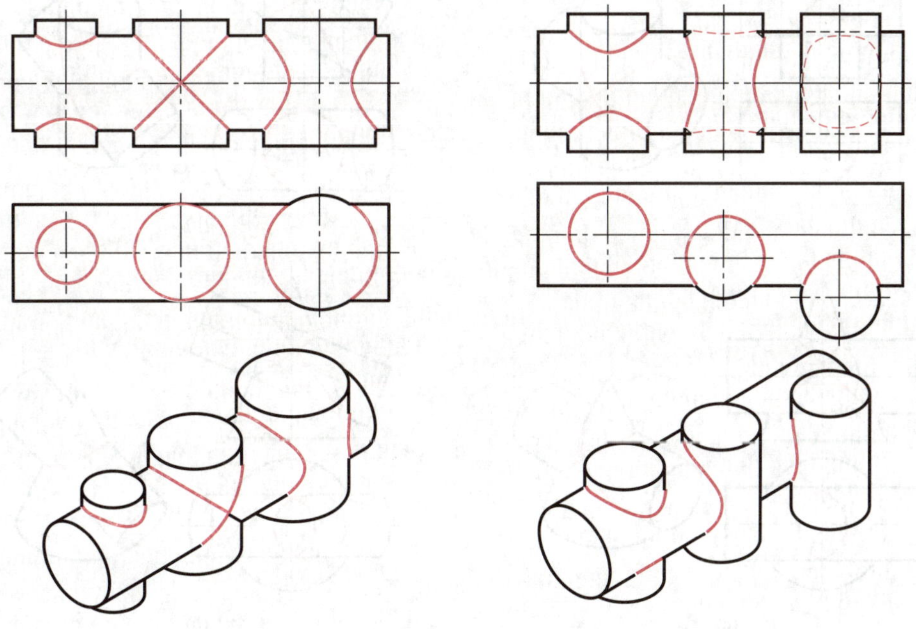

(a)　　　　　　　　(b)

图 3-43　相贯线的形状变化

1. 两回转面同轴线的相贯

相贯两回转面的轴线重合时,其相贯线为垂直于公共轴线的圆(图 3-44)。

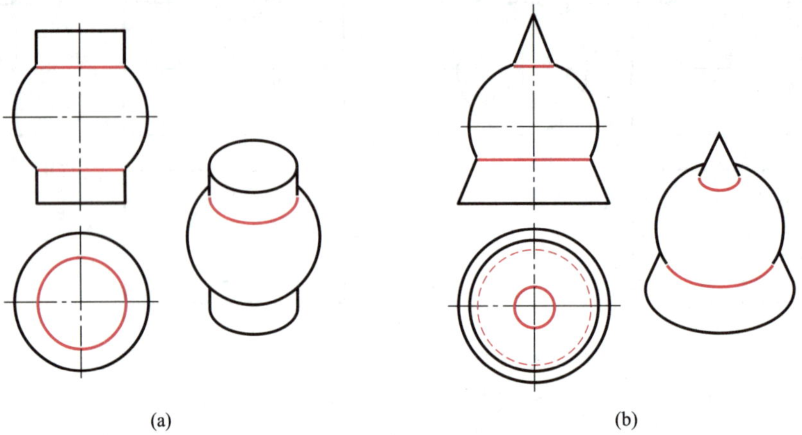

图 3-44　两回转体同轴线的相贯

2. 两回转面公切于一球面的相贯

图 3-45a、b 是圆柱面与圆柱面相交,图 3-45c、d 是圆柱面与圆锥面的相交。图 3-45a、c 中相交两者轴线正交,图 3-45b、d 相交两者轴线斜交。相交两者的轴线构成的平面都平行于 V 面,相交两回转面还公切于一球面(两轴线的交点为球心,圆柱面直径为球径)。因此,它们的相

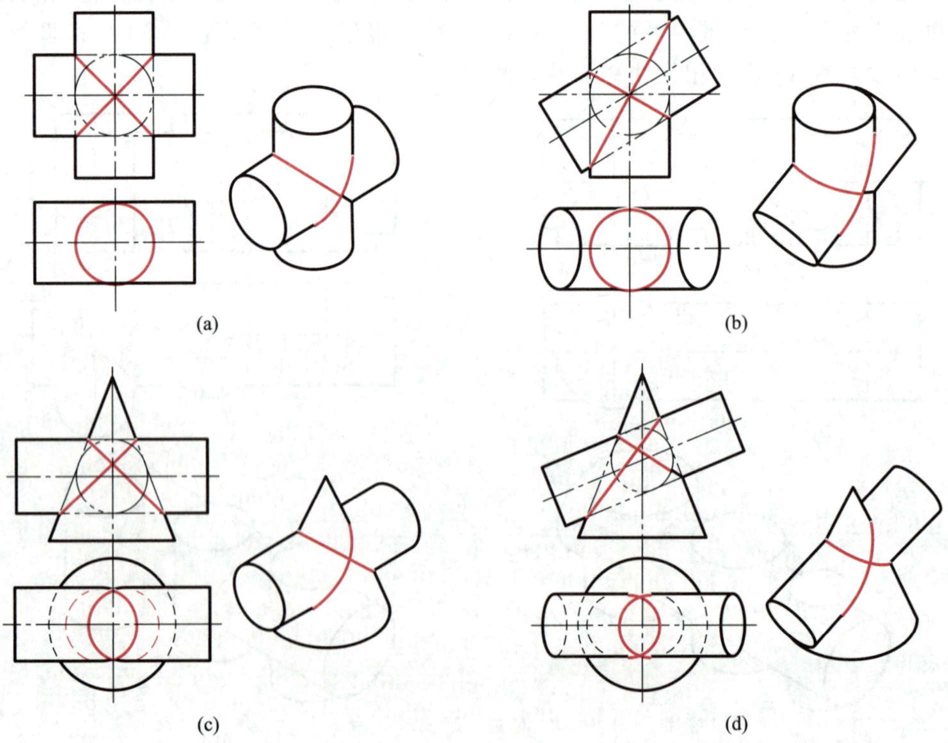

图 3-45　两回转面公切于一球面的相贯

贯线是垂直于 V 面的两个椭圆，连接它们 V 面转向线投影的交点，得两条相交直线，即相贯线（两个椭圆）的 V 面投影。

3. 轴线平行的两圆柱相贯、共锥顶的两圆锥相贯

轴线平行的两圆柱的相贯线如图 3-46a 所示，两圆柱面的交线为直线，共锥顶的两圆锥相贯，两锥面的交线也为直线，如图 3-46b 所示。

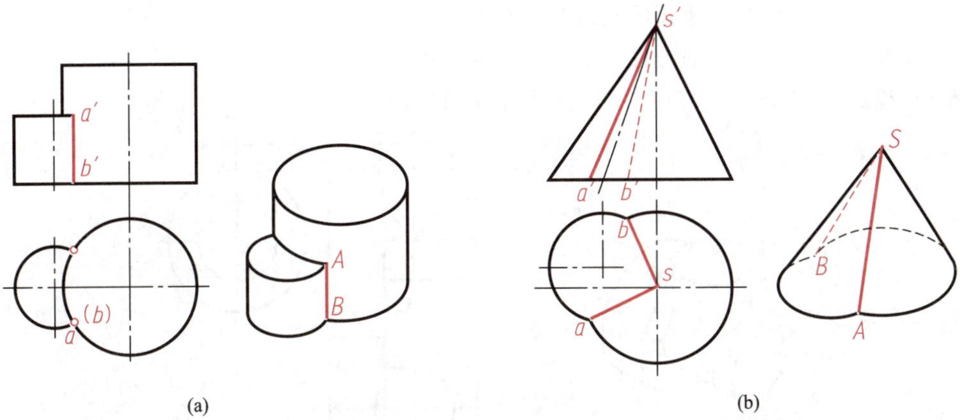

图 3-46 相贯为直线

四、多形体相贯

1. 多形体相贯

上面讨论的是两个基本立体相贯，其相贯线的求法。在工程中，常常还会遇到多个基本立体相互相贯的情况，称为多形体相贯。求多形体相贯线投影的步骤如下：

1）分析该相贯体由哪些基本立体相贯组成，产生了几段交线，各段交线的分界在哪？找出各段交线的结合点（即分界点）。

2）运用前面所学相贯线投影的求法，逐段求出各交线的投影。

【例 3-21】 完成图 3-47 所示的立体表面交线的投影。

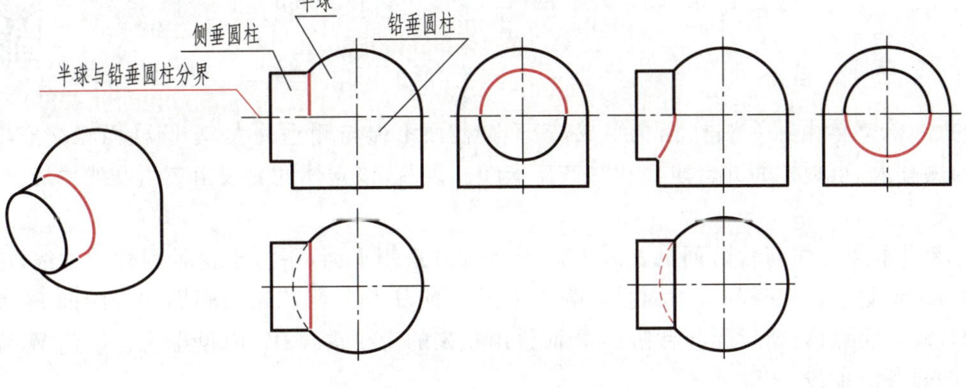

图 3-47 多形体相贯实例一

分析　该立体由侧垂圆柱、铅垂圆柱及半球相交组成，半球面与铅垂圆柱面相切，无交线产生。侧垂圆柱面上半部与半球面同轴线相贯，相贯线为半个侧平圆。侧垂圆柱面下半部与铅垂圆柱面相贯，其相贯线为一条空间曲线。

作图

1）找出半球面与铅垂圆柱面的分界（图 3－47a）。

2）求出侧垂圆柱面与半球面的交线投影（图 3－47a）。

3）求出侧垂圆柱面与铅垂圆柱面的交线投影（图 3－47b）。

【例 3－22】　求作图 3－48a 所示的立体交线的投影。

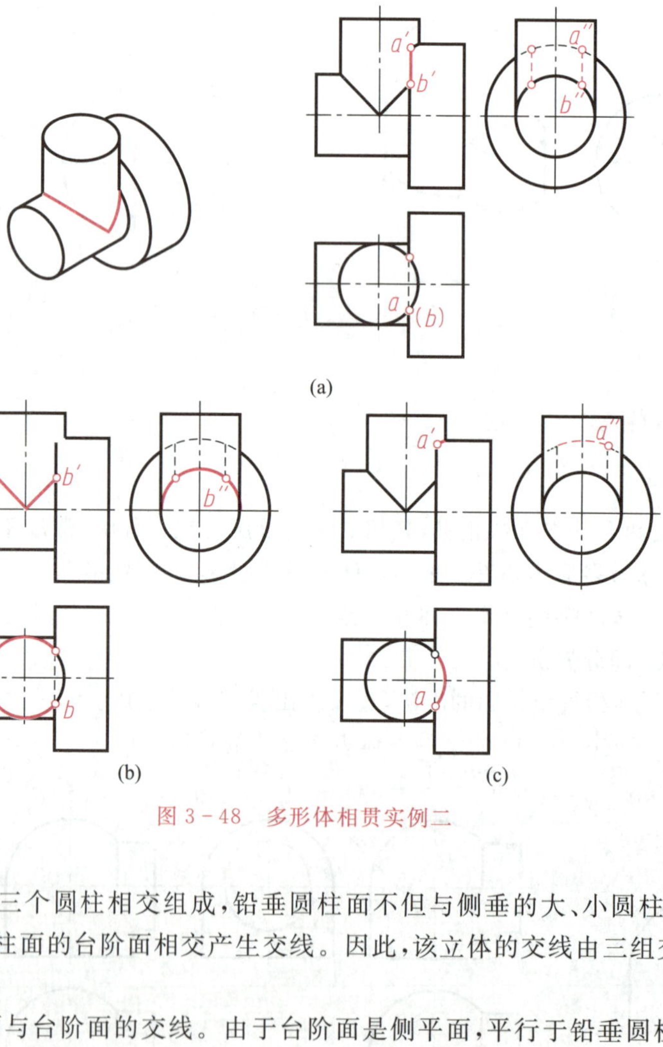

图 3－48　多形体相贯实例二

分析　该立体由三个圆柱相交组成，铅垂圆柱面不但与侧垂的大、小圆柱面相交产生相贯线，还与侧垂大、小圆柱面的台阶面相交产生交线。因此，该立体的交线由三组交线构成。

作图

1）求铅垂圆柱面与台阶面的交线。由于台阶面是侧平面，平行于铅垂圆柱的轴线，因此其交线为两条铅垂线，该交线的 H 面投影为铅垂圆柱面 H 面投影积聚的圆周与台阶面 H 面投影积聚的直线的交点；V 面投影与台阶面 V 面投影积聚的直线重合；W 面投影为台阶面 W 面投影区域内的两条细虚线（图 3－48a）。

2）求铅垂圆柱面与侧垂小圆柱面的交线。铅垂圆柱面与侧垂小圆柱面是公切于一球面的特殊相贯，因此相贯线为部分椭圆弧，该椭圆弧的 H 面投影与铅垂圆柱面 H 面投影积聚的圆周重合；*W* 面投影与侧垂小圆柱面 *W* 面投影积聚的圆周重合；*V* 面投影积聚为直线，因为椭圆弧确定的平面与相交二者轴线构成的平面（正平面）垂直（图 3－48b）。

3）求铅垂圆柱面与侧垂大圆柱面的交线。该交线为一条空间曲线，投影的求作如图 3－48c 所示。

2. 常见圆柱体相贯线

常见圆柱相贯线如图 3－49 所示。

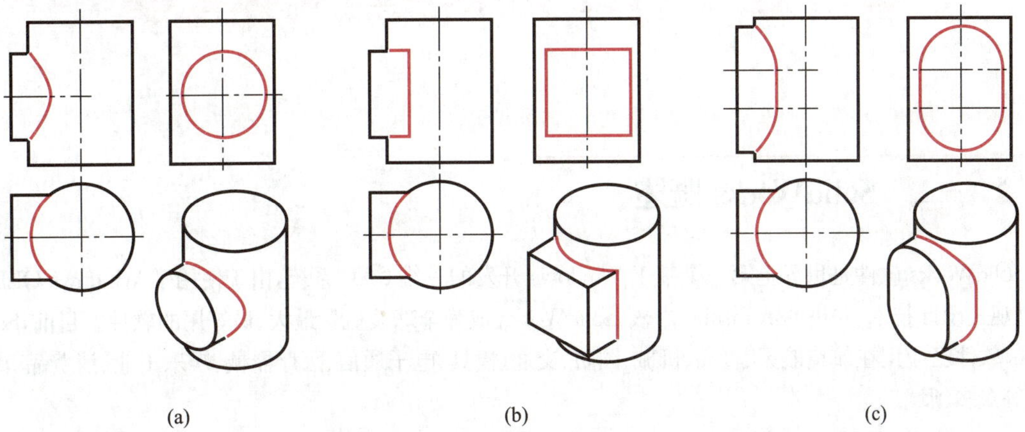

图 3－49　常见圆柱相贯线

第四章　SolidWorks三维实体建模

§4-1　SolidWorks概述

SolidWorks 软件是世界上第一个基于 Windows 开发的三维 CAD 系统，由于使用了 Windows OLE 技术、直观式设计技术、先进的 parasolid 内核，SolidWorks 成为全球装机量最大、最好用的软件。目前，SolidWorks 软件已应用在航空航天、食品、机械、国防、交通、模具、电子通信、医疗器械、娱乐工业、消费品、离散制造等众多领域。

软件特点

SolidWorks 有功能强大和易学易用的特点，能够提供不同的设计方案、减少设计过程中的错误以及提高产品设计效率。

用户界面

SolidWorks 提供了一整套完整的动态界面和鼠标拖动控制。特别是在建立装配体时，通过鼠标拖动进行摆放，给设计人员带来很大的方便。

SolidWorks 具有属性管理员。这可以用来高效地管理整个设计过程和步骤。属性管理员包含所有的设计数据和参数，而且操作方便、界面直观。

SolidWorks 具有专用的资源管理器。可以方便地管理 CAD 文件。SolidWorks 资源管理器与 Windows 资源器类似，不需要额外的学习就可以使用，较为方便。

SolidWorks 的特征模板为标准件和标准特征提供方便。对于常用的标准件，可以直接从特征模板上调用标准的零件和特征，并进行共享。

SolidWorks 具有 AutoCAD 模拟器。利用这个功能，AutoCAD 用户可以保持自己的操作习惯，快速掌握 SolidWorks 的使用。

装配设计

在 SolidWorks 中生成新零件时，可以直接参考其他零件并保持这种参考关系。在装配的环境里，可以方便地设计和修改零部件。对于超过一万个零部件的大型装配体，SolidWorks 能发挥出较高的性能，有较大的优势。

SolidWorks 可以动态地查看装配体的所有运动，并且可以对运动的零部件进行动态的干涉检查和间隙检测。

SolidWorks 可以使用智能零件技术自动完成重复设计。例如，将一个标准的螺栓装入螺孔中，而同时按照正确的顺序完成垫片和螺母的装配。

SolidWorks 有镜像部件功能。镜像部件能产生基于已有零部件(包括具有派生关系或与其他零件具有关联关系的零件)的新的零部件，大大简化了设计工作。

SolidWorks 用捕捉配合的智能化装配技术来加快装配体的总体装配。智能化装配技术能够自动地捕捉并定义装配关系。

工程图

SolidWorks 提供了生成完整的、车间认可的详细工程图的工具。工程图是全相关的，当修改图纸时，三维模型、各个视图、装配体都会自动更新。

建立三维模型后，可以自动生成工程图，包括视图、尺寸标注。

SolidWorks 可以实现生成剖中剖视图等较为复杂的功能。

SolidWorks 具有 RapidDraft 技术，可以将工程图与三维零件和装配体脱离，进行单独操作，以加快工程图的操作，但保持与三维零件和装配体的全相关。

SolidWorks 具有交替位置显示视图这一独特功能，用交替位置显示视图能够方便地显示零部件的不同的位置，以便了解运动的顺序。

§4－2 SolidWorks 草图绘制

SolidWorks 中，草图是建立模型的基础，大部分的特征命令都是基于草图进行的。本节内容主要介绍 SolidWorks 草图环境，包含两种进入草图的方式以及草图环境的介绍。SolidWorks 具有草图参数化绘制功能，即绘制时只需大概的绘制草图轮廓，最后通过尺寸约束加以修改即可。

一、草图绘制界面

进入 SolidWorks 草绘界面的过程步骤：

1) 可利用两种方式打开 SolidWorks，即双击鼠标左键或右键子菜单“打开”命令。

2) 此时便弹出 SolidWorks 主界面。

3) 打开“文件”菜单下的“新建”命令可新建一个 SolidWorks 工程。

4) 选择“新建零件”命令便进入界面，如图 4－1 所示。

5) 此时可以看见主界面的三个互相正交的基准平面。

6) 进入草图绘制界面

方式一：

鼠标左键单击“前视基准面”(也可选择其他两个基准面)，出现草图绘制的快捷命令，单击该命令进入草图绘制，此为进入草图的一种方式，如图 4－2 所示。

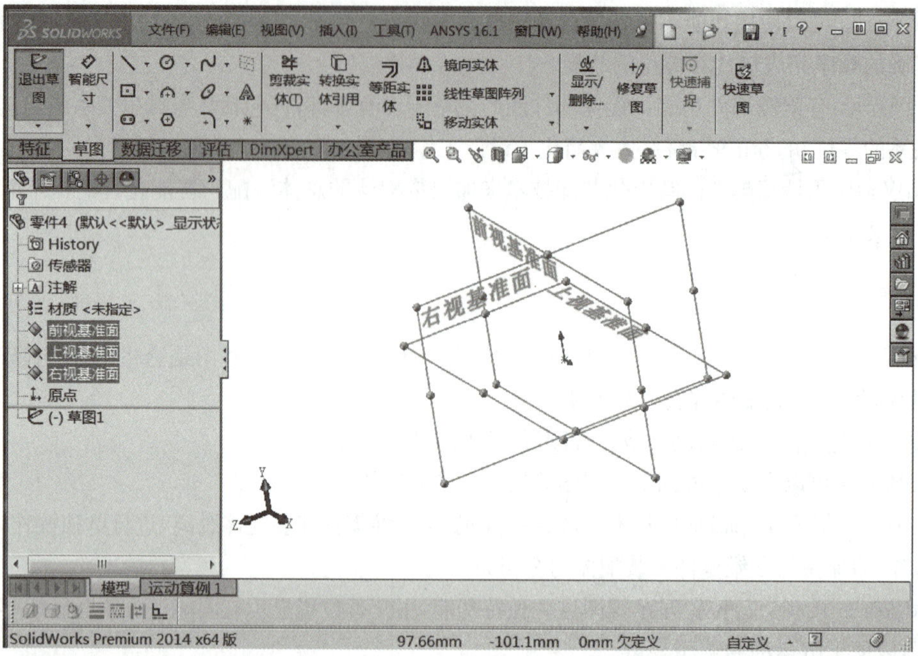

图 4-1　零件建模界面

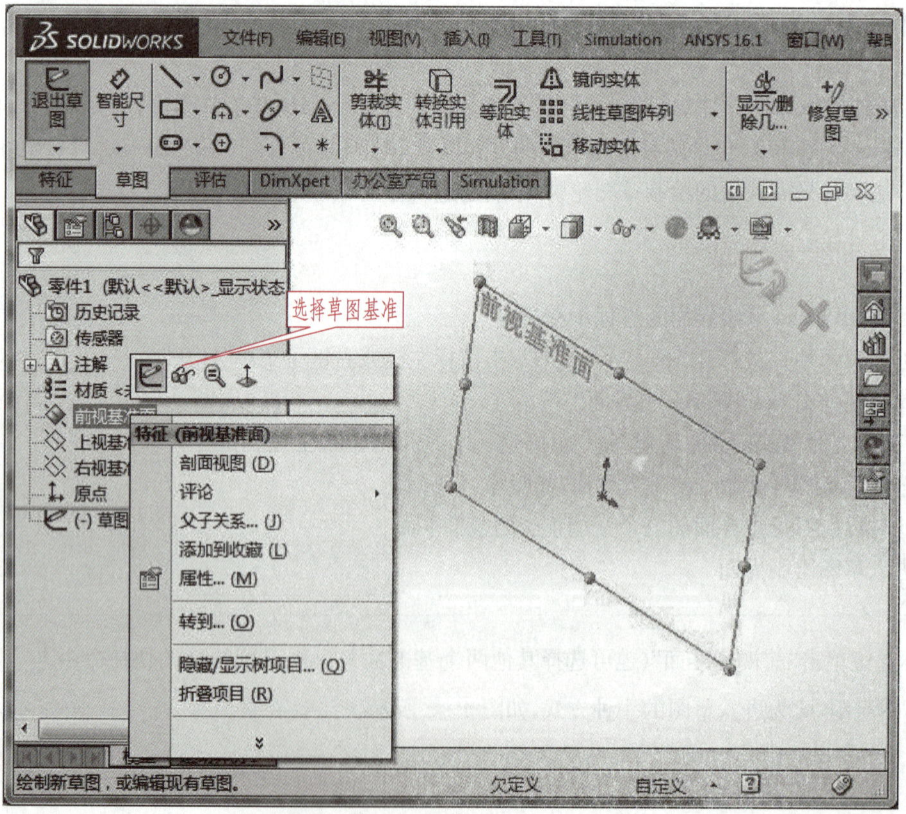

图 4-2　进入草图绘制界面方式一

方式二：

使用草图命令快速绘制草图，在草图命令框，点击快速草图命令，再选择基准面进行草图绘制，如图 4－3 所示。

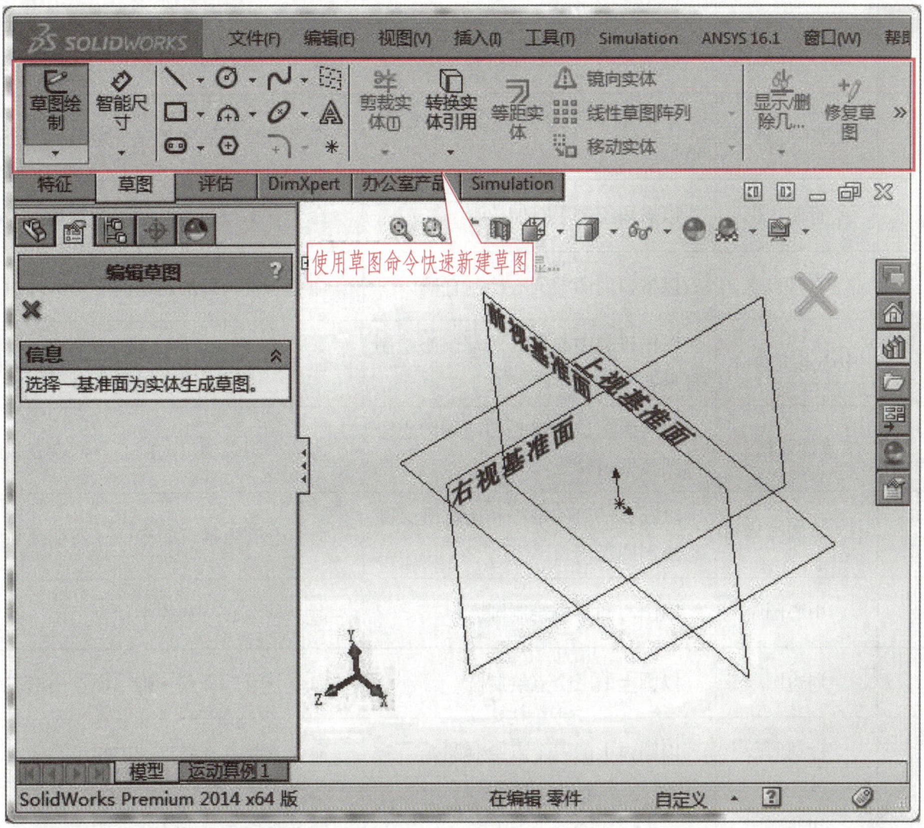

图 4－3　进入草图绘制界面方式二

二、草图绘制主要功能列表

草图绘制主要功能可见表 4－1。

表 4－1　草图绘制主要功能列表

图标	命令	功能	参数及说明
	点	绘制点	命令→鼠标选定位置
	直线	绘制直线段	命令→起点→第二个点→…ESC 键退出
	中心线	绘制中心参考线	命令→起点→第二个点
	边角矩形	绘制对角矩形	命令→矩形第一个顶点→对应的对角顶点

续表

图标	命令	功能	参数及说明
	中心矩形	绘制中心矩形	命令→矩形的中心点→矩形的其中一个顶点
	三点边角矩形	以矩形的三个顶点绘制矩形	命令→矩形的三个顶点
	三点中心矩形	以矩形的中心和两个顶点绘制矩形	命令→矩形的中心点→矩形的两个顶点
	平行四边形	以对角绘制平行四边形	命令→平行四边形的两个对角
	直槽口	以槽口的两端圆心绘制直槽口	命令→直槽口的两端圆心
	中心点直槽口	以槽口的中心点和两端圆心绘制直槽口	命令→直槽口的中心→一段圆弧的圆心
	三点圆弧槽口	以圆弧槽口的圆心和两端圆心绘制圆弧槽口	命令→圆弧槽口的圆心→两端圆弧的圆心
	中心点圆弧槽口	以圆弧槽口的中心和两端圆弧圆心绘制圆弧槽口	命令→圆弧槽口的中心→两端圆弧的圆心
	中心圆	以圆心和半径绘制圆	命令→圆心→圆的半径
	周边圆	以圆上的三个点绘制圆	命令→第一个点→第二个点→第三个点
	三点圆弧	以圆弧上的三个点绘制圆弧	命令→起点→终点→中间点
	切线弧	以草图上边线为切线弧的起点绘制圆弧	命令→切线起点→终点
	圆弧	以圆弧的圆心、起点和终点绘制圆弧	命令→圆心→圆弧起点→圆弧终点
	多边形	以多边形中心绘制多边形	命令→输入多边形边数→中心
	样条曲线	(1) 直接样条曲线； (2) 样式曲线； (3) 方程式驱动的曲线	(1) 选定三个及以上的点数绘制样条曲线； (2) 选定样条曲线的控制点绘制样条曲线； (3) 输入方程式绘制变量驱动的曲线
	圆角	对两相交直线进行圆角处理	命令→输入圆角半径→选定两条相交直线
	倒角	对两相交直线进行倒角处理	命令→输入倒角参数→选定两条相交直线
	椭圆	输入椭圆中心、椭圆的长短轴绘制椭圆	命令→选定椭圆圆心→输入椭圆长短轴直径

续表

图标	命令	功能	参数及说明
	椭圆弧	输入椭圆中心、椭圆弧的起点和终点	命令→选定椭圆圆心→椭圆弧的起点→终点
	抛物线	以抛物线的焦点和顶点绘制抛物线	命令→选定抛物线的焦点→抛物线的顶点
	文字	输入文字	在对话框中输入的文字

智能尺寸命令可见表 4－2。

表 4－2 智能尺寸命令

图标	命令	功能	参数及说明
	智能尺寸	根据草图形状，智能标注草图尺寸	左键选定要标注的对象，拉动鼠标将标注放到适当的位置
	水平尺寸	对草图进行水平尺寸标注	左键选定要标注的对象，拉动鼠标将标注放到适当的位置
	竖直尺寸	对草图进行竖直尺寸标注	左键选定要标注的对象，拉动鼠标将标注放到适当的位置
	尺寸链	对草图进行尺寸链标注	左键选定要标注的对象，按照尺寸链依次标注
	水平尺寸链	对草图进行水平尺寸链标注	左键选定要标注的对象，按照尺寸链依次标注
	竖直尺寸链	对草图进行竖直尺寸链标注	左键选定要标注的对象，按照尺寸链依次标注

修改工具条命令见表 4－3。

表 4－3 修改工具条命令

图标	命令	功能	参数及说明
	裁剪	裁剪绘制草图时多余的直线或曲线	命令→选定裁剪的边界→选定要裁剪的对象
	延伸	延伸直线或者曲线	命令→选定延伸的边界→选定要延伸的直线或者曲线
	转换实体引用	对已有的特征边线进行转换引用	命令→选定要转换引用的边线
	等距实体	对已有的草图进行等距复制	命令→输入等距的距离和方向→选定要等距复制的草图
	线性阵列	对已有的草图进行线性阵列	命令→输入阵列的距离、参考线和方向→选定要线性阵列的图形

续表

图标	命令	功能	参数及说明
	圆周阵列	对已有的草图进行圆周阵列	命令→输入圆周阵列的个数、参考线和方向→选定要圆周阵列的图形
	移动实体	对已有的草图进行移动操作	命令→选定移动的图形→输入移动的参考方向、距离
	复制实体	对已有的草图进行复制操作	命令→选定要复制的图形→输入复制的参考方向、距离
	旋转实体	对已有的草图进行旋转操作	命令→选定要旋转的图形→输入旋转的参考中心、方向
	缩放实体	对已有的草图进行缩放操作	命令→选定要缩放的图形→输入缩放的参考中心和比例
	伸展实体	对已有的草图进行缩放操作	命令→选定要延伸图形的边界→选定要延伸图形
	显示几何关系	对已有草图的几何约束进行查看	命令→选定要查看几何关系的草图
	添加几何关系	对已有草图添加几何约束	命令→选定要添加几何关系的草图

三、草图绘制实例

【例 4-1】 绘制图 4-4 所示吊钩，其绘制过程见表 4-4。

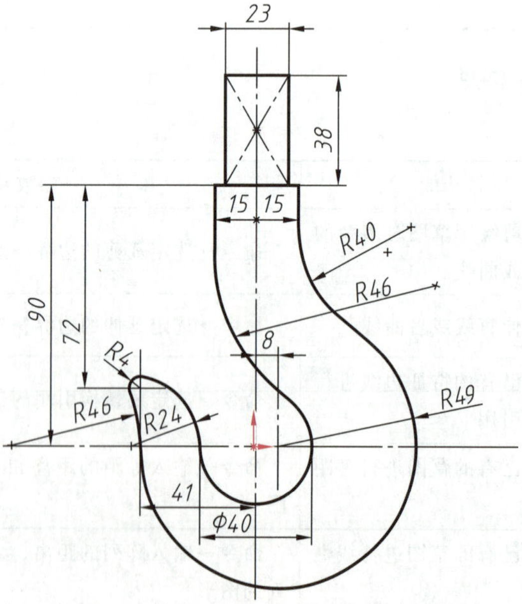

图 4-4　吊钩草图

表 4－4　吊钩草图绘制过程

操作	示例
1. 选中前视基准面，右键新建草图绘制	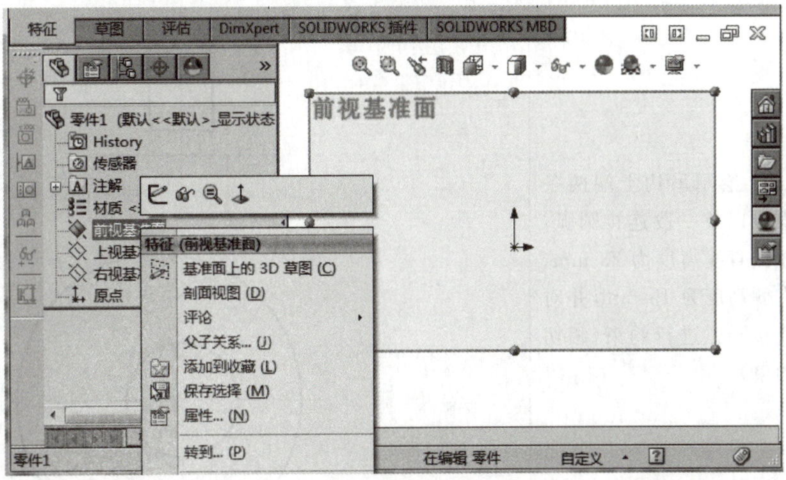
2. 绘制矩形和两个非同心圆：矩形的宽为 23 mm，高为 38 mm，圆的直径为 40 mm 和 98 mm	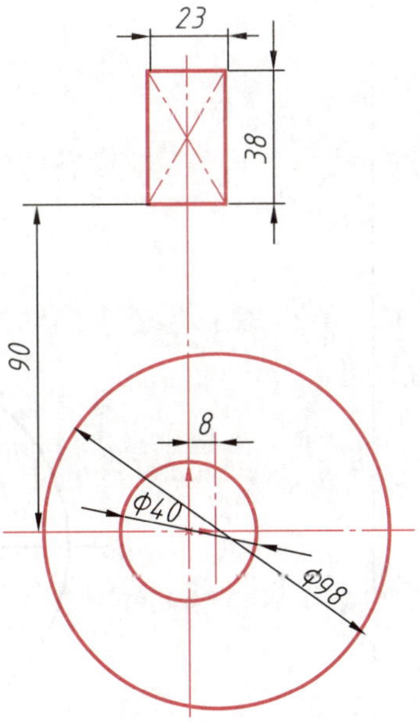

续表

操作	示例
3. 绘制吊钩上端两条直线以及一段连接圆弧，左侧直线高度为 23 mm，右侧高度为 15 mm，并对连接圆弧进行约束（相切约束）	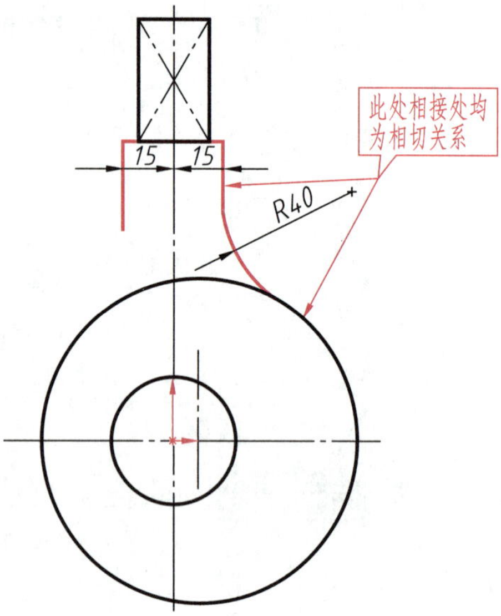
4. 绘制左侧连接圆弧，并添加约束	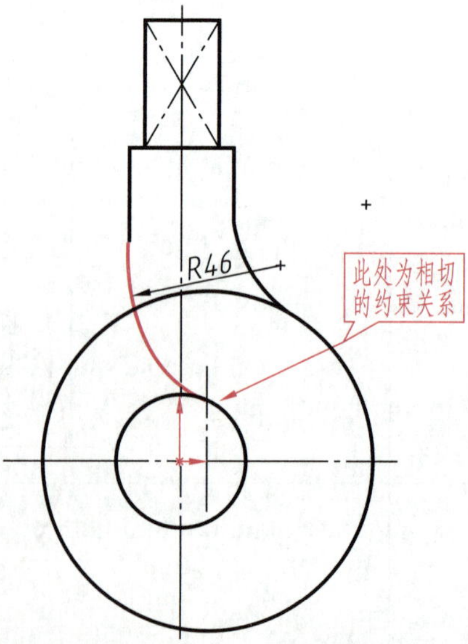

续表

操作	示例
5. 绘制尾部小圆，圆的直径为 8 mm，并加入约束，去掉多余曲线	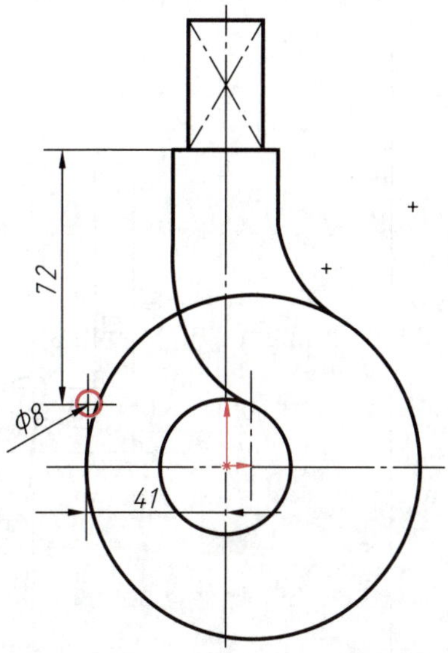
6. 完成尾部连接弧	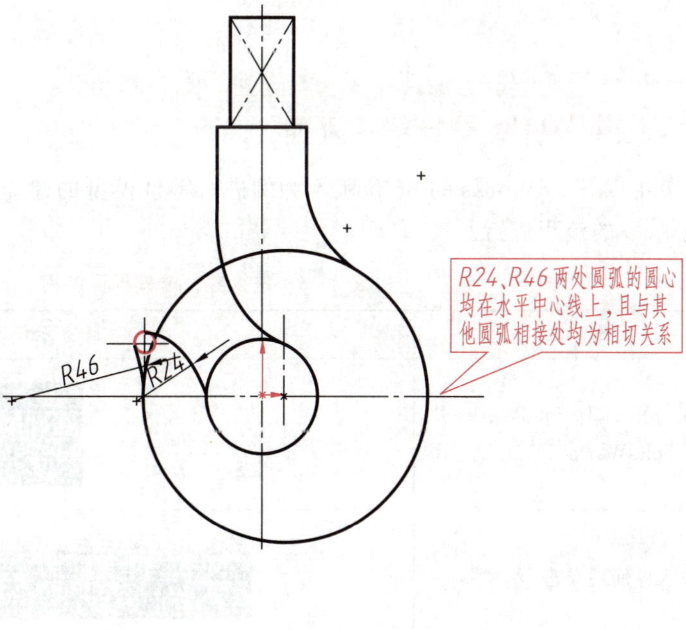

操作	示例
7. 裁剪多余的曲线，并补充尺寸约束，得到最终结果	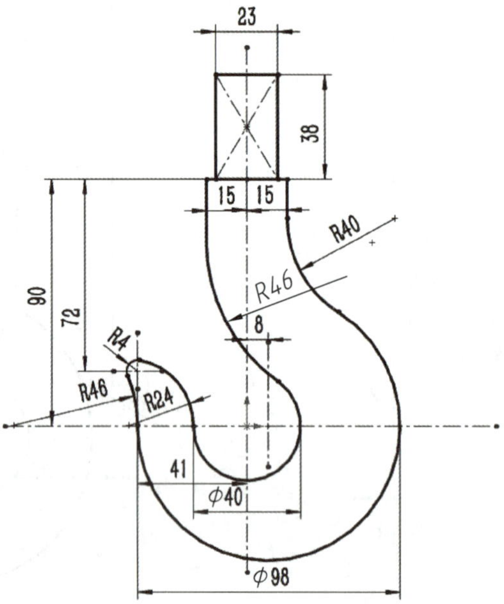

§4－3 SolidWorks 建模

一、SolidWorks 零件建模界面

本节将以 SolidWorks 的 64 位版本为例进行零件模型的建立。通常在建模的过程中，都是按照表 4－5 的流程进行。

表 4－5 进入零件建模界面流程

操作步骤	示例
1. 双击桌面上 SolidWorks 快捷方式 SolidWorks	
2. 进入界面后单击“新建”	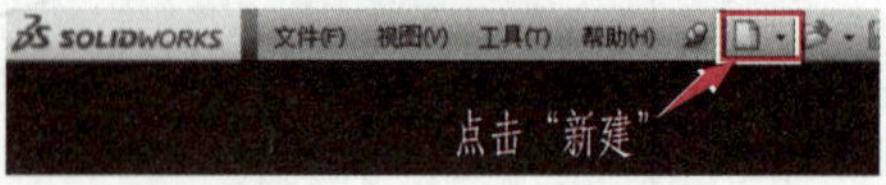

续表

操作步骤	示例
3. 在弹出的界面中选择“零件”,单击“确定”即可进入零件建模环境	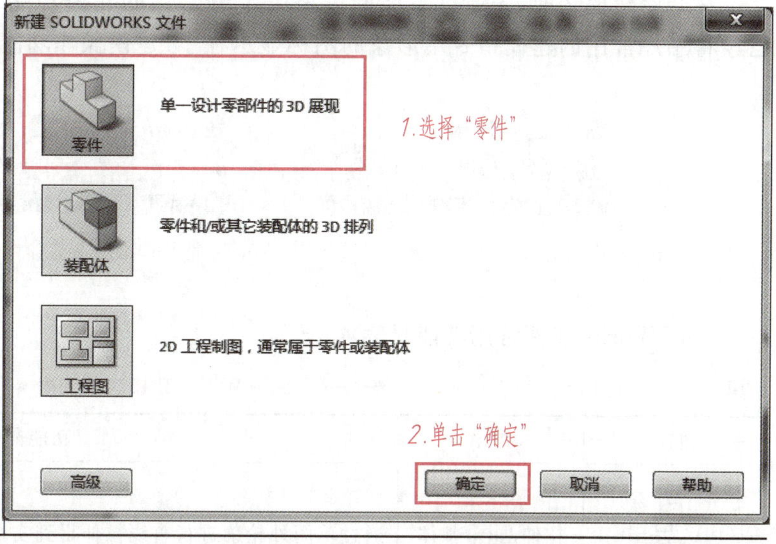

进入零件建模环境后,如图 4－5 所示的建模环境包括了“零件特征操作选区”“零件建模操作树”和“建模视图窗口”三大区域。

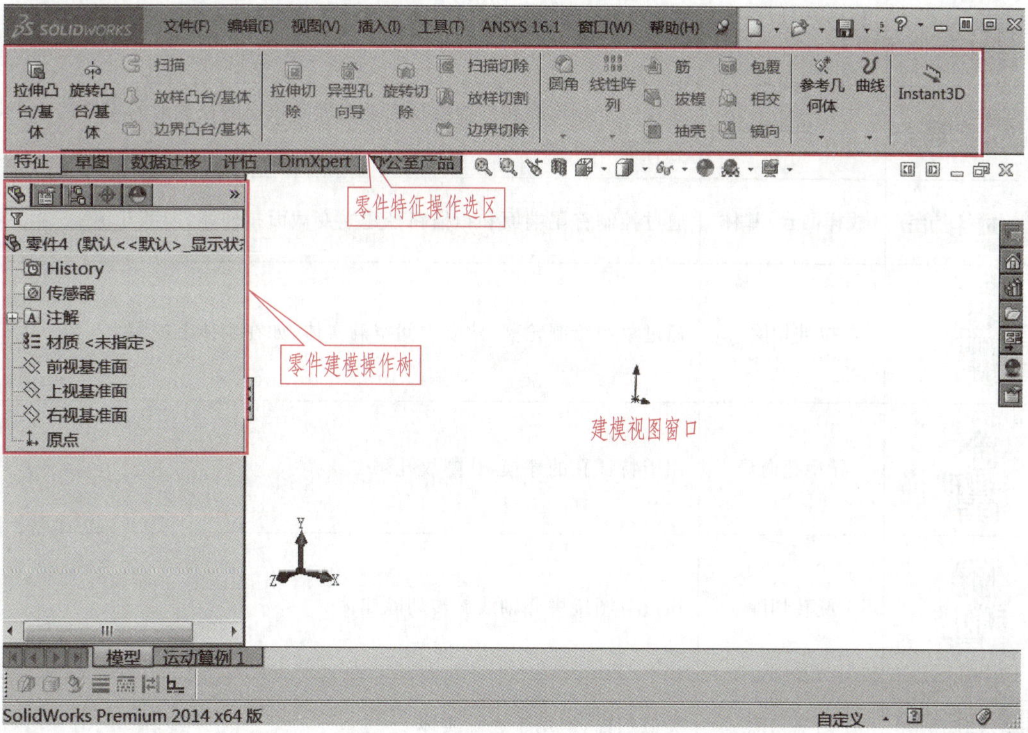

图 4－5　SolidWorks 零件建模环境

二、SolidWorks 实体建模功能列表

在开始建模之前，先通过下面的表格来了解常用的建模功能。在建模过程中，SolidWorks 已经将用户常用的建模指令用形象的图标显示在了"建模操作功能选区"，如图 4－6 所示。

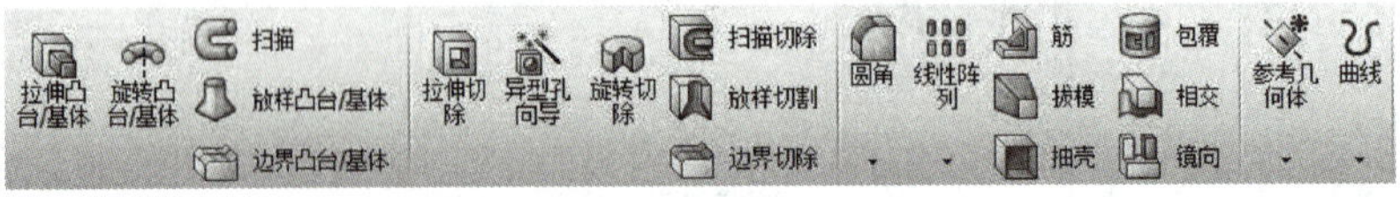

图 4－6　SolidWorks 常用的建模功能命令

SolidWorks 建模常用功能见表 4－6。

表 4－6　SolidWorks 建模功能列表

图标	指令	功能简述
	拉伸凸台/基体	通过草图外轮廓进行直线拉伸得到实体或曲面，如圆柱、长方体等
	旋转凸台/基体	通过草图母线绕回转中心轴线得到实体或曲面，如圆环、圆锥等
	扫描	通过一个外轮廓和扫描路径实现轮廓沿扫描路径成形的实体或曲面，如弯管等
	放样凸台/基体	通过控制首尾端面和扫描路径建立变截面拉伸体，如漏斗等
	拉伸切除	通过草图绘制轮廓，建立中间空洞实体，如在实体上挖洞
	异型孔向导	用于特征孔的建模，如螺纹孔
	旋转切除	通过草图绕中心轴线旋转切除实体
	扫描切除	类似扫描，但用于去除实体

续表

图标	指令	功能简述
	放样切割	类似放样，但用于去除实体
	边界切除	用于特殊随型切除
	圆角	分类有“圆角”和“倒角”，用于处理边角
	线性阵列	分类有“圆周阵列”和“直线阵列”，用于相同特征的规律布置
	筋	用于建立肋板和加强筋
	拔模	对于铸造，需要控制拔模斜度(现称为起模斜度)
	抽壳	可以将实心体变为外壳
	包覆	用于在实体表面印刷图像或字体
	相交	可用该命令生成结合曲面来改变实体外轮廓
	镜像	用于得到关于某一平面对称的相同特征
	参考几何体	用于生成参考面、参考轴、参考点和参考坐标系等
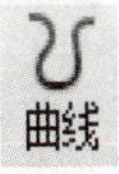	曲线	可用于生成三维曲线，也可以用于生成实体切割线

表格中的命令为最常用的操作指令，用于常规建模已经相对完善。如果对某个命令有较大疑惑，可查看 SolidWorks 为用户准备的自带帮助文件。

三、SolidWorks 实体建模实例

下面将选取建模中最常用的操作指令进行建模示例说明。更多实例可以参照 SolidWorks 系统自带的帮助文档和实例教程。

1. 拉伸凸台/基体

单击 

图标，根据视图选择合理的草图基准面，进入草图绘制界面(图 4－7)，此草图部分与前面所述草图绘制方法操作完全相同。

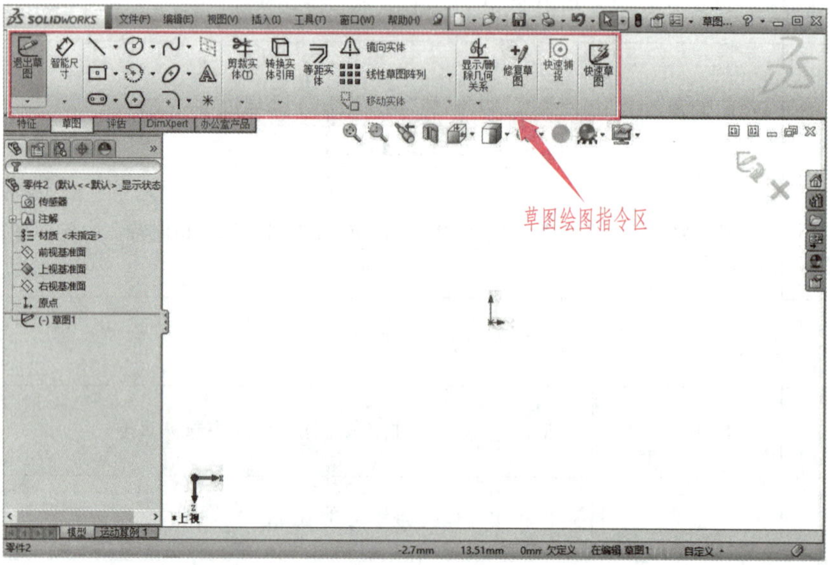

图 4－7　草图绘制界面

绘制如图 4－8 所示的草图。

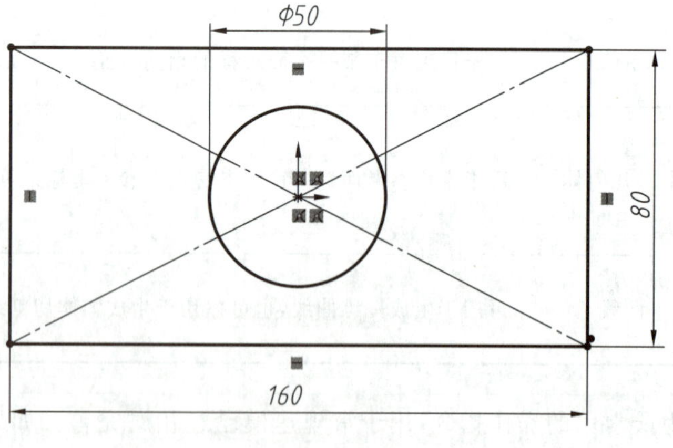

图 4－8　草图绘制

单击“完成草图”之后进入拉伸参数设置界面，如图 4－9 所示。

在此界面，单击“所选轮廓”下的方框，选择刚刚绘制的草图(如已选择，跳过此步)；然后选择“方向 1”下的给定深度方式为“给定深度”；在下面的距离框中输入拉伸的距离；最后单击右上角

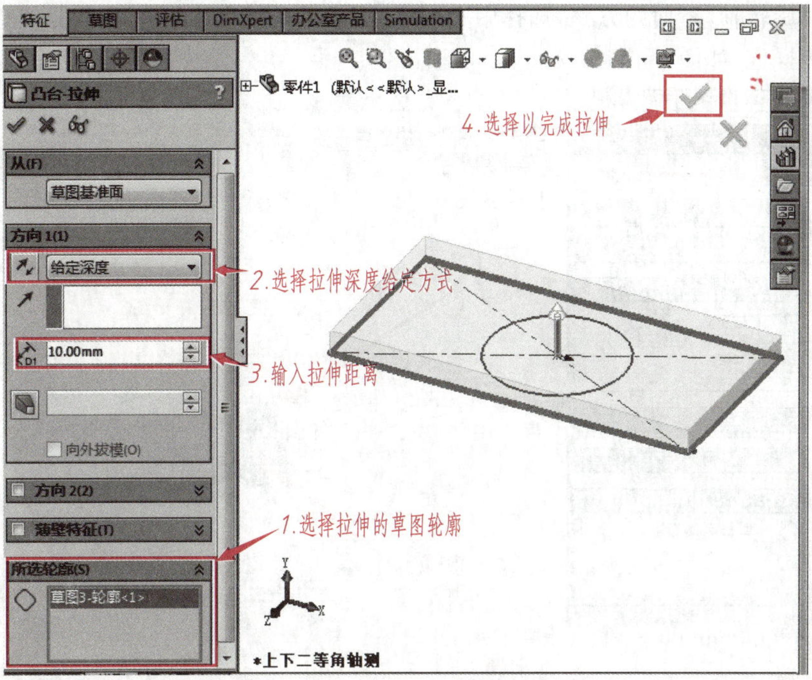

图 4-9　拉伸草图

或者左上角的绿色小勾完成拉伸操作。

2. 旋转凸台/基体

首先单击

图标，根据视图选择合理的草图基准面，进入草图绘制界面，此草图部分与前面所述草图绘制方法操作完全相同。绘制如图 4-10 所示的草图。

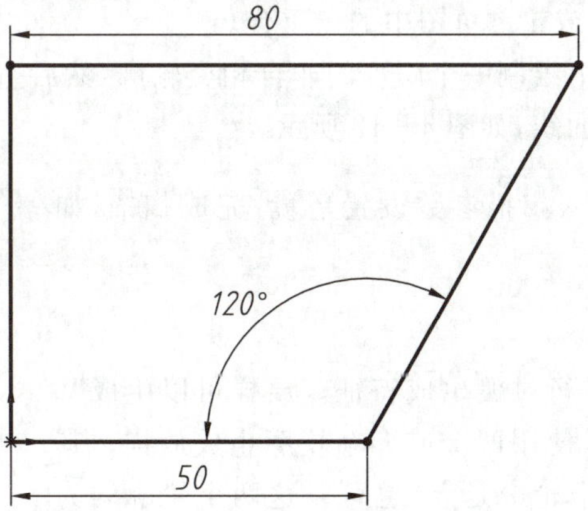

图 4-10　旋转用草图

在此界面时，首先单击“所选轮廓”下的方框，选择旋转的基本轮廓，然后单击刚刚绘制的草图中央;单击“旋转轴”下面的方框,选择中心轴线,然后单击草图中最左边图线;最后单击绿色的小勾完成旋转操作,如图 4-11 所示。

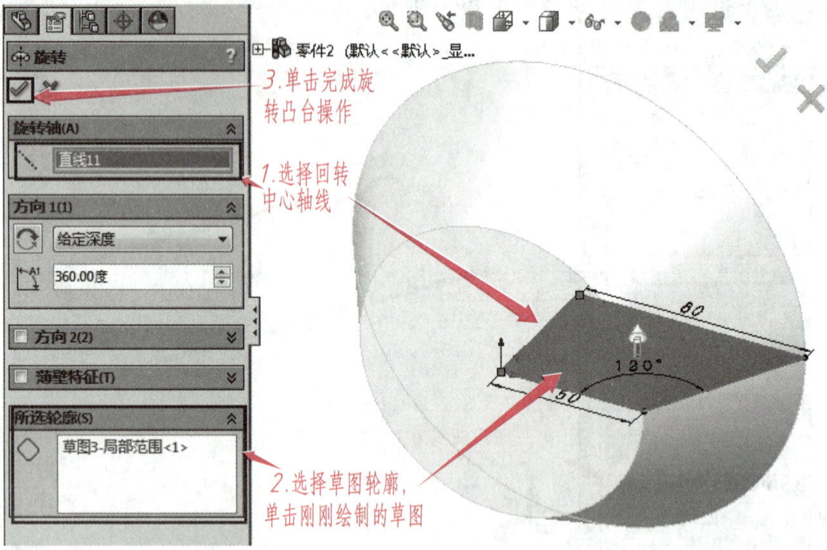

图 4-11 旋转草图

3. 扫描

扫描通过沿着一条路径移动轮廓(截面)来生成基体、凸台、切除或曲面,遵循以下规则:

(1) 对于基体或凸台扫描特征轮廓必须是闭环;对于曲面扫描特征则轮廓可以是闭环,也可以是开环。

(2) 路径可以为开环或闭环,也可以是一张草图、一条曲线或一组模型边线中包含的一组草图曲线,但是路径必须与轮廓的平面相交。

(3) 不论是截面或路径,都不能出现自相交的情况。

(4) 引导线必须与轮廓或轮廓草图中的点重合。

首先,在一基准面或面上绘制一个闭环的非自相交轮廓,然后生成轮廓将遵循的路径,可使用草图、现有的模型边线或曲线,如图 4-12 所示。

单击  扫描 图标,进入扫描参数设置环境,完成扫描,如图 4-13 所示。

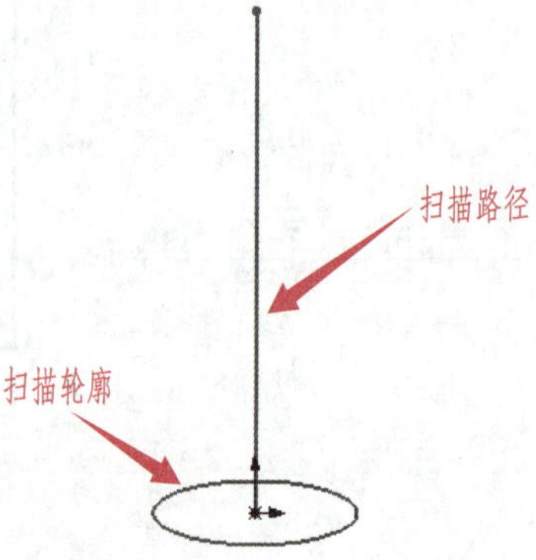

图 4-12 绘制扫描轮廓和路径

4. 放样

放样通过在轮廓之间进行过渡生成特征。放样可以生成基体、凸台、切除或曲面。可以使用两个或多个轮廓生成放样。其中可以仅第一个或最后一个轮廓是点,也可以这两个轮廓均为点。单一 3D 草图中可以包含放样用到的所有草图实体(包括引导线和轮廓)。

进入放样参数设置界面后,主要需要设置的是放样的轮廓面和放样引导线。在一般建模中，如果没有特意绘制放样引导线，系统会自动以最短路径作为放样引导线。

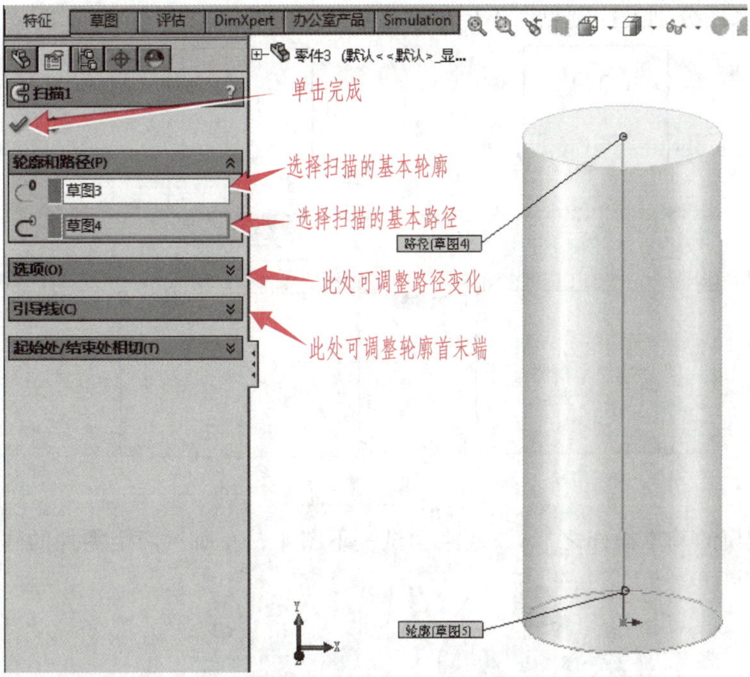

图 4-13　完成扫描

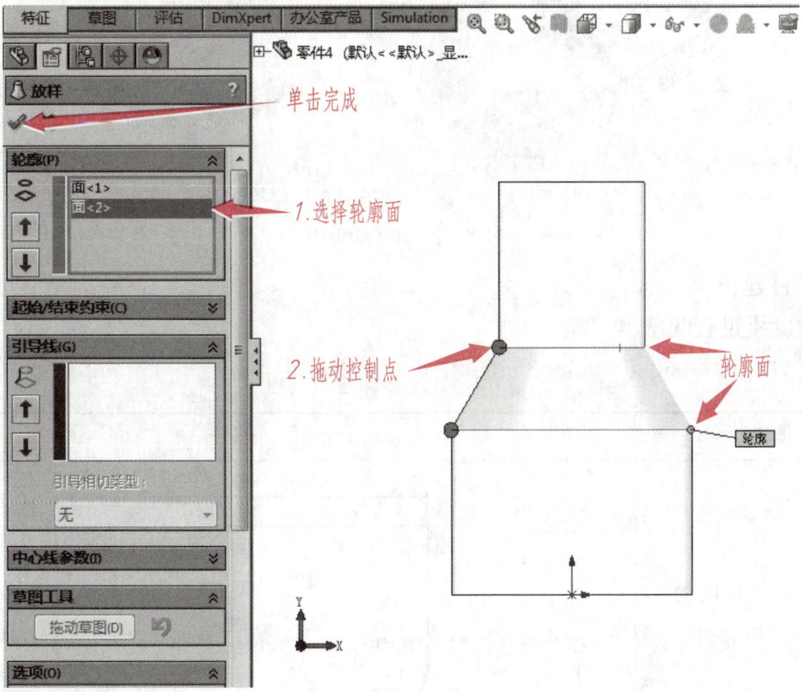

图 4-14　选择放样轮廓和控制点

首先在“轮廓”下的方框内单击选择用于放样的起始和末尾两个端面；然后用鼠标左键拖动图中的小圆点，以便控制放样生成的样式；最后单击小勾以完成放样操作，如图 4－14 所示。图 4－15 所示的两张图分别是控制点在不同位置生成的放样样式。

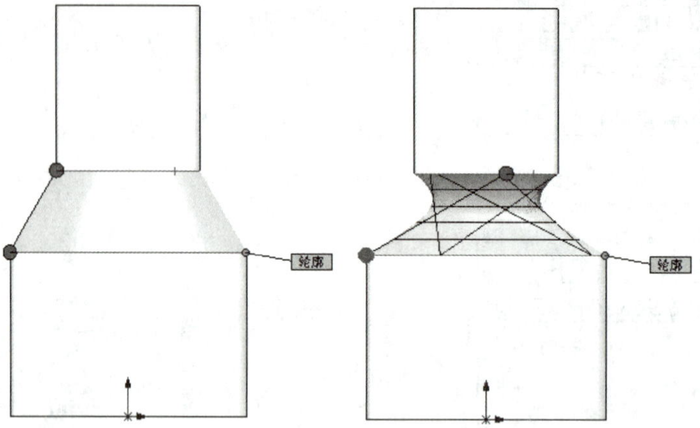

图 4－15　不同控制点的放样结果

熟悉这些建模的基本操作之后，一起来尝试一下图 4－16 所示两个零件的建模。

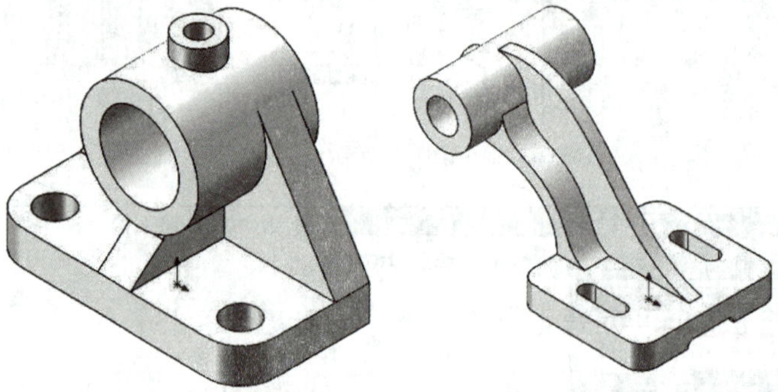

(a) 轴座　　(b) 支架

图 4－16　建模实例

1. 轴座零件建模

轴座零件建模过程见表 4－7。

表 4－7　轴座零件建模过程

操作步骤	示例
1. 首先完成下面草图的绘制	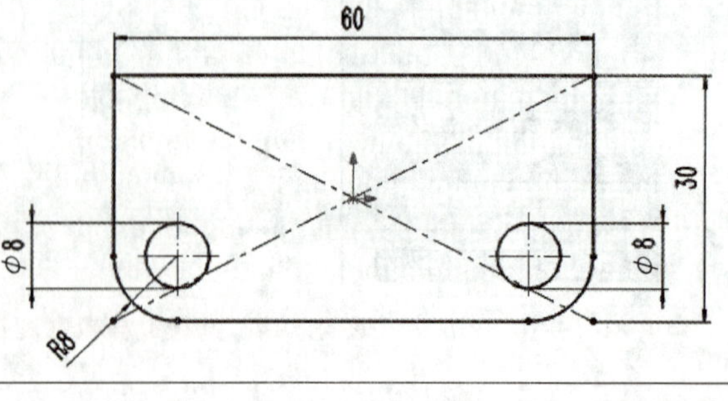

续表

操作步骤	示例
2. 单击“特征”栏中的图标，打开拉伸操作参数设置窗口，进行如图所示设置	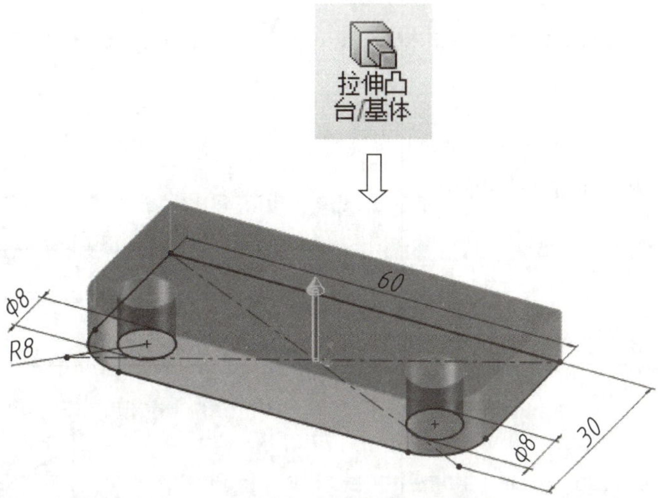
3. 单击“特征”栏中“参考几何体”下的“基准面”开始构建新的绘图基准面	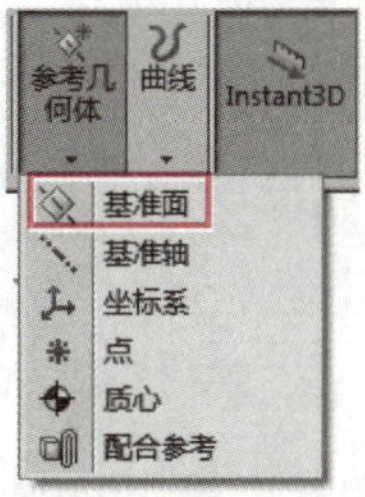
4. 选择两个已有垂直面，自动生成所需平面。在选择参考面的时候，注意调整面的方向	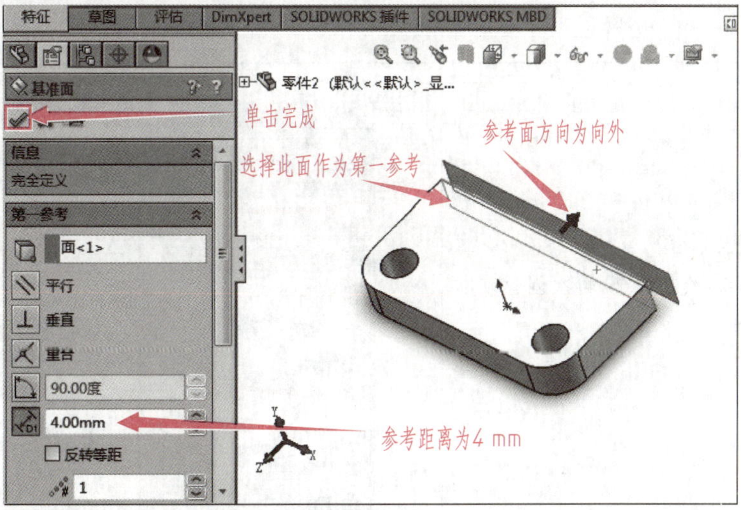

续表

<table>
<tr><th>操作步骤</th><th>示例</th></tr>
<tr><td>5. 然后在新建的参考基准面上绘制好如图所示的草图</td><td>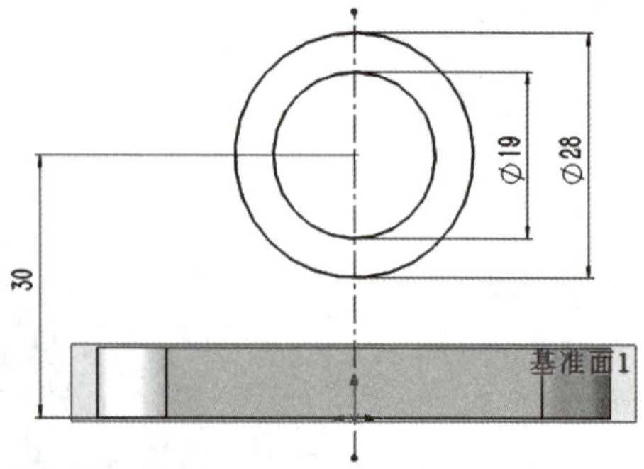
</td></tr>
<tr><td>6. 再一次使用“拉伸”命令，拉伸尺寸为 25 mm，操作如右图所示</td><td>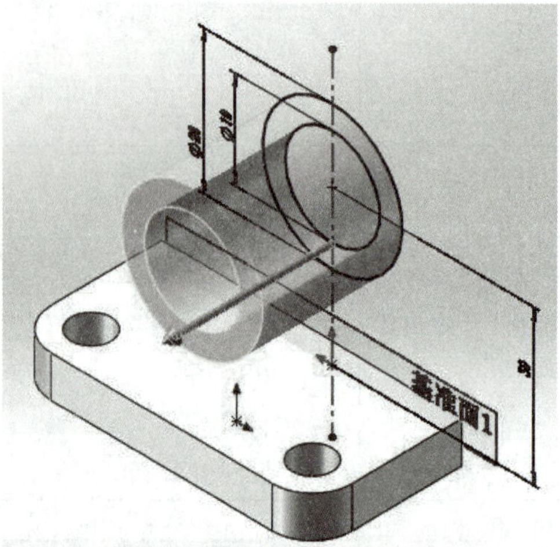
</td></tr>
<tr><td>7. 绘制钣金，再次创建基准面</td><td>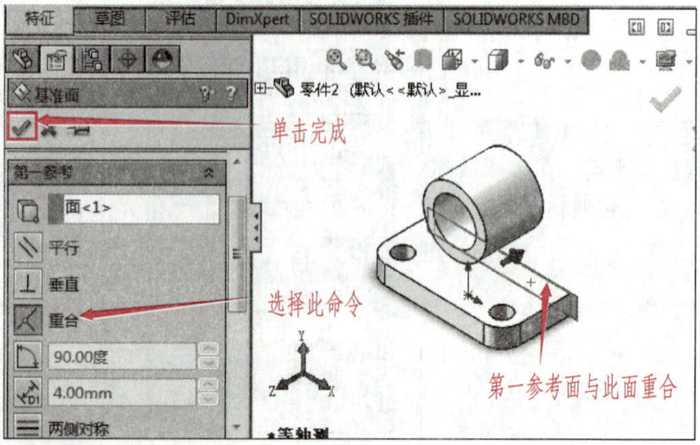
</td></tr>
</table>

操作步骤	示例
8. 在建立的基准面上绘制钣金的草图	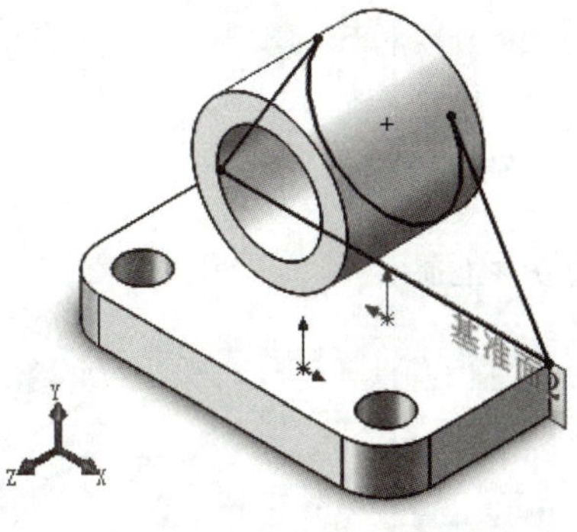
9. 使用拉伸特征拉伸草图，拉伸尺寸为 8 mm，即可得到钣金	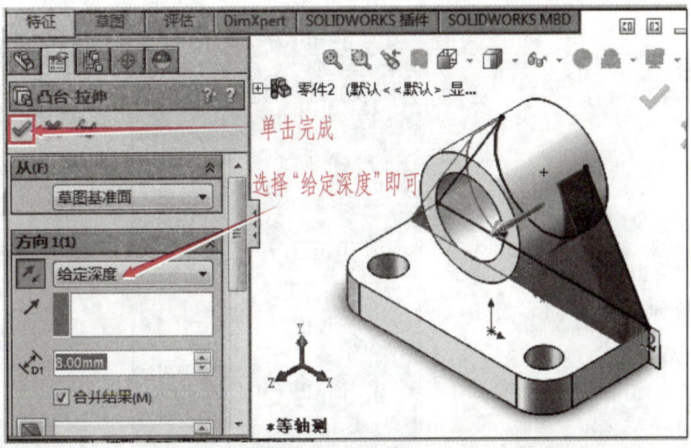
10. 此步骤省略一处钣金建模，建立新的基准面为下一个特征做准备	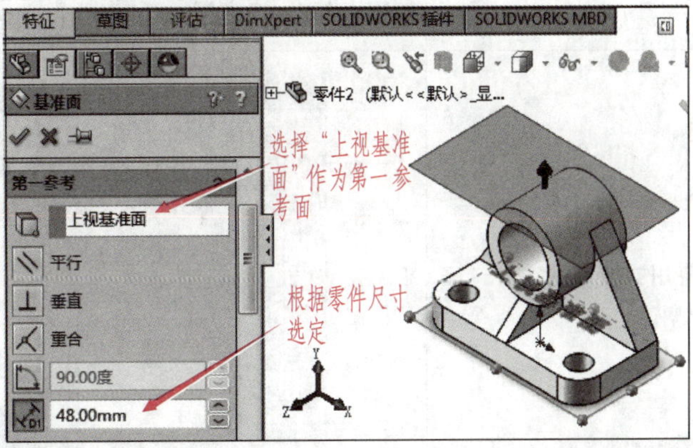

续表

操作步骤	示例
11. 在上一步中建立基准面上绘制草图	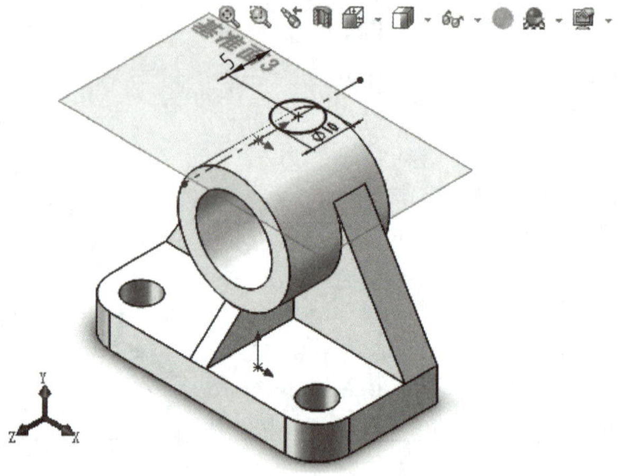
12. 类似前面的拉伸特征，使用拉伸命令，不过多赘述	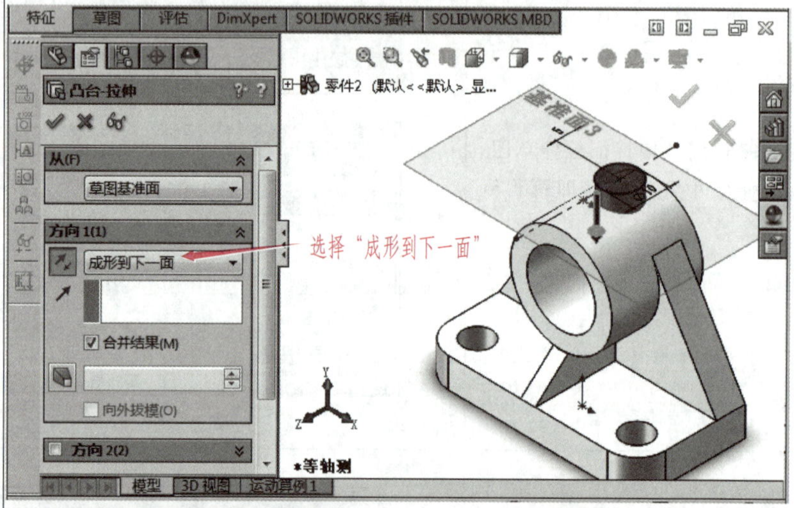
13. 使用拉伸切除特征，完成孔的建模	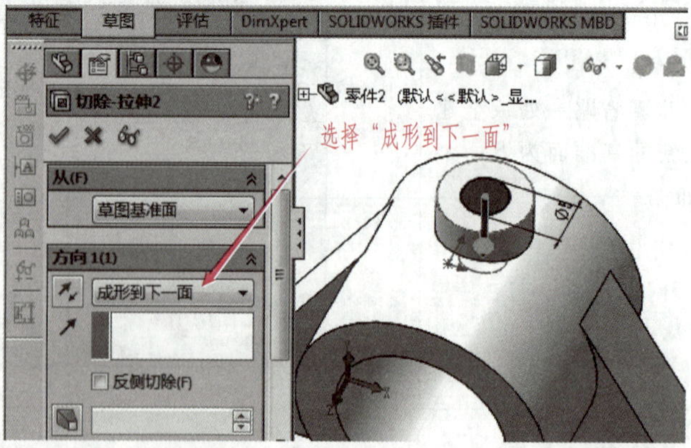

续表

操作步骤	示例
14. 完成以上特征，便得到最终模型	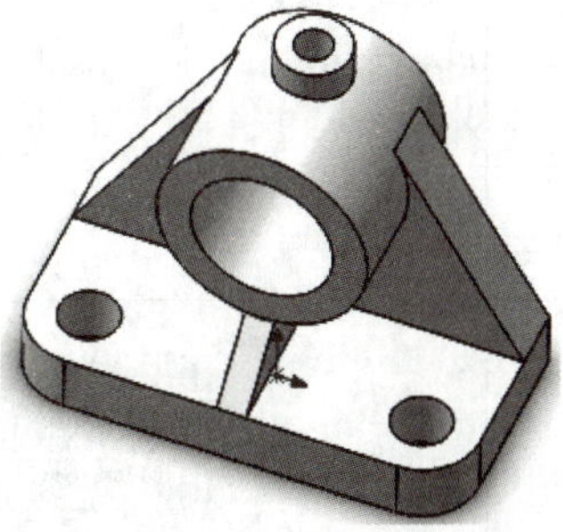

2. 支架零件建模

先分析，零件由底板、圆筒连接板、肋板组成。其建模过程见表 4－8。

表 4－8　支架建模过程

操作步骤	示例
1. 绘制右图所示草图。注意，对于直槽口，可以采取镜像的命令加快本草图的绘制	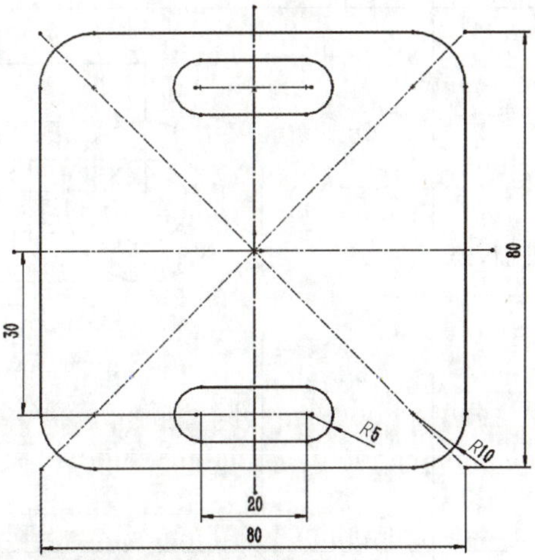
2. 使用“特征”里的“拉伸”命令，拉伸尺寸为 15 mm	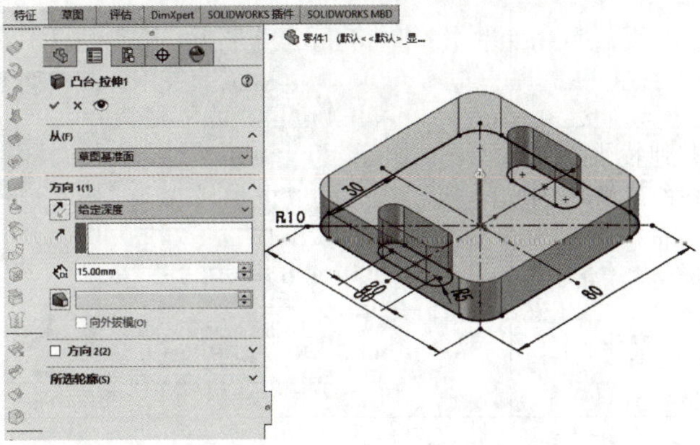

续表

<table>
<tr><th>操作步骤</th><th>示例</th></tr>
<tr><td>3. 绘制拉伸切除草图</td><td>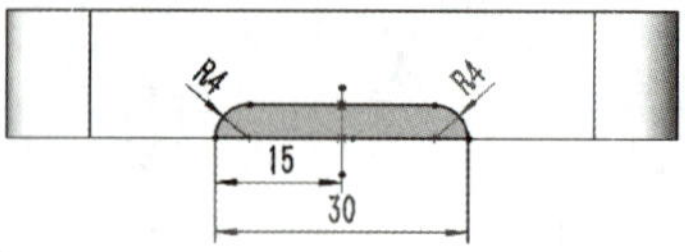
</td></tr>
<tr><td>4. 使用拉伸切除命令，完成零件底部凹槽</td><td>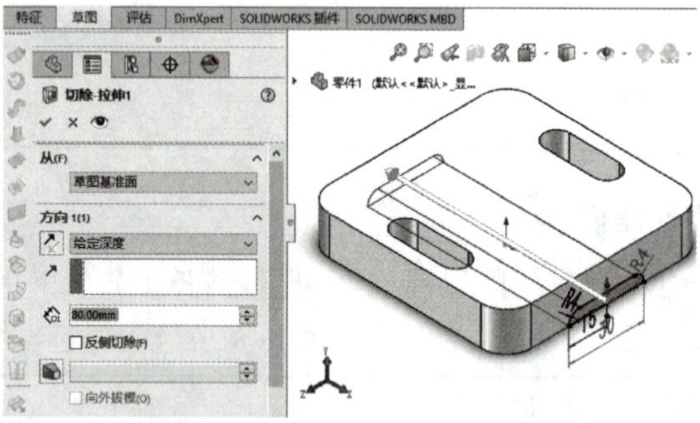
</td></tr>
<tr><td>5. 选择新的基准面，绘制草图</td><td>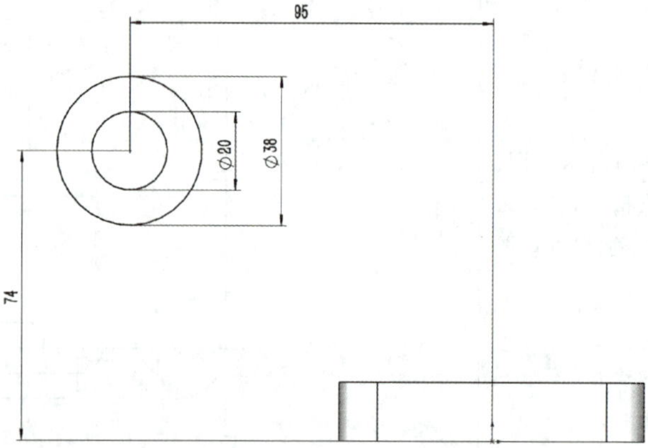
</td></tr>
<tr><td>6. 使用拉伸特征，完成此部分圆柱的建模，拉伸尺寸为 80 mm</td><td>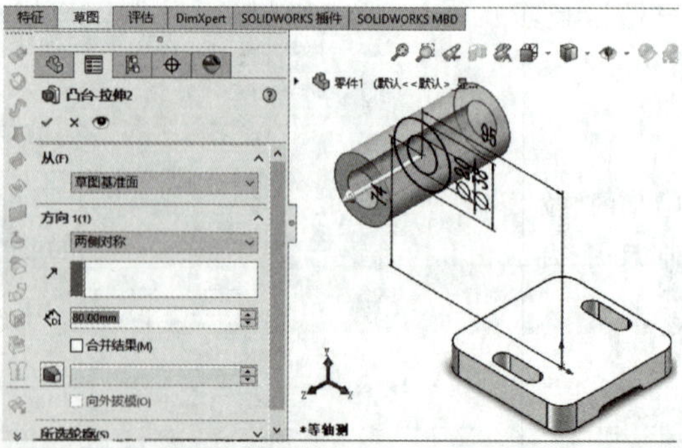
</td></tr>
</table>

续表

操作步骤	示例
7. 再次建立基准面，为下一个特征做准备	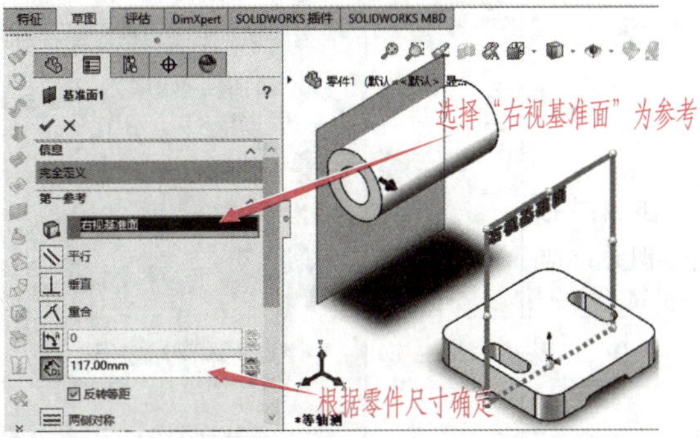
8. 在上一步的基准面上绘制草图	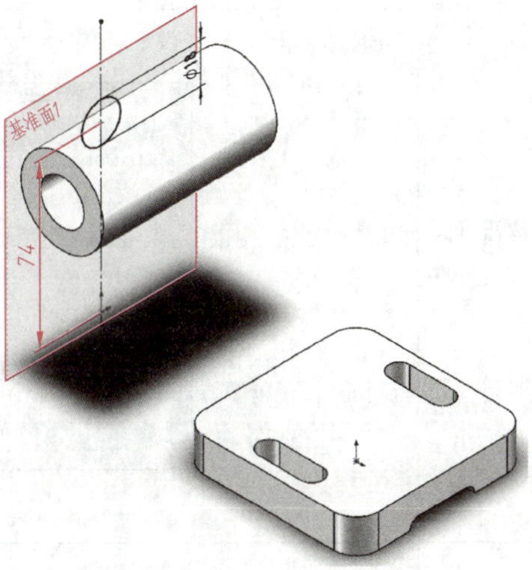
9. 使用拉伸特征	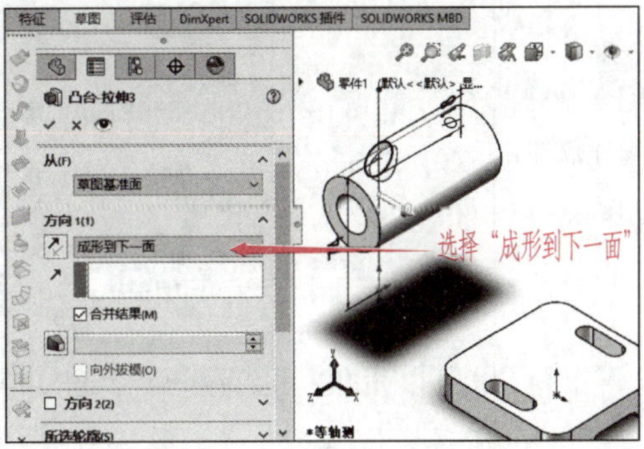

续表

<table>
<tr><th>操作步骤</th><th>示例</th></tr>
<tr><td>10. 在和上一步相同的基准面上绘制草图并拉伸切除</td><td>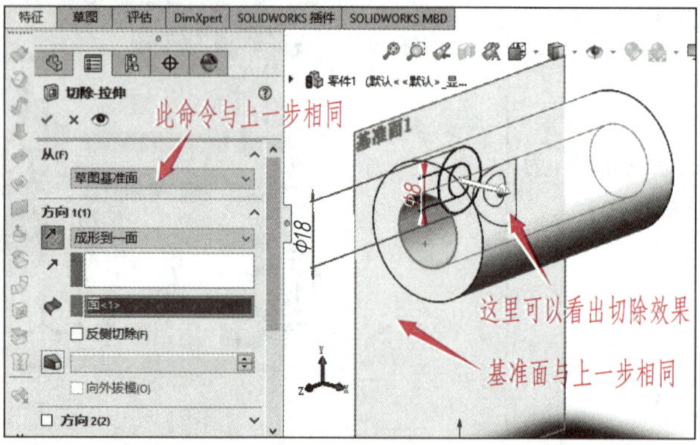
</td></tr>
<tr><td>11. 选择前视基准面，先绘制草图再拉伸，拉伸尺寸为 40 mm</td><td>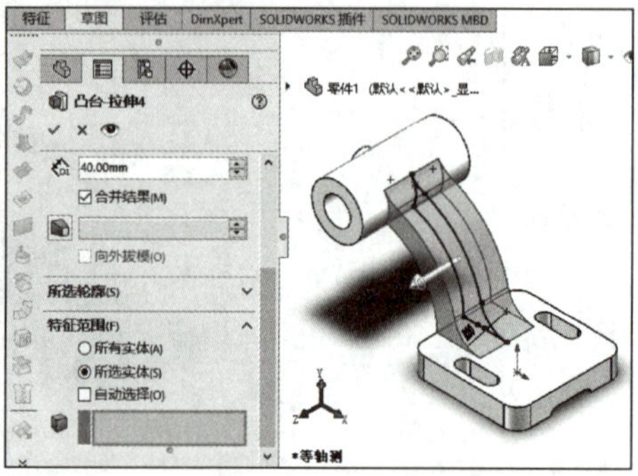
</td></tr>
<tr><td>12. 再次选择上一步骤基准面，绘制草图并拉伸，拉伸尺寸为 8 mm</td><td>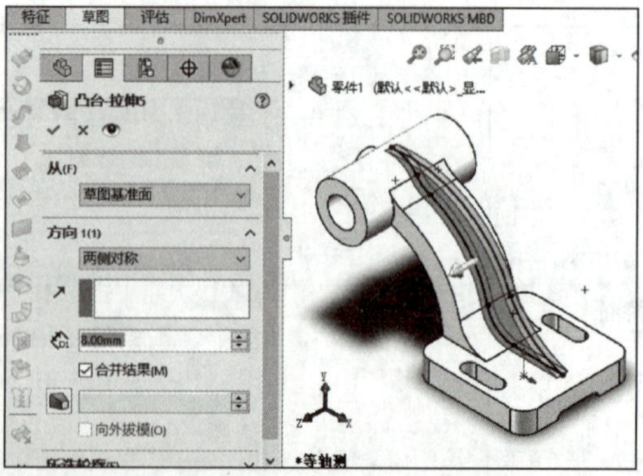
</td></tr>
</table>

续表

操作步骤	示例
13. 最终模型图	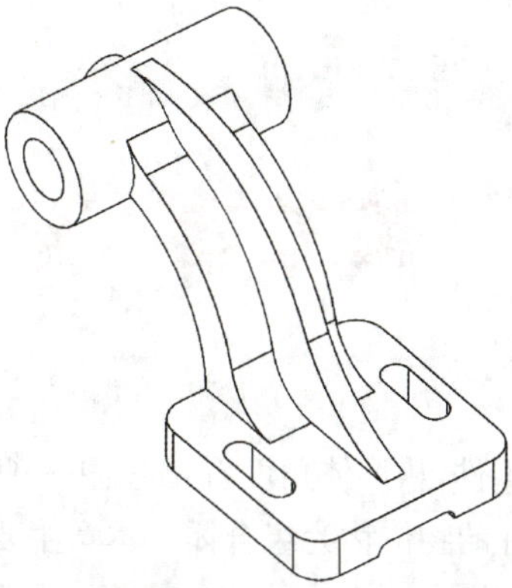

通过上述两个工程中出现的典型零件模型构建过程，可以总结出 SolidWorks 零件建模的总体思路：分析零件→构思建模顺序→由主到次逐步完成各个特征的草图绘制及特征生成→完成整个零件建模。

第五章　组　合　体

任何复杂的机器零件，从形体角度看，都是由一些简单形体组合而成的(图 5－1)。由若干简单形体组成的类似机器零件的物体称为组合体。本章主要讨论组合体的画图、读图及尺寸标注。

§5－1　组合体的组成分析

一、组合体常见组成方式

组合体中各简单形体间的常见组成方式有叠加型组合和切割型组合。叠加型组合体由几个简单形体堆叠相交构成(图 5－1a)，切割型组合体常由某一简单形体经挖切构成，图 5－1b 所示的组合体就是由一个四棱柱挖切所得。复杂的组合体往往既有叠加又有挖切(图 5－1c)。

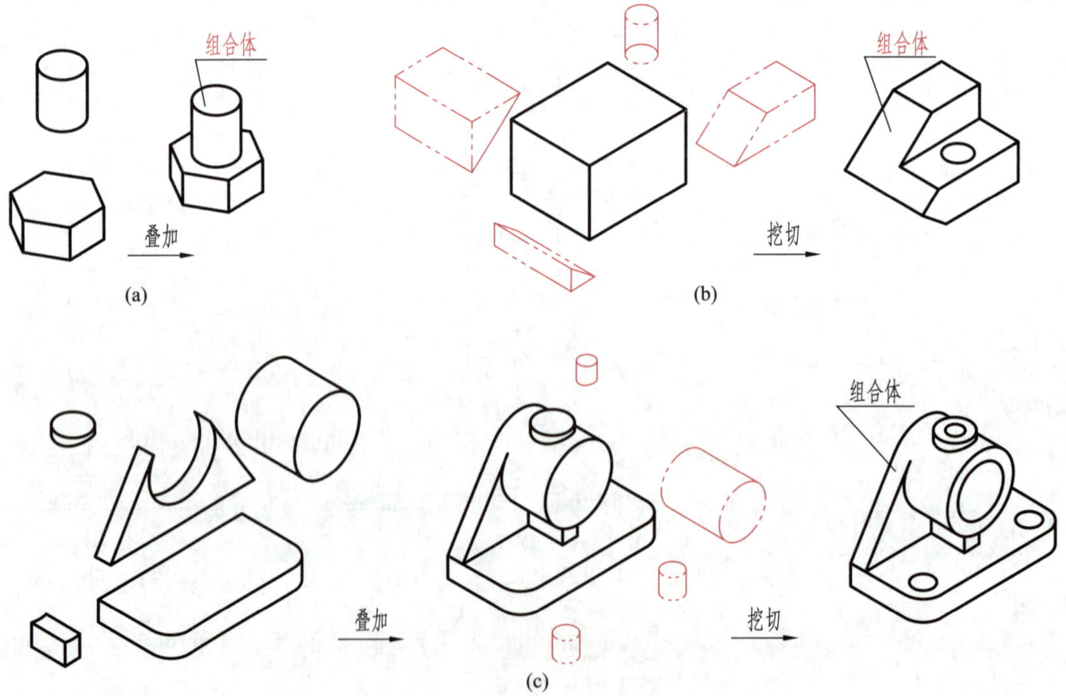

图 5－1　组合体常见组成方式

二、组合体中相邻形体之间表面过渡关系的投影特征

组合体中的几个形体经过叠加、挖切后，相邻形体的表面存在着共面、不共面（平行）、相切或相交的四种过渡关系。掌握各种表面过渡关系的投射特征是正确绘制组合体视图以及正确阅读组合体视图的保证。

1. 相邻两形体表面不共面

相邻两形体表面不共面时，中间常有台阶面存在，如图 5-2 所示的形体 *Ⅰ* 与形体 *Ⅱ* 的 *A*、*B* 两表面不平齐，相互平行，中间便有台阶面 *C* 存在，画图时应注意该台阶面的投影，不要漏画。

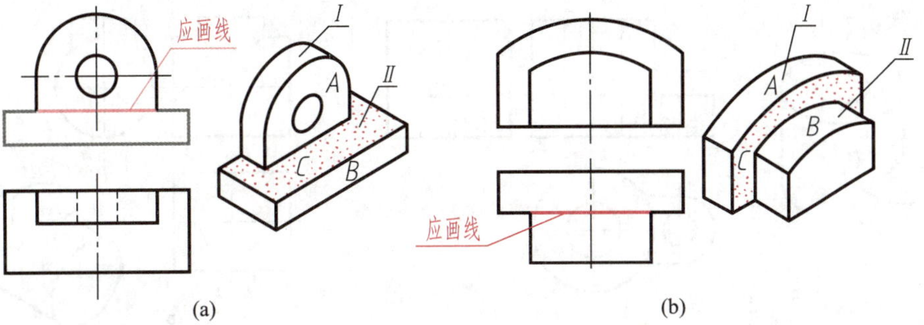

图 5-2 相邻形体之间表面过渡关系的投影特征（一）

2. 相邻两形体表面共面

相邻两形体表面共面时，中间无台阶面存在，如图 5-3 所示的形体 *Ⅰ* 与形体 *Ⅱ* 的 *A*、*B* 两表面共面，中间无台阶面存在，画图时应注意不要多线。

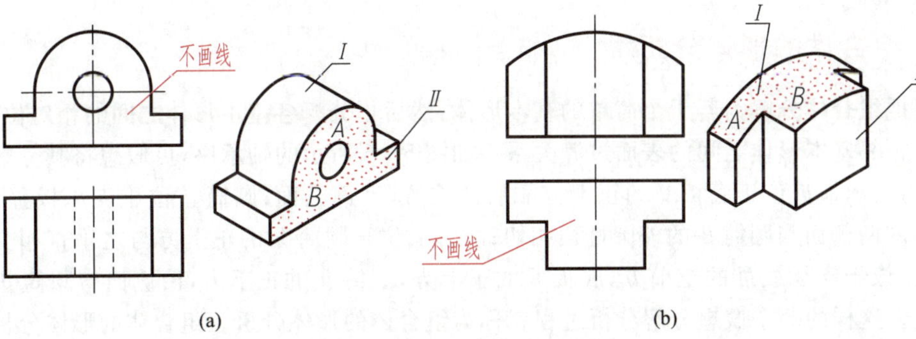

图 5-3 相邻形体之间表面过渡关系的投影特征（二）

3. 相邻两形体表面相切

相邻两形体表面相切时，相切处为光滑过渡，没有交线产生，画图时应注意不要多线，如图 5-4 所示。

4. 相邻两形体表面相交

相邻两形体表面相交时，相交处必有交线（截交线、相贯线）产生，画图时应注意交线的投影，不要漏画，如图 5-5 所示。

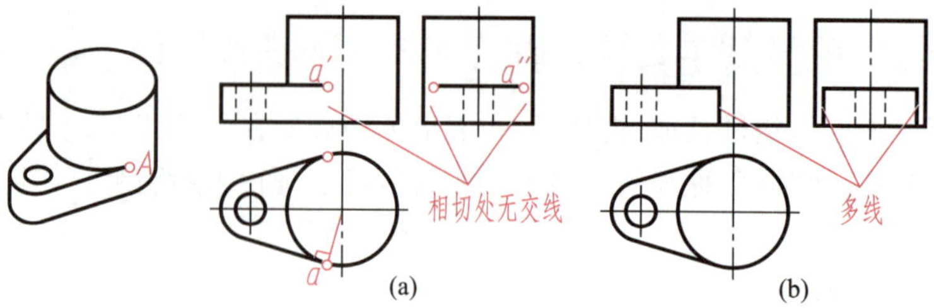

图 5-4　相邻形体之间表面过渡关系的投影特征(三)

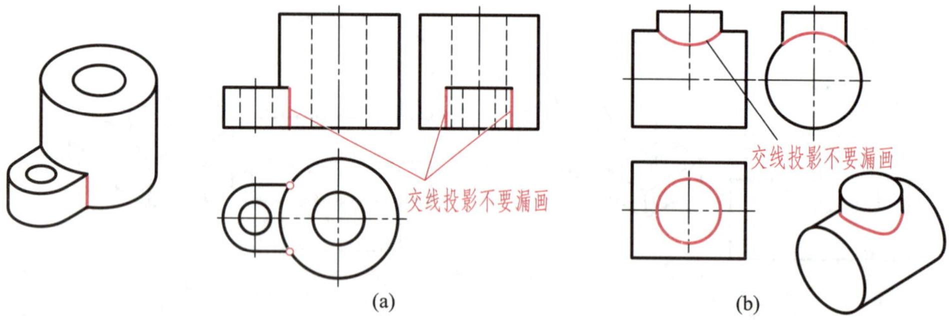

图 5-5　相邻形体之间表面过渡关系的投影特征(四)

§5-2　组合体视图的画法

一、组合体的形体分析

假想把组合体分解为若干个简单的基本形体,然后再分析各基本形体之间的相对位置、组成方式以及相邻基本形体之间的表面过渡关系。如图 5-6 所示的轴承座,可假想将其分解为 5 个基本形体,支承板*Ⅲ*位于底板 *V* 的正上方靠后的位置,后面共面;圆筒 *Ⅱ* 位于支承板*Ⅲ* 的上方,支承板*Ⅲ* 的两侧面与圆筒 *Ⅱ* 的外圆柱面相切;凸台 *Ⅰ* 位于圆筒 *Ⅱ* 的正上方与之垂直相交两孔接通;肋板*Ⅳ* 位于支承板*Ⅲ* 的正前方,底板 *V* 的正上方,圆筒 *Ⅱ* 的正下方,两侧面与圆筒 *Ⅱ* 的外圆柱面相交。这样的一个假想分解分析过程就称为组合体的形体分析。组合体的形体分析是人们画图、读图和标注尺寸的一种最基本方法,应熟练掌握使用。

二、叠加型组合体视图的画法

下面以图 5-6 所示的轴承座为例,介绍叠加型组合体视图的画法。

1. 形体分析

如图 5-6 及前述。

2. 选择主视图

选择主视图的原则如下:

1）按稳定位置放置组合体。

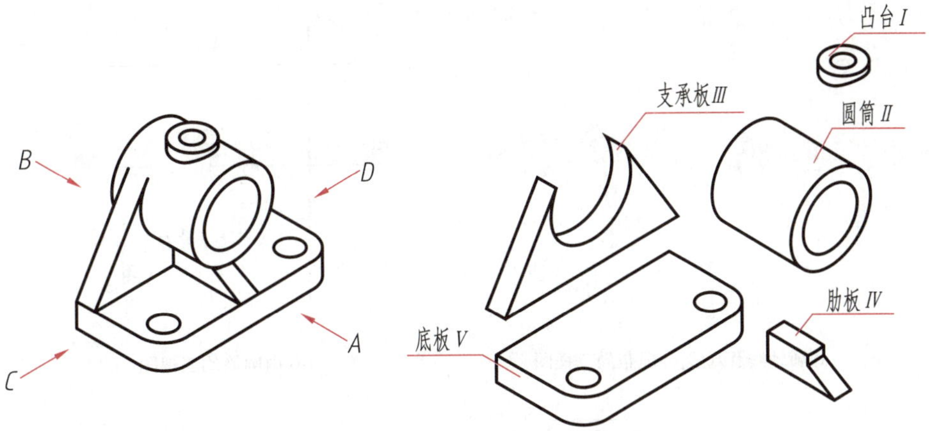

图 5-6 组合体的形体分析

2）选择尽可能多地反映各基本形体特征及相对位置，同时又使主、俯、左视图细虚线最少的投射方向为主视图的投射方向。

该轴承座按稳定位置放置后，有四个方向可供选择主视图的投射方向（图 5-6）。分析比较这四个方向可知 A 向、B 向雷同，但 B 向使主视图出现较多细虚线，故舍去；C 向、D 向雷同，但 C 向使左视图出现较多细虚线，故舍去：A 向、D 向都接近主视图选择原则，均可选作主视图的投射方向。但以 A 向为主视图投射方向时，形体长度尺寸较大，更便于布图，所以该例选 A 向。

3. 画图

1）选比例、定图幅　根据物体的大小选定作图比例及标准图幅。

2）画基准线，合理布局三视图　基准线是指画图时测量尺寸的基准，每个视图需要确定两个方向的基准线。通常用对称中心线、轴线和大端面作为基准线，如图 5-7a 所示。

3）根据形体分析，逐个画出各形体的三视图　画图顺序是先画主要形体，后画次要形体。画某一形体时：先确定位置，再绘其形状。绘制形状时：一般先实（实形体）后空（挖去的形体）；先大（大形体）后小（小形体）。同时要注意三个视图配合起来画，并先画反映形体特征的视图。该轴承座绘制过程如图 5-7b～f 所示。

4）检查、加粗图线　底图完成后，仔细检查各形体相对位置、表面过渡关系，最后擦去多余作图线，按规定线型加粗图线，如图 5-7f 所示。

三、切割型组合体视图的画法

下面以图 5-8 所示的顶块为例，介绍切割型组合体视图的画法。

1. 形体分析

该顶块可以看作是由四棱柱切去块Ⅰ、Ⅱ、Ⅲ和打了一个孔Ⅳ构成（图 5-8）。它的形体分析方法和上面叠加型组合体基本相同，不同的是切割型组合体的各形体不是一块块叠加上去，而是一块块切割下来的。

2. 选择主视图

选择图 5-8 所示的大面朝下放置顶块，再选择 A 向为主视图投射方向（因为 A 向投射，主

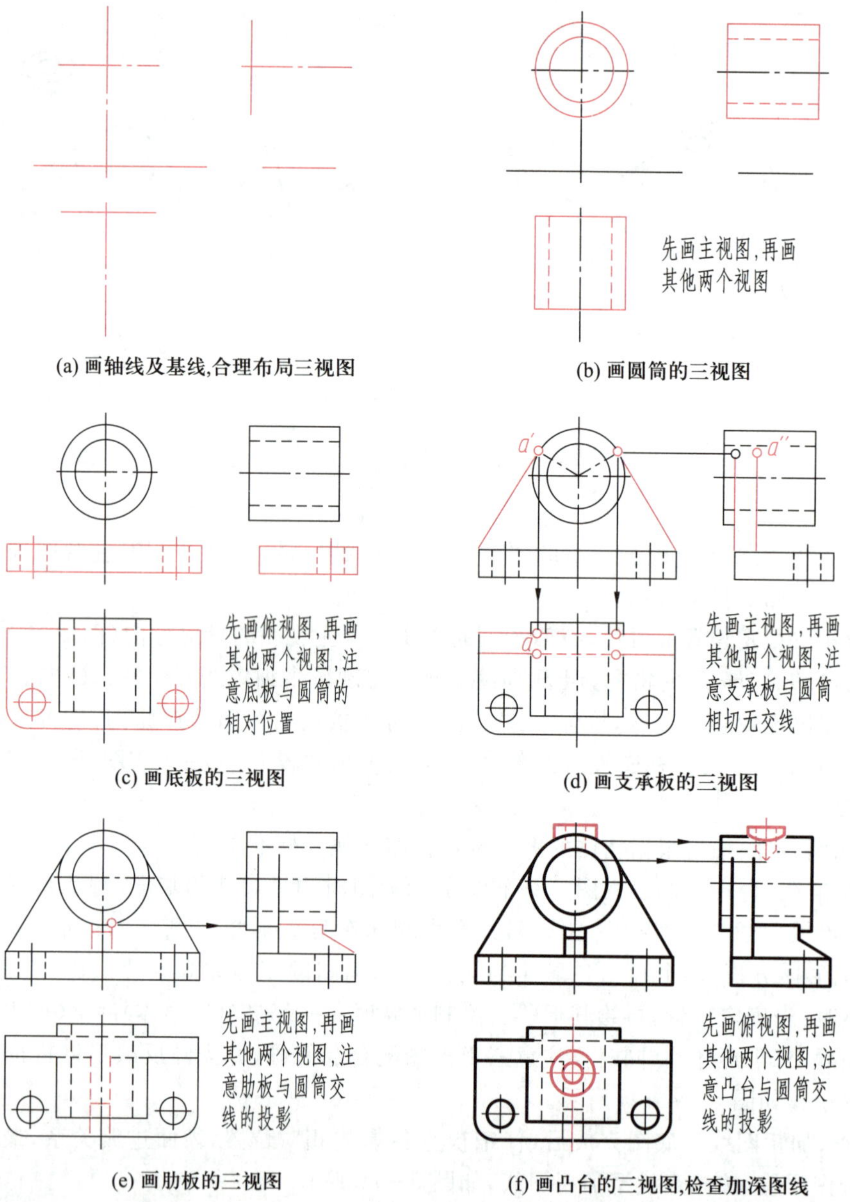

(a) 画轴线及基线，合理布局三视图　(b) 画圆筒的三视图

(c) 画底板的三视图　(d) 画支承板的三视图

(e) 画肋板的三视图　(f) 画凸台的三视图，检查加深图线

图 5-7　叠加型组合体视图的画法

视图最能反映该顶块的形状特征）。

3. 画图

绘图过程如图 5-9 所示。

画切割式组合体视图应注意两个问题：

1）对于被切去的形体应先画反映其形状特征的视图，然后再画其他视图，如上例中切去形体 *I*、*II* 应先画主视图，而切去形体 *III* 应先画左视图。

2）画切割式组合体视图，应用线、面投射特征对视图进行分析、检查，以确保正确绘制。

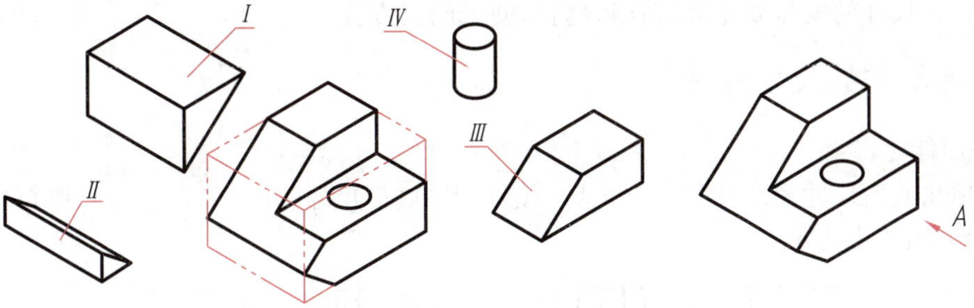

图 5-8　顶块的形体分析及视图选择

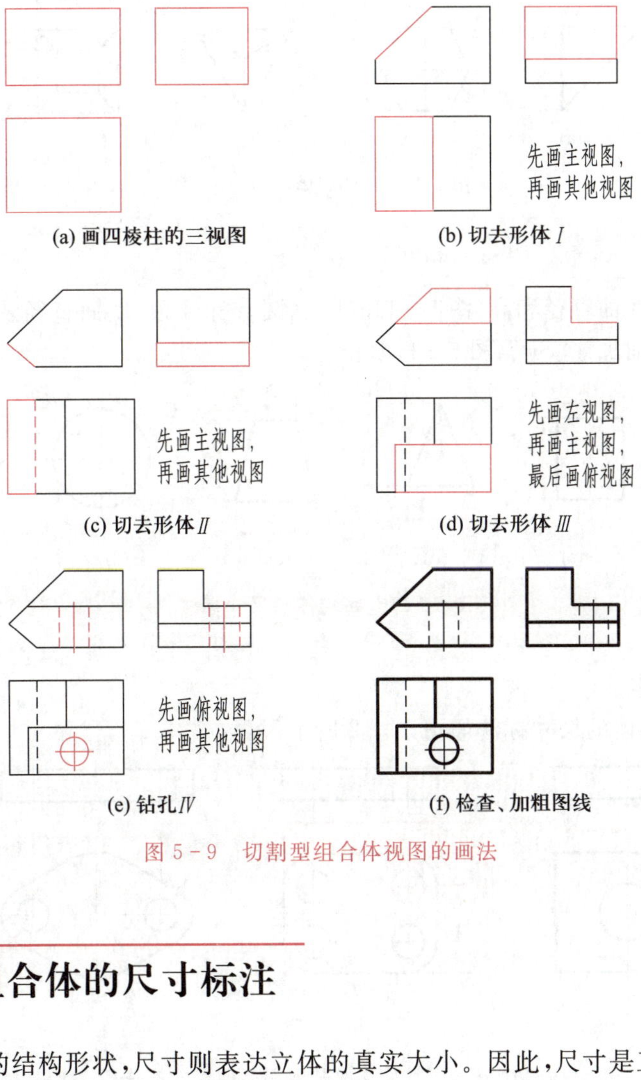

图 5-9　切割型组合体视图的画法

§5-3　组合体的尺寸标注

视图表达立体的结构形状，尺寸则表达立体的真实大小。因此，尺寸是工程图样的重要组成部分。尺寸标注的基本要求是：

正确——尺寸数值应正确无误，符合国家标准《机械制图》中有关尺寸注法的规定。

完整——标注尺寸要完整，不允许遗漏，一般也不允许重复。

清晰——尺寸的安排要整齐、清晰、醒目，便于阅读查找。

一、基本体的尺寸标注

1. 平面体

棱柱标注底面尺寸和高(图 5－10a、b)；棱锥标注底面尺寸和高(图 5－10c)，棱台标注大、小端尺寸及高(图 5－10d)。

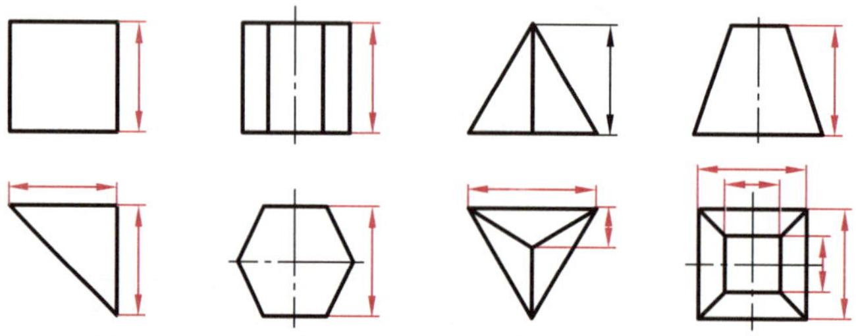

(a) (b) (c) (d)

图 5－10　平面体的尺寸标注

2. 回转体

圆柱、圆锥标注底面直径和高(图 5－11a、b)。圆台标注顶、底面直径及高(图 5－10c)。球标注球径，球径数字前加注“$S\phi$”(图 5－11d)。

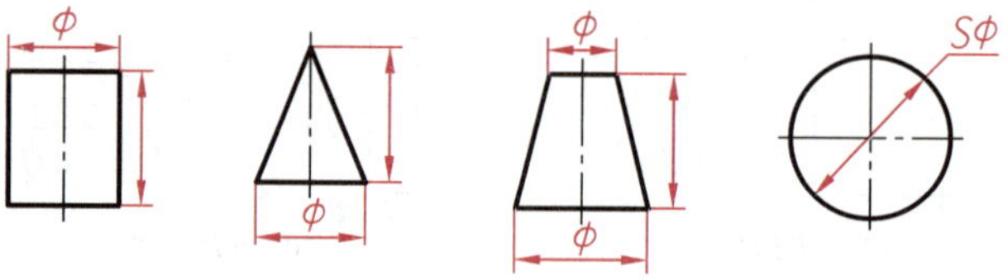

(a) (b) (c) (d)

图 5－11　回转体的尺寸标注

3. 其他基本形体

常见其他基本形体的尺寸标注如图 5－12 所示。

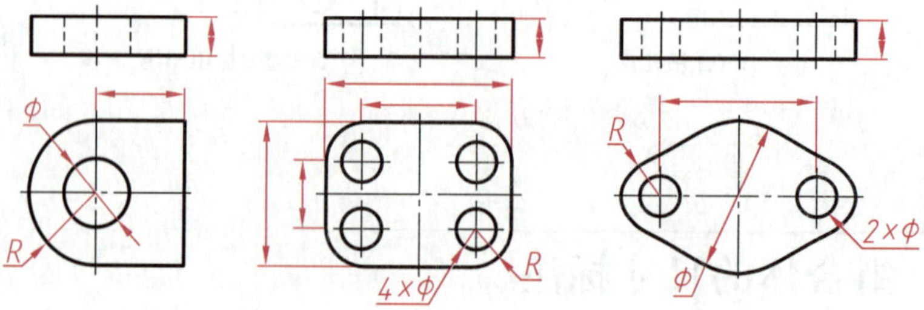

(a) (b) (c)

图 5－12　常见其他基本形体的尺寸标注

二、切割体的尺寸标注

切割体的尺寸标注步骤如下：

1) 标注完整体的尺寸(图 5－13 中不带“×”的黑色尺寸)；

2) 标注截平面的位置尺寸(图 5－13 中的红色尺寸)。

一般基本体大小一定，截平面位置一定后，交线的形状和大小就唯一确定了，所以交线不注尺寸。图 5－13 中带“×”者表示是错误的尺寸标注。

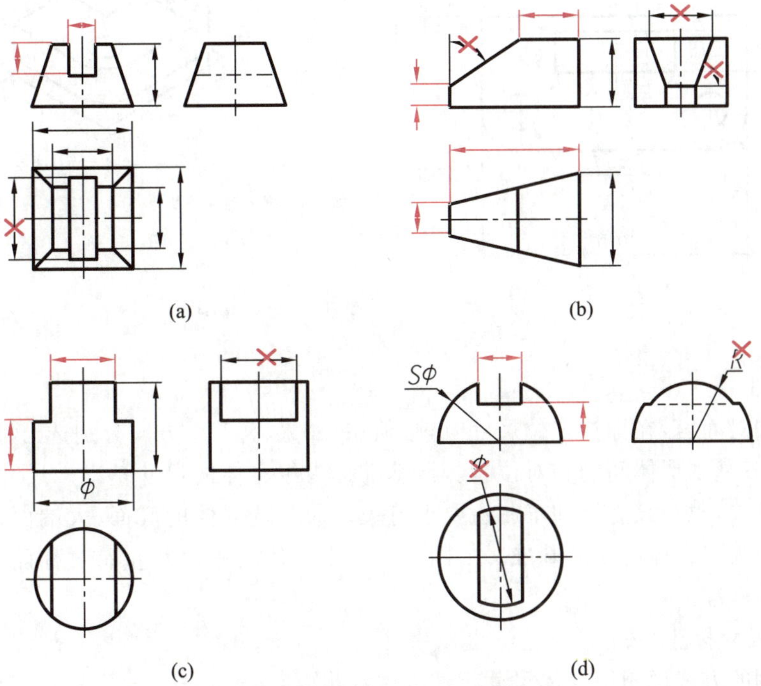

图 5－13 切割体的尺寸标注

三、组合体的尺寸标注

1. 尺寸种类

(1) 定形尺寸

确定组合体各组成部分形状大小的尺寸，如图 5－14 所示的尺寸 106、17、52、$R15$、$R24$、$\phi25$、$2\times\phi14$、16。

(2) 定位尺寸

确定组合体各组成部分之间相对位置的尺寸，如图 5－14 所示的尺寸 37、76、40、6。

(3) 总体尺寸

确定组合体外形的总长、总宽、总高的尺寸，如图 5－14 所示的尺寸 106、52、40＋24。注意当组合体的一端为回转体时，通常不以回转面的转向线为界标注总体尺寸，如图 5－14 所示的组合体，其总高由 40＋24 间接确定，而不直接标注 64。

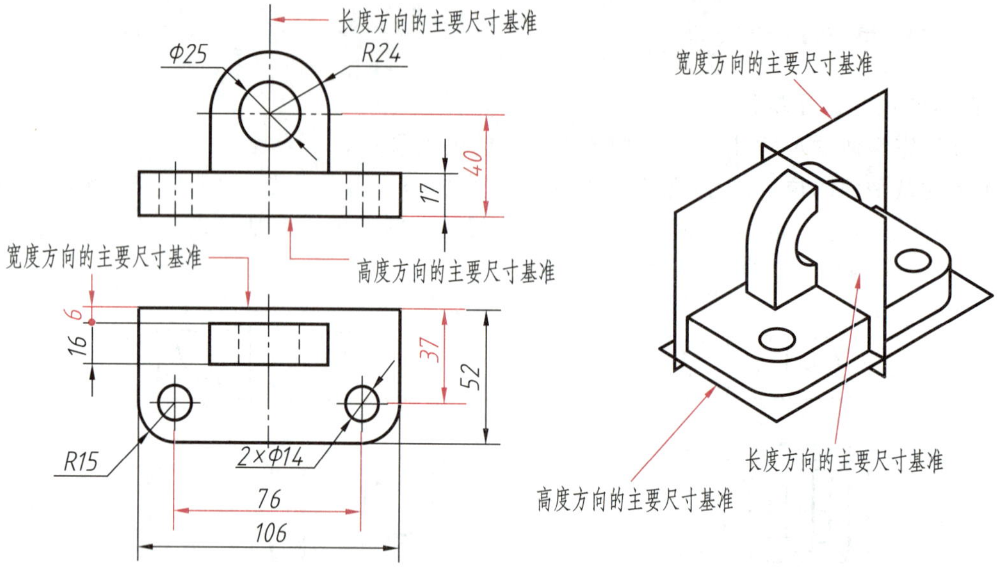

图 5-14　组合体的尺寸种类及尺寸基准

2. 尺寸基准

位置都是相对而言，在标注定位尺寸时，必须在长、宽、高三个方向分别选出标注定位尺寸的基准，以便确定各基本形体间的相对位置。该基准称为组合体的尺寸基准。尺寸基准的确定既与立体的形状有关，也与该立体加工制造要求有关。通常选立体的底面、大端面、对称平面以及回转体轴线等作为组合体的尺寸基准。如图 5-14 中立体的底面及左右对称面、后端面为该立体高、长、宽尺寸基准。

3. 组合体尺寸标注举例

下面以举例的方式说明组合体尺寸标注方法和步骤。

【例 5-1】 完成图 5-15 所示的轴承座的尺寸标注。

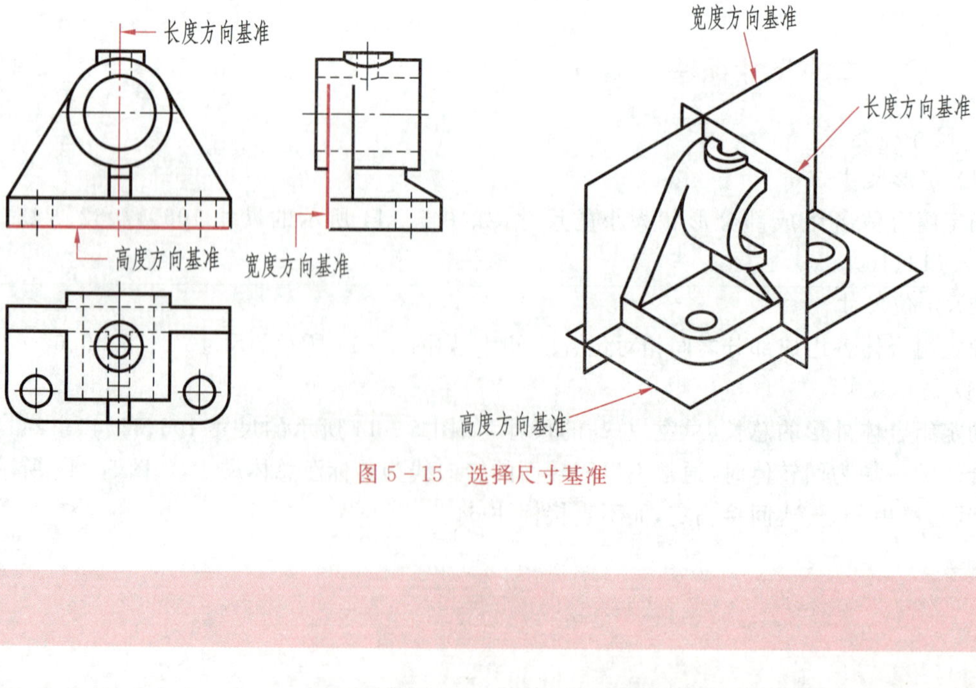

图 5-15　选择尺寸基准

1）形体分析，确定尺寸基准。

轴承座形体分析如图 5－6 所示，选择轴承座左右对称面为长度方向主要尺寸基准，底板及支承板共面的后端面为宽度方向主要尺寸基准，底板底面为高度方向主要尺寸基准（图 5－15）。

2）逐个标注各基本形体的定形、定位尺寸（图 5－16a～d）。

注意　一个尺寸的多层含义，如图 5－16c 中的尺寸 46，它既是凸台高度方向的定位尺寸，也是确定凸台高度的定形尺寸；图 5－16d 的左视图中的尺寸 6，它既是支承板的宽度定形尺寸，也是肋板宽度方向的定位尺寸。

3）检查、协调标注总体尺寸（图 5－16e）。

总长 60，总高 46，总宽可由底板宽 30 加上圆筒宽度方向定位尺寸 4 计算。

四、尺寸标注注意事项

1. 体的概念

标注尺寸必须在形体分析的基础上进行，所注尺寸应能准确确定立体各组成部分的形状和位置。切忌按视图中的线条、线框来标注尺寸。

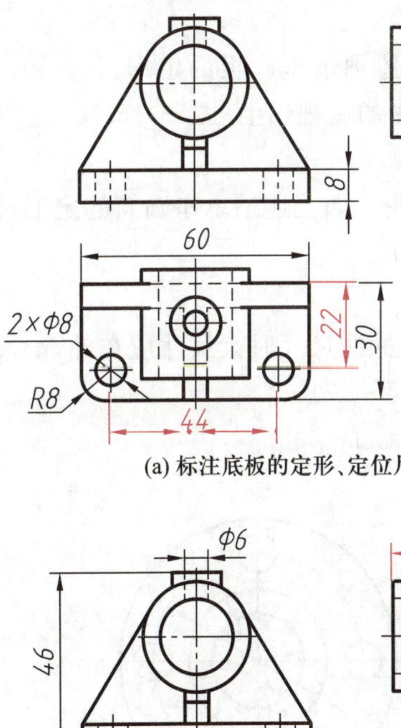

(a) 标注底板的定形、定位尺寸

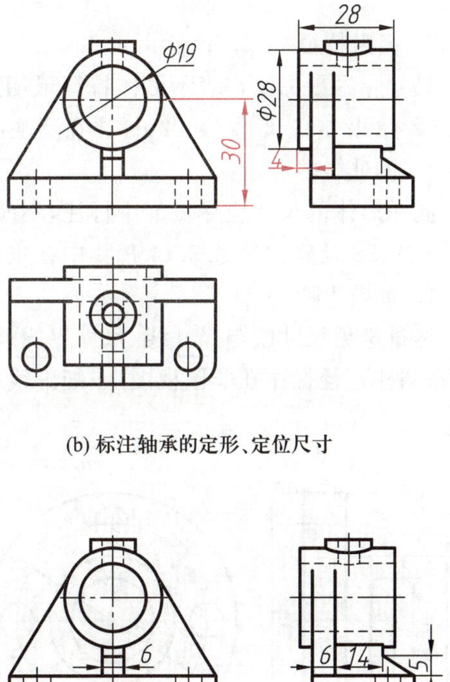

(b) 标注轴承的定形、定位尺寸

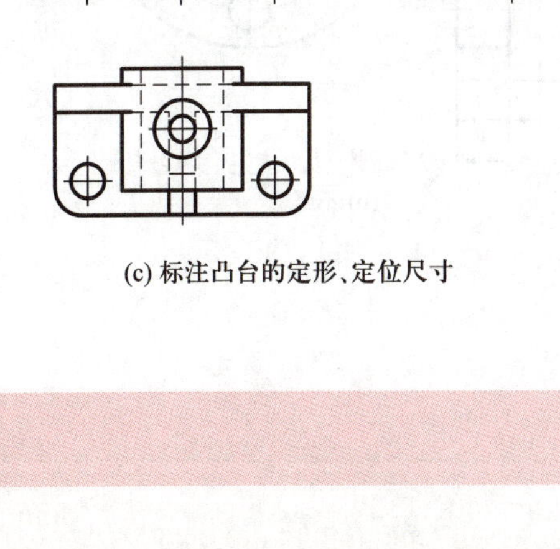

(c) 标注凸台的定形、定位尺寸

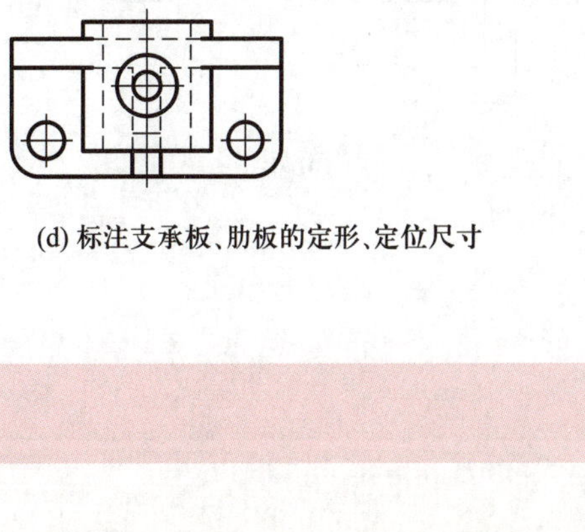

(d) 标注支承板、肋板的定形、定位尺寸

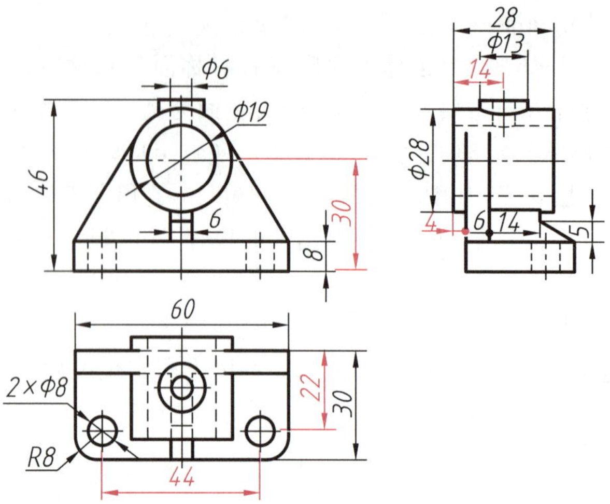

(e) 检查、协调标注总体尺寸

图 5-16　组合体的尺寸标注

2. 突出特征

尺寸应尽量标注在表示形体特征最明显的视图上。如上述轴承座底板的定形尺寸 60、30、R8、2×ϕ8 及定位尺寸 44、22，标注在反映底板形体特征最明显的俯视图上（图5-16a）。

3. 相对集中

同一形体的尺寸应尽量集中标注，不应过于分散，以便查找。如上述轴承座圆筒的定形尺寸 ϕ28、ϕ19、28 及定位尺寸 30、4 都集中在主、左视图（图 5-16b）。

4. 布局清晰

尽量避免尺寸线与尺寸线、尺寸界线、轮廓线相交。因此，标注尺寸时大尺寸应在外，小尺寸在内；圆柱直径标注在非圆视图上；细虚线尽可能不注尺寸（图5-17）。

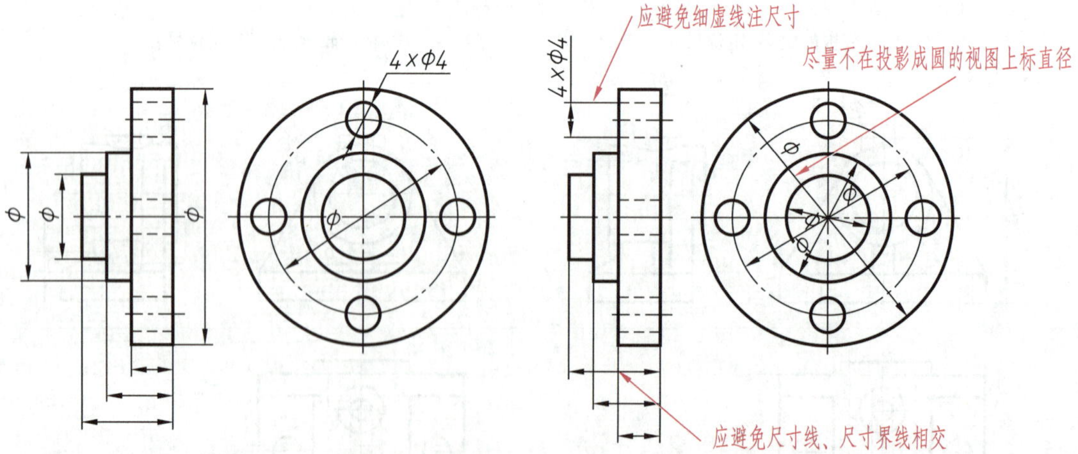

(a) 好　　(b) 不好

图 5-17　尺寸标注应布局清晰

5. 交线不注尺寸

形体大小及截平面的位置确定后，截交线的形状大小唯一确定，同样两形体的大小及相对位置确定后，相贯线的形状及大小也唯一确定。因此，截交线、相贯线都不用标注尺寸。

§5-4 读组合体视图的方法

根据组合体视图想象出组合体空间形状的过程称为组合体读图（简称读图）。绘图与读图是相辅相成的，绘图是将物体的空间形状用正投影法表示成平面图形（视图）；读图则是运用正投影的特征，根据平面图形（视图）想象出物体的空间形状和结构。

一、读图的要点

1. 读图时要将几个视图联系起来读

在没有标注尺寸的情况下，一般一个视图不能确定物体的空间形状（图 5-18）。有时选择不当，两个视图也不能确定物体的空间形状（图 5-19）。因此，在读图时，必须把所给视图全都注意到，并把它们联系起来进行分析。

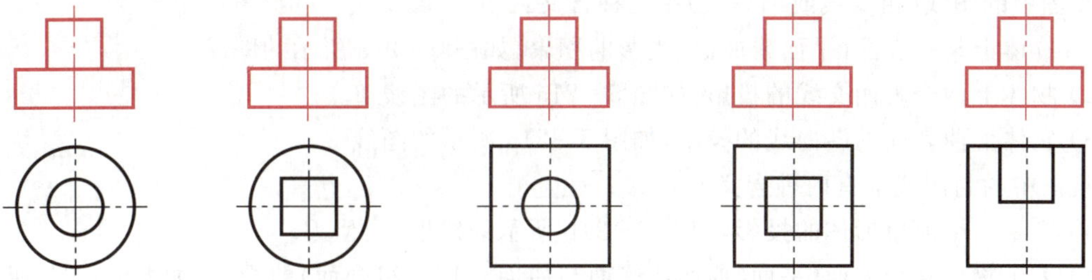

(a) (b) (c) (d) (e)

图 5-18 一个视图不能确定物体的空间形状

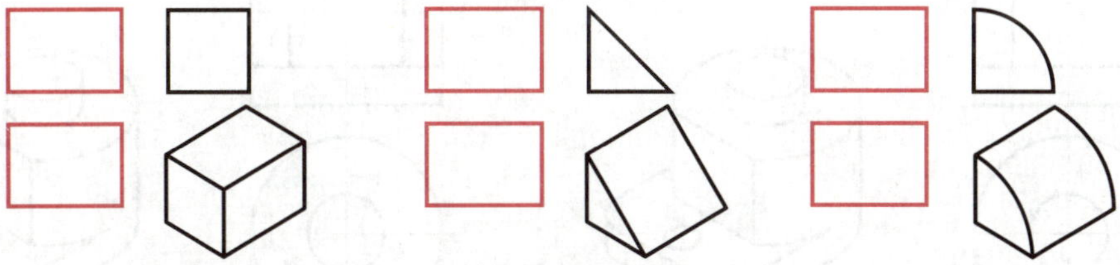

(a) (b) (c)

图 5-19 选择不当两个视图也不能确定物体的空间形状

2. 读图时要从反映形状特征较多的视图看起

将物体形状特征反映最充分的那个视图称为特征视图，如图 5-18 所示的俯视图，图 5-19 所示的左视图。找到特征视图，再配合其他视图，就能较快地认清物体形状。但组成组合体的各形体的形状特征，不一定全集中在一个视图上，如图 5-20 所示的支架，它由四个形体叠加而成，主视图反映形体 *Ⅰ*、*Ⅳ* 的特征，俯视图反映形体 *Ⅲ* 的特征，左视图反映形体 *Ⅱ* 的特征，因此读该图应从主视图看起。

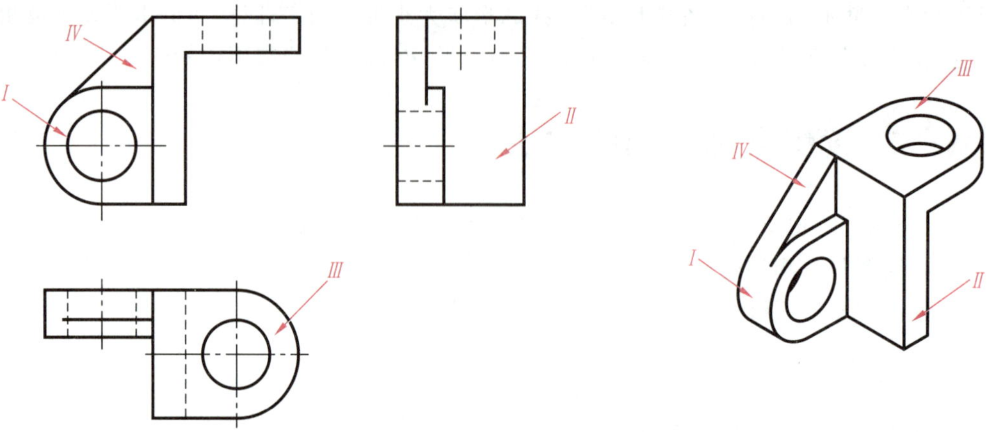

图 5-20　分析特征视图

3. 读图时要认真分析形体间相邻表面的相互位置

视图中的图线(粗实线或细虚线)有三种含义：

1) 物体上某一表面(平面或曲面)投影的积聚，如图 5-21a 所示的图线 *1*。

2) 物体上两个表面交线的投影，如图 5-21a 所示的图线 *2*。

3) 物体上曲表面的转向线的投影，如图 5-21a 所示的图线 *3*。

视图中的封闭线框有两种含义：

1) 表示一个简单形体的投影，如图 5-21b 所示的线框 *1*、*A*、*B*。

2) 表示物体某个表面(平面、曲面或平面与曲面相切的组合面)的投影，如图5-21b 所示的线框 *2*、*3*、*4*。

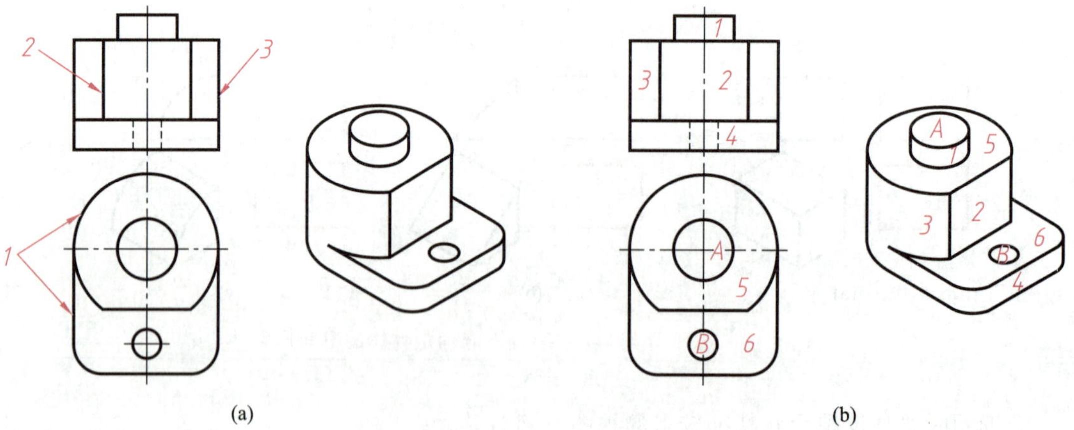

图 5-21　视图中图线、线框的含义

视图中相邻两个封闭线框有三种含义：

1) 物体上相邻两形体的投影，如图 5-21b 所示线框 5、6。

2）物体上相交两表面的投影，如图 5 - 21b 所示线框 2、3。

3）物体上同向错位两表面的投影，如图 5 - 21b 所示线框 2、4 就是前、后交错两表面的投影，线框 5、6 也可看作上、下交错两表面的投影。

视图中封闭线框内的封闭线框的含义是物体上凸或下凹部分的投影，如图 5 - 21b 所示的线框 *A* 及线框 *B*。

读图时应根据视图中图线、线框的含义认真分析形体间相邻表面的相互位置。

二、读图的方法

1. 形体分析法

这是读图的一种基本方法，基本思路是根据形体分析的原则，将已知视图分解成若干组成部分，然后按照正投影规律及各视图间的联系，分析出各组成部分所代表的空间形状及相对位置，最后想象出物体的整体形状。

【例 5 - 2】 读图 5 - 22a 所示的支架视图，想象出支架的空间形状。

1）按线框分解视图。

根据形体分析原则及视图中线框的含义，将物体分解为 *Ⅰ*、*Ⅱ*、*Ⅲ*、*Ⅳ* 四个部分（图 5 - 22a）。

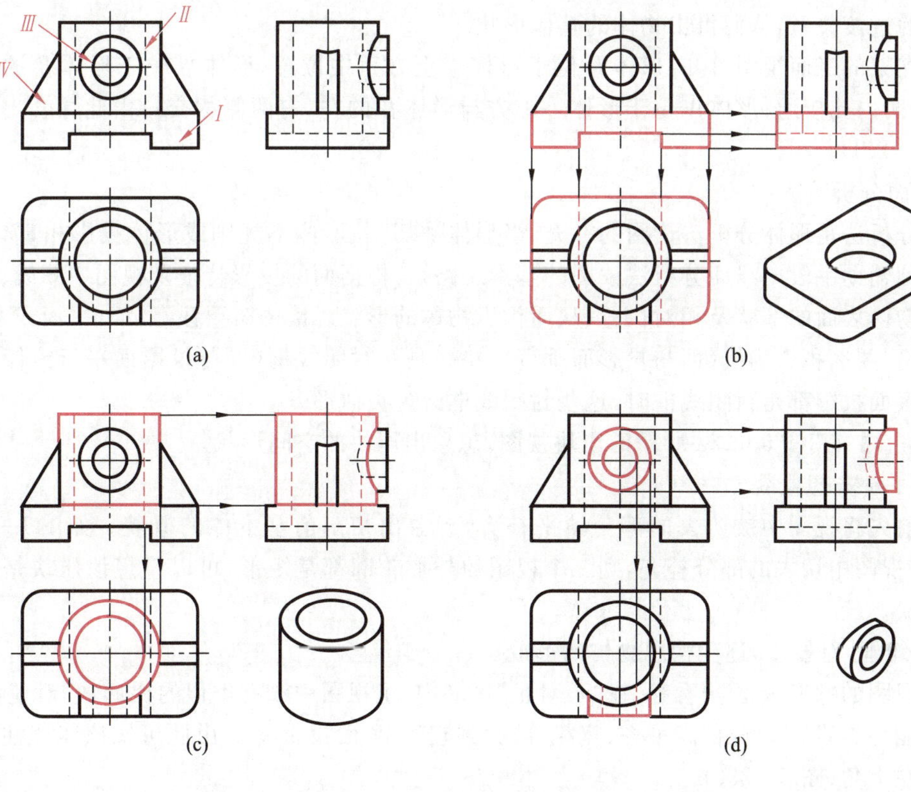

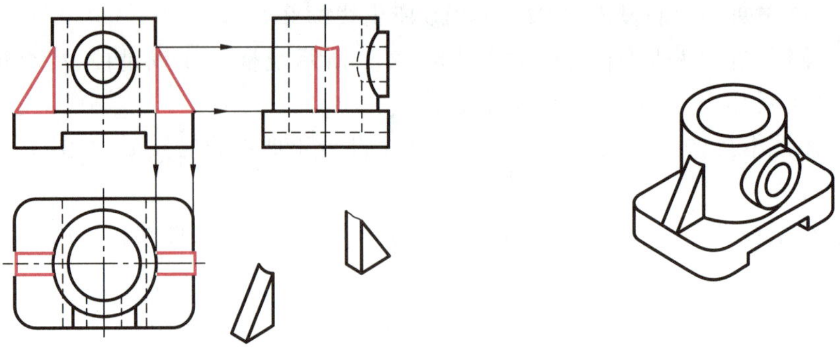

(e)　　　　(f)

图 5 - 22　形体分析法读图

2）对投影，逐个分析各部分形状。

根据投射“三等”对应关系，找出各部分的其余投影，再根据各部分的三面投影逐个想象出各部分的形状（图 5 - 22b～e）。

3）综合起来想整体。

在看懂每部分形状的基础上，再分析已知视图，想象出各部分之间的相对位置、组合方式以及表面间的过渡关系，从而得出物体的整体形状。

分析支架的三面视图可知：形体*Ⅱ*位于形体*Ⅰ*上方正中位置；形体*Ⅲ*位于形体*Ⅱ*的正前方与之相交，两内孔接通；形体*Ⅳ*位于形体*Ⅰ*上方与形体*Ⅱ*的左、右两侧相交。由此综合出该支架形状（图 5 - 22f）。

2. 线面分析法

线面分析法是形体分析法读图的补充，当形体被切割、形体不规则或形体投影相重合时，尤其需要这种辅助手段。线面分析法读图的基本思路是：根据面的投影特征及视图中图线、线框的含义分析物体表面的形状及相对位置，从而构思物体的形状。读图时要注意，面（平面或曲面）的投影特征是：要么积聚为线（面与投影面垂直），要么是一封闭线框（面与投影面平行或倾斜）；当一个面的多面投影都是封闭线框时，这些封闭线框必为类似形。

【例 5 - 3】 读图 5 - 23a 所示的压块视图，想象出压块的空间形状。

1）填平补齐想概貌。

读图前先将视图中被切去的部分填平补齐，想象出切割前基本体的概貌。如图 5 - 23b 所示，将三个视图中切去的部分补齐，则三个视图的外形轮廓都是矩形，可以设想该压块是由四棱柱切割而成。

2）分线框，对投影，逐步构思物体的形成。

从俯视图的梯形线框 p 看起，在“长对正”区域内，主视图中没有类似的梯形，它对应的 V 面投影只可能为斜线 p'，再由“高平齐、宽相等”找到它的 W 面投影 p''。由此可知该四棱柱被一正垂面切去左上角（图 5 - 23c）。

从主视图的七边形 q' 看起，在“长对正”区域内，俯视图中没有类似的七边形，它对应的 H 面投影只可能为斜线 q，再由“高平齐、宽相等”得到它的 W 面投影 q''。由此可知该四棱柱还被两铅垂面前后对称地切去左前角、左后角（图 5 - 23d）。

主视图中的矩形线框 m'，它对应的 H 面投影是细虚线 m，W 面投影是 m''，M 是一正平面（图 5-23e）。俯视图中四边形线框 n，它对应的 V 面投影是直线 n'，W 面投影是直线 n''，N 是一水平面。从左视图可知，M 平面结合 N 平面前后对称地各切去一小的四棱柱（图 5-23f）。

综上可知压块结构形状如图 5-23f 所示。

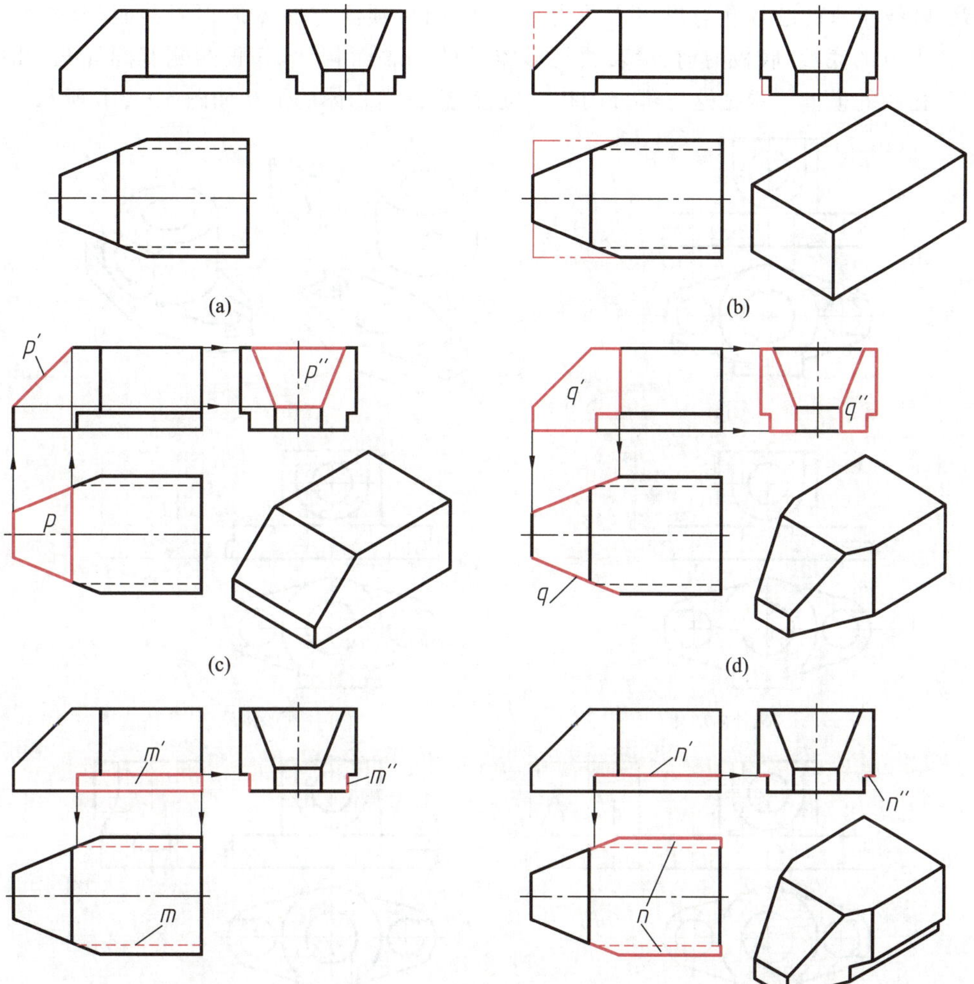

图 5-23　线面分析法读图

三、读、画图举例

由物体的两面视图补画第三视图，一般分两步进行。首先看懂视图想象出物体的结构形状，然后在看懂物体结构形状的基础上，再根据投影规律画出第三视图。

【例 5-4】 已知物体的主、俯视图（图 5-24a），补画其左视图。

1）看懂视图，想象出物体的形状。

按线框分解视图：

从主视图入手将其分解为 1′、2′、3′三个部分。

对投影逐个分析各部分形状：

根据“长对正”关系，找出三部分在俯视图中的对应投影 1、2、3（图 5－24a），根据基本立体的投影特征可知：形体Ⅰ是轴线铅垂的空心圆柱；形体Ⅱ是位于形体Ⅰ正前方的马蹄形凸台，凸台上有一轴线正垂的圆柱孔与形体Ⅰ的内孔接通，凸台顶面与形体Ⅰ顶面共面；形体Ⅲ是位于形体Ⅰ正下方的底板，底板的前、后表面与形体Ⅰ的外表面相切，底板两侧有圆柱孔，孔的上部为宽等于孔径的横槽。根据这三部分的相对位置，想象出物体的形状如图 5－24b 所示。

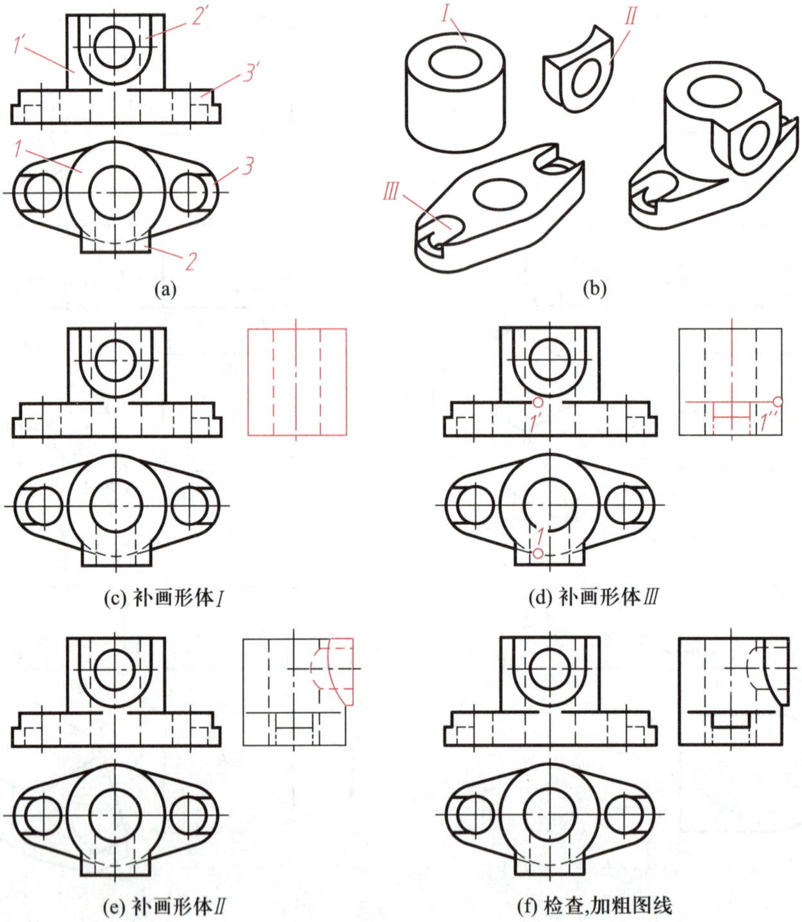

图 5－24　读画图实例一

2）补画物体的第三视图（图 5－24c～f）。

【例 5－5】　已知物体的主、左视图（图 5－25a），补画其俯视图。

1）看懂视图想象出物体的形状。

填平补齐想概貌：

该物体 W 面投影是一梯形，V 面投影可填成一矩形，由此可知它是四棱柱切割而成（图 5－25a）。

分线框，对投影，逐步构思物体的形状：

分析 m''线框可知，M 是一侧平面，K 是一水平面，四棱柱被 M、K 平面左右对称地各切去一梯形块(图 5-25b)；分析线框 n''可知，N 是两正垂面，F 是一水平面，四棱柱上方中部被两个 N 平面、一个 F 平面切去一通槽，物体形状如图 5-25c 所示。

2）补画物体的第三视图(图 5-25d～f)。

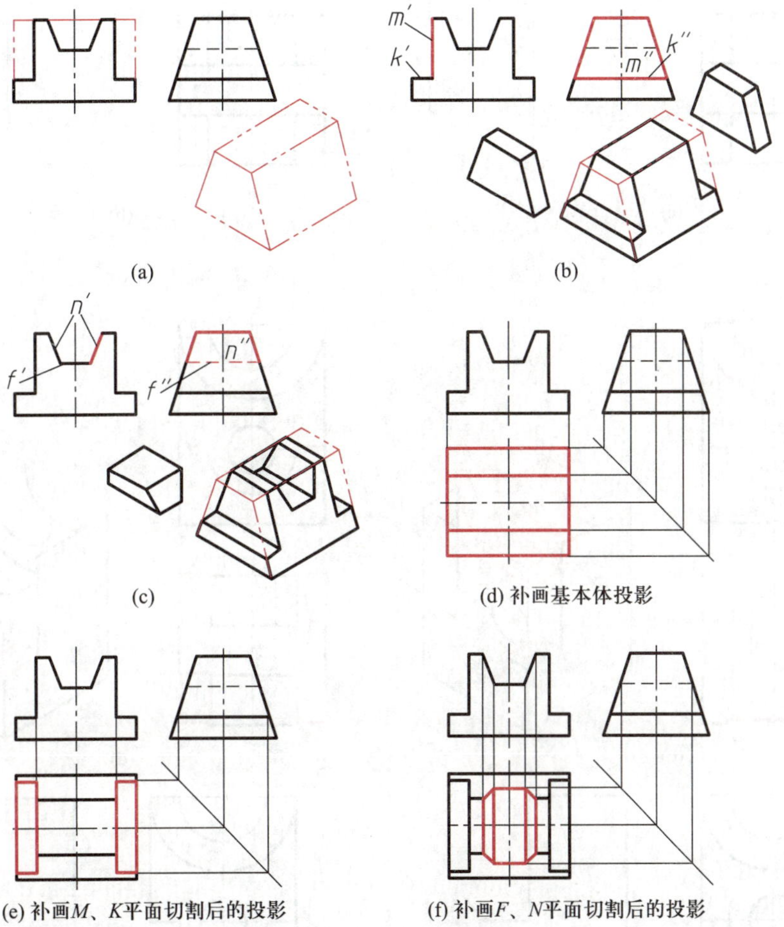

(a)　(b)　(c)　(d) 补画基本体投影　(e) 补画M、K平面切割后的投影　(f) 补画F、N平面切割后的投影

图 5-25　读画图实例二

【例 5-6】　已知物体的主、俯视图(图 5-26a)，补画其左视图。

1）看懂视图想象出物体的形状。

填平补齐想概貌：

该物体 H 面投影是一矩形，V 面投影可填补成一矩形，两矩形不是全等形，且无侧垂轴线，因此可知该物体是由一四棱柱切割而成(图 5-26a)。

分线框，对投影，逐步构思物体的形状：

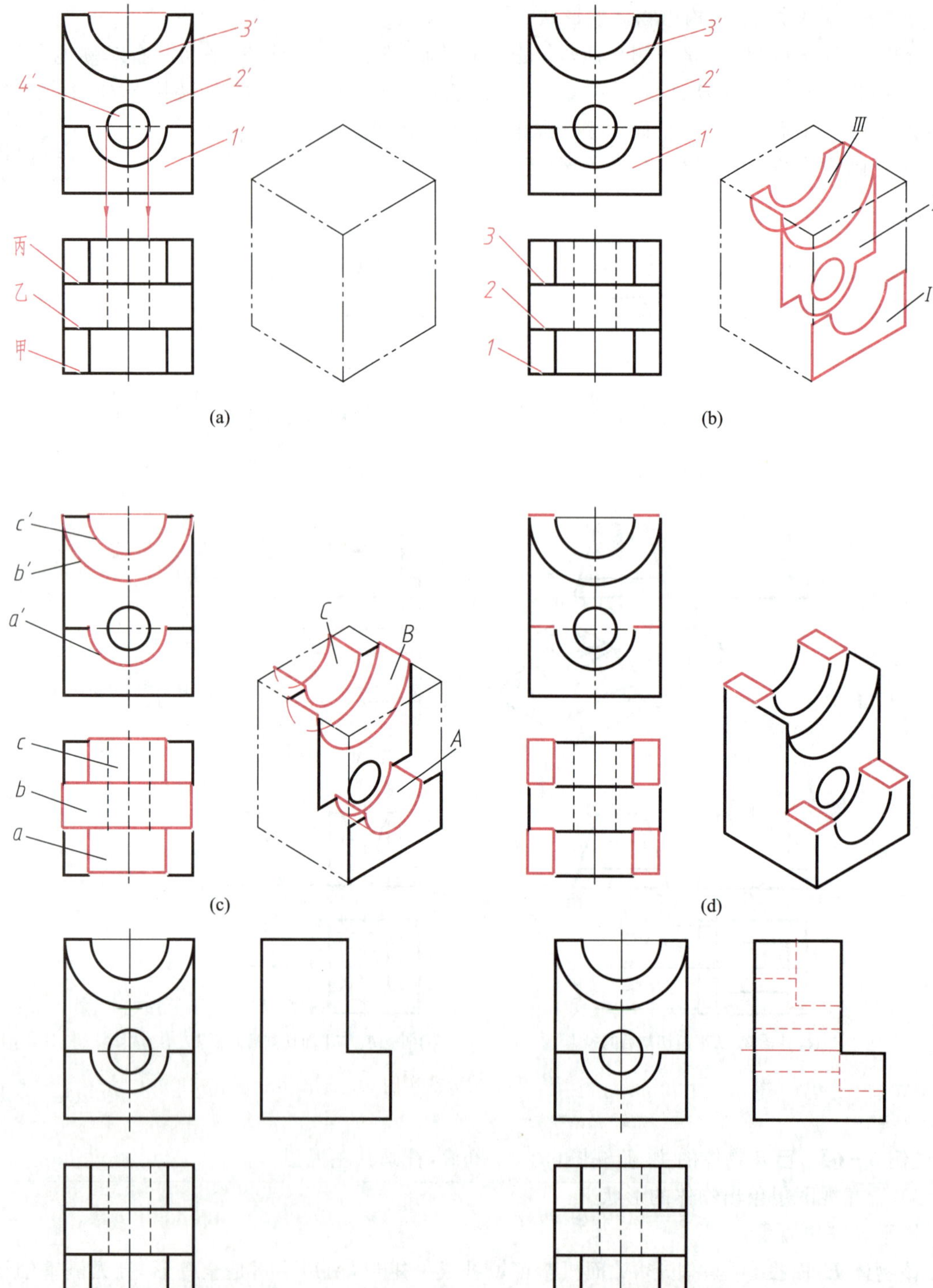

(a) (b) (c) (d)

(e) 补画基本体投影　(f) 补画切槽、穿孔的投影

图 5-26　读画图实例三

主视图由 $1'$、$2'$、$3'$、$4'$四个封闭线框组成，线框 $4'$对应俯视图中两条细虚线，明显是一圆孔。$1'$、$2'$、$3'$线框在俯视图中均无类似线框存在，与之对应的是甲、乙、丙三线段。线框 $2'$内包含了线框 $4'$，因此它对应线段乙，是一正平面；线框 $1'$在主视图中位置最低且又可见，因此它对应线段甲，也是一正平面；线框 $3'$对应线段丙，同样为正平面。该三个正平面的形状和位置如图 5－26b 所示。

俯视图中的封闭线框 a、b、c 对应主视图中的三条弧线段，因此是三个半圆槽(图5－26c)。俯视图中另四个封闭线框对应主视图中四条直线段，因此它们是四个水平面(图 5－26d)。综合上述线框形状位置分析可知，该物体形状如图 5－26d 所示。

2) 补画物体的左视图。

先画物体的外形轮廓投影(图 5－26e)，再补画物体挖切后局部结构的投影(图5－26f)。

§5－5 轴测图

工程上应用最广泛的图样是多面正投影，正投影的特点是作图简便、度量性好，但它立体感不强，直观性较差。因此，工程上常采用直观性较强、富有立体感的轴测图作为辅助图样，用以补充表达物体的结构形状。

一、轴测图的基本知识

1. 轴测图的形成

用平行投影法(正投影法或斜投影法)将物体连同确定物体各部分形状、位置的直角坐标轴(O_0Y_0、O_0Z_0、O_0X_0)一起沿不平行于任一坐标平面的方向投射到单一投影面 P 上，所得到的图形称为轴测投影(简称轴测图)。投影面 P 称为轴测投影面，确定物体各部分形状、位置的三根直角坐标轴在轴测投影面上的投影(OX、OY、OZ)称为轴测轴，相邻两轴测轴之间的夹角($\angle XOY$、$\angle YOZ$、$\angle ZOX$)称为轴间角，物体上与三根直角坐标轴平行的线段称为轴向线段(如 A_0D_0、A_0B_0、A_0F_0 等)，如图 5－27a 所示。

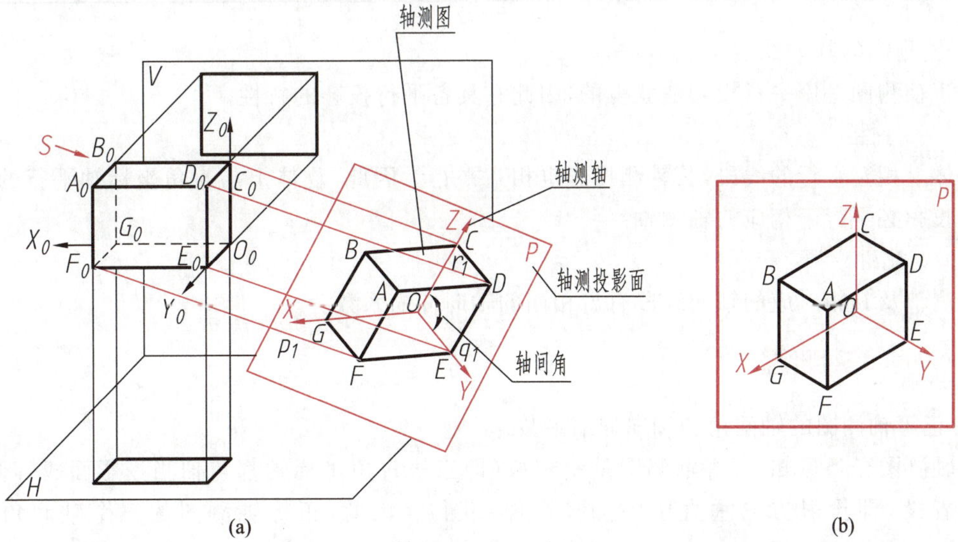

图 5－27 轴测图的形成

轴向线段的轴测投影长与对应实长之比称为轴测图的轴向伸缩系数。OX、OY、OZ 轴的轴向伸缩系数分别用 p_1、q_1、r_1 表示，如图 5－27a 所示，$p_1=AD/A_0D_0$、$q_1=AB/A_0B_0$、$r_1=AF/A_0F_0$。轴向伸缩系数简化后称为简化轴向伸缩系数，分别用 p、q、r 表示。

2．轴测图的分类

根据投射方向(S)与轴测投影面的相对位置不同，轴测图分为两大类：投射方向与轴测投影面垂直所得的轴测图称为正轴测图，如图 5－27a 所示；投射方向与轴测投影面倾斜所得的轴测图称为斜轴测图，如图 5－35a 所示。正(斜)轴测图又按轴向伸缩系数是否相等，分为正(斜)等测、正(斜)二测和正(斜)三测三种。表 5－1 所示为轴测图的分类，工程上常用的轴测图是正等轴测图、斜二轴测图。

表 5－1　轴测图的分类(摘自 GB/T 14692—2008)

		正轴测图			斜轴测图		
特性		投射线与轴测投影面垂直			投射线与轴测投影面倾斜		
轴测图类型		正等测	正二测	正三测	斜等测	斜二测	斜三测
应用举例	简化轴向伸缩系数	$p=q=r=1$	$p=r=1$ $q=0.5$	视具体要求选用	视具体要求选用	$p=r=1$ $q=0.5$	视具体要求选用
	轴间角	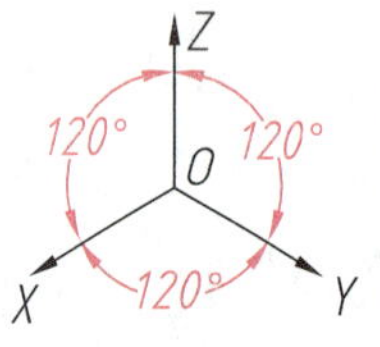	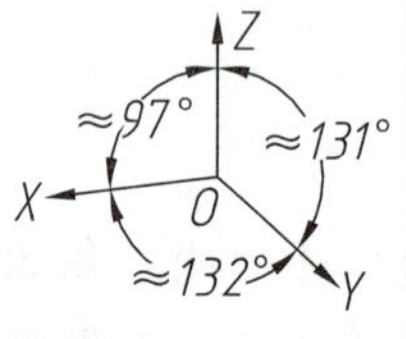			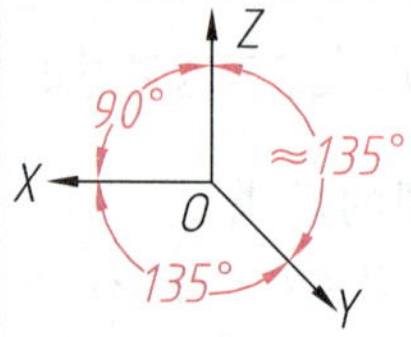	
	例图	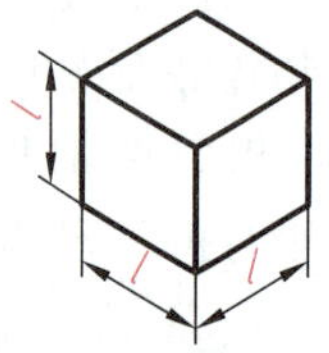				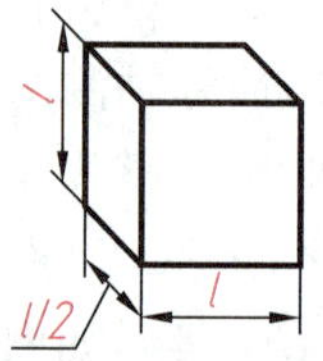	

3．轴测图的基本性质

由于轴测图是用平行投影法获得的，因此它具备平行投影的特性。

(1) 平行性

物体上相互平行的线段，其轴测投影也相互平行。因此，物体上与直角坐标轴平行的线段，其轴测投影必平行于相应的轴测轴。

(2) 定比性

轴测轴及其相对应的轴向线段有着相同的轴向伸缩系数。

二、正等轴测图

1．正等轴测图的轴间角和轴向伸缩系数

从轴测图分类可知，正等轴测图是斜着放(即三根直角坐标轴都与轴测投影面成等倾角倾斜)，正着投(即投射方向垂直于轴测投影面)获得。因此，正等轴测图的三个轴间角相等，$\angle XOY=\angle YOZ=\angle ZOX=120°$；三轴向伸缩系数相等，$p_1=q_1=r_1\approx0.82$(为作图简便，常简

化为 $p=q=r=1$）。作图时，一般将 OZ 轴画成竖直位置，使 OX、OY 轴与水平线成 30°，如图5－28 所示。

2. 平面立体正等轴测图画法

(1) 坐标法

坐标法是根据坐标关系，画出物体表面各顶点的轴测投影，然后连线形成物体的轴测图。任何一种轴测图均可用坐标法绘制，坐标法是轴测图绘制的基本方法。

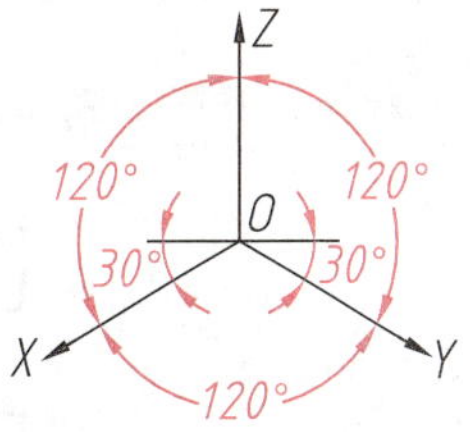

图 5－28 正等轴测图的轴间角

【例 5－7】 绘制图 5－29 所示六棱柱的正等轴测图。

作图

1) 确定三根直角坐标轴 O_0X_0、O_0Y_0、O_0Z_0 及坐标原点 O_0（图 5－29a）。

2) 画轴测轴 OX、OY、OZ，如图 5－29b 所示。

3) 将直角坐标系中六棱柱顶面六个角点的坐标转换为轴测轴中的坐标，得六棱柱顶面六个角点的轴测投影 A、B、C、D、E、F，如图 5－29c 所示。（注意：坐标法绘轴测图实质就是物体各角点直角坐标与对应轴测轴之间的坐标按轴向伸缩系数进行转换，由于正等轴测图三个轴向伸缩系数 $p=q=r=1$，因此坐标直接量取即可。）

4) 将对应角点相连得六棱柱顶面的轴测投影，如图 5－29d 所示，过 A、B、C、F 各点向下作 OZ 轴的平行线，并在其上截取高度 h 作出六棱柱底面上可见点的轴测投影（图 5－29d）。

5) 连接六棱柱底面可见点，擦去作图线，加深可见轮廓线，完成所求（图 5－29e）。

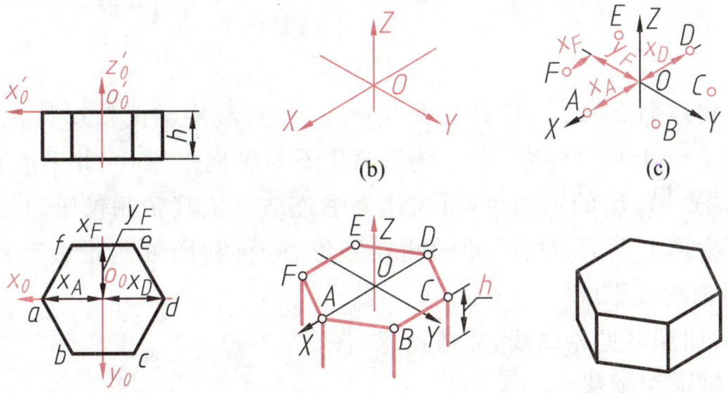

图 5－29 画六棱柱轴测图

(2) 切割法

对于不完整的物体，可先按完整物体画出，然后再利用轴测投影的特性（平行性）对切割部分进行作图，这种作图方法称为切割法。实际作图时，往往是坐标法、切割法两种方法综合使用。

【例 5－8】 绘制图 5－30a 所示平面体的正等轴测图。

分析 分析三视图可知：该物体是由一个四棱柱切割构成。一个水平面、一个正垂面切去四棱柱左上角；两个正平面、一个水平面在四棱柱右侧上部切去一个方槽。

作图

1) 确定三根直角坐标轴 O_0X_0、O_0Y_0、O_0Z_0 及原点 O_0（图 5－30a）。

2）画轴测轴及基本体（四棱柱）的轴测图（图 5－30b）。

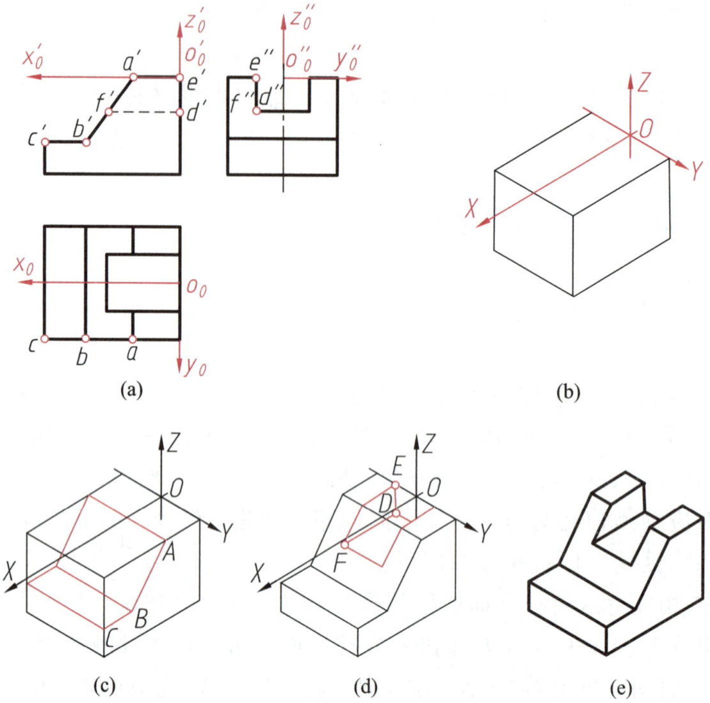

图 5－30　画切割体轴测图

3）用坐标确定物体上点 A、B、C 的轴测投影位置，再利用轴测投影特性（平行性）完成切割部分的轴测投影（图 5－30c）。（注意：由于线段 AB 不是轴向线段，因此不能直接量取长度绘制，只能利用坐标确定端点 A、B 的轴测投影位置，然后连线完成其轴测投影。）

4）用坐标确定物体上点 E、D、F 的轴测投影位置，再利用轴测投影特性（平行性）完成切槽部分的轴测投影（图 5－30d）。

5）擦去作图线、加深可见轮廓线，完成所求（图 5－30e）。

3. 回转体正等轴测图画法

（1）平行于坐标面的圆的正等轴测图

平行于坐标面的圆的正等轴测图是椭圆（称为正等测椭圆），平行于不同坐标面的圆其正等测椭圆的长、短轴方向不同（图 5－31）。分析图 5－31 可知：

平行于 XOY 坐标面的圆，其正等测椭圆的长轴 $\perp OZ$，短轴 $/\!/ OZ$ 轴（图 5－31a）；

平行于 YOZ 坐标面的圆，其正等测椭圆的长轴 $\perp OX$，短轴 $/\!/ OX$ 轴（图 5－31b）；

平行于 ZOX 坐标面的圆，其正等测椭圆的长轴 $\perp OY$，短轴 $/\!/ OY$ 轴（图 5－31c）。

（2）回转体正等轴测图画法实例

【例 5－9】 绘制图 5－32a 所示圆柱的正等轴测图。

分析　分析图 5－32a 可知，圆柱顶、底面为两个平行于 XOY 面大小相等的圆，其轴测投影椭圆的长轴垂直于 OZ 轴，短轴平行于 OZ 轴。该圆柱正前方有一个通槽。

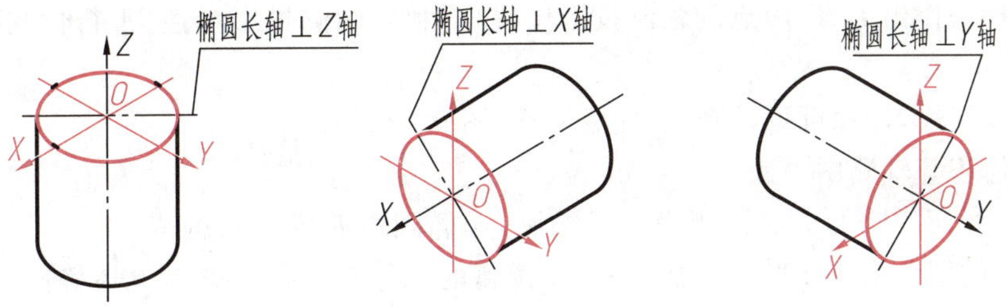

(a) 平行于XOY面　(b) 平行于YOZ面　(c) 平行于XOZ面

图 5-31　平行于不同坐标面的圆的正等轴测图

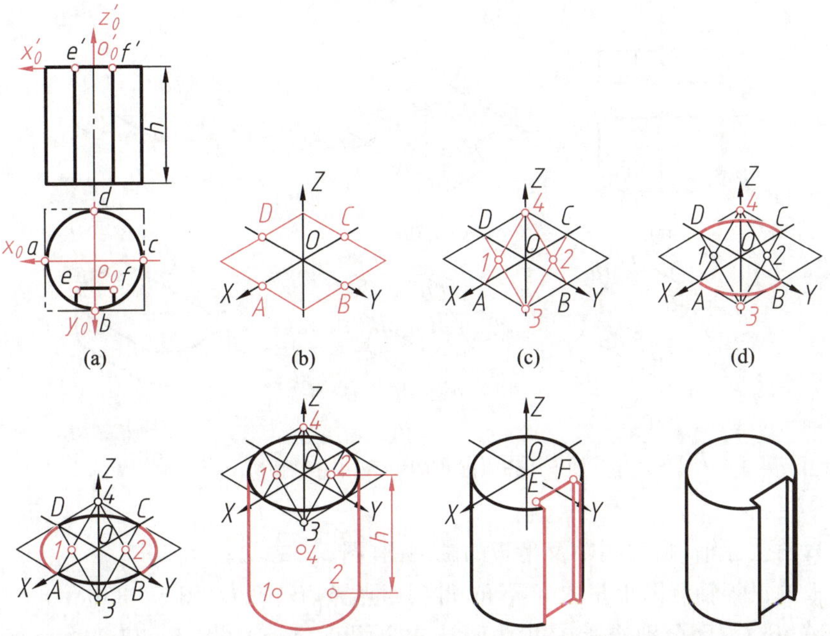

(a)　(b)　(c)　(d)　(e)　(f)　(g)　(h)

图 5-32　圆柱的正等轴测图

作图

1）确定直角坐标轴 O_0X_0、O_0Y_0、O_0Z_0 及原点 O_0，并作顶圆的外切正方形，得切点 a、b、c、d（图 5-32a）。

2）画轴测轴及四个切点 a、b、c、d 的轴测投影 A、B、C、D，过 B、D 作 OX 平行线，过 A、C 作 OY 的平行线，得顶圆外切正方形的轴测投影，该投影为菱形（图 5-32b）。

3）将菱形顶点 3 与 C、D 相连，菱形顶点 4 与 A、B 相连，得交点 1、2，则 1、2、3、4 点即为近似椭圆四段圆弧的圆心（图 5-32c）。

4）分别以 3、4 为圆心，$3C$ 为半径画 CD 弧和 AB 弧（图 5-32d）；分别以 1、2 为圆心，$2B$ 为半径画 BC 弧和 DA 弧（图 5-32e），即完成顶面圆的轴测投影（椭圆）。

5）将三个圆心 1、2、4 沿 Z 轴负向平移高度 h，作出圆柱底圆的轴测投影（即移心法画底圆的轴测投影），画两椭圆公切线，底圆不可见椭圆弧不必画出（图 5-32f）。

6）用坐标法作出 E、F 两点的轴测投影位置，再利用轴测投影特性（平行性）完成缺口的轴测投影（图 5-32g）。

7）擦去作图线，加深可见轮廓线，完成所求（图 5-32h）。

4. 组合体正等轴测图画法

平行于坐标面的圆的正等轴测投影是椭圆，该椭圆由四段圆弧构成，如图 5-32d、e 所示。工程中平板上的圆角由 1/4 圆弧构成，该 1/4 圆弧的正等轴测投影就是上述椭圆中的四段圆弧之一。该圆角正等轴测图的画法见下例。

【例 5-10】 绘制图 5-33a 所示带圆角平板的正等轴测图。

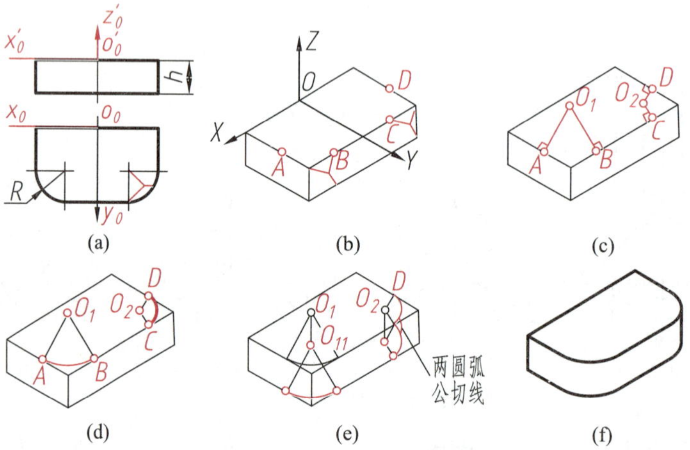

图 5-33　圆角的正等轴测图画法

1）确定直角坐标轴，画轴测轴及平板的轴测图（图 5-33b）；

2）在平板的正等轴测图上量取半径 R，得到四点 A、B、C、D（图 5-33b）；

3）过点 A、B、C、D 分别作所在边的垂线，求出圆心 O_1、O_2（图 5-33c）；

4）以 O_1 为圆心、O_1A 为半径画 AB 弧，以 O_2 为圆心、O_2C 为半径画 CD 弧（图 5-33d）；

5）将 AB 弧、CD 弧沿 Z 轴负向平移板厚 h 得底面圆角轴测投影，在两小圆弧处作公切线（图 5-33e）；

6）擦去作图线，加深可见轮廓线，完成所求（图 5-33f）。

【例 5-11】 绘制图 5-34a 所示组合体的正等轴测图。

分析　该组合体由底板、竖板及肋板叠加构成，底板为带圆角的四棱柱，竖板带有圆孔。下面按各基本形体逐一叠加的方法画其轴测图。

作图

1）设置直角坐标轴，画轴测轴及底板的轴测图（图 5-34b）。（底板轴测图画法同例5-10。）

2）用坐标确定竖板前、后端面圆心的轴测投影位置 O_1、O_2（在 OZ 量取圆心高得 O_1，过 O_1 作 OY 轴的平行线，量取竖板厚度得 O_2）（图 5-34b）。

3）利用坐标确定竖板前端面半圆三个切点 $1'$、$2'$、$3'$ 的轴测投影位置 Ⅰ、Ⅱ、Ⅲ（图 5-34c），过点 Ⅰ、Ⅱ 作 OZ 轴平行线，过点 Ⅲ 作 OX 平行线，再过点 Ⅰ、Ⅱ、Ⅲ 分别作各自边的垂线，得交点 C、D。以 C、D 为圆心，C Ⅲ、D Ⅱ 为半径画圆弧，得竖板前端面半圆的轴测投影，将圆心

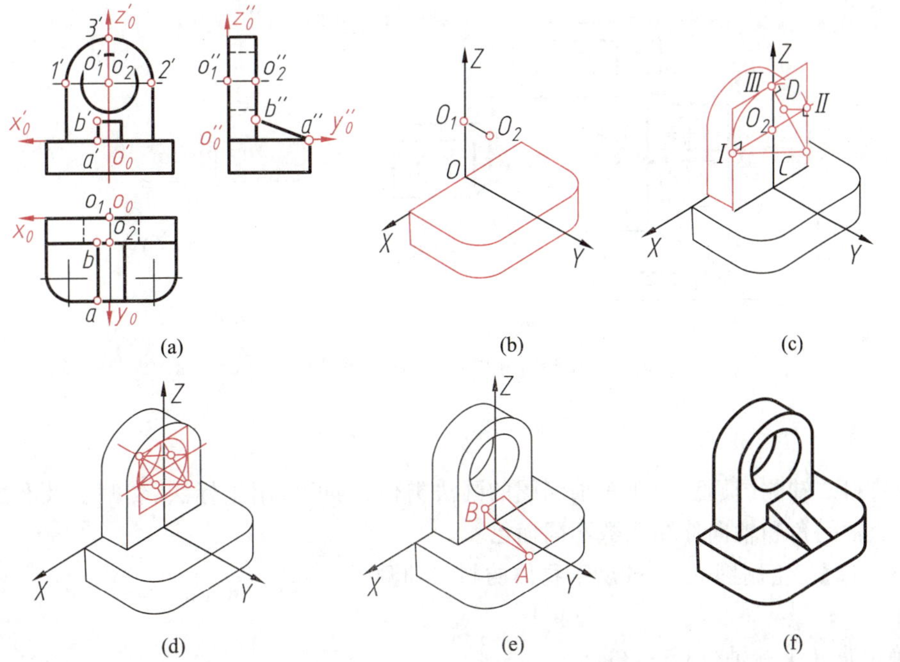

图 5－34 组合体支架的正等轴测图的画法

C、D 沿 OY 轴负向平移竖板厚，作竖板后端面半圆的轴测投影，作竖板前、后端面圆弧公切线，完成竖板外轮廓的轴测投影（图 5－34c）。

4）绘制竖板圆孔的轴测投影（图 5－34d）。

5）用坐标确定组合体上点 A、B 的轴测投影位置，再利用轴测投影特性（平行性）完成肋板轴测投影（图 5－34e）。

6）擦去作图线，加深可见轮廓线，完成所求（图 5－34f）。

三、斜二轴测图

1. 斜二轴测图的轴间角、轴向伸缩系数

从前述轴测图分类可知，斜二轴测图是正着放（即坐标面 $X_0O_0Z_0$ // 轴测投影面 P），斜着投（即投射方向倾斜于轴测投影面 P）获得的轴测投影，如图 5－35 所示。由于坐标面 $X_0O_0Z_0$ 平行于轴测投影平面 P，因此 OX、OZ 轴的轴向伸缩系数相等 $p_1=r_1=1$，轴间角 $\angle XOZ=90°$。OY 轴的轴向伸缩系数 q_1 及轴间角 $\angle XOY$、$\angle YOZ$，可随着投射方向的变化而变化。为了绘图简便，国家标准规定，选取轴间角 $\angle XOY=\angle YOZ=135°$，$q_1=0.5$，$OZ$ 仍按竖直方向绘制，如图5－35b 所示。

2. 斜二轴测图画法

由于斜二轴测图的轴向伸缩系数 $p_1=r_1=1$，所以物体上凡平行于 $X_0O_0Z_0$ 坐标面的平面，其轴测投影都反映实形。因此，斜二轴测图特别适用于绘制一个方向有较多圆或圆弧的物体的轴测投影图，可将物体上圆或圆弧较多的平面放置为 $X_0O_0Z_0$ 面的平行面，使其轴测投影仍为圆或圆弧，以简化作图。对于物体上不平行于 $X_0O_0Z_0$ 面的圆或圆弧可采用坐标法完成其轴测

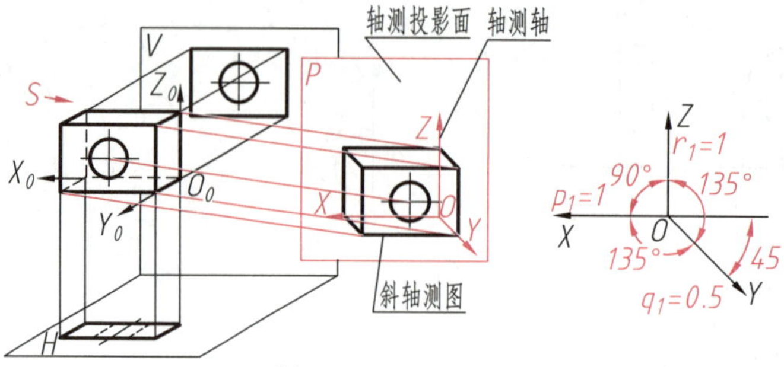

(a)　　　　　　(b)

图 5-35　斜二轴测图

投影。

物体的斜二轴测图画法与正等轴测图的画法类似，均可采用坐标法、切割法及叠加法绘制，只是二者的轴间角和轴向伸缩系数不同而已。

【例 5-12】 绘制图 5-36a 所示物体的斜二轴测图。

作图

1）确定直角坐标轴（图 5-36a）；

2）画轴测轴及半个正垂圆筒（图 5-36b）；

3）画竖板，注意竖板前端面与圆筒外柱面的交线（图 5-36c）；

4）画竖板的圆角和小孔（图 5-36d）；

5）擦去作图线，加深可见轮廓线，完成所求（图 5-36e）。

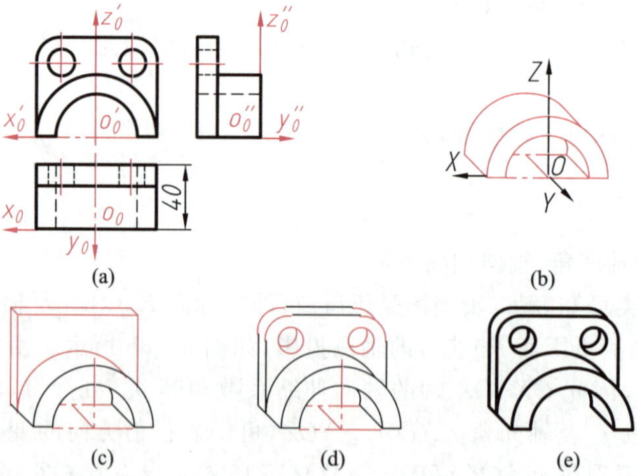

图 5-36　组合体的斜二轴测图

第六章　机件常用表达方法

在工程实际中，为了清楚表达内外结构复杂的机件，国家标准《技术制图》与《机械制图》规定了绘制机件工程图样的若干基本表示法，本章主要介绍这些基本表示法（视图、剖视图、断面图等）。掌握这些基本表示法是正确绘制和阅读工程图样的前提，灵活运用这些基本表示法清楚、简洁地表达机件是绘制工程图样的基础。

§6-1　视图

视图（GB/T 17451—1998、GB/T 4458.1—2002）主要用于表达机件外部结构形状。视图分为基本视图、向视图、局部视图和斜视图四种。视图一般只画可见部分，必要时才用细虚线表达不可见部分。

一、基本视图

为了分别表达物体上、下、左、右、前、后六个方向的结构形状，国家标准中规定：用正六面体的六个面作为六个投影面，称为基本投影面。将物体置于六面体中间，分别向各投影面投射，得到六个基本视图：

主视图——由物体的前方向后投射得到的视图；

俯视图——由物体的上方向下投射得到的视图；

左视图——由物体的左方向右投射得到的视图；

右视图——由物体的右方向左投射得到的视图；

仰视图——由物体的下方向上投射得到的视图；

后视图——由物体的后方向前投射得到的视图。

为了在同一平面上表示物体，必须将六个投影面展开到一个平面。展开时规定正立投影面不动，其余各投影面按图 6-1 所示，展开到正立投影面所在的平面上。

投影面展开后，六面基本视图的位置如图 6-2 所示，按这种方式配置的视图称为按投影关系配置的视图。一旦物体的主视图被确定后，其他基本视图与主视图的位置关系也随之确定，因此按投影关系配置的视图不必标注视图的名称。

六个基本视图在度量上，满足“三等”对应关系：主、俯、仰视图“长对正”；主、左、右、后视图“高平齐”；俯、左、仰、右视图“宽相等”。这是读图、画图的依据和出发点。在反映空间方位上，俯、左、仰、右视图中靠近主视图的一侧，是物体的后方，远离主视图的一侧，是物体的前方（图 6-2）。

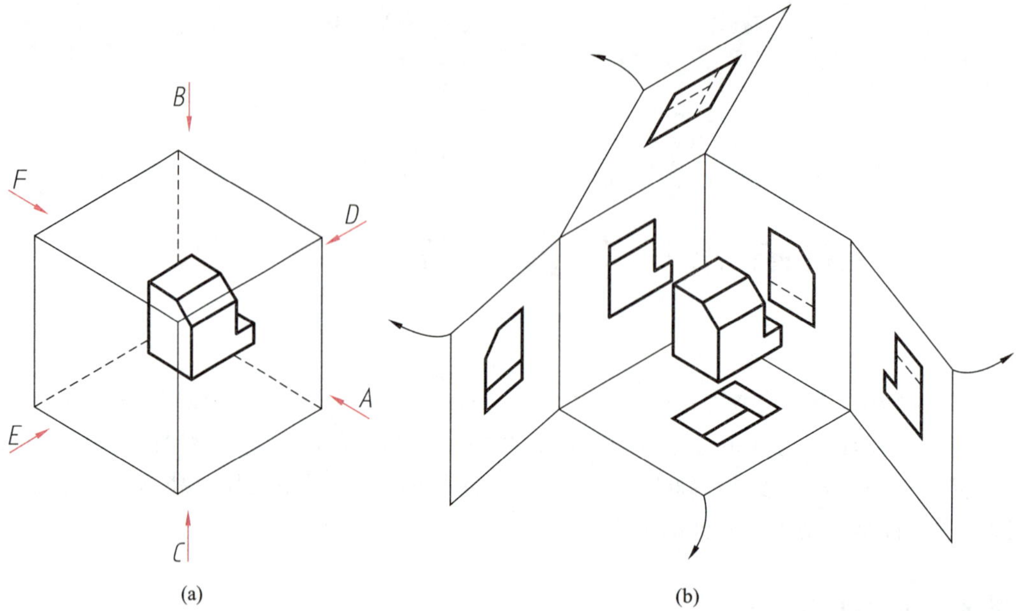

图 6-1　六个基本视图的形成及展开

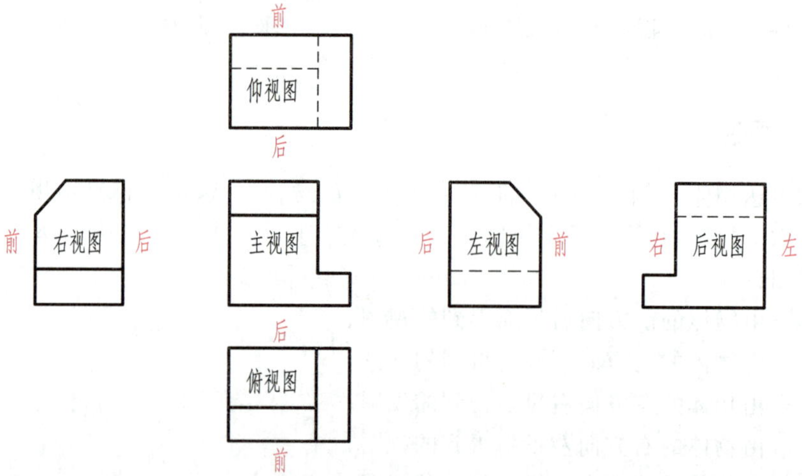

图 6-2　六个基本视图的配置和方位对应关系形成

二、向视图

向视图是可以自由配置的视图。向视图必须标注。标注方法是：在向视图的上方标注“×”（“×”为大写拉丁字母）；在相应视图附近用箭头指明投射方向，并标注相同字母（图 6-3）。

采用向视图的目的是便于利用图纸空间。向视图是基本视图的另一种表达方式，是移位（不旋转）配置的基本视图。向视图的投射方向应与基本视图的投射方向一一对应。表示投射方向的箭头应尽可能配置在主视图或左、右视图上，以便所获视图与基本视图一致。

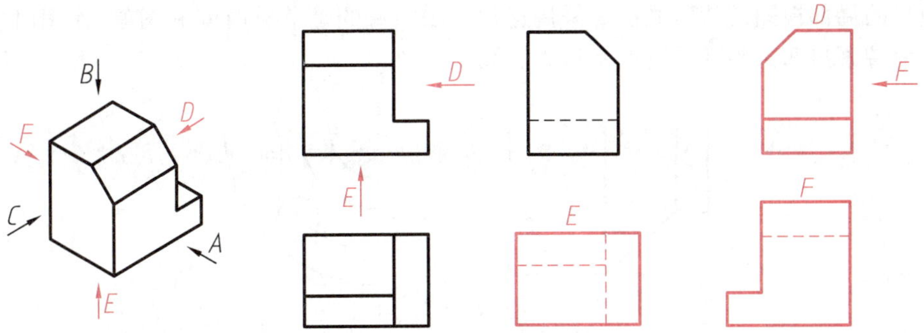

图 6-3　向视图及其标注

三、局部视图

局部视图是将物体的某一部分向基本投影面投射所得的视图。当物体在平行于某基本投影面的方向上仅有某局部形状需要表达，而又没有必要画出其完整的基本视图时，可采用局部视图以局部地表达机件的外形。如图 6-4 所示的 A 向和 B 向视图，它们分别表达了左、右两个凸台的形状。

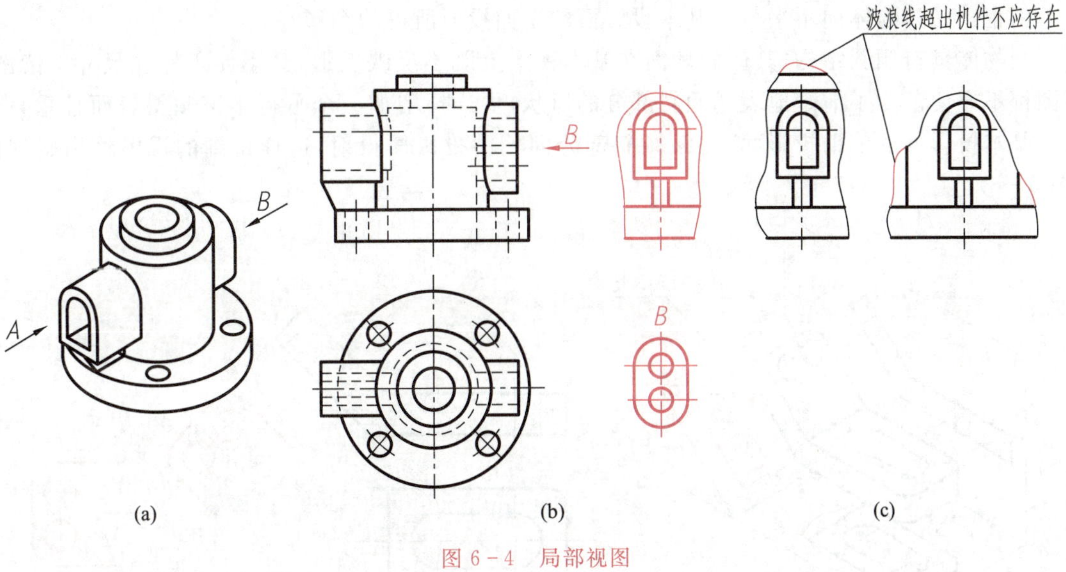

图 6-4　局部视图

1. 局部视图的画法

局部视图是从完整的图形中分离出来的，这就必须与相邻的其他部分假想地断裂，其断裂边界一般用波浪线（图 6-4 的 A 向局部视图）绘制。当局部视图的外轮廓封闭时，则不必画出其断裂边界线，如图 6-4 中的 B 向局部视图。注意：波浪线表示物体断裂边界的投影，空洞处和超出机件处不应存在，如图 6-4c 所示。

图 6-5 分别给出了仅上下对称和上下、左右均为对称的两种机件的表示法，这种将对称机件的视图只画一半或四分之一的画法也符合局部视图的定义，此时，可将其视为是以细点画线作

为断裂边界的局部视图的特殊画法。采用这种画法的目的是节省时间和图幅，作图时应在对称中心线的两端画出两条与其垂直的平行细实线。

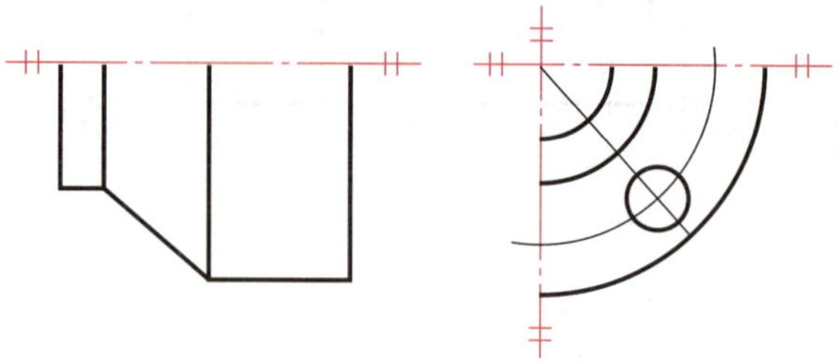

图 6-5　对称机件的局部视图

2. 局部视图的配置及标注

1）按基本视图的配置形式配置，当与相应的另一视图之间没有其他图形隔开时，不必标注，如图 6-4 中的 A 向局部视图。

2）按向视图的配置形式配置，应进行标注，如图 6-4 中的 B 向局部视图。

四、斜视图

斜视图是将物体向不平行于基本投影面的平面投射所得的图形。

当物体具有倾斜结构，其倾斜表面在基本视图上既不反映实形，又不便于标注尺寸。读图、画图都不方便。为了清楚地表达倾斜部分的形状，可选择增加一个平行于该倾斜表面且垂直于某一基本投影面的辅助投影面，将该倾斜部分向辅助投影面投射，这样得到的视图称为斜视图（图 6-6）。

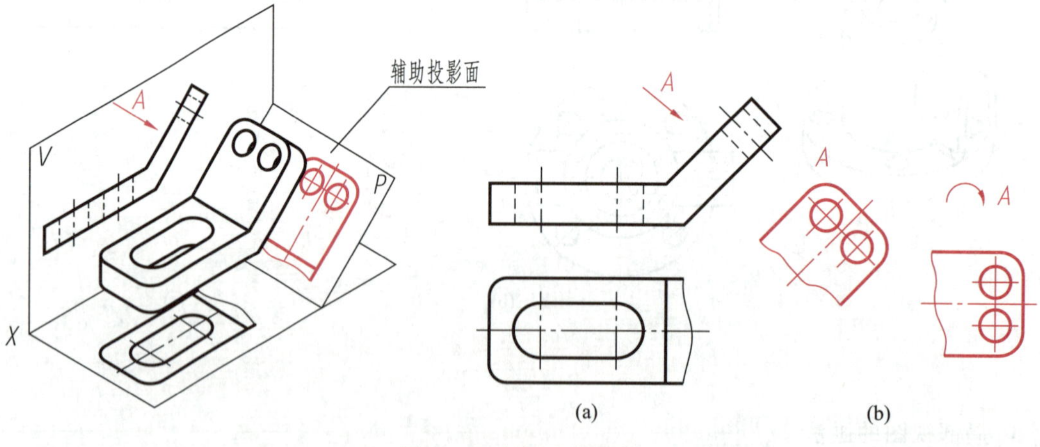

图 6-6　斜视图的形成

斜视图中只画倾斜部分的投影，用波浪线断开，其他部分省略不画。作图时注意：

斜视图的尺寸大小必须与相应的视图保持联系，严格按投射关系作图。斜视图通常按向视图的配置形式配置及标注。按箭头方向配置在相应视图的附近，在斜视图的上方水平地注写与箭头处相同的字母以表示斜视图的名称。在相应视图附近用垂直于倾斜表面的箭头指明投射方向，如图 6－6a 中的 A 向斜视图。必要时允许将斜视图旋转配置。旋转的角度以不大于 90°为宜。此时应加注旋转符号，旋转符号的方向要与实际旋转方向一致，如图 6－6b 所示。旋转符号为半径等于字体高的半圆弧，表示斜视图名称的大写拉丁字母应靠近旋转符号的箭头端，也允许将旋转角度标注在字母之后。

图 6－7 所示为视图表达的应用（压紧杆的表达）。

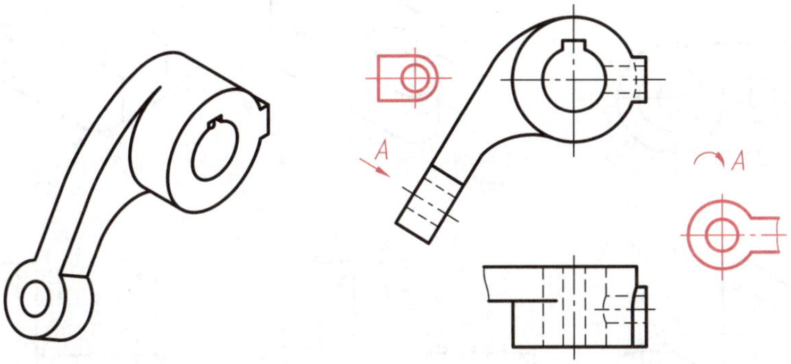

图 6－7 压紧杆的斜视图和局部视图

§6－2 剖视图

一、剖视的基本概念

当物体的内部结构比较复杂时，在视图中就会出现较多的细虚线，显得内部结构层次不清，不便于读图和标注尺寸。为了清晰地表达物体内部结构形状，国家标准（GB/T 4458.6—2002）规定采用剖视图来表达。

如图 6－8 所示，假想用剖切面剖开物体，将位于观察者和剖切面之间的部分移去，而将余下部分向投影面投射所得的图形，称为剖视图（图 6－8e）。

二、剖视图的画法及标注

1. 剖视图的画法

1）确定剖切面及剖切面的位置。画剖视图的目的是为了表达物体内部结构的真实形状，因此剖切面一般应通过机件的对称平面或回转面的轴线去剖切物体（图 6－8b）。

2）用粗实线画出剖切面剖切到的物体断面轮廓和其后面所有可见轮廓线的投影，不可见的轮廓线，一般不画（图 6－8d）。

3）在剖切面切到的断面轮廓内画出剖面符号，以区分物体的实体部分和空心部分（图 6－8e）。

不同类别的材料一般采用不同的剖面符号（表 6－1）。金属材料的剖面符号称为剖面线，同一物体的剖视图中，剖面线应用细实线画成间隔相等、方向相同而且与水平方向成 45°的平行线族（图 6－9a）。当图形中的主要轮廓线与水平方向成 45°时，该图形的剖面线则应画成与水平方向成 30°或 60°的平行线，其倾斜的方向仍与其他图形的剖面线一致（图 6－9b）。

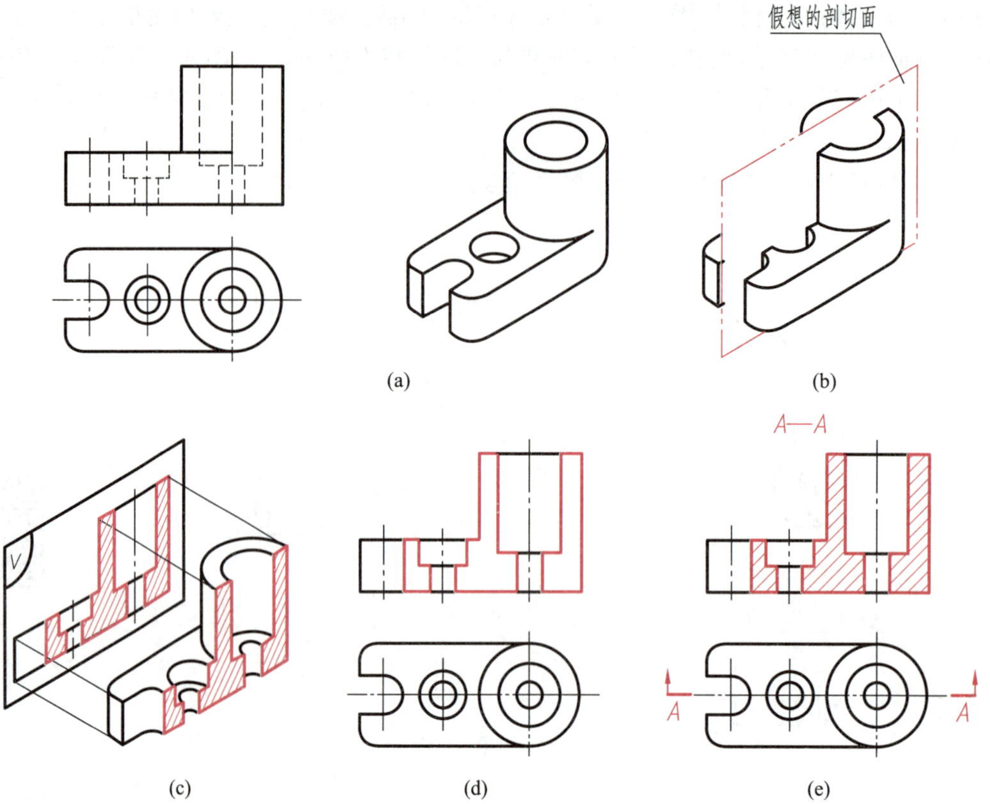

图 6-8 剖视图的形成及画法

表 6-1 剖面符号(摘自 GB/T 4457.5—2013)

材料名称	剖面符号	材料名称	剖面符号
金属材料 (已有规定剖面符号者除外)	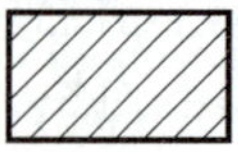	线圈绕组元件	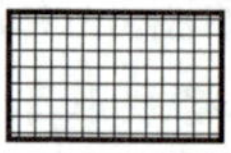
非金属材料 (已有规定剖面符号者除外)	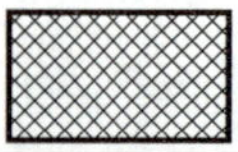	转子、变压器等的叠钢片	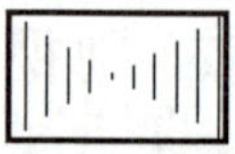
型砂、填砂、粉末冶金、 陶瓷刀片、硬质合金刀片等	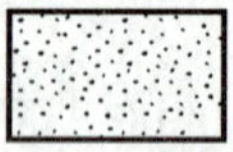	玻璃及供观察用的 其他透明材料	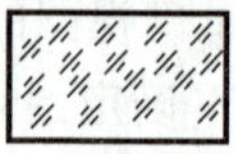
木质胶合板 (不分层数)		格网 (筛网、过滤网等)	
木材 纵断面		液体	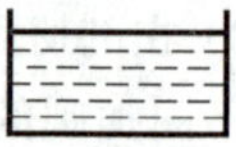
木材 横断面			

注:1. 剖面符号仅表示材料的类别,材料的名称和代号必须另行注明。

2. 叠钢片的剖面线方向,应与束装中叠钢片的方向一致。

3. 液面用细实线绘制。

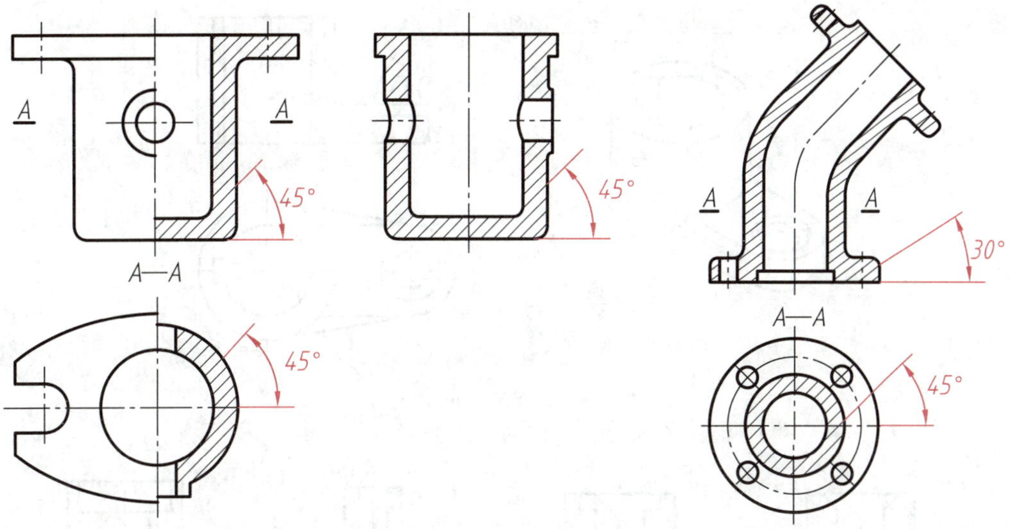

(a)　　(b)

图 6-9　剖面线画法

2. 剖视图的标注

剖视图标注的目的是帮助看图者判断剖切面通过的位置和剖切后的投射方向，以便找出各相应视图之间的投射关系。

(1) 标注的内容

1) 剖切位置。在剖切面的起、止和转折处画上粗短画（1.5 倍粗实线的线宽）表示剖切面的位置（图 6-8e）。

2) 投射方向。在表示剖切面起、止处的粗短画上，垂直地画出箭头表示剖切后的投射方向（图 6-8e）。

3) 剖视图名称。在剖视图的上方用大写拉丁字母水平标出剖视图的名称“×—×”，并在剖切符号的两侧注上同样的字母（图 6-8e）。如在一张图上，同时有几个剖视图，则其名称应按字母顺序排列，不得重复。

(2) 标注的省略

1) 当剖视图按投射关系配置，中间没有其他图形隔开时，可省略表示投射方向的箭头（图 6-8e中箭头可省去）。

2) 当单一剖切平面通过机件的对称平面或基本对称面剖切时，且剖视图按投射关系配置，中间又没有其他图形隔开时，不必标注（图 6-8e、图 6-10 均可不必标注）。

3. 画剖视图的注意事项

1) 由于剖切是假想的，所以当机件的一个视图画成剖视后，其他视图并不受影响，仍应完整地画出。

2) 一般情况下，剖视图中不画细虚线。只有在不影响图形清晰的条件下，又可省略一个视图时，才可适当地画出一些细虚线（图 6-10）。

3) 画剖视图时，不应漏画剖切面后的可见轮廓线（图 6-11）。

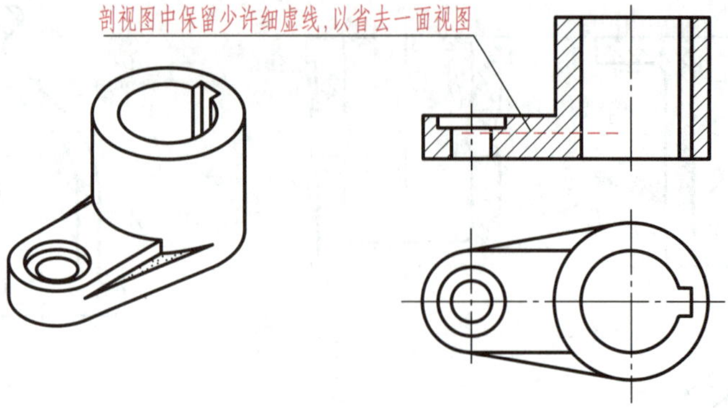

图 6－10　剖视图中的虚线问题

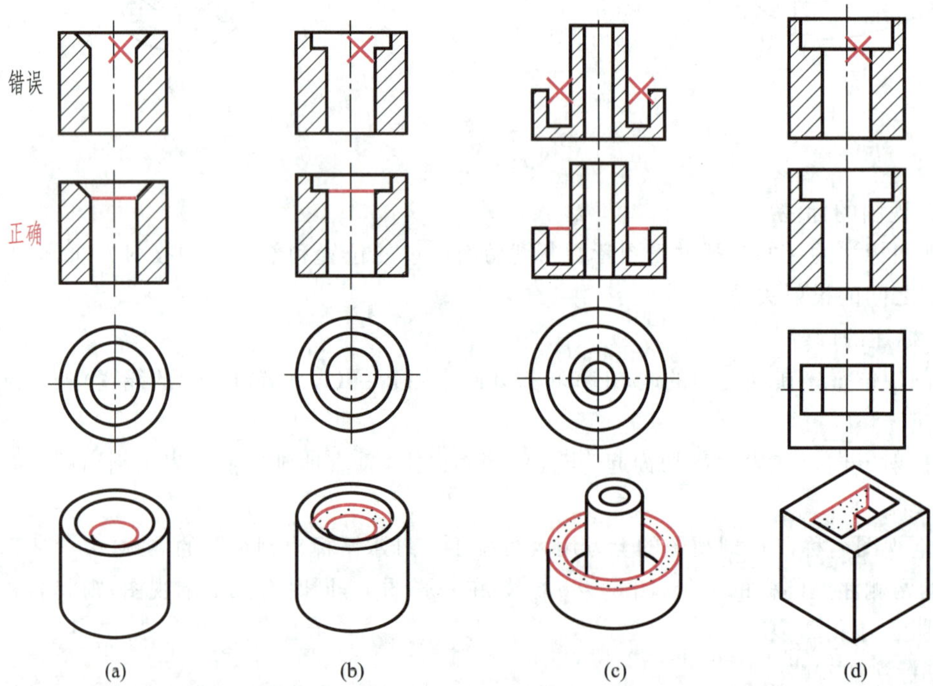

图 6－11　正误剖视图对比

三、剖视图的种类

根据剖切范围，剖视图可分为全剖视图、半剖视图和局部剖视图三种。

1. 全剖视图

用剖切面将物体完全剖开后所得的剖视图称为全剖视图。全剖视图可由单一的或组合的剖切面完全地剖开机件得到。

全剖视图主要用于表达复杂的内部结构，它不能够表达同一投射方向上的外部形状，所以适用于内形复杂、外形简单的物体（图 6－12）。

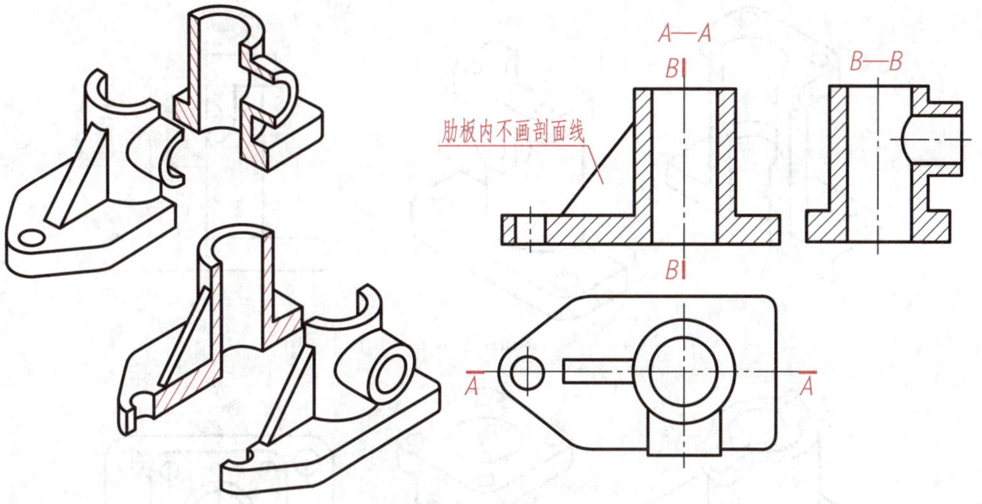

(a) (b)

图 6-12　全剖视图

2. 半剖视图

当物体具有对称平面时，在垂直于对称平面的投影面上所得的图形，可以对称中心线为分界，一半画成剖视图以表达内形，另一半画成视图以表达外形，称为半剖视图（图6-13）。

图 6-13 所示的物体具有左右对称的对称平面，在垂直于该对称平面的投影面（V 面）上，可以画成半剖视图以同时表达前方耳板的外形和中间内部的通孔；同时，这个物体具有前后对称平面，在垂直于这一对称平面的投影面（H 面）上，也画成了半剖视图。H 面的投影是由通过耳板上小孔轴线的剖切平面剖切产生的 A—A 半剖视图，它同时表达了顶部和底部带圆角的长方形板的外形和耳板上小孔与中部圆筒相通的内部结构。

画半剖视图的注意事项如下：

1）半剖视图中剖与没剖的分界线是对称平面位置的细点画线，不能画成粗实线。

2）由于物体对称，所以在剖视部分表达清楚的内形，在表达外部形状的半个视图中应不画细虚线。

3）半剖视图中，剖视部分的位置一般按以下原则配置：在主视图中位于对称线右侧；在俯视图和左视图中位于物体的前半部分。

半剖视图主要用于内、外形状都需要表达的对称物体。当物体的形状接近于对称，且其不对称部分已另有视图表达清楚时，也允许画成半剖视图（图 6-14）。

3. 局部剖视图

用剖切面将物体局部剖开，所得的剖视图称为局部剖视图（图 6-15）。

图 6-15a 表示一箱体。该箱体顶部有一方孔，底部是一块具有四个安装孔的底板，左下方有一圆形凸台，上有圆孔。这个箱体上下、左右、前后都不对称。为了使箱体的内部和外部都能表达清楚，既不宜用全剖，也不能用半剖，而宜以局部剖的方式来表达。主视图右侧的局部剖表达箱体壁厚变化及方孔穿通情况，左侧的局部剖表达底板安装孔的穿通情况；俯视图上的局部剖是通过左下方圆孔的轴线剖切，主要表示圆形凸台上的圆孔

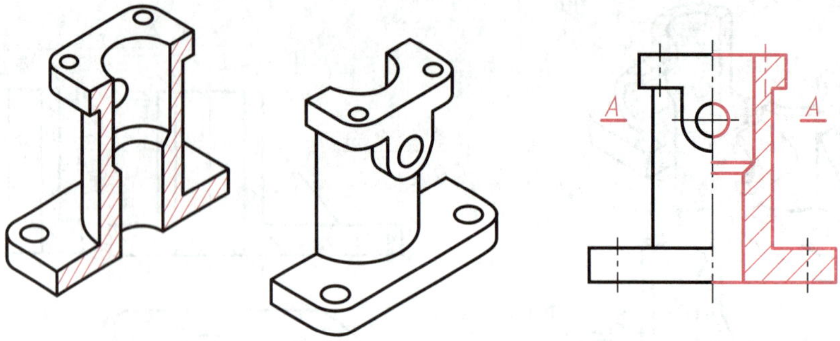

(a)

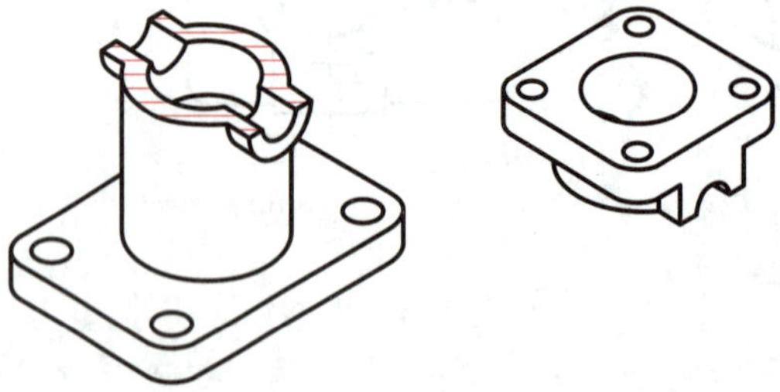

(b)

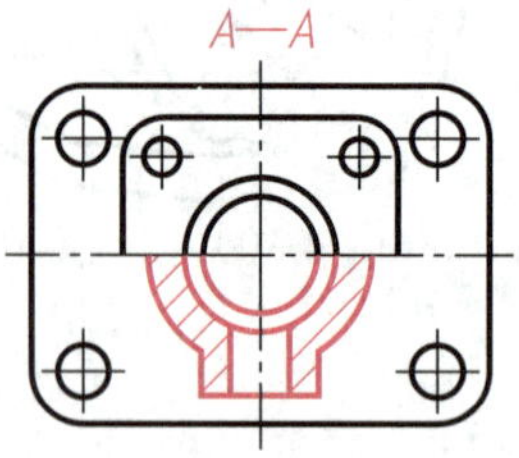

(c)

图 6－13　半剖视图

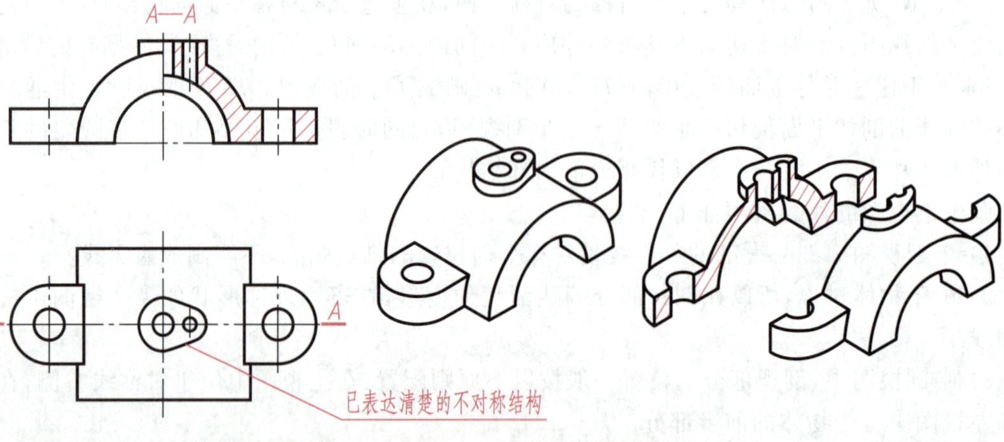

图 6－14　局部不对称物体的半剖视图

与箱体内腔的穿通情况以及箱体的左端壁厚的变化。这样的表达既表示出凸台的形状和位置，也反映出箱体中空结构的内形，内外兼顾，表达完整。

(1) 局部剖视的应用

1) 当机件的局部内形需要表达，而又不必或不宜采用全剖视图的情况。如图 6－16 所示的拉杆，左、右两端有中空的结构需要表达，而中间部分为实心杆，没有必要去剖开，所以采用局部剖。

2) 当对称机件的轮廓线与对称中心线重合、不宜采用半剖视图(图 6－17a)，可采用局部剖视图(图 6－17b)。

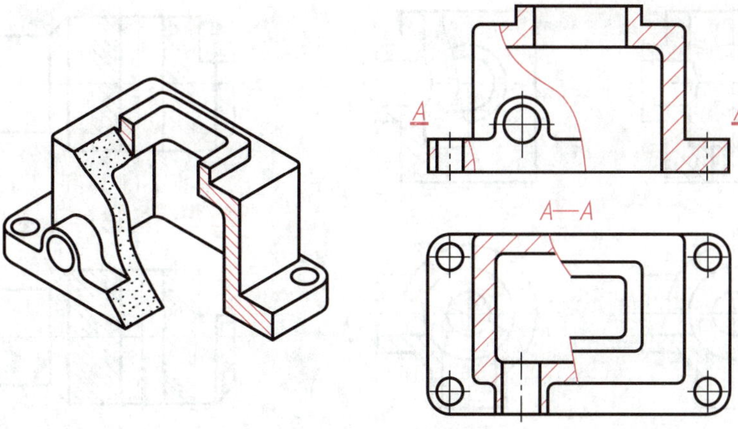

(a) (b)

图 6-15　带局部剖视的箱体的两视图

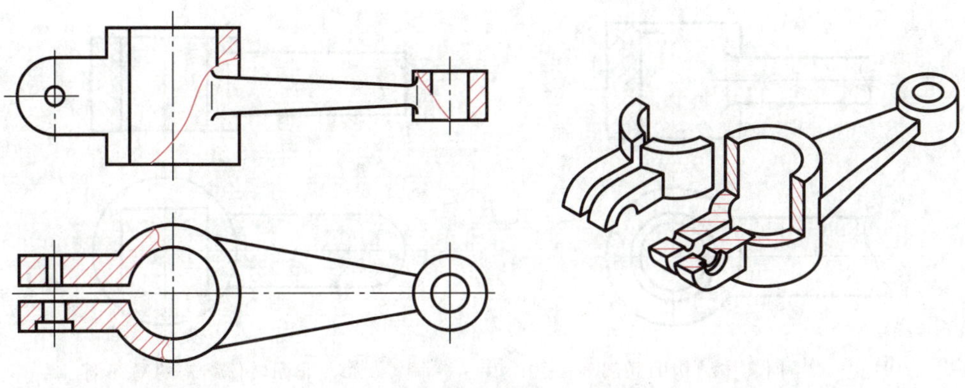

图 6-16　拉杆的局部剖视图

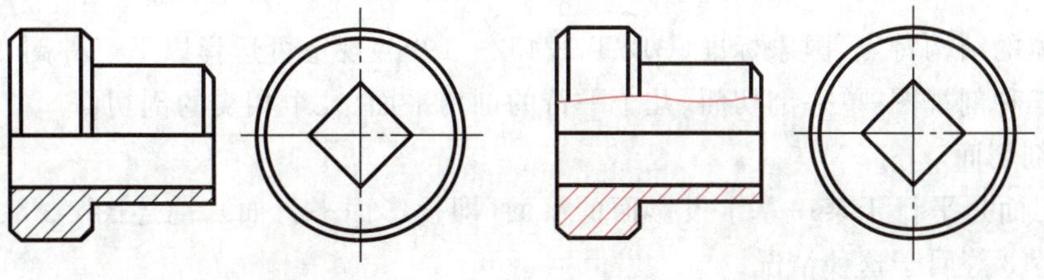

(a) 错误　(b) 正确

图 6-17　形体对称不宜半剖的局部剖

(2) 画局部剖视图时注意事项

1) 表示剖切范围的波浪线(实体断裂边界的投影)不应超出轮廓线,不应画在中空处,也不应与图样上其他图线重合(图 6-18)。

2) 当被剖切结构为回转体时,允许将该结构的轴线作为局部剖视图与视图的分界线(图 6-19)。否则,应以波浪线表示分界(图 6-20)。

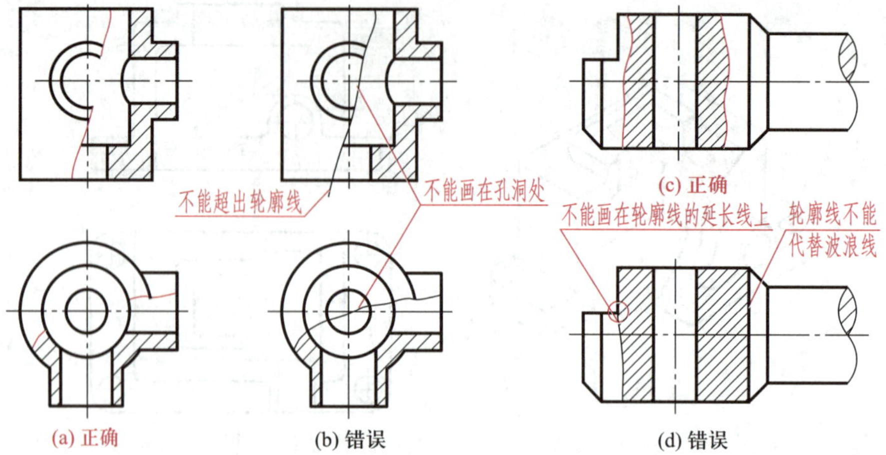

图 6-18　局部视图中波浪线的画法

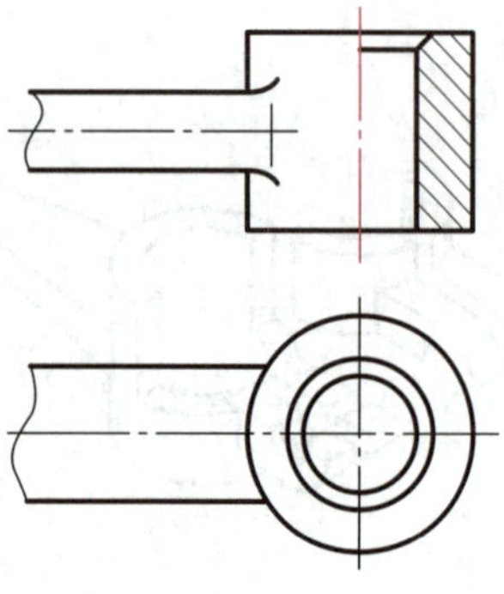

图 6-19　回转体结构的局部剖

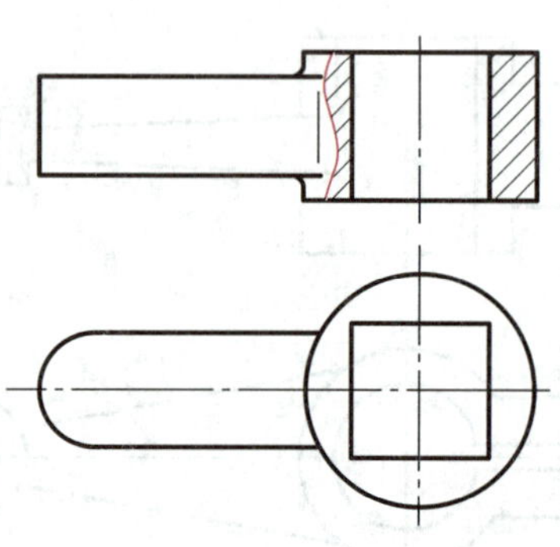

图 6-20　非回转体结构的局部剖

四、剖切面的种类

根据物体的结构特点，国家标准(GB/T 17452—1998)规定可选择以下三种剖切面剖开物体以获得上述三种剖视图：单一剖切面、几个平行的剖切平面、几个相交的剖切面。

1. 单一剖切面

(1) 剖切面是平行于某一基本投影面的平面(即投影面平行面)，前述图 6-8、图 6-10、图 6-12、图 6-13 等属于这种情况。

(2) 剖切面是垂直于某一基本投影面的平面(即投影面垂直面)，图 6-21 中表示一个弯管，为了表示该弯管顶部倾斜连接板的真实形状及耳板小孔的穿通情况，采用一个通过耳板上小孔轴线的正垂面(倾斜于 H、W 面)剖开弯管，得到 $B—B$ 剖视图。这即是由单一斜剖切平面(即投影面垂直面)产生的斜剖视图。

剖切面是投影面平行面时，剖切的标注遵循上述剖视图的标注规则(即符合条件时标注可省略)。

剖切面是投影面垂直面时(即斜剖视图)，剖切标注不能省略。斜剖视图最好按投射关系配置，也可以平移或旋转放置在其他位置，如果图形旋转配置，还必须标注旋转符号，旋转符号的方向要与图形旋转的方向一致，字母注写在箭头一端(图 6-21)。

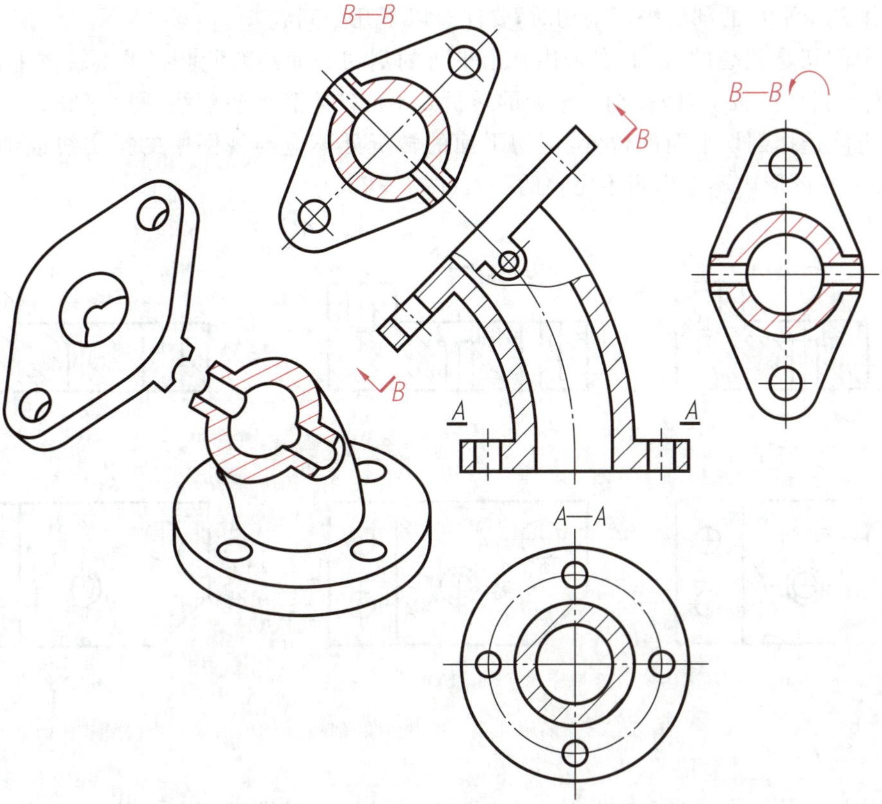

图 6-21　单一斜剖切平面产生的剖视图

2. 几个平行的剖切平面

当物体的内形层次较多，用单一剖切平面不能将物体的各内部结构都剖切到，这时可以采用几个平行的剖切平面剖切（图 6-22），各剖切平面的转折处必须是直角。

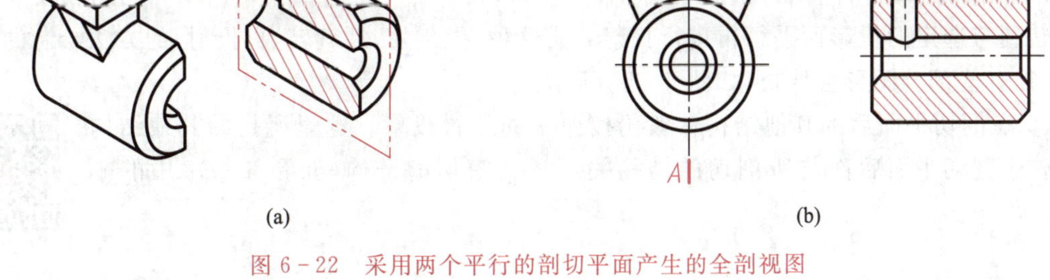

图 6-22　采用两个平行的剖切平面产生的全剖视图

1）采用几个平行的剖切平面剖切时，要注意以下几个问题：

① 由于剖切是假想的，因此在采用几个平行的剖切平面剖切所获得的剖视图上，不应画出各剖切平面转折面的投影，即在剖切平面的转折处不应产生新的轮廓线（图 6－23a）。

② 要正确选择剖切平面的位置，剖切平面的转折处不应与视图中的粗实线或细虚线重合（图 6－23b），在图形内不应出现不完整的要素（图 6－23c）。

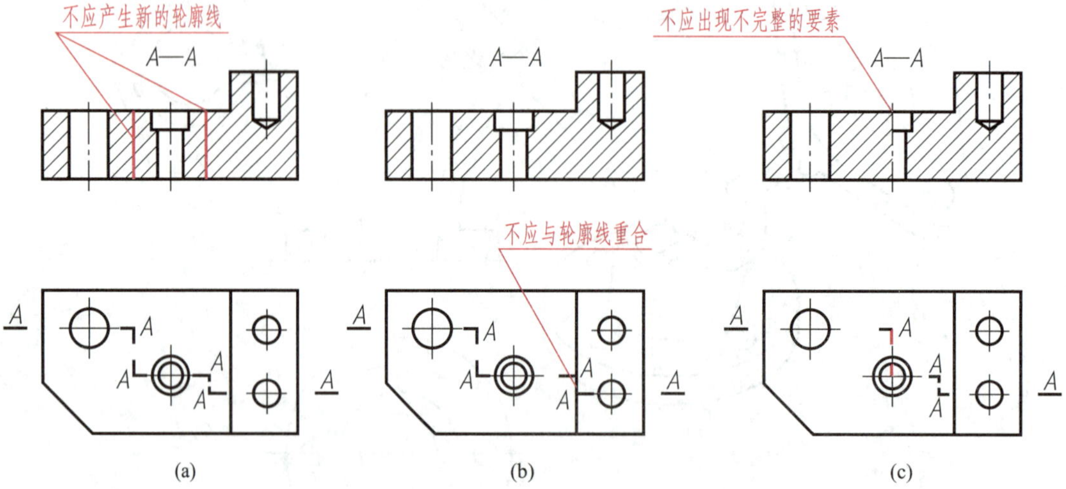

图 6－23　采用几个平行平面的剖切示例（一）

③ 当物体上的两个要素具有公共对称面或公共轴线时，剖切平面可以在公共对称面或公共轴线处转折（图 6－24）。

2）采用几个平行的剖切平面剖切时，必须加以标注。

在几个剖切平面的起、止和转折处都应标注剖切符号，写上相同的字母，当转折处位置不够时，允许省略转折处字母，同时用箭头标明投射方向。但当剖视图的配置符合投射关系，中间又无图形隔开时，可以省略箭头（图 6－24）。

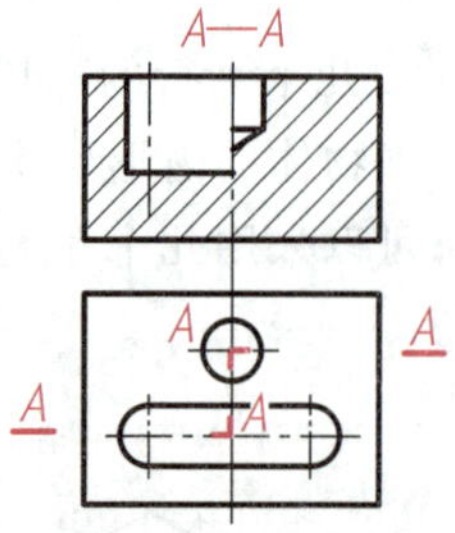

图 6－24　采用几个平行平面的剖切示例（二）

3. 几个相交的剖切面

几个相交的剖切平面必须保证其交线垂直于某一基本投影面，如图 6－25 所示。A—A 表示两相交的剖切平面，其中一个是正平面，另一个是铅垂面，其交线为铅垂线。

1）采用几个相交的剖切面剖切时，应注意以下几个问题。

① 先假想按剖切位置剖开物体，然后将与所选投影面不平行的剖切面剖开的结构及有关部分旋转到与选定的投影面平行再进行投射。用这种“先剖切、后旋转、再投射”的方法绘制的剖视图，往往有些部分图形会伸长，如图 6－26 所示。

② 在剖切平面后的其他结构一般仍按原来的位置投射。这里所指的其他结构是指位于剖切平面后面与所剖切的结构关系不甚密切的结构，如图 6－27 中的小油孔。

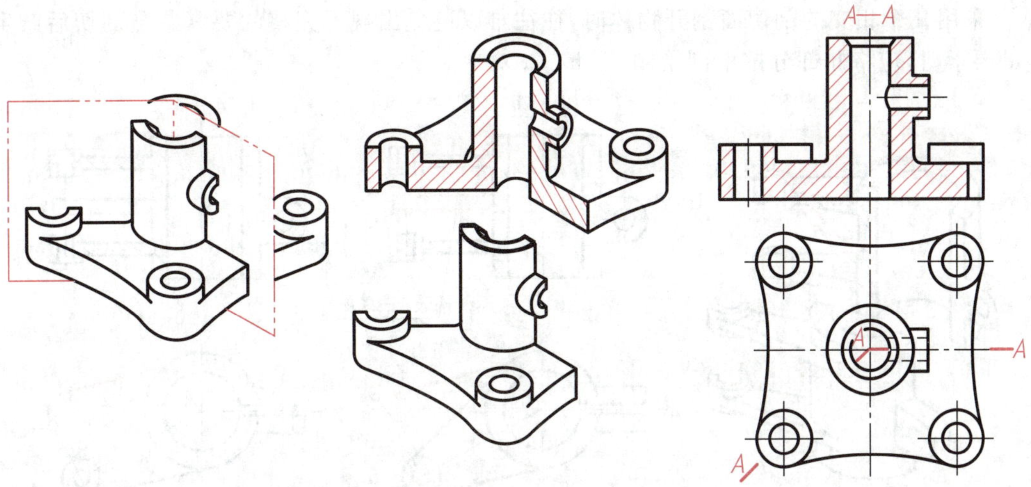

图 6-25　用两相交的剖切平面剖切

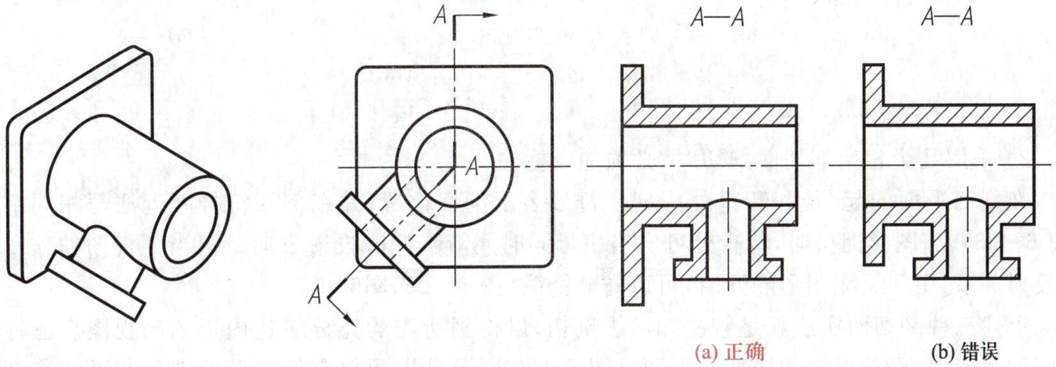

图 6-26　“先剖切、后旋转、再投射”的方法示例

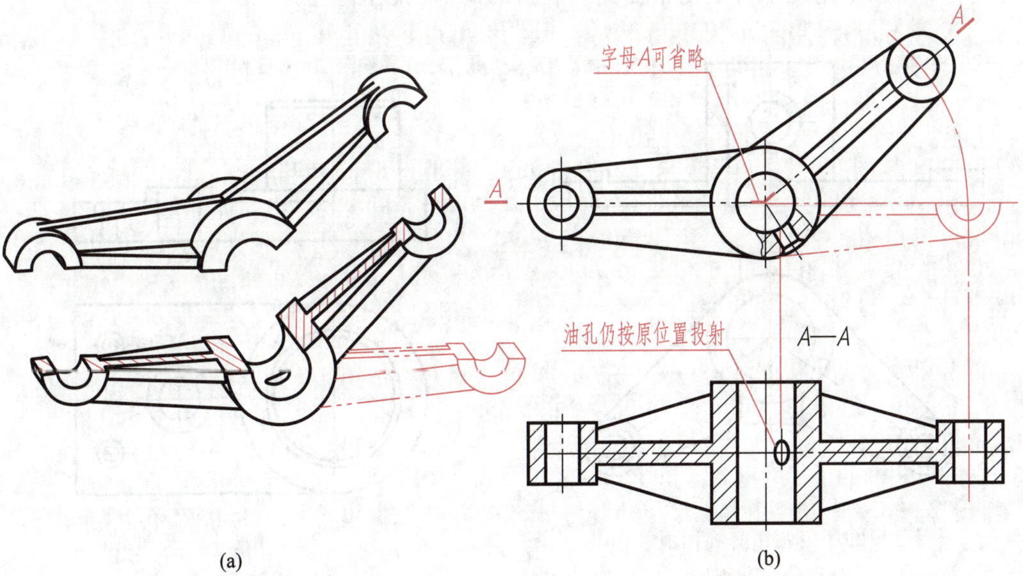

图 6-27　剖切平面后的其他结构一般仍按原来的位置投影

③ 采用几个相交的剖切面剖开物体时，往往难以避免出现不完整的要素。当剖切后产生不完整的要素时，应将此部分按不剖绘制(图 6-28)。

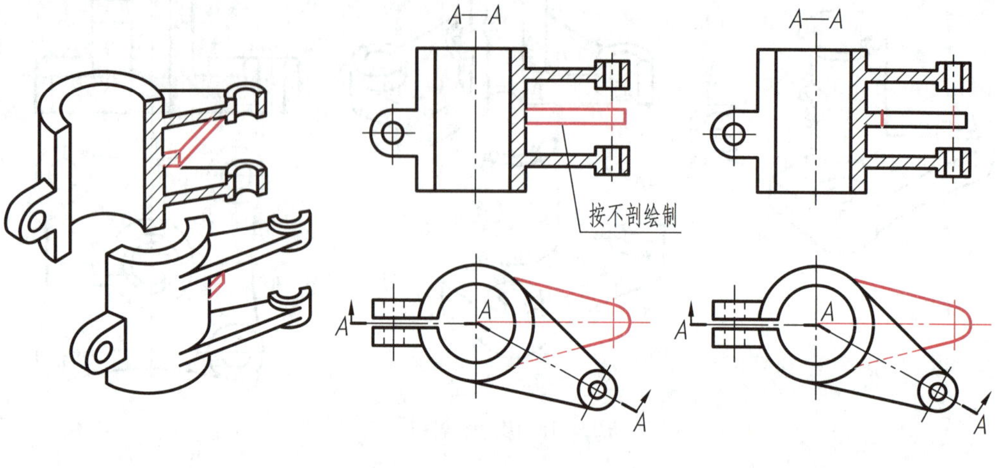

(a) 正确　　(b) 错误

图 6-28　采用几个相交的剖切面剖切无孔臂板

2）采用几个相交剖切面剖切时，必须加以标注。

在剖切平面的起、止和转折处用剖切符号表示剖切位置，并在剖切符号附近注写相同字母(图 6-28)；当图形拥挤时，转折处可省略字母同时用箭头标明投射方向。但当剖视图的配置符合投射关系，中间又无图形隔开时，可以省略箭头(图 6-25、图6-27)。

上述三种剖切面实质就是解决如何去剖切，以得到所需的充分表达内形的剖视图。三种剖切面均可产生全剖、半剖和局部剖视图。图 6-29 所示是用两相交剖切平面剖切获得的半剖视图；图 6-30 所示是用两平行剖切平面剖切获得的局部剖视图。

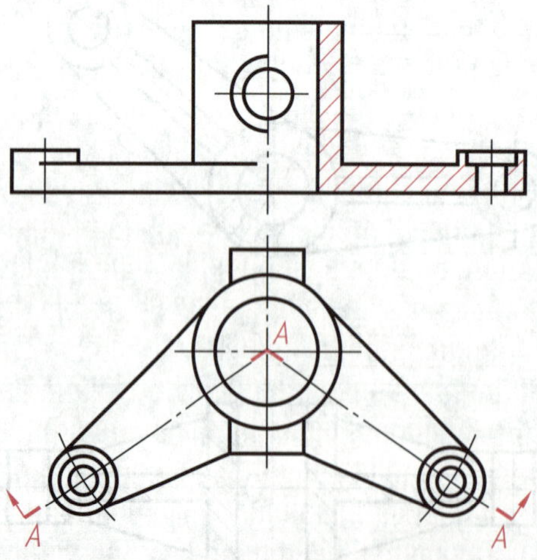

图 6-29　用两相交剖切面剖切获得的半剖视图

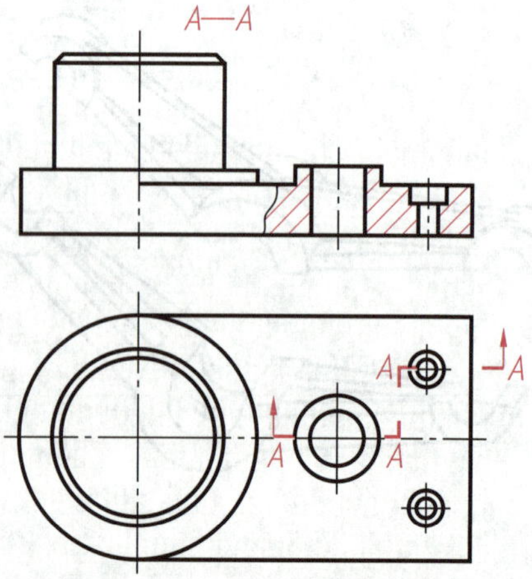

图 6-30　用两平行平面剖切获得的局部剖视图

§6-3 断面图

一、断面图的基本概念

假想用剖切平面将物体的某处切断，仅画出断面的图形，称为断面图，又称断面。

断面图与剖视图的区别在于：断面图仅画出剖切面与物体接触部分的图形；而剖视图除了要画出剖切面与物体接触部分的图形外，还需画出剖切面后边的可见部分轮廓的投影（图 6-31）。单一剖切平面、几个平行剖切平面和几个相交剖切平面的概念及功能同样适用于断面图。

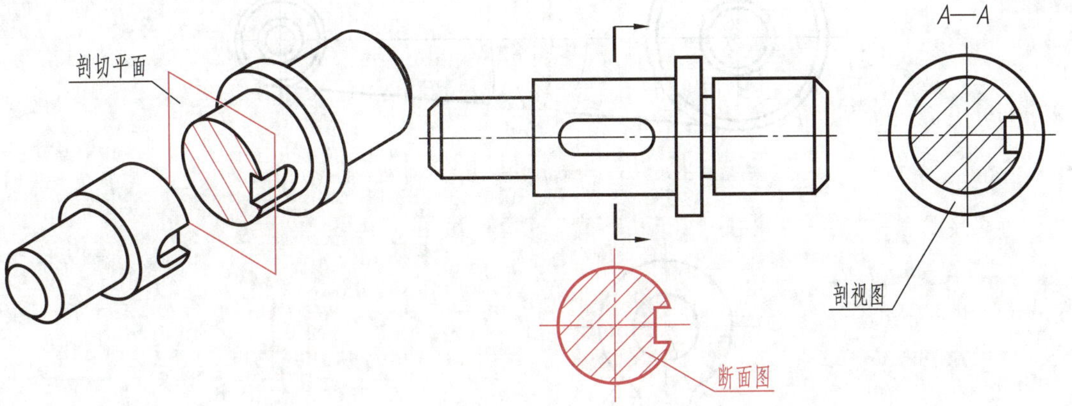

(a) (b) (c)

图 6-31 断面图与剖视图

二、断面图的分类及其画法

根据断面图所配置的位置不同，可分为移出断面图和重合断面图两种。

1. 移出断面图

移出断面图是画在视图之外，轮廓线用粗实线绘制的断面图。

（1）移出断面图的配置与绘制

1）移出断面图应尽可能配置在剖切符号的延长线上（图 6-31b），也可配置在剖切线的延长线上（图 6-32）；由两个或多个相交的剖切平面剖切所获得的移出断面图一般应画成断开（图 6-33）。

2）断面图形对称时，可配置在视图的中断处，如图 6-34 所示。

3）必要时可将移出断面图配置在其他适当的位置。在不致引起误解时，允许将图形旋转后画出（图 6-35 中的 *A*—*A* 断面图）。

（2）移出断面图画法的特殊规定

1）当剖切面通过由回转面形成的孔或凹坑的轴线剖切时，孔或凹坑的结构应按剖视图绘制（图 6-36）。

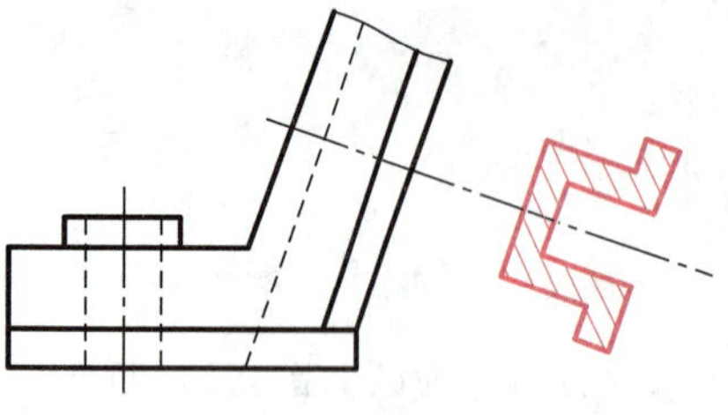

图 6-32　移出断面图配置在剖切线的延长线上

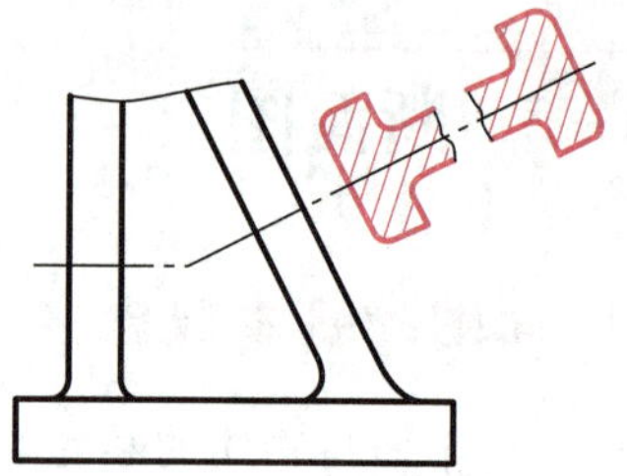

图 6-33　用两个相交平面剖切的断面图画法

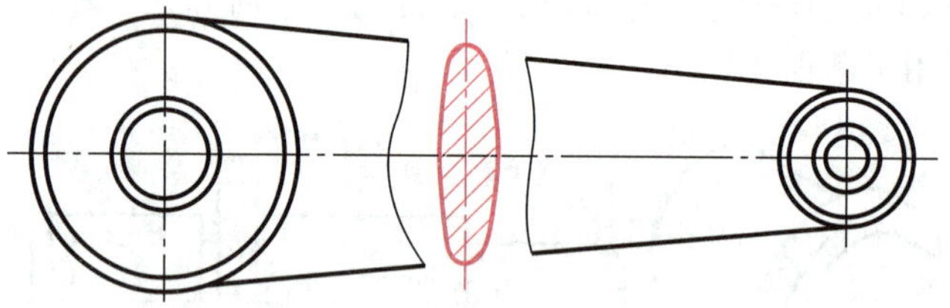

图 6-34　断面画在视图中断处

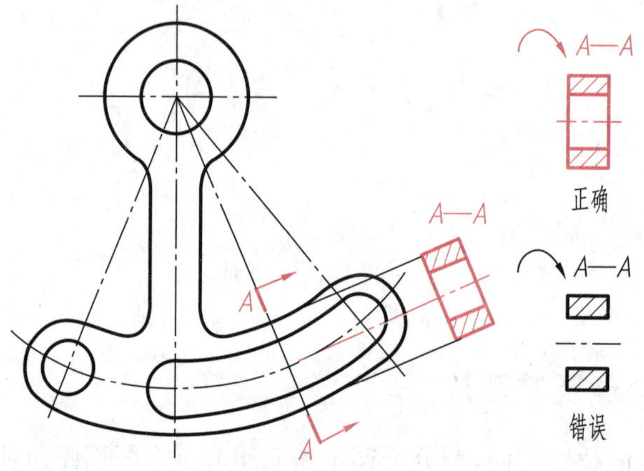

图 6-35　移出断面图的画法

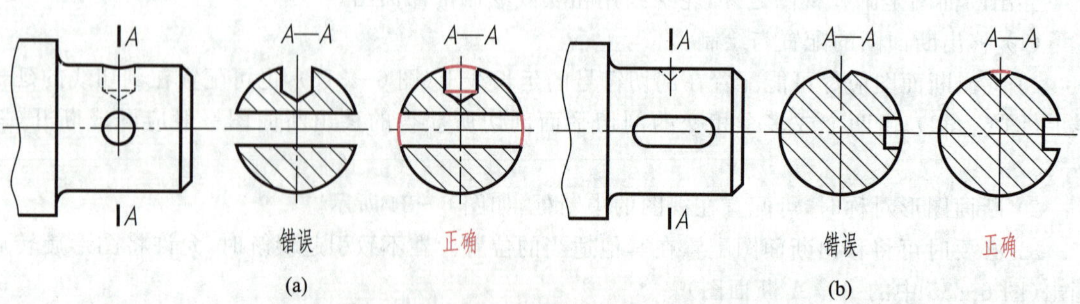

图 6-36　移出断面图画法正误对比

2）当剖切面通过非圆孔剖切，导致断面图完全分离时，该非圆孔按剖视图绘制（图 6－35）。

（3）移出断面图的标注

1）完整标注：在相应视图上画剖切符号表明剖切位置和观看方向，用大写拉丁字母在断面图的上方注出断面图的名称，并在剖切符号附近注写相同字母。剖切符号间的剖切线可省略（图 6－37d）。

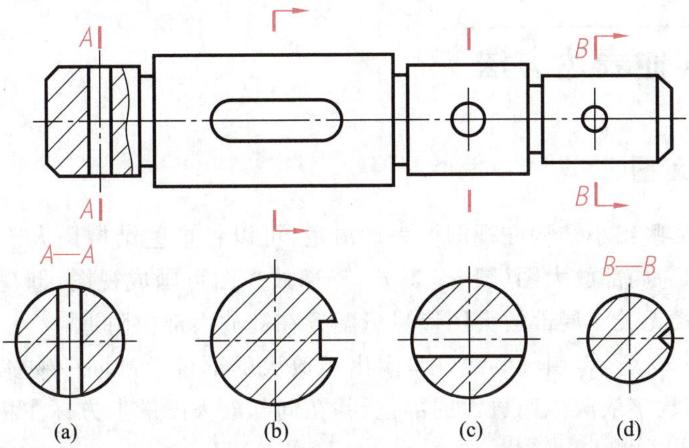

图 6－37　移出断面图的画法及标注

2）部分省略标注：

省略名称　配置在剖切符号延长线上的移出断面，可以省略名称（图 6－37b、c）；

省略箭头　对称移出断面不管配置何处均可省箭头（图 6－37a），不对称移出断面按投影关系配置时可省略箭头（图 6－36b）。

3）完全省略标注：配置在剖切符号延长线上的对称移出断面则不必标注（图 6－37c）。

2. 重合断面

重合断面是画在视图之内，轮廓线用细实线绘制的断面图（图 6－38）。

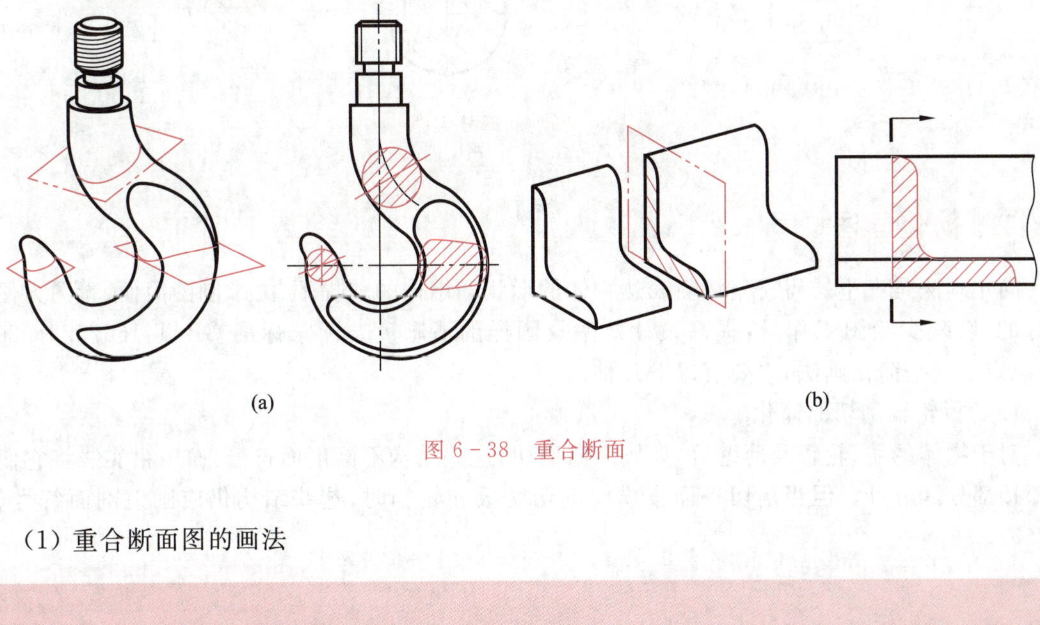

图 6－38　重合断面

（1）重合断面图的画法

当视图中轮廓线与重合断面图的图线重叠时，视图中的轮廓线（粗实线）仍应连续画出，不可间断（图 6－38b）。

（2）重合断面图的标注

配置在剖切符号上不对称的重合断面，只需画出剖切符号及箭头，不必标注字母（图 6－38b）；对称的重合断面不必标注，只需用对称中心线作为剖切线（图 6－38a）。

§6－4 其他表达方法

一、局部放大图

为了把物体上某些细小结构在视图上表达清楚，可以将这些结构用大于原图形所采用的比例画出，这种图形称为局部放大图（图 6－39）。局部放大图可画成视图、剖视图、断面图，它与被放大部分的表达方式无关。局部放大图应尽量配置在被放大部位附近。

其标注如图 6－39 所示，用细实线（圆）圈出被放大的部位。当同一物体上有几个被放大的部分时，必须用罗马数字依次标明放大的部位，并在局部放大图的上方标注相应的罗马数字和所采用的比例。

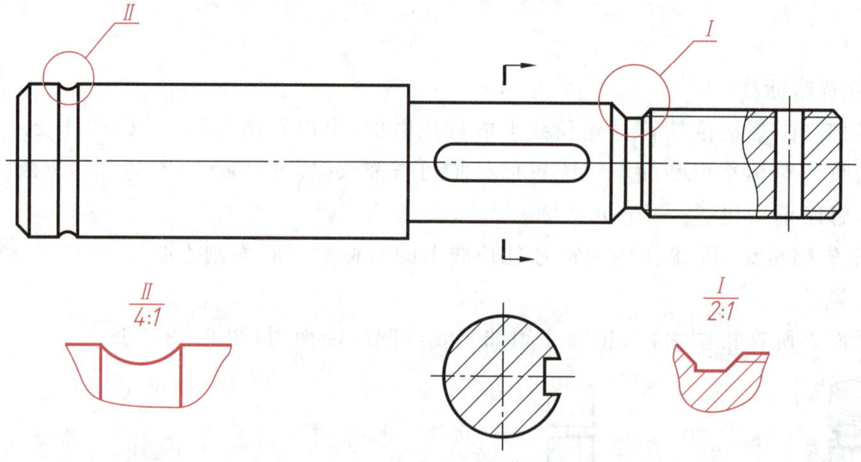

图 6－39　局部放大图

二、简化画法

简化画法是在不妨碍完整清晰表达物体的形状和结构的前提下，力求制图简便、看图方便而制订的，以减少绘图工作量，提高设计效率及图样的清晰度。国家标准 GB/T 16675.2—2012 中，规定了一些简化画法，主要有以下几种。

1. 肋板轮辐剖切的简化

对于物体的肋、轮辐及薄壁等，如按纵向剖切，这些结构不画剖面符号，而用粗实线将它们与其邻接部分区分开。但当剖切平面按横向剖切肋板和轮辐时，这些结构仍应画上剖面符号（图 6－40）。

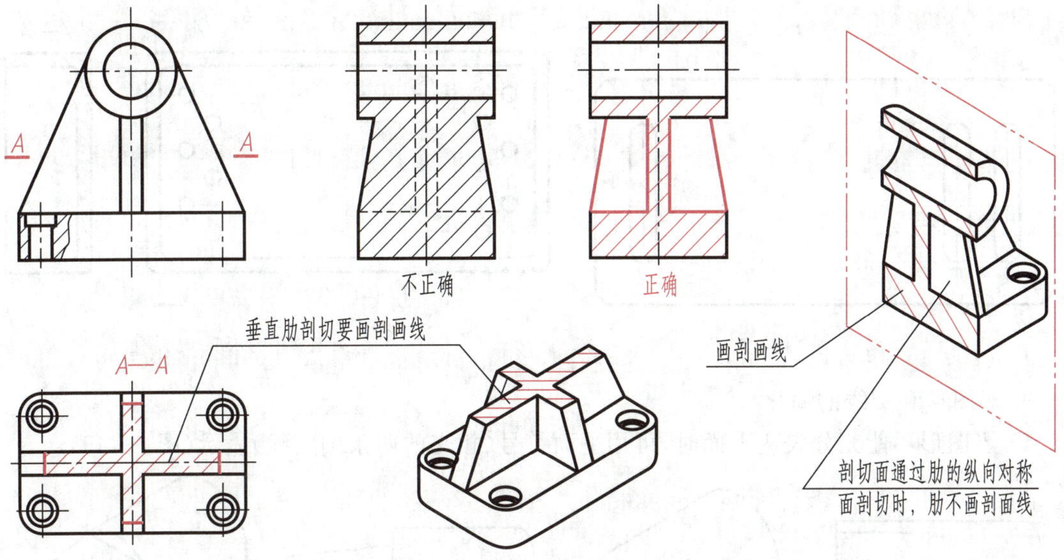

图 6-40　肋板剖切后的画法

当回转体零件上均匀分布的肋、轮辐、孔等结构不处于剖切平面上时，可将这些结构旋转到剖切平面上画出，而不需加任何标注（图 6-41、图 6-42）。

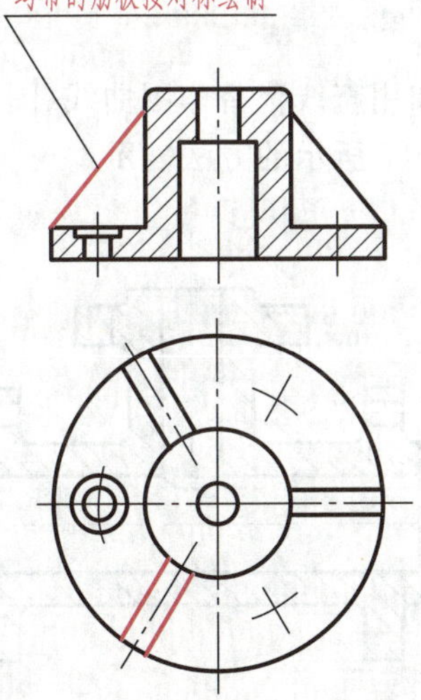

图 6-41　回转体上均布肋

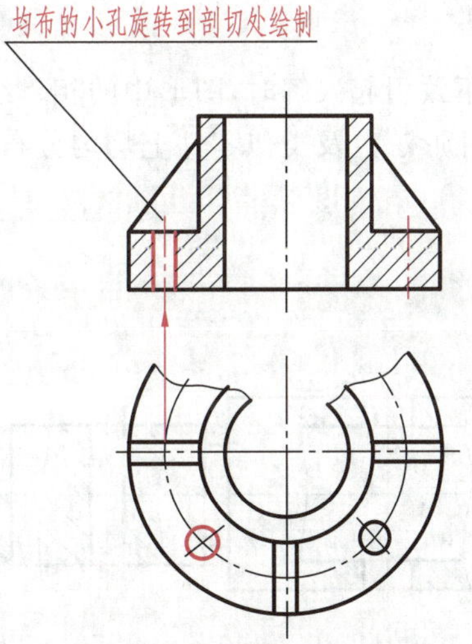

图 6-42　回转体上均布孔

2. 相同结构的简化

1）当物体上具有若干相同结构（齿、槽等）并按一定的规律分布时，只需画出几个完整结构，其余用细实线连接表示其范围，并在图样中注明该结构个数（图 6-43）。

2）在同一物体中，对于尺寸相同的孔、槽等成组要素，若呈规律分布，可以仅画出一个或几个，其余用细点画线表示其中心位置，并在一个要素上注出其尺寸和数量（图 6-44）。

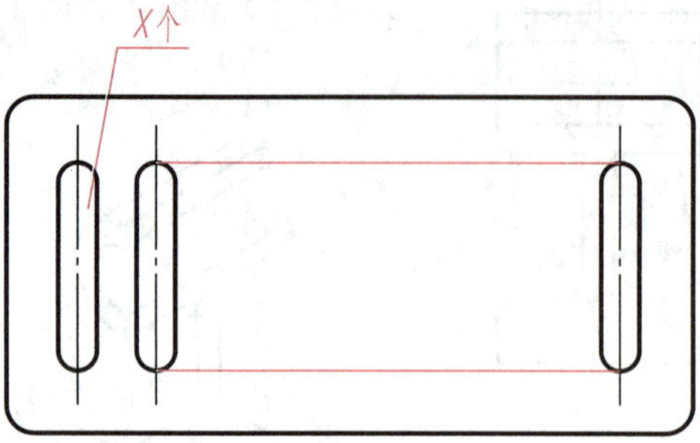

图 6-43　规律分布相同结构的槽

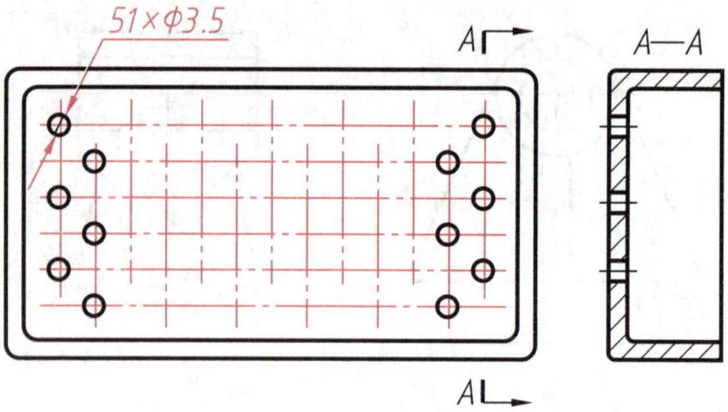

图 6-44　规律分布的等径孔

3. 对图形和交线的简化

1）当图形不能充分表达平面时，可用平面符号（相交的两条细实线）表示（图 6-45）。

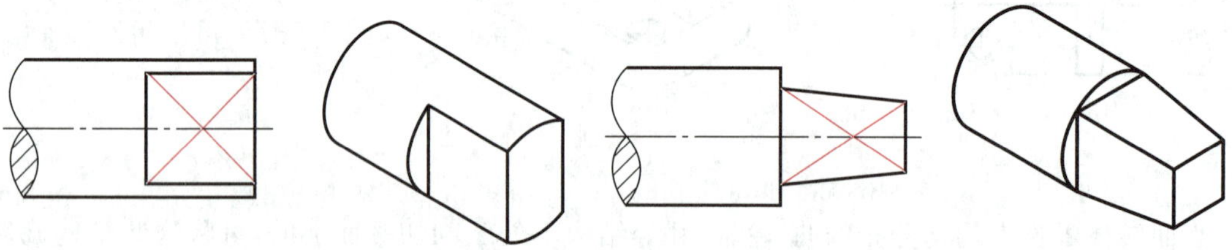

(a)　(b)

图 6-45　平面符号

2）在不致引起误解时，图形中的相贯线允许简化，例如用直线代替非圆曲线（图 6-46）。

3）圆柱形法兰及类似零件上均匀分布的孔可按图 6-47 所示的方法表示。

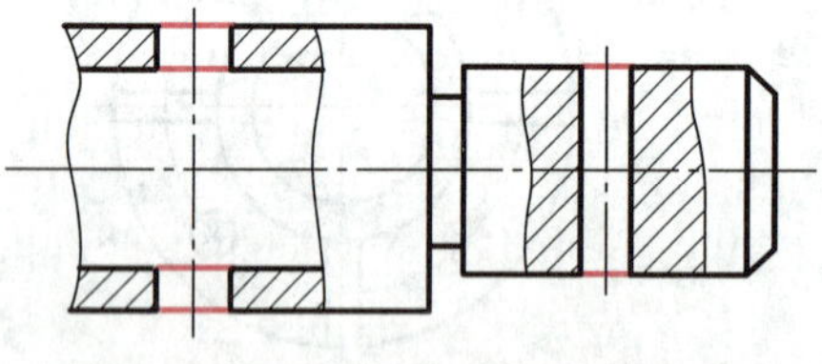

图 6-46　用直线代替交线

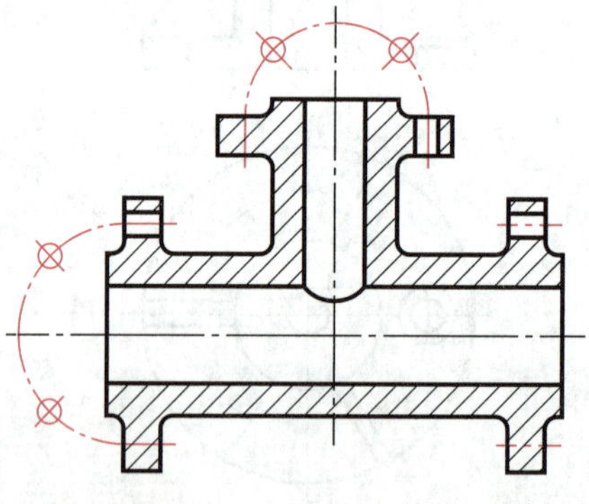

图 6-47　均布孔表示法

4. 小结构的简化

1）类似图 6-48 所示的物体上较小结构，如在一个图形中已表示清楚时，其他图形可以简化或省略。

2）在不致引起误解时，图样中的小圆角、锐边的小倾角或 45°小倒角允许省略不画，但必须注明尺寸或在技术要求中加以说明（图 6-49）。

3）当物体上较小的结构及斜度等已在一个图形中表达清楚时，其他图形应当简化或省略（图 6-50）。

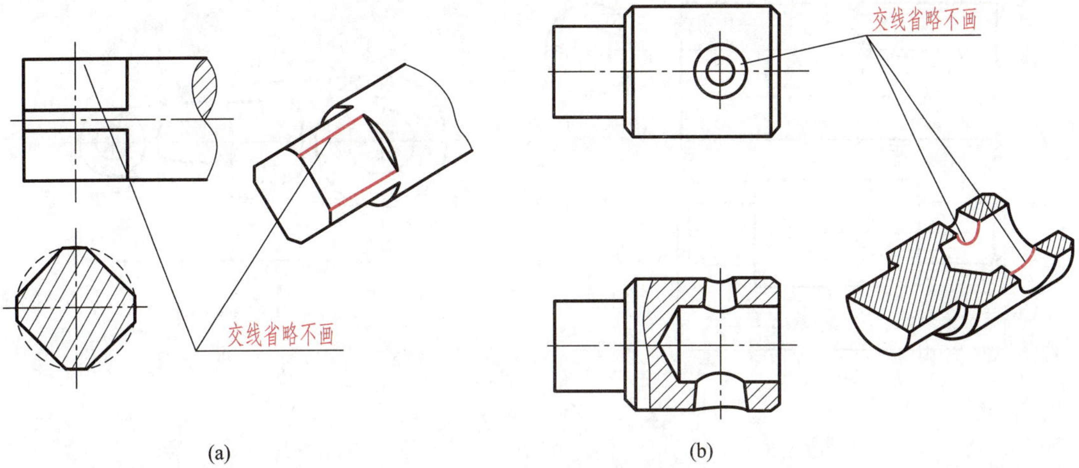

图 6－48　较小结构的简化(一)

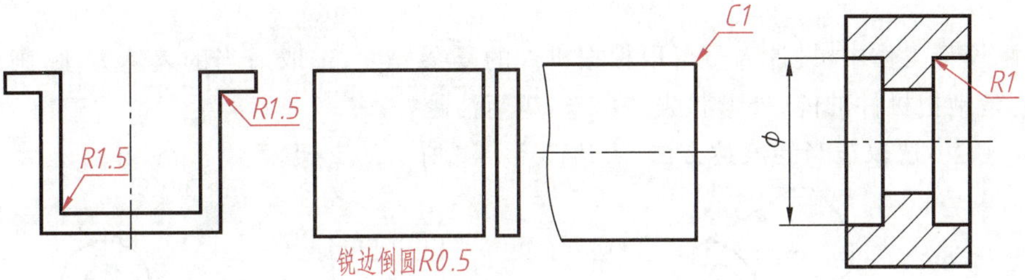

图 6－49　较小结构的简化(二)

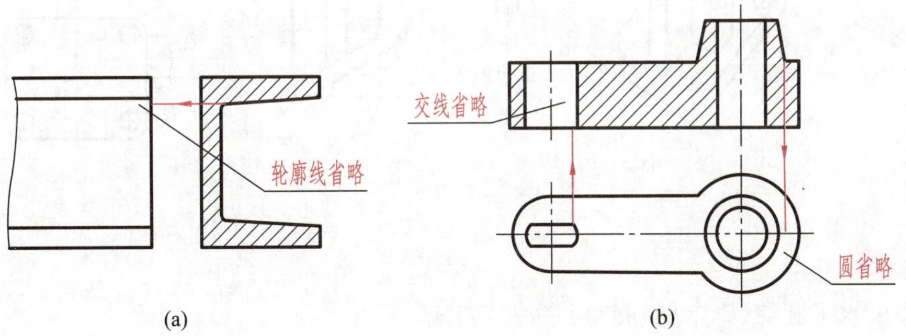

图 6－50　小斜度结构的简化

5. 较长物体的简化

较长物体(轴、杆、型材、连杆等)沿长度方向的形状一致或按一定规律变化时，可断开后缩短绘制，但需标注实际尺寸，图 6－51 表示出断裂边界形式不同的较长物体的缩短画法。

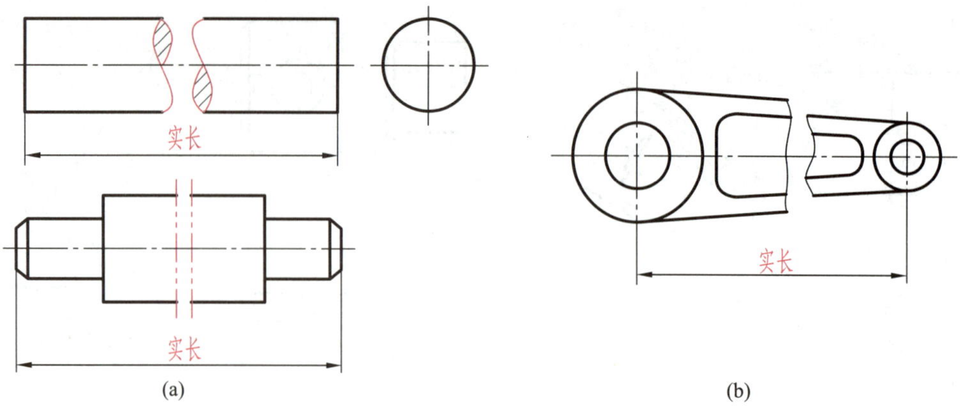

图 6－51　较长物体的缩短画法

§6－5　表达方法的综合应用举例

在实际设计工作中，设计人员可以根据机件的复杂程度，选取适当的表达方法，画出一组图形，完整清楚地把机件的内、外形状表达出来，越简洁越好。

【例 6－1】 选取适当的表达方法，表达图 6－52 所示的支架。

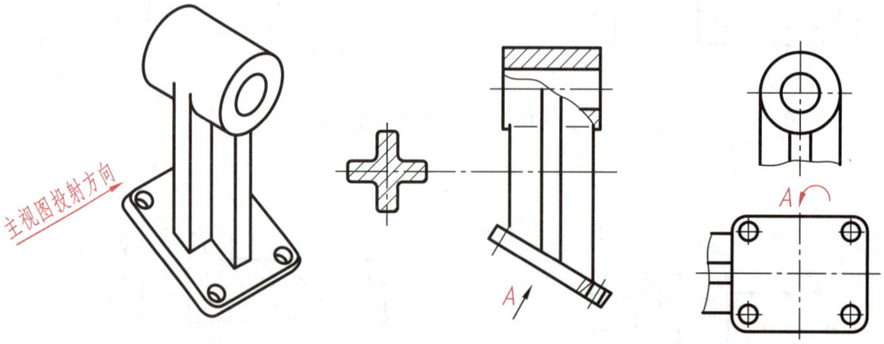

图 6－52　表达方法综合运用实例一

（1）形体分析

该支架由水平圆筒、十字肋和斜板三部分组成。

（2）选择表达方案

1）将圆筒轴线水平放置绘制主视图，并取两处局部剖以表达水平圆筒和斜板上四个小孔的穿通情况，以及圆筒、十字肋和斜板的相互位置及外形。

2）采用左视方向的局部视图，表达水平圆柱与十字肋的连接关系。

3）取一移出断面图表达十字肋的断面形状。

4）采用 A 向斜视图表达下方斜板的实形，且 A 向斜视图采用了旋转画法。

这样，支架的内、外形状全部表达清楚，且作图简便。

【例 6－2】 选取适当的表达方法，表达图 6－53a 所示管接头的内、外形状。

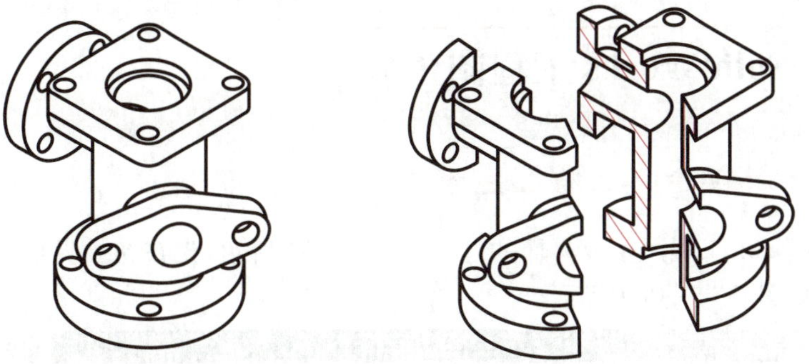

(a)

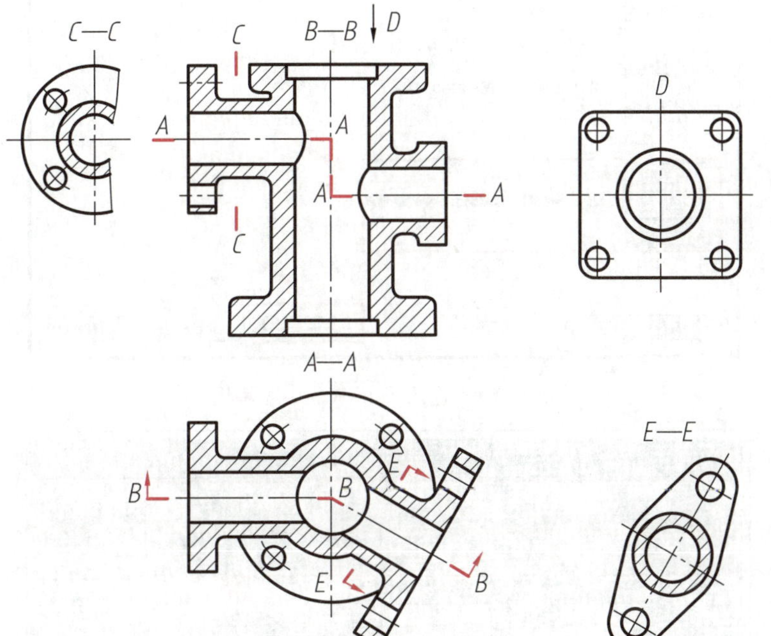

(b)

图 6－53　表达方法综合运用实例二

（1）管接头形体分析

该管接头由铅垂管孔和两水平管孔组成，每一管孔的出口处均有带小孔的凸缘。

（2）选择表达方案

1）采用两个相交的剖切平面剖切绘制全剖的主视图 B—B，以同时表达左、右管孔与铅垂管孔穿通的情况。

2）采用两个通过两个水平管孔轴线的平行平面剖切绘制全剖的俯视图 A—A，以表达左、右两水平管孔的相互位置和下端凸缘的形状及其小孔的分布。

3）对未表达清楚的左、右管孔凸缘，采用局部的全剖视图 C—C 及斜剖视图 E—E 来表达。

4）对上端凸缘，采用 D 向视图来表达。

这样，管接头的内部形状和几个凸缘的外形及其上分布的孔全部表达清楚。

§6-6 SolidWorks 工程图生成

一、进入 SolidWorks 工程图生成界面

进入 SolidWorks 工程图生成界面的过程如图 6-54 所示，先在初始界面选择 2D 工程图选项，然后就进入如图 6-55 所示界面。

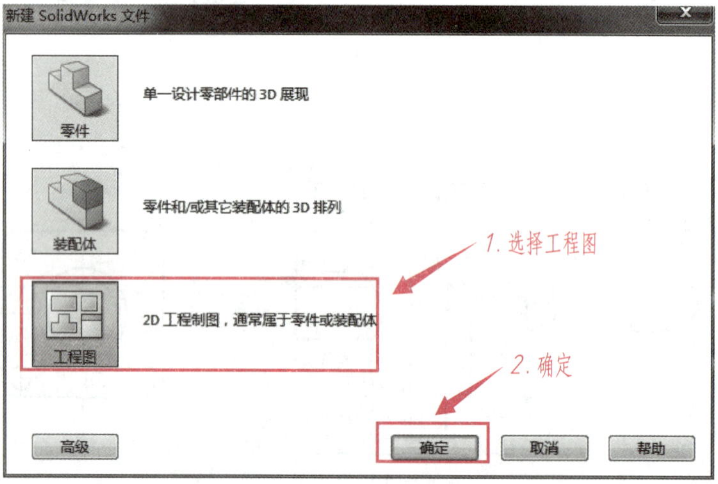

图 6-54 进入 SolidWorks 工程图

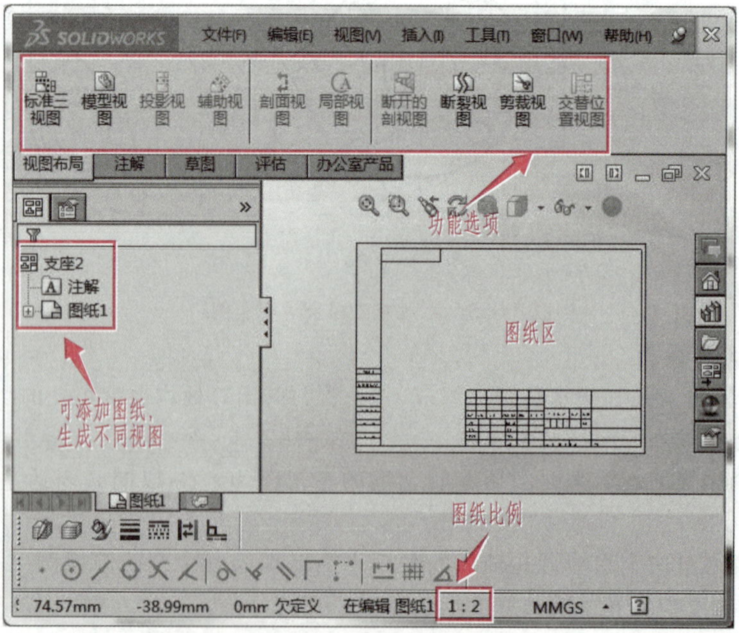

图 6-55 SolidWorks 工程图界面

二、SolidWorks 工程图生成功能列表

SolidWorks 工程图生成功能见表 6-2，标注命令见表 6-3。

表 6-2　SolidWorks 工程图生成功能列表

图标	功能	参数及说明
	从装配体制作工程图	位于文件菜单下的子命令，在打开已有装配体后采用该命令生成装配工程图
	生成工程图模板	用于 2D 工程制图，用于生成零件或者装配体的工程图
	生成标准三视图	在新建的工程图模板中选择所要生成的零件或装配体，设置主视图方向后生成标准三视图
	生成选定投影方向视图	为了对已经选定的零部件或装配体表达更加清楚，选择合适的投影方向绘制工程图
	生成辅助视图	对标准视图不能完全且准确反映零部件或准配体时，采用辅助视图指令对其进行表达
	生成剖视图	为了清晰表达零部件或装配体内部的特征需指定剖视位置，绘制剖视图
	生成局部视图	为了清晰表达零部件或装配体某些重要的特征时，需要进行局部图绘制
	生成断开的剖视图	对于不需要全剖，但又要清楚表达零部件的形状和尺寸时，需要采用断开的局部剖视图进行表达
	生成断裂视图	对于尺寸较大，省略部分视图后不影响零部件及装配体表达的位置，采用断裂视图

表 6-3　标注命令表

图标	指令	参数及说明
	智能尺寸标注	用于对工程图主要的轮廓尺寸进行标注
	文字注释	对于零部件或装配体的材料、表面粗糙度、倒角等技术要求进行文字补充说明
	零件序号标注	对装配体中各部件按照一定排列顺序进行手工序号标注

续表

图标	指令	参数及说明
	自动零件序号标注	对装配体中各部件按照一定排列顺序进行自动序号标注
	表面粗糙度标注	对零部件的表面粗糙度进行标注
	孔标注	对零部件中的孔进行标注
	形位公差①	用于标注零部件和装配体中形位公差的符号
	基准特征	用于零部件或装配体工程图的辅助定位
	中心线	用于标识工程图中形体中心的线条
	填充线命令	用于对剖视后的零部件实体部分进行填充，以区分实体部分和空心部分

三、SolidWorks 工程图生成实例

1. 生成标准三视图

前视图、左视图、俯视图及侧视图有固定的对齐关系，首先需要插入生成工程图的零件，插入过程如图 6 - 56 所示。

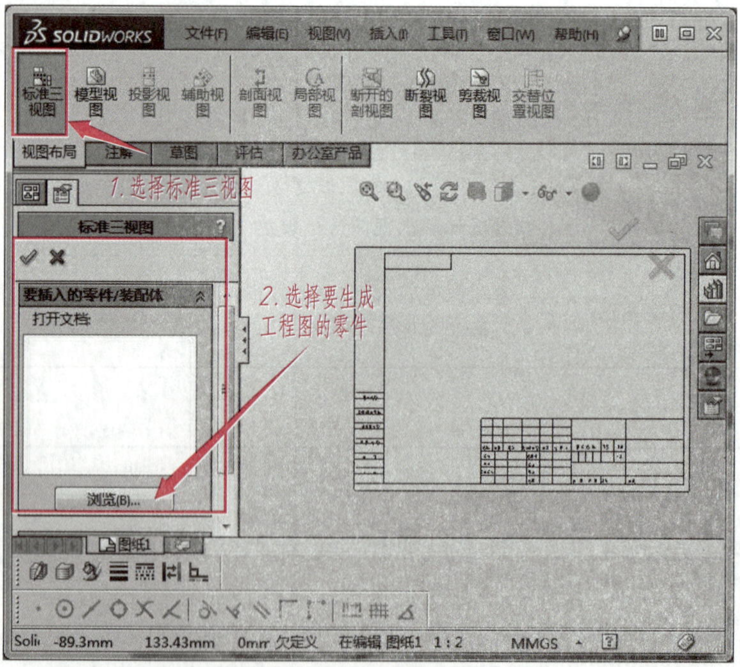

图 6 - 56　插入零件

① 国家标准 GB/T 1182—2008 中已经用“几何公差”代替“形位公差”，但因一些计算机软件中仍使用形位公差，为表述一致，此处沿用形位公差。

单击【视图布局】面板上的【标准三视图】按钮，得到如图 6－57 所示的标准三视图。

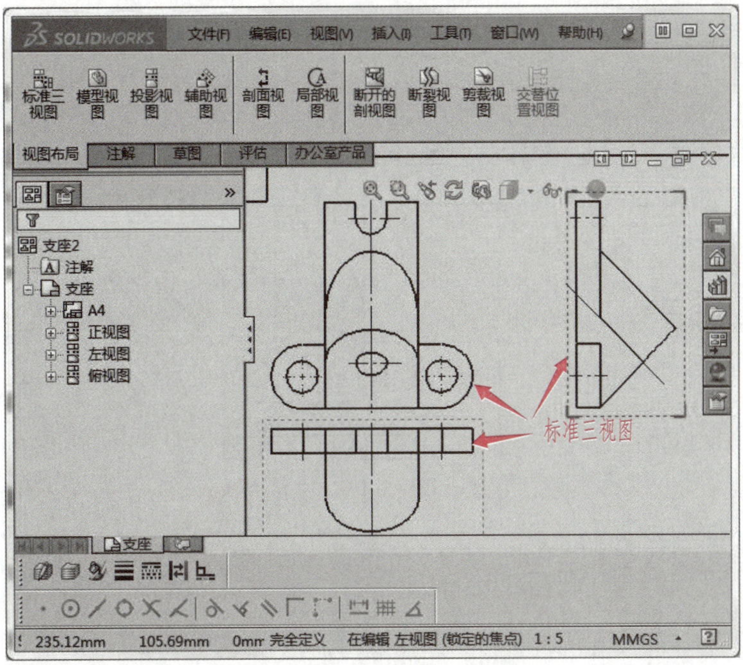

图 6－57　标准三视图生成

2. 生成全剖或者半剖视图

为了更加清晰地表达零件的内部结构，需要对该零部件的左视图和俯视图分别做全剖操作和局部剖操作，如图 6－58 和图 6－59 所示。

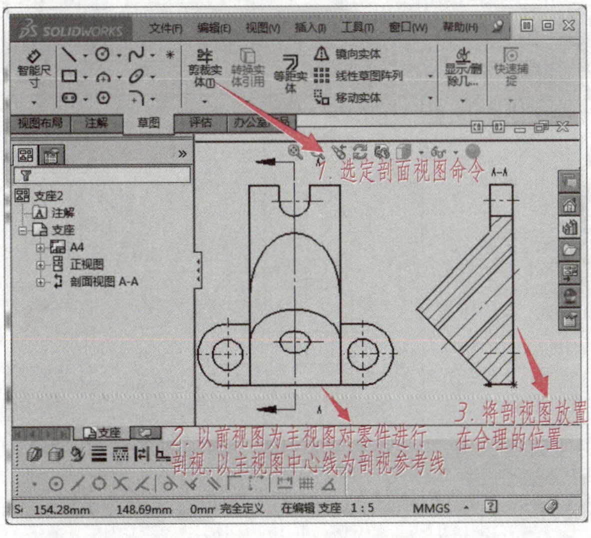

图 6－58　生成全剖视图

3. 添加辅助视图

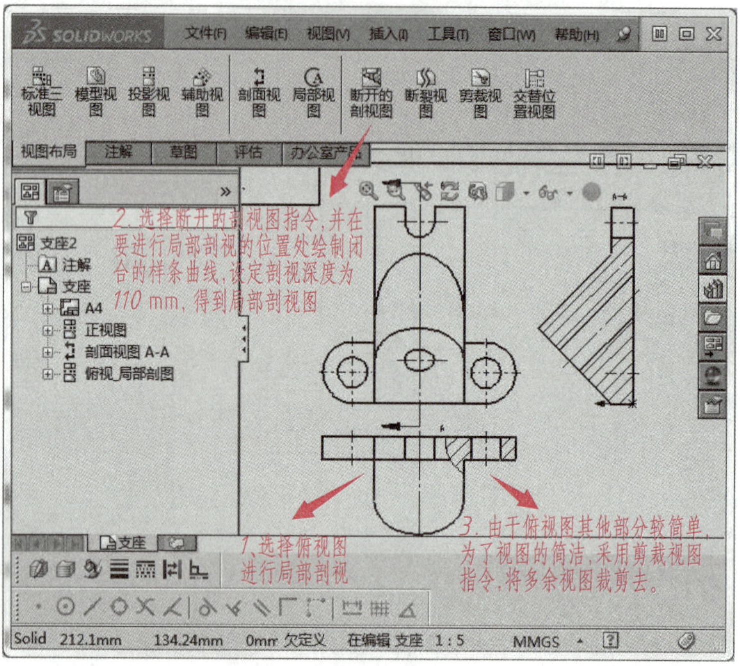

图 6-59　生成局部剖视图

为了表达零部件的轮廓特征，有时还需要添加其他辅助视图，如图 6-60 中的斜视图为全剖视图中的凸台斜面视图。

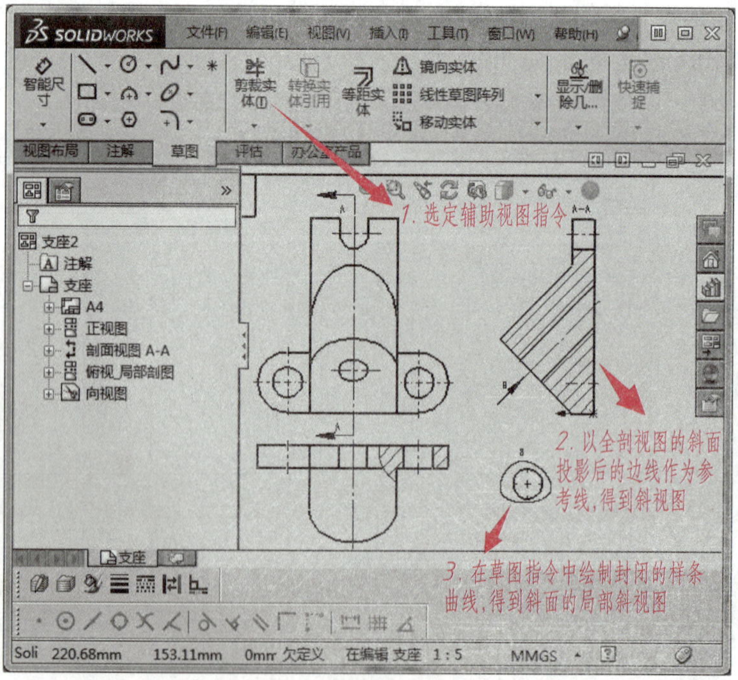

图 6-60　生成斜视图

§6-7 第三角画法简介

世界上有些国家（如美国、加拿大、日本等）采用第三角画法绘制物体的图样，为了便于国际交流，对第三角画法简介如下。

一、第三角画法的概念

相互垂直的 V、H、W 三个投影面将空间分为八个部分，如图 6-61 中罗马数字所表示，称为八个分角。把物体放在第一分角中，按“观察者—物体—投影面”的相对位置关系作正投影，这种方法称为第一角画法。前面所讲的视图均采用第一角画法。

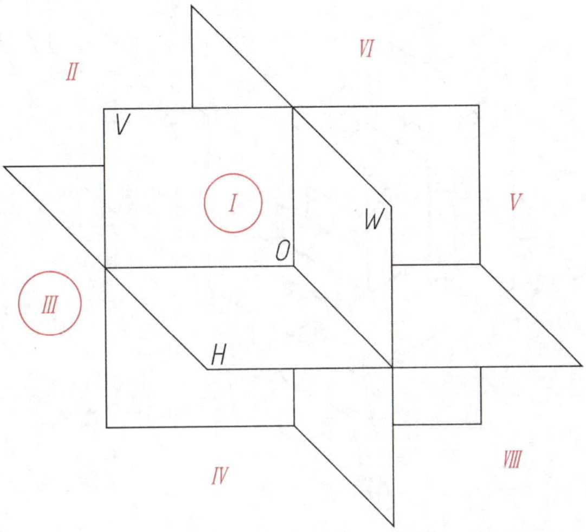

图 6-61 空间的八个分角

把物体放入第三分角中，按“观察者—投影面—物体”的相对位置关系作正投影，这种方法称为第三角画法（图 6-62）。采用第三角画法进行投影时就好像隔着玻璃看物体一样，在 V 面上所得的投影仍称为主视图，在 H 面上的投影仍称为俯视图，在 W 面上的投影则称为右视图。

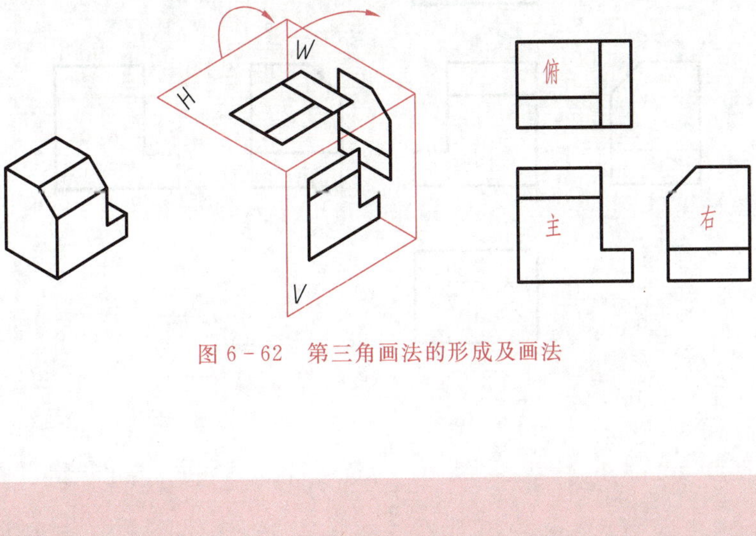

图 6-62 第三角画法的形成及画法

展开投影面时，仍规定 V 面不动，H 面绕它与 V 面的交线向上转 90°，W 面绕它与 V 面的交线向前转 90°，如图 6－62 中箭头所示。投影面展开后，俯视图位于主视图的正上方，右视图位于主视图的正右侧。

如将物体置于六投影面体系中，就好像物体被置于透明的正六面体中，正六面体的六个面就是六个基本投影面，按“观察者—投影面—物体”的相对位置关系分别向六个投影面作正投影，得到六个基本视图，然后再把各个投影面按如图 6－63 所示进行展开，即可得到第三角画法中六个基本视图的配置（图 6－64）。

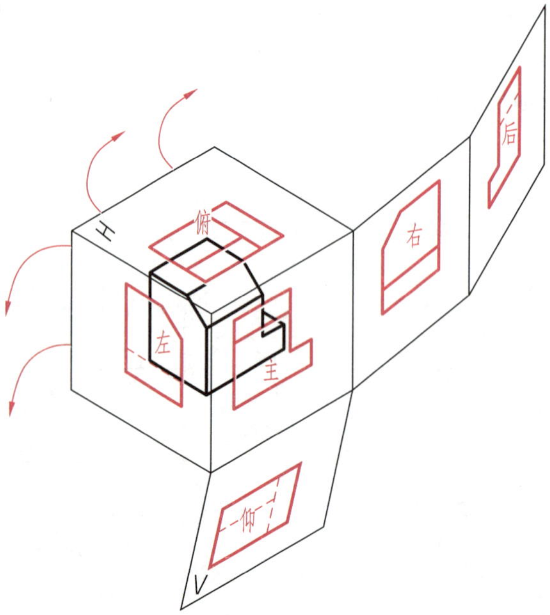

图 6－63　第三角画法中六个基本投影面的展开

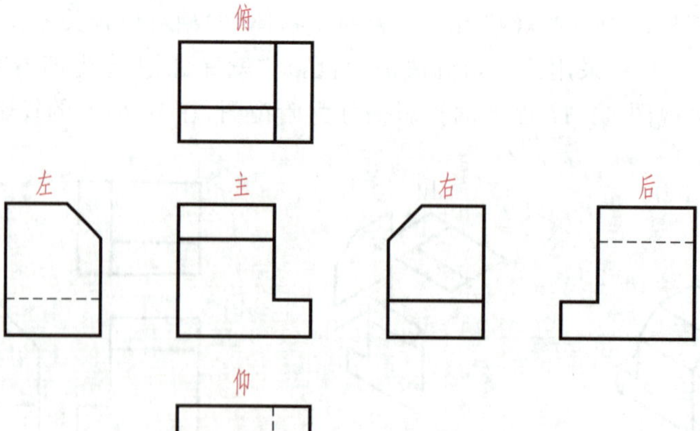

图 6－64　第三角画法中六个基本视图的配置

二、第三角画法与第一角画法的比较

1. 共性

两者都是采用正投影法，都具有正投影的基本特征，具有视图之间的“长对正、高平齐、宽相等”的三等对应关系。

2. 差别

1）投影时观察者、物体、投影面的相互位置关系不同：第一角画法中为“人—物—面”关系；第三角画法中为“人—面—物”关系。

2）各视图的位置关系有所不同(图 6-65)。

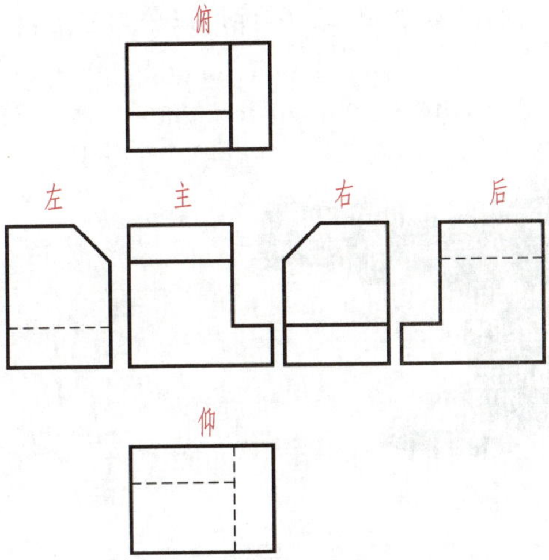

(a) 第三角画法

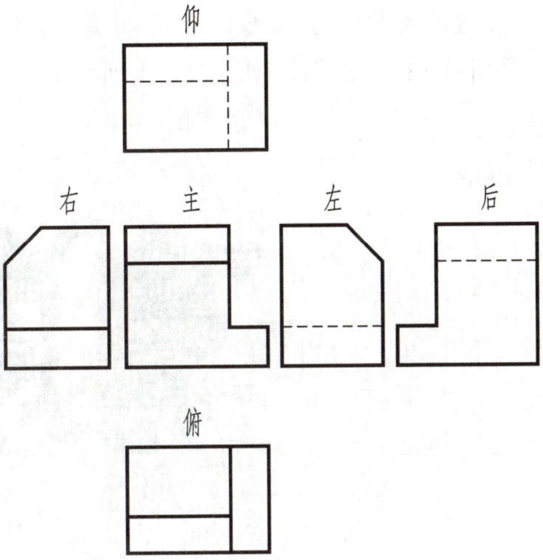

(b) 第一角画法

图 6-65　第三角画法与第一角画法的六面视图的对比

3）在投影图中反映空间方位不同：第一角画法中，靠近主视图的一方是物体的后方；第三角画法中，靠近主视图的一方则是物体的前方。

4）两种画法的识别符号　国际标准 ISO 128 规定第一角画法与第三角画法等效使用。为了便于识别，特别规定了识别符号(图 6-66)。采用第三角画法时，必须在图样中画出第三角画法的识别符号，而在国内采用第一角画法时，通常省略识别符号。

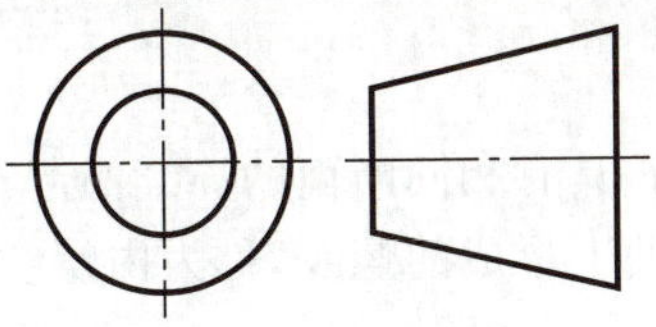

(a) 第三角画法符号

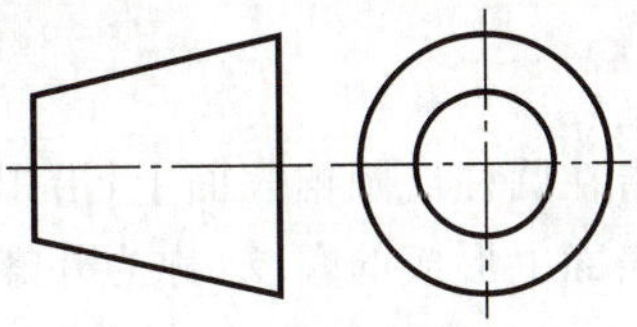

(b) 第一角画法符号

图 6-66　第三角画法与第一角画法的识别符号

第七章　标准件与常用件

机器或部件都是由零件装配而成,零件是组成机器的基本单元体。零件可以分为三类:标准件、常用件和一般零件,如图 7-1 所示。

图 7-1　齿轮泵的组成

标准件和常用件在工程中使用广泛,一般由专门的厂家生产。为了便于制造和使用,国家标准对一些零件的结构形状、尺寸规格和技术要求等都做了统一的规定和要求,这类零件称为标准件,如螺栓、螺钉、螺母、键、滚动轴承等。而有些零件只是在结构形状、尺寸规格等方面部分地实现了标准化,这类零件称为常用件,如齿轮等。本章将介绍标准件及常用件的基本知识、规定画法、代号及标注方法。

§7-1　螺纹及螺纹紧固件

一、螺纹

螺纹是指在圆柱或圆锥表面上,沿螺旋线所形成的,具有相同断面的连续凸起和沟槽。在圆柱或圆锥外表面上形成的螺纹,称为外螺纹;在其内表面上形成的螺纹,称为内螺纹。内、外螺纹成对使用,可用于各种机械连接,传递运动和动力。

图 7-2 是内、外螺纹的常见加工方法。

(一) 螺纹的基本知识

1. 螺纹的要素

(1) 牙型

在通过螺纹轴线的断面上，螺纹的轮廓形状称为螺纹牙型。常见的螺纹牙型有三角形、梯形、锯齿形、矩形等，不同牙型的螺纹有不同的用途，并有相对应的名称及特征代号(图 7－3)。

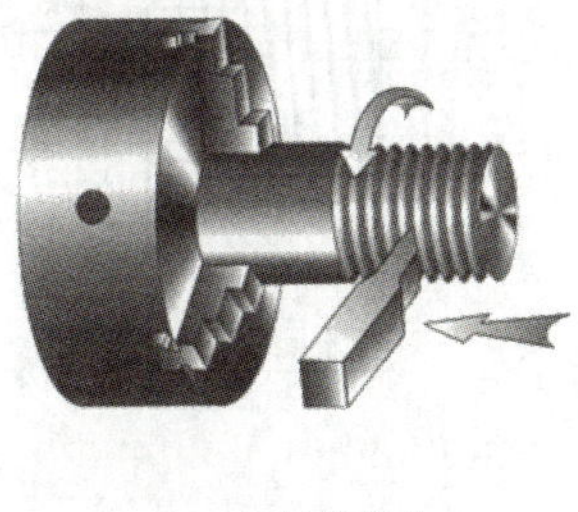

(a) 车削外螺纹

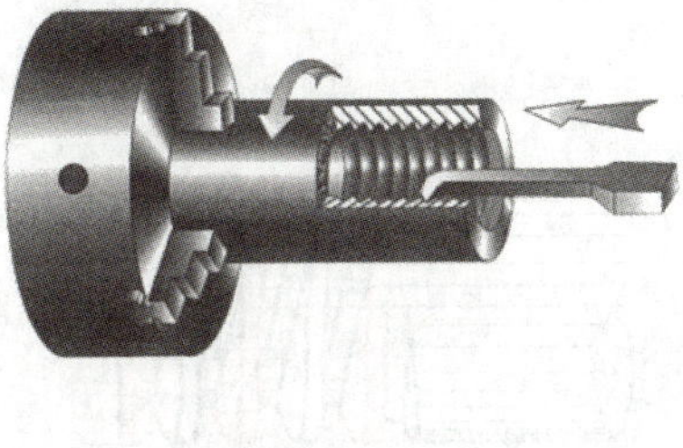

(b) 车削内螺纹

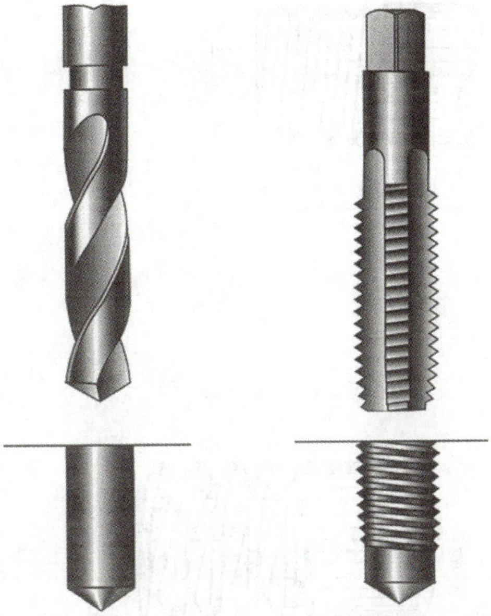

(c) 钻孔、攻螺纹(加工内螺纹)

图 7－2　内、外螺纹的加工方法

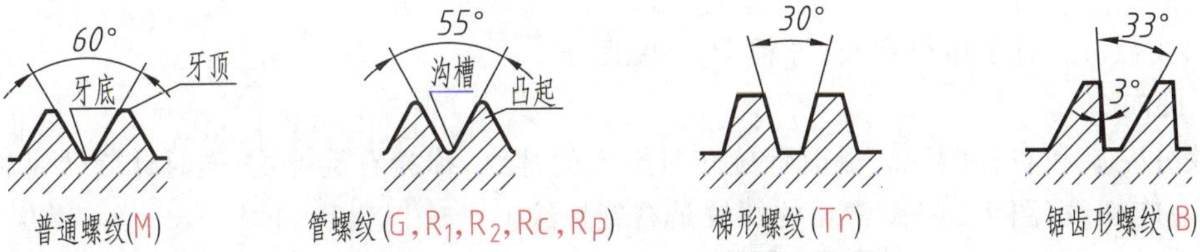

图 7－3　螺纹牙型

(2) 螺纹的直径

螺纹的直径分为大径(d,D)、中径(d_2、D_2)和小径(d_1、D_1)(图 7－4)，其中小写字母用于外螺纹表示，大写字母用于内螺纹表示。螺纹的大径是与外螺纹牙顶或内螺纹牙底相切的假想圆柱或圆锥的直径；小径是与外螺纹牙底或内螺纹牙顶相切的假想圆柱或圆锥的直径；中径是母线通过牙型上沟槽和凸起宽度相等处的假想圆柱或圆锥的直径。普通螺纹、梯形螺纹和锯齿形螺纹的公称直径为大径(管螺纹用尺寸代号表示)。

(3) 线数 n

螺纹有单线和多线之分。沿一条螺旋线形成的螺纹，称为单线螺纹；沿两条或两条以上，且在轴向等距离分布的螺旋线所形成的螺纹，称为多线螺纹(图 7－5)。

(4) 螺距 P 和导程 P_h

螺纹相邻两牙在中径线上对应两点间的轴向距离，称为螺距；在同一条螺旋线上的相邻两牙在中径线上对应两点间的轴向距离，称为导程(图 7－5)。螺距、导程、线数的关系是：导程 $P_h=$

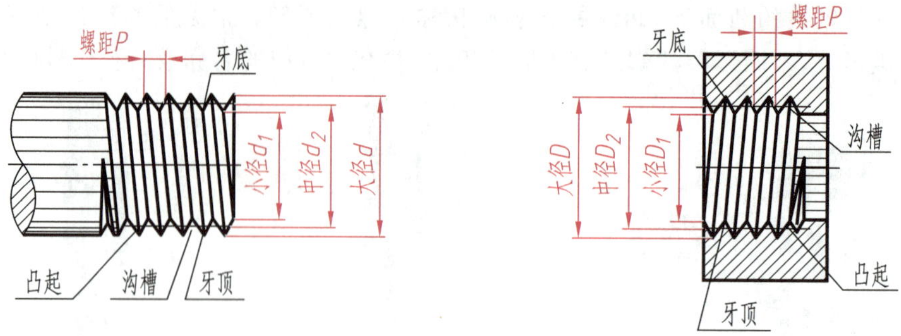

图 7-4 螺纹的直径

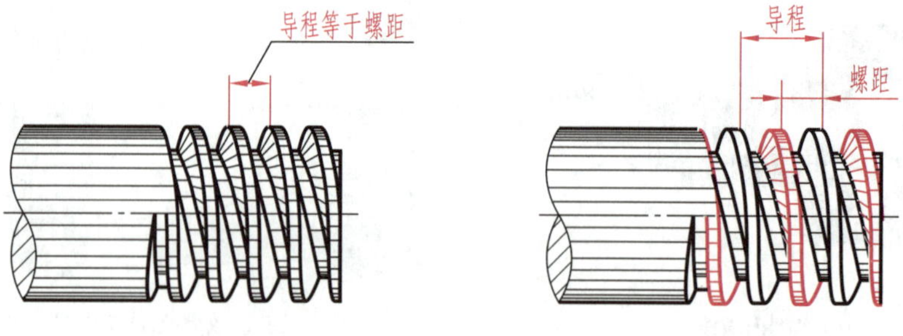

(a) 单线螺纹 (b) 双线螺纹

图 7-5 单线螺纹和双线螺纹

螺距 P × 线数 n。对于单线螺纹：导程 P_h = 螺距 P。

（5）旋向

螺纹分左旋和右旋两种。顺时针旋转时旋入的螺纹，称为右旋螺纹；逆时针旋转时旋入的螺纹，称为左旋螺纹（图 7-6）。常见的螺纹是右旋螺纹。

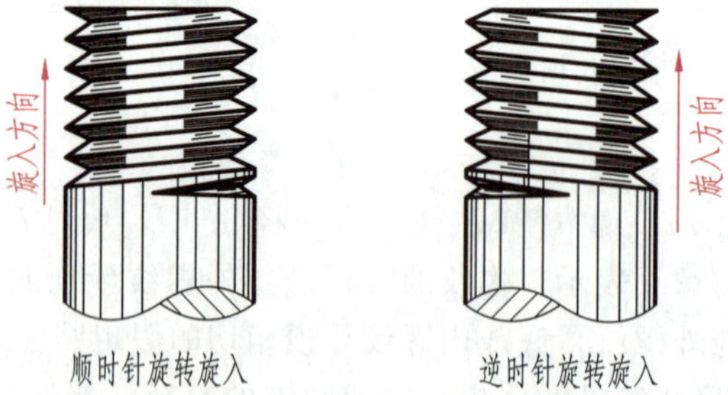

(a) 右旋螺纹 (b) 左旋螺纹

图 7-6 螺纹的旋向

（6）内、外螺纹配对使用（旋合）的要求

螺纹的牙型、大径、螺距、线数和旋向被称为螺纹的五要素。内、外螺纹在配对使用时，只有五要素完全相同的内、外螺纹才能正确旋合。

2. 螺纹的端部结构

螺尾、倒角及退刀槽是螺纹上常见的端部结构。在制造螺纹时，由于退刀的缘故，螺纹的尾部会出现渐浅部分（图 7－7a），这部分不完整的螺纹称为螺尾。为了消除这种现象，常在螺纹终止处加工一退刀槽（图 7－7b）。为了便于内、外螺纹的旋合，在螺纹的前端部制有倒角（图 7－7b）。

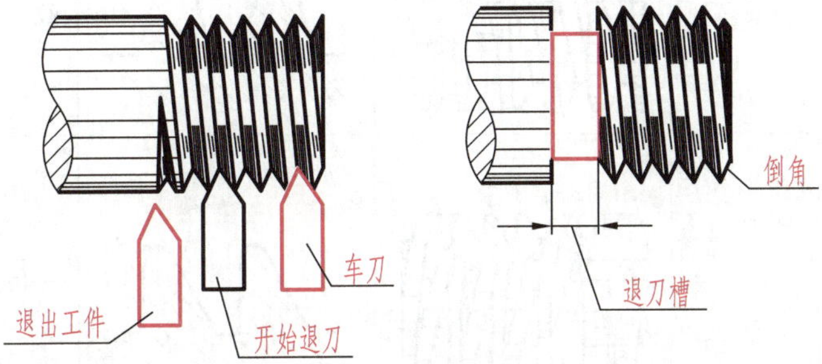

(a)　　(b)

图 7－7　螺纹的倒角和退刀槽

3. 螺纹的分类

螺纹按用途不同，可分为连接螺纹和传动螺纹两大类（表 7－1）。

表 7－1　常用标准螺纹

螺纹种类			特征代号	外形图	牙型图	用途
连接螺纹	普通螺纹	粗牙	M	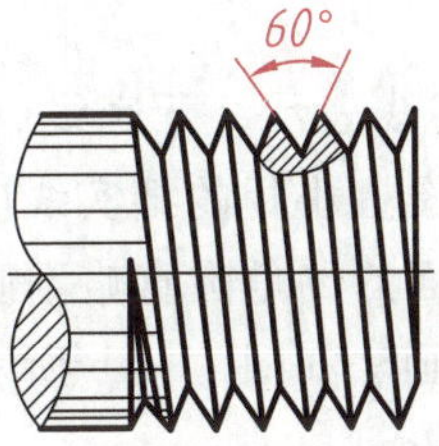	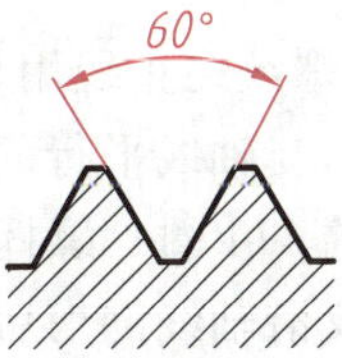	最常用的连接螺纹
		细牙				用于细小的精密零件或薄壁零件
	55°非密封管螺纹		G	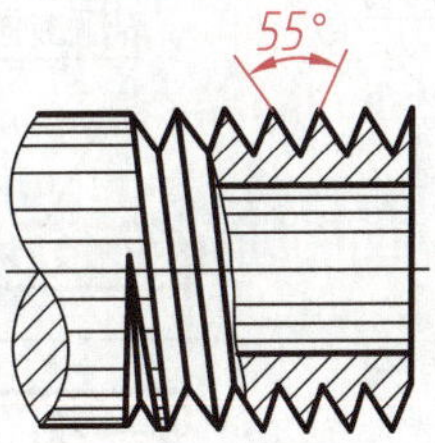	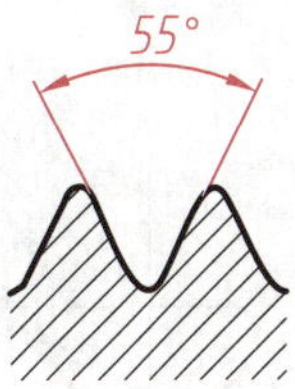	用于水管、油管、气管等一般低压管路的连接
	55°密封管螺纹		R Rc Rp	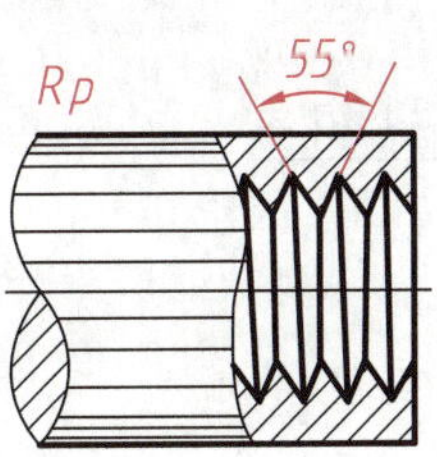	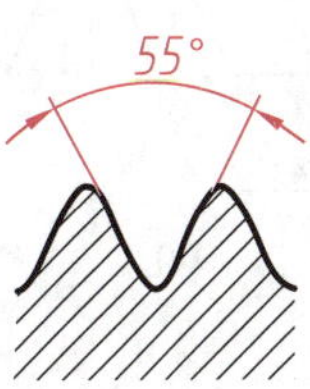	用于水管、油管、气管等较大压力管路的连接

续表

螺纹种类		特征代号	外形图	牙型图	用途
传动螺纹	梯形螺纹	Tr	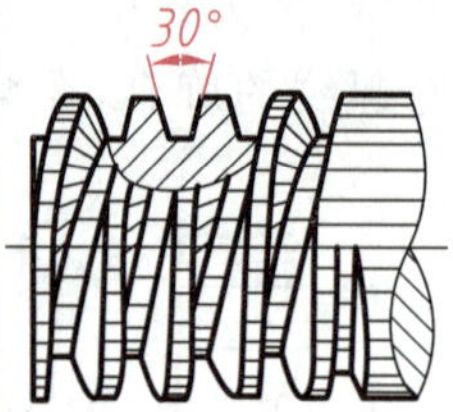	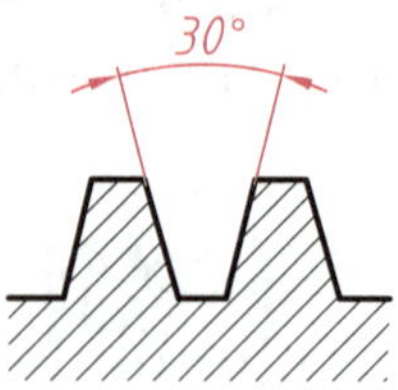	机床的丝杠采用梯形螺纹进行传动
	锯齿形螺纹	B	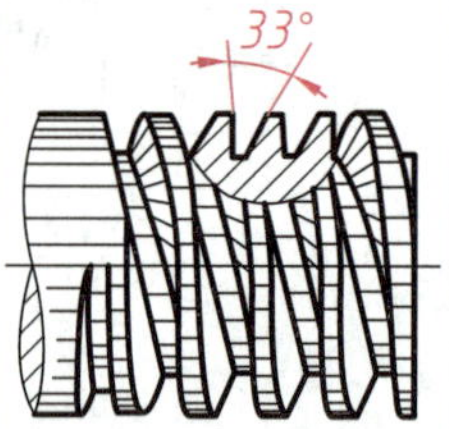	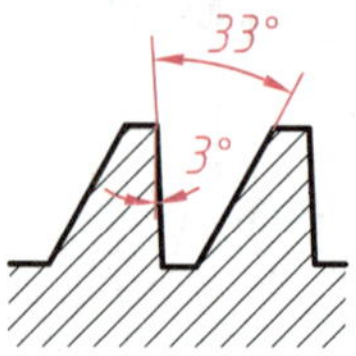	传递单方向的力

另外，根据螺纹结构要素是否符合国家标准又可将螺纹分为标准螺纹、特殊螺纹以及非标准螺纹。其中，牙型、直径和螺距都符合国家标准的螺纹，称为标准螺纹。牙型符合标准，而直径或螺距不符合标准的螺纹，称为特殊螺纹。牙型不符合标准的，称为非标准螺纹。

（二）螺纹的画法

国家标准《机械制图》（GB/T 4459.1—1995）规定了在机械图样中螺纹及螺纹紧固件的画法。

1. 外螺纹的规定画法

螺纹的牙顶线（大径）和螺纹终止线用粗实线表示。牙底线（小径）用细实线表示（绘图时小径按大径值的 0.85 倍取值），与轴线平行的视图上小径的细实线应画入倒角内，与轴线垂直的视图上，小径的细实线圆只画约 3/4 圈。螺杆端面的倒角圆省略不画（图 7－8a）。实心轴上的外螺纹不必剖切，管道上的外螺纹沿轴线剖切后的画法如图 7－8b 所示。

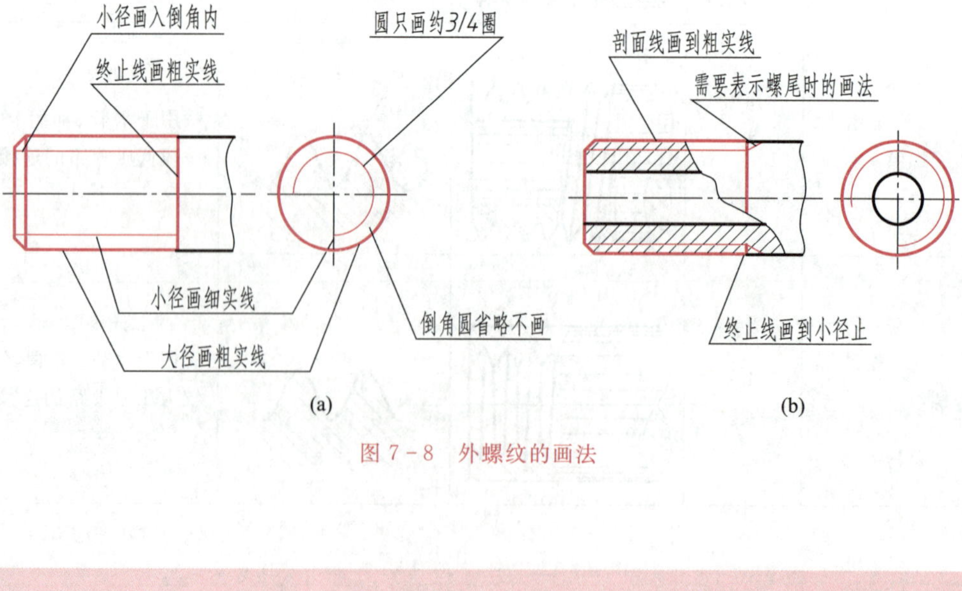

(a) (b)

图 7－8　外螺纹的画法

2. 内螺纹的规定画法

当内螺纹画成剖视图时，牙底线（大径）用细实线表示，牙顶线（小径）和螺纹终止线用粗实线表示，剖面线画到粗实线处。与轴线垂直的视图上，大径的细实线圆只画 3/4 圈。对于不通的螺孔，应将钻孔深度和螺孔深度分别画出，钻孔深度比螺孔深度深 0.5*D*（*D* 为内螺纹大径），底部的锥顶角应画成 120°（图 7－9a）。内螺纹不剖时，与轴线平行的视图上，大径和小径均用细虚线表示（图 7－9b）。

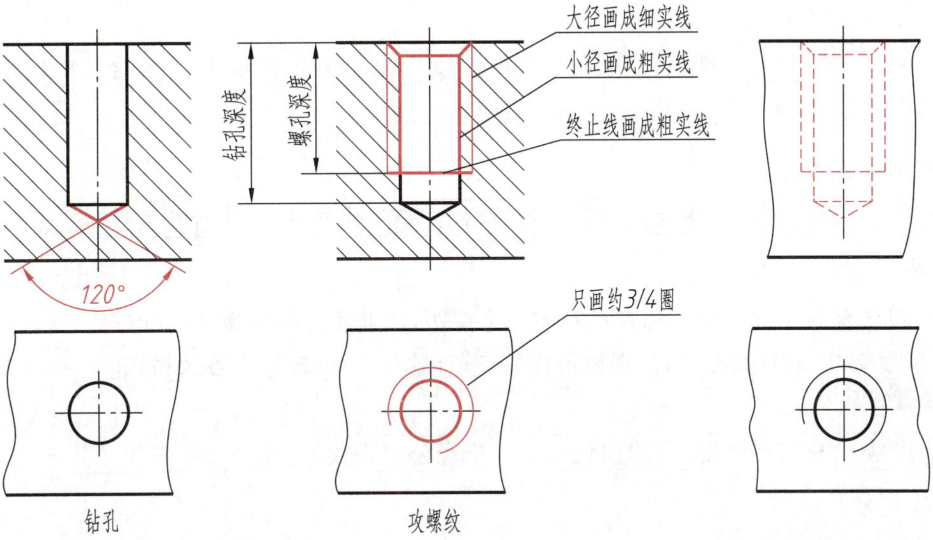

(a) 不穿通螺纹孔的剖视画法

(b) 不穿通螺纹孔不剖的画法

图 7－9 内螺纹的画法

3. 内、外螺纹连接（旋合）的画法

在剖视图中，内、外螺纹旋合部分按外螺纹的画法绘制，其余部分按各自的规定画法绘制（图 7－10）。此时，内、外螺纹的大径和小径应对齐，螺纹的小径与螺杆的倒角大小无关，剖面线均应画到粗实线。

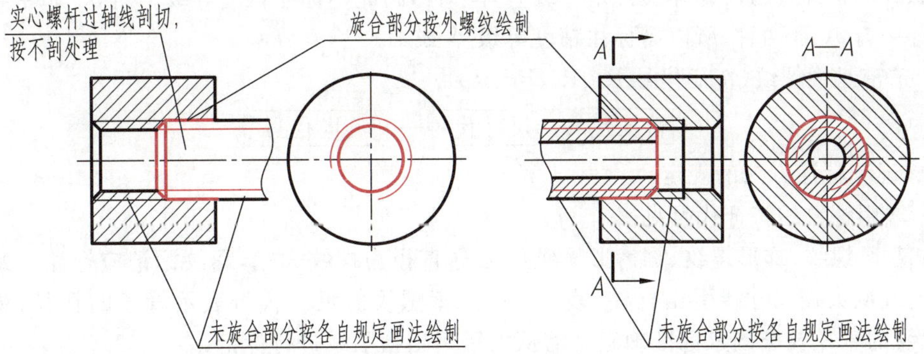

(a)

(b)

图 7－10 内、外螺纹连接时的画法

（三）螺纹的标记与标注方法

由于各种螺纹的画法都是相同的，图样上并未表明牙型、公称直径、螺距、线数和旋向等要素，因此绘制螺纹图样后，必须通过螺纹标记来说明螺纹的种类和要素，并采用规定的标注方法将螺纹标记标注在螺纹图样上。

1. 标记的内容及格式

（1）普通螺纹（特征代号 M）的标记内容及格式

1）细牙普通螺纹

特征代号 公称直径×螺距 − 中径公差带代号[顶径公差带代号] − [旋合长度代号] − [旋向代号]

2）粗牙普通螺纹

特征代号 公称直径 − 中径公差带代号[顶径公差带代号] − [旋合长度代号] − [旋向代号]

注意：粗牙普通螺纹一个公称直径对应一个螺距，因此粗牙普通螺纹不标螺距。

（2）梯形螺纹（特征代号 Tr）、锯齿形螺纹（特征代号 B）的标记内容及格式

1）单线螺纹

特征代号 公称直径×螺距[旋向代号] − 中径公差带代号[顶径公差带代号] − [旋合长度代号]

2）多线螺纹

特征代号 公称直径×导程（*P* 螺距）[旋向代号] − 中径公差带代号[顶径公差带代号] − [旋合长度代号]

（3）管螺纹的标记内容及格式

1）55°非密封管螺纹（特征代号 G）

特征代号　尺寸代号　[精度等级] − [旋向代号]

注意：55°非密封的内管螺纹公差等级只有一种，因此不标注精度等级。而 55°非密封外管螺纹公差等级有 A、B 两种，所以需标注精度等级 A 或 B。

2）55°密封管螺纹（特征代号 R_1、R_2、Rc、Rp）

特征代号　尺寸代号 − [旋向代号]

2. 标记和标注方法的规定

（1）常用螺纹的特征代号见表 7－1。

（2）普通螺纹、梯形螺纹、锯齿形螺纹的公称直径为螺纹大径，螺纹标记应标注在螺纹大径尺寸线上或从大径尺寸线引出标注（表 7－2）。管螺纹的尺寸代号表示管子的孔径，单位为英寸，管螺纹的直径要查国家标准确定。需从大径引出指引线进行标记（表 7－2）。

（3）旋向中左旋螺纹标注为“LH”，右旋螺纹则省略（表 7－2）。

（4）旋合长度分为长旋合（代号 L）、中等旋合（代号 N）、短旋合（代号 S）。若为中等旋合，旋合长度代号则省略（表 7－2）。

(5) 螺纹公差带代号表示螺纹的加工精度，由数字和字母构成，如 6g、7H 等，其中外螺纹公差带代号字母小写，内螺纹公差带代号字母大写。当中径与顶径的公差带代号相同时，只需注一个，如 6G、7h(表 7-2)。

(6) 格式中[ ]表示该项内容可根据情况省略，为非必有项。

3. 标记示例

表 7-2 列出了常用螺纹的标注示例。

表 7-2 常用螺纹的标注示例

螺纹类型		标注要求	标注示例
普通螺纹	粗牙	普通螺纹，公称直径 24 mm，粗牙，螺距为 3 mm，右旋，中径公差带代号 5 g，顶径公差带代号 6 g，中等旋合长度	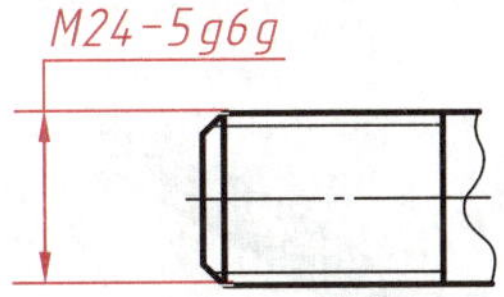
	细牙	普通螺纹，公称直径 24 mm，细牙，螺距为 2 mm，左旋，中径和顶径公差带代号均为 7H，长旋合长度	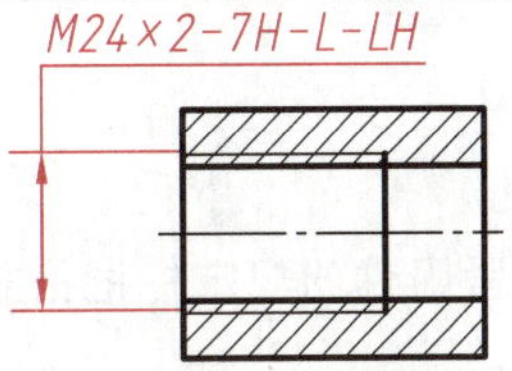
梯形螺纹	单线	梯形螺纹，公称直径 40 mm，螺距为 5 mm，左旋，中径公差带代号 7e，长旋合长度	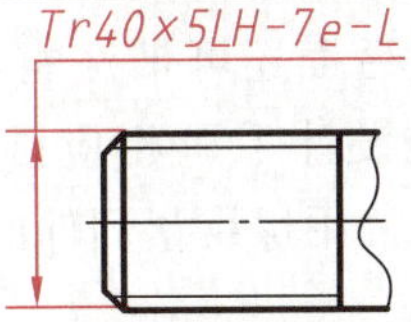
梯形螺纹	多线	梯形螺纹，公称直径为 40 mm，双线，导程为 10 mm，螺距为 5 mm，左旋，中径公差带代号 7e，长旋合长度	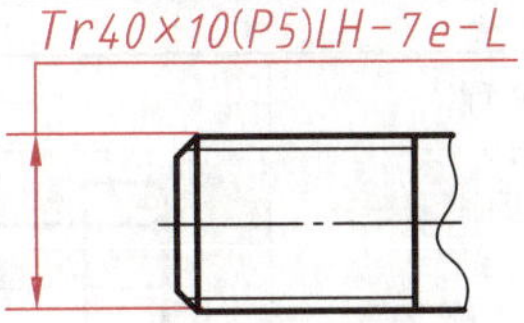
锯齿形螺纹		锯齿形螺纹，大径为 80 mm，双线，导程为 20 mm，螺距为 10 mm，右旋，中径公差带代号 8e，长旋合长度	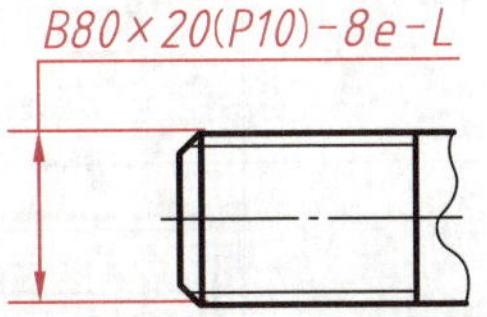
55°非密封管螺纹		55°非密封管螺纹，尺寸代号为3/4。其中外螺纹精度等级为 A 级，左旋	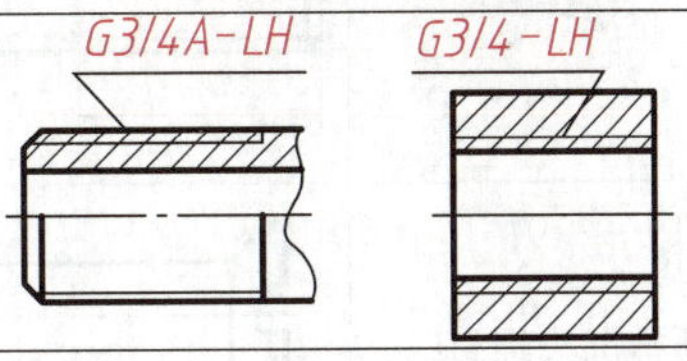
55°密封管螺纹		55°密封管螺纹，尺寸代号为 1/2 R_1：圆锥外螺纹(与 Rp 旋合) R_2：圆锥外螺纹(与 Rc 旋合) Rc：圆锥内螺纹 Rp：圆柱内螺纹	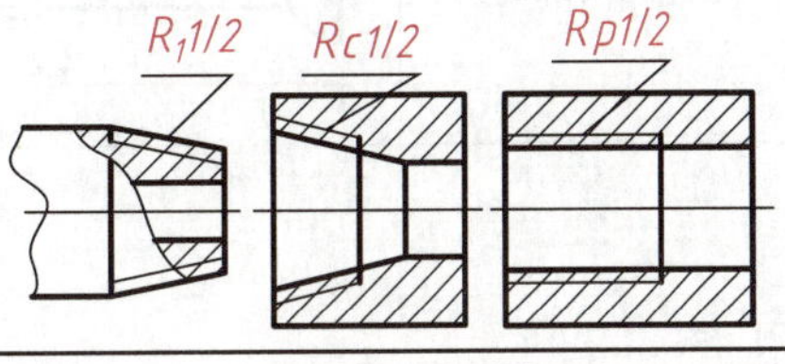

二、螺纹紧固件

1. 螺纹紧固件

螺纹紧固件包括螺栓、螺柱、螺钉、螺母和垫圈等(图 7－11)。它们都是标准件,其结构形式和尺寸可按其规定标记在相应的国家标准中查出。

图 7－11　常用螺纹紧固件

螺纹紧固件的规定标记格式为

名称　国家标准编号　型号规格

在标注后面还可带性能等级或材料及热处理、表面处理等技术参数。由螺纹紧固件的标记查阅机械设计手册相应国家标准可得该螺纹紧固件的详细规格尺寸和各种技术参数。表 7－3给出了常用螺纹紧固件的结构形式及标记。

表 7－3　常用螺纹紧固件标记示例

名称	简图	规定标记及说明
六角头螺栓	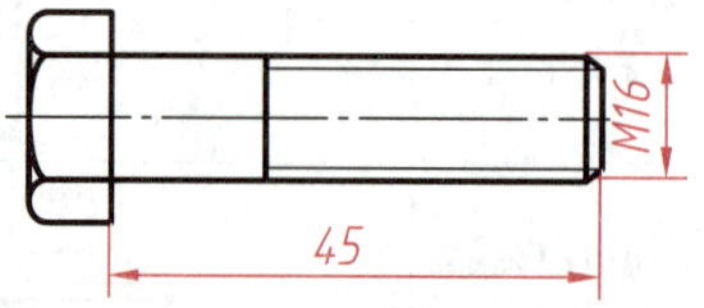	螺栓　GB/T 5780 M16×45 M16 为螺纹规格,45 mm 为螺栓的公称长度
螺柱	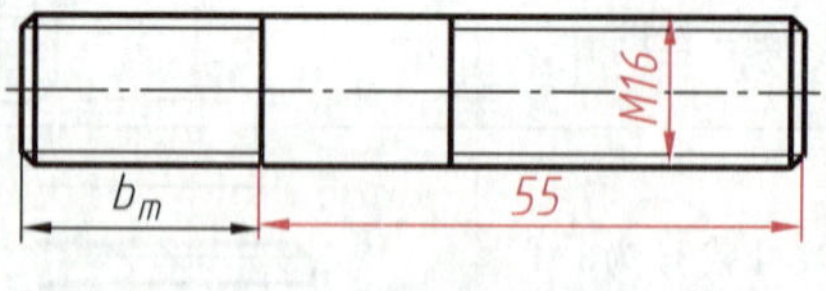	螺柱　GB/T 897 M16×55 M16 为螺纹规格,55 mm 为螺柱的公称长度,两端均为粗牙普通螺纹,B 型,旋入端长度 $b_m=d$,不标注类型
开槽沉头螺钉	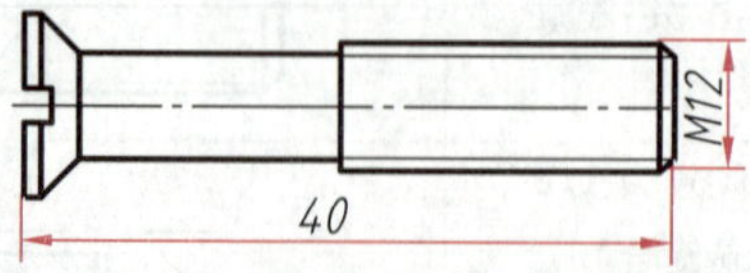	螺钉　GB/T 68 M12×40 M12 为螺纹规格,40 mm 为螺钉的公称长度

续表

名称	简图	规定标记及说明
开槽锥端紧定螺钉	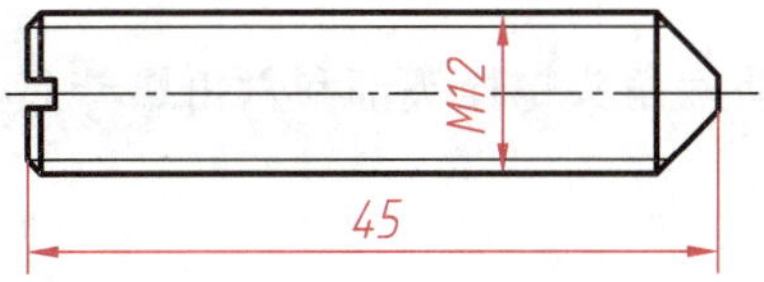	螺钉　GB/T 71 M12×45 M12 为螺纹规格，45 mm 为螺钉的公称长度
1 型六角螺母	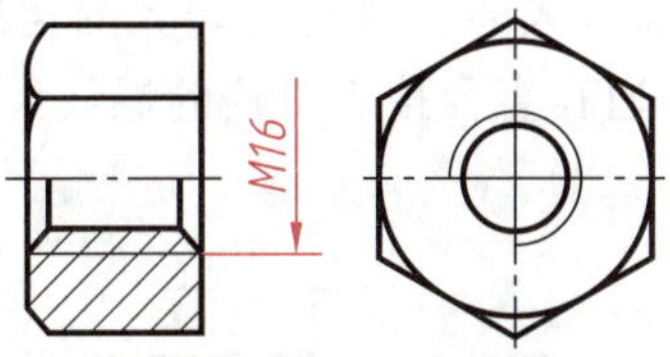	螺母　GB/T 6170 M16 M16 为螺纹规格
1 型六角开槽螺母——C 级	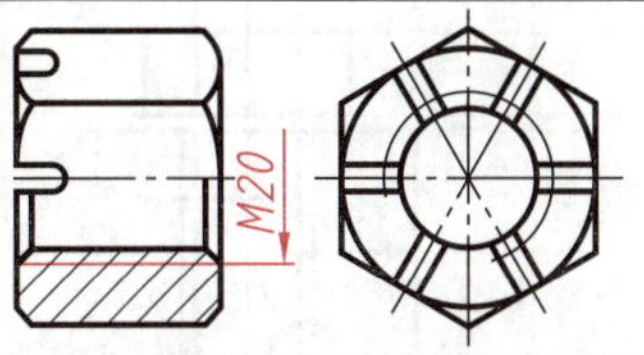	螺母　GB/T 6179 M20 M20 为螺纹规格
平垫圈 A 级	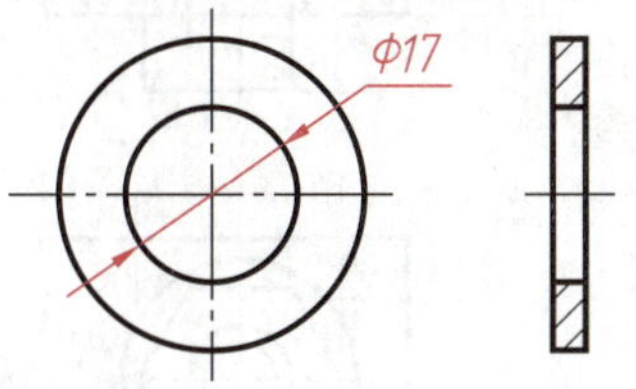	垫圈 GB/T 97.1 16 16 mm 为垫圈的规格尺寸

2. 螺纹紧固件连接的画法规定

螺纹紧固件是工程上应用最广泛的连接零件。常用的连接形式有螺栓连接、双头螺柱连接和螺钉连接。绘制螺纹紧固件连接图样时应遵守下列基本规定(图 7－12)。

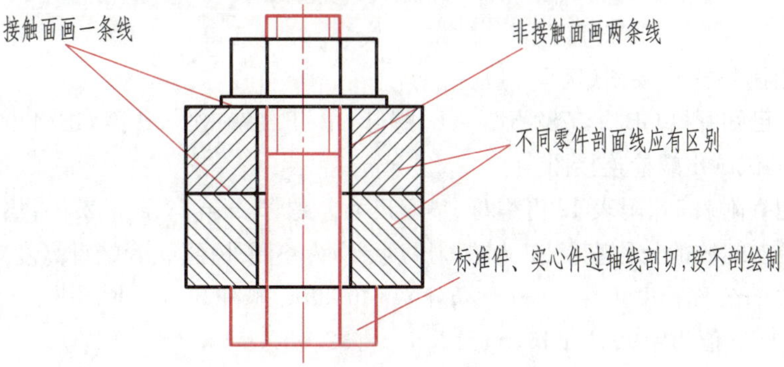

图 7－12　螺纹连接的基本规定

1）相邻两零件接触表面，只画一条线，非接触表面画两条线，如果间隙太小，可夸大画出。

2）在剖视图中，相邻两被连接件的剖面线应方向相反，或间距不等。而同一零件的剖面线在各个剖视图中应一致，即方向相同，间距相等。

3）在剖视图中，当剖切平面通过螺纹紧固件和实心件（螺钉、螺栓、螺母、垫圈、键、球及轴等）的轴线剖切时，这些零件按不剖绘制。

3. 螺纹紧固件的连接画法

绘制螺纹紧固件的连接图时，允许省略六角头螺栓头部和六角螺母上的截交线、零件的工艺结构（如倒角、退刀槽等）。

（1）螺栓连接

螺栓连接适用于被连接件都不太厚、能加工成通孔且受力较大的情况。通孔的大小根据装配精度的不同，查阅机械设计手册确定，一般通孔直径按 1.1 倍的螺纹大径绘制。

1）比例简化画法绘制螺栓连接图（图 7－13）。

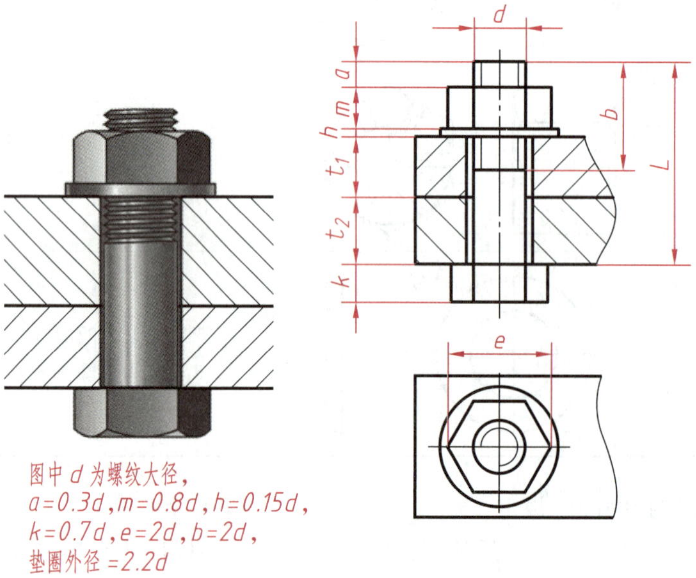

图 7－13　螺栓连接简化的画法

2）查表法绘制螺栓连接图（例 7－1）。

【例 7－1】　已知螺栓 GB/T 5782 M20×L，螺母 GB/T 6170 M20，垫圈 GB/T 97.1　20，两零件厚 $t_1=35$，$t_2=25$，试画出螺栓连接图。

1）根据标记查附表 11、附表 12 得螺母、垫圈尺寸。螺母：$m=18$、$e=32.95$；垫圈：$d_2=37$、$h=3$。（注：d 为螺栓上螺纹的公称直径、h 为垫圈厚度、d_2 为垫圈外径、m 为螺母高度）

2）计算螺栓的公称长度 $L=t_1+t_2+h+m+0.3d=35+25+3+18+6=87$，查附表 5 修正为标准值 $L=90$，$b=46$，$k=12.5$，$e=32.95$。

3）画图（画图过程见图 7－14）。

（2）双头螺柱连接

双头螺柱连接常用于被连接件之一较厚，不宜加工成通孔且受力较大的情况。采用双头螺柱连接时，在较薄的零件上钻通孔（孔径＝1.1d），在较厚的零件上制出螺纹孔。双头螺柱的一端全部旋入被连接件的螺孔内，称为旋入端；另一端（紧固端）穿过另一被连接件的通孔，加上垫圈，旋紧螺母（图 7－15）。螺柱连接常采用弹簧垫圈，它依靠弹性增加摩擦力，防止螺母因受振

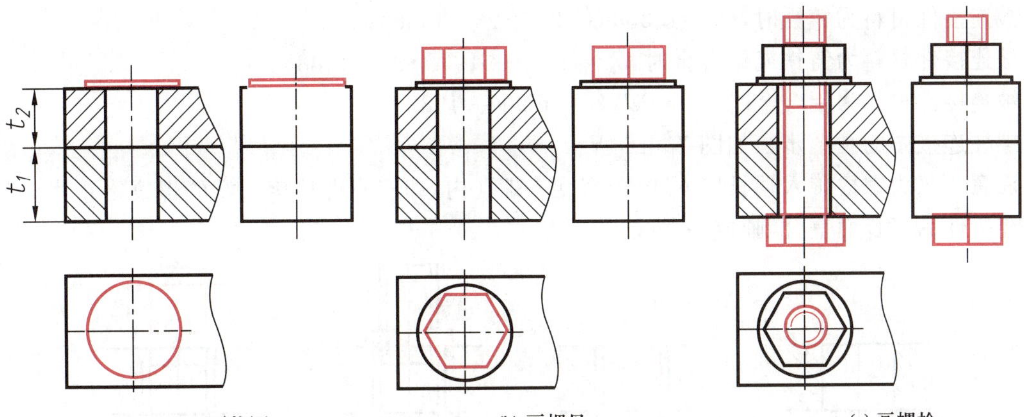

图 7-14　螺栓连接的画图步骤

动而松开。

螺柱连接图按比例简化画法如图 7-15 所示。

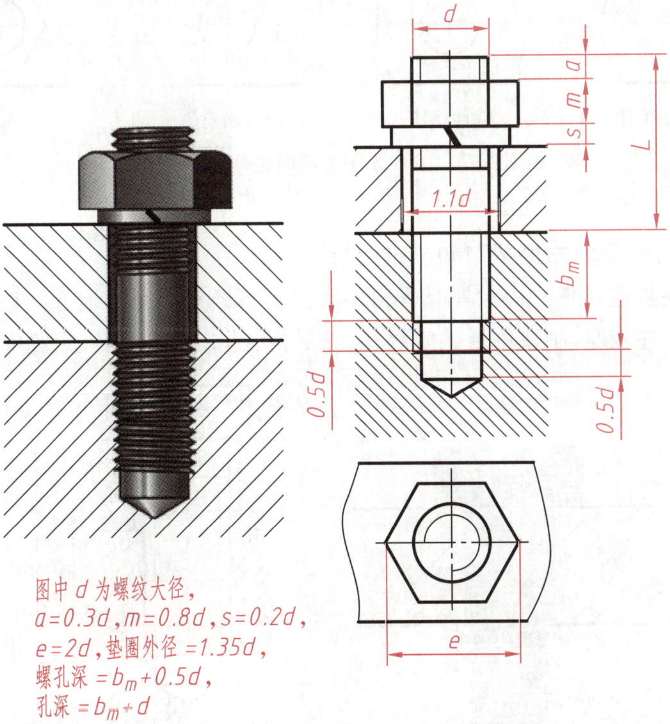

图 7-15　螺柱连接的比例简化画法

旋入端螺纹长度 b_m 是根据被连接件的材料来决定的，被连接件的材料不同，则 b_m 的取值不同。通常 b_m 有四种不同的取值：

被连接件材料为钢或青铜时，$b_m=1d$（GB/T 897—1988）；

被连接件材料为铸铁时，$b_m=1.25d$（GB/T 898—1988）；

被连接件材料为铸铁或铝合金时，$b_m=1.5d$（GB/T 899—1988）；

被连接件材料为铝合金时，$b_m=2d$（GB/T 900—1988）。

螺柱连接图的画图步骤如图 7-16 所示。

注意　双头螺柱旋入端长度 b_m应全部旋入螺孔内，即双头螺柱旋入端的螺纹终止线应与两个被连接件的接合面重合，画成一条线。

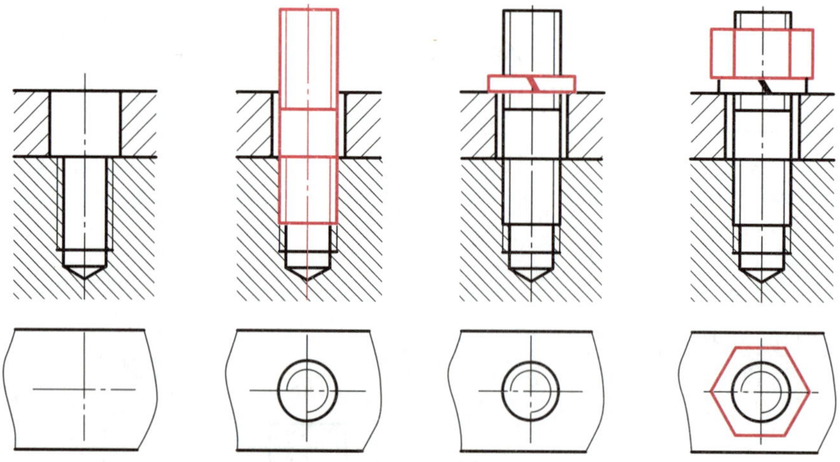

图 7-16　螺柱连接的画图步骤

（3）螺钉连接

螺钉按用途不同可分为连接螺钉和紧定螺钉。

螺钉连接常用在被连接件之一较厚且受力不大而又不经常拆卸的地方。被连接零件中一件比较薄，制成通孔，另一件较厚，制成不通的螺纹孔。螺钉头部的形式很多，应按规定画出（图 7-17）。

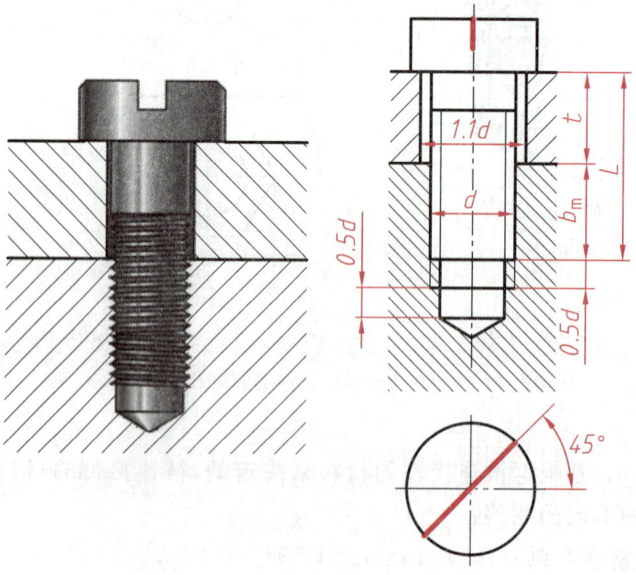

图 7-17　螺钉连接的比例简化画法

螺钉的公称长度计算如下：$l \geqslant t$（通孔零件厚）$+b_m$

b_m为螺钉的旋入长度，其取值与螺柱一致。按上式计算出公称长度后再查表将其修正为标准值 L。

画螺钉连接图时应注意：

螺钉一字槽在投影为圆的视图上，画成与水平线成 45°夹角的双倍粗实线（图 7－17）。在螺钉轴线平行的视图上，画一小段与轴线重合的双倍粗实线（图 7－17）。

螺钉的螺纹终止线应画在两个被连接件的接合面之上，这样才能保证螺钉的螺纹长度与螺孔的螺纹长度都大于旋入深度，使连接牢固（图 7－17）。

在螺钉、螺柱连接图上可以不画出 0.5d 的钻孔深度，如图 7－18b 所示。

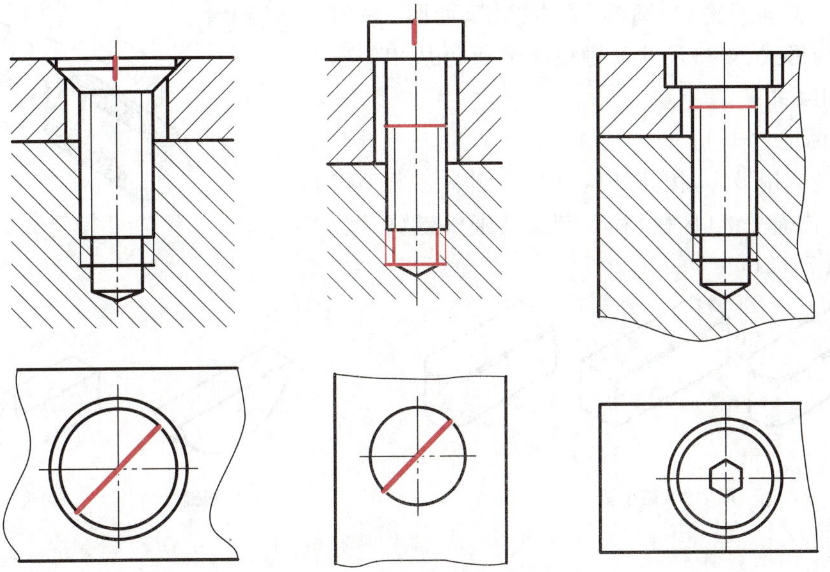

(a) 开槽沉头螺钉　　(b) 开槽圆柱头螺钉　　(c) 内六角头螺钉

图 7－18　各种类型螺钉连接图

常见螺钉连接画法如图 7－18 所示。

紧定螺钉连接的画法如图 7－19 所示，紧定螺钉主要用于定位或防松。

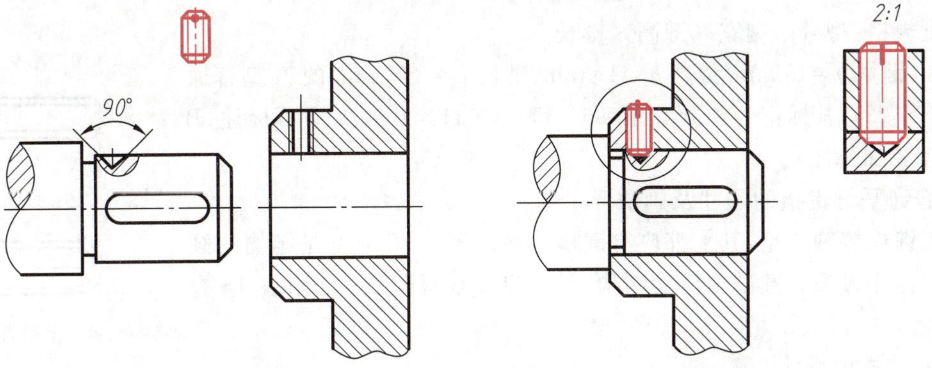

(a) 连接前　　(b) 连接后

图 7－19　紧定螺钉的画法

§7-2 键、销连接

一、键连接

1. 常用键的功用与种类

键是标准件，它通常用来连接轴和轴上的传动零件，如齿轮、带轮等，起传递扭矩的作用。在轮和轴上分别加工出键槽，再将键装入键槽内，可实现轮和轴的共同转动，如图 7-20 所示。

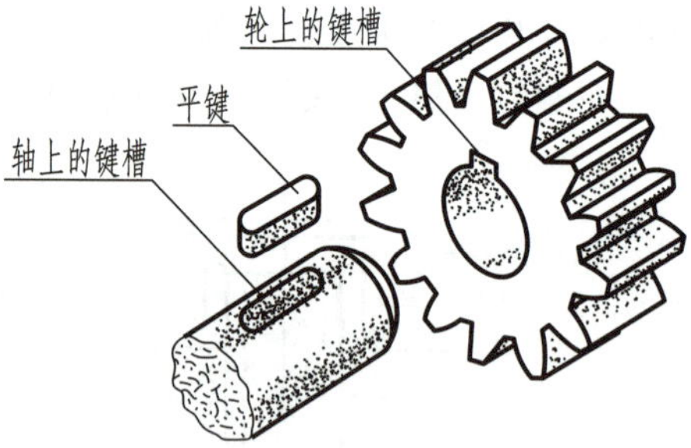

图 7-20 键连接

常用键有普通平键、半圆键、钩头楔键，如图 7-21 所示。其结构形式、规格尺寸及键槽尺寸等可从相应国家标准中查出。

2. 键的标记

普通平键应用最广，按其结构可分为圆头普通平键(A 型)、方头普通平键(B 型)和单圆头普通平键(C 型)三种形式(图 7-21)。

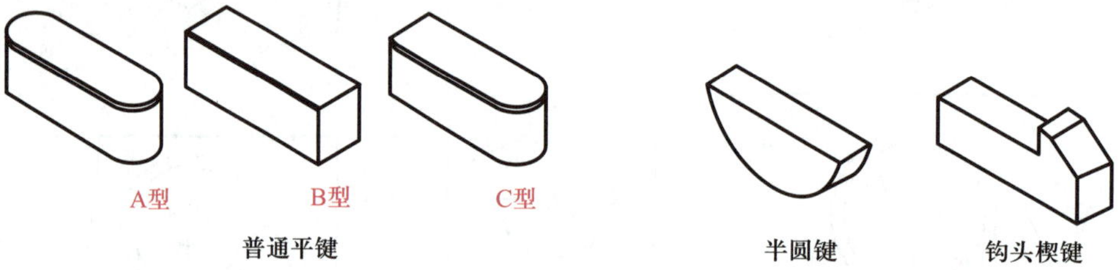

图 7-21 常用键的形式

普通平键的标记为

标准编号　键　类型规格

确定标准件的结构——(标准编号　键)

确定标准件的大小——(类型规格)

类型规格：型号　键宽×键高×键长

例如：键宽 b=18 mm、键高 h=11 mm、键长 L=100 mm 的 A 型普通平键(图 7-22)，其标记为：GB/T 1096　键 18×11×100(A 型不标注，B 型和 C 型要加标注)。

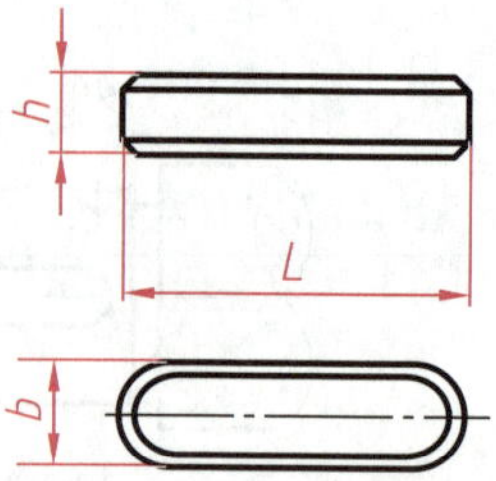

图 7-22 A 型普通平键

3. 普通平键键槽的尺寸及画法

采用键连接轴和轮，其上都应有键槽存在。图 7-23a、b 是键槽的画法及尺寸标注方法。键槽是标准结构，尺寸应按教材附表 17、附表 18 查阅后标注。

4. 键连接的画法

普通平键连接画法如图 7-24 所示。在主视图中，键和轴均按不剖绘制。为了表达键在轴

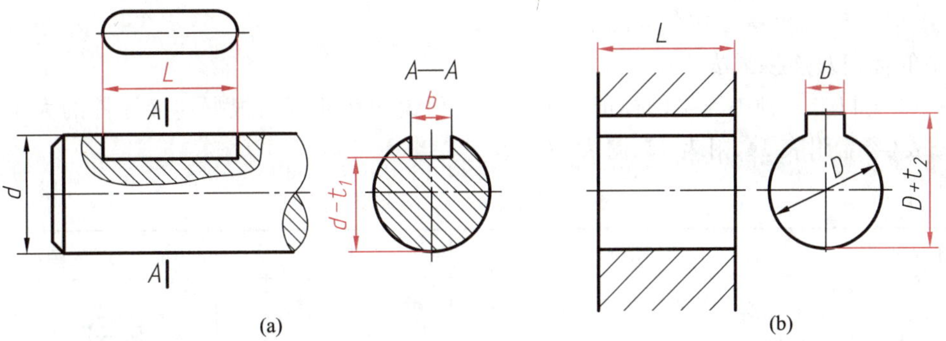

图 7-23　键槽的画法和尺寸标注

上的装配情况，主视图采用了局部剖视。在左视图上，键的两个侧面是工作面，只画一条线。键的顶面与键槽顶面不接触，应画两条线。

半圆键的连接画法如图 7-25 所示。

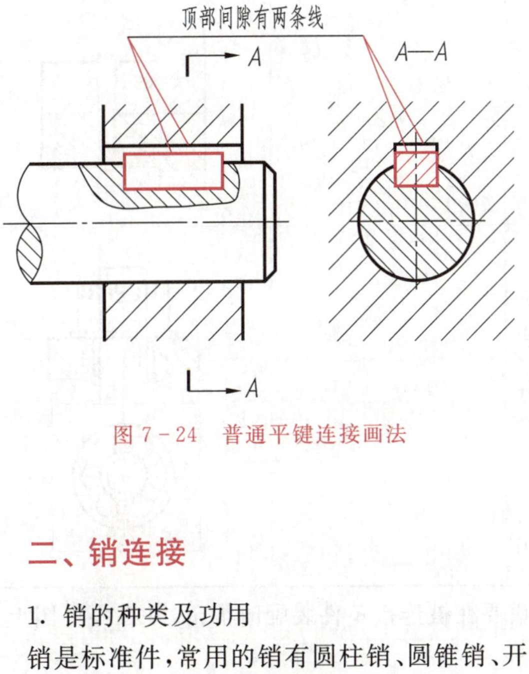

图 7-24　普通平键连接画法

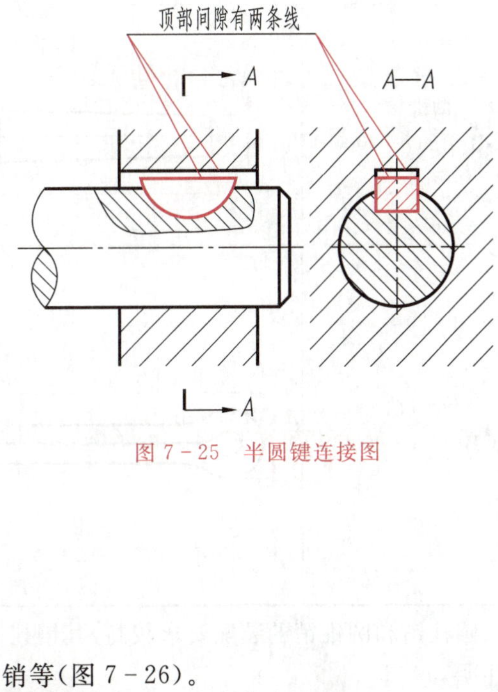

图 7-25　半圆键连接图

二、销连接

1. 销的种类及功用

销是标准件，常用的销有圆柱销、圆锥销、开口销等(图 7-26)。

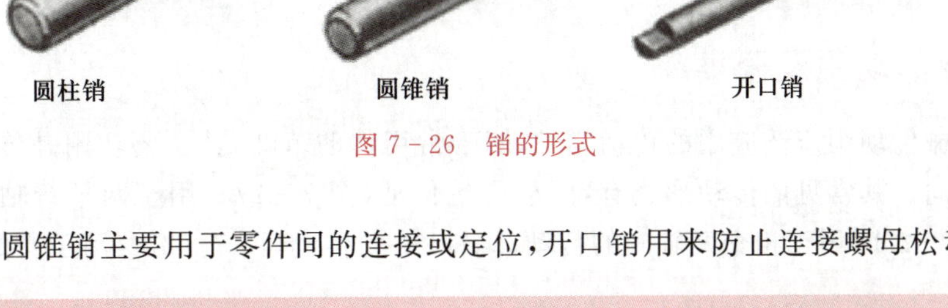

图 7-26　销的形式

圆柱销和圆锥销主要用于零件间的连接或定位，开口销用来防止连接螺母松动或固定其他零件。

2. 销的标记及连接画法

表 7 - 4 为以上三种销连接的标记和画法。各种销的尺寸可以根据连接零件的大小以及受力情况查表(参看附表 14、附表 15、附表 16)。

表 7 - 4　销的画法及标记

名称及标准	图例	标记	连接画法
圆柱销 GB/T 119.1—2000	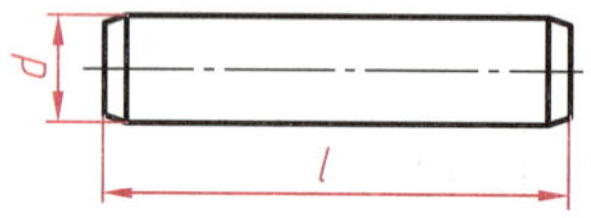	销 GB/T 119.1 $d \times l$	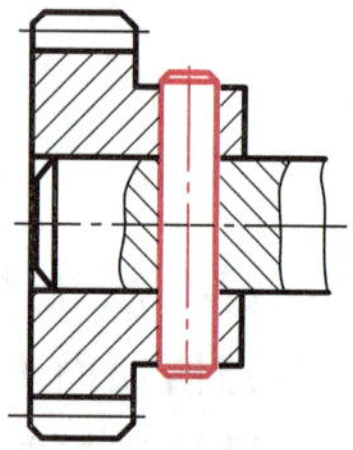
圆锥销 GB/T 117—2000	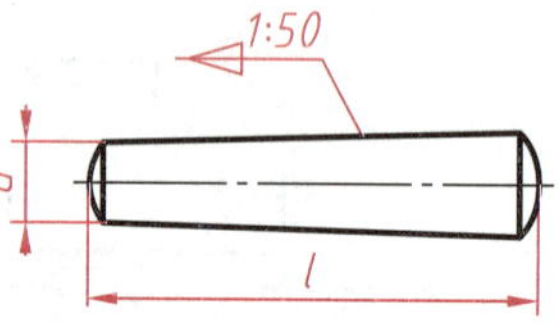	销 GB/T 117 $d \times l$	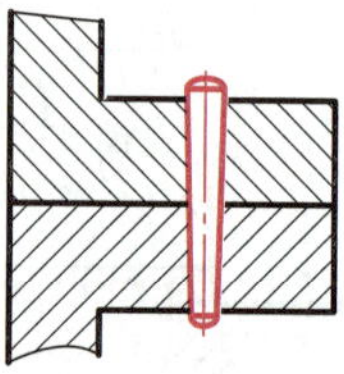
开口销 GB/T 91—2000	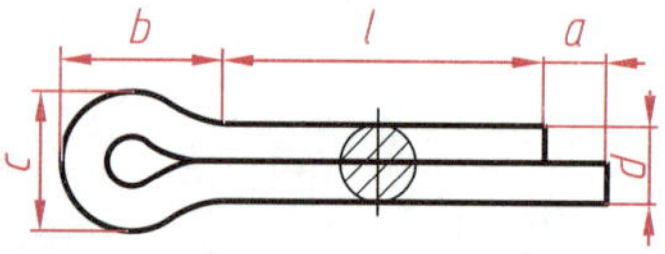	销 GB/T 91 $d \times l$	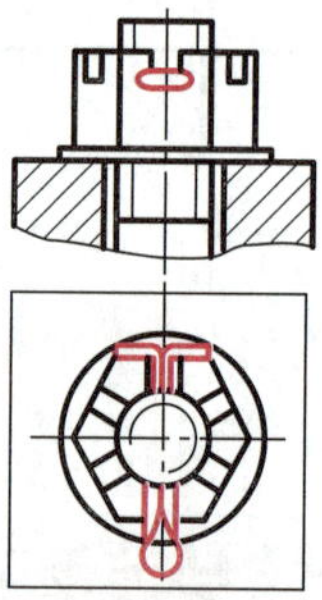

圆柱销和圆锥销的装配要求较高,其销孔一般要在被连接零件装配时加工,并在零件图上加以注明。

§7 - 3　齿轮

一、齿轮的功用及分类

齿轮是机械传动中广泛应用的传动零件,属于常用件的范畴,其主要功用是传递动力、改变转速和旋转方向。其常见的传动形式有:圆柱齿轮传动(图 7 - 27a)用于两平行轴间的传动;锥齿轮传动(图 7 - 27b)用于相交两轴间的传动;蜗杆、蜗轮传动(图 7 - 27c)用于交叉两轴间的传动。本节只介绍标准直齿圆柱齿轮的主要参数、计算公式以及规定画法。

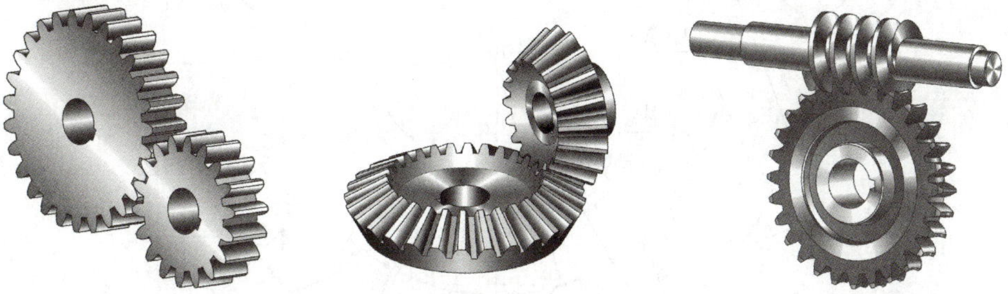

(a) 圆柱齿轮　　(b) 锥齿轮　　(c) 蜗轮蜗杆

图 7-27　常见齿轮传动形式

二、标准直齿圆柱齿轮主要参数及计算

圆柱齿轮的轮齿有直齿、斜齿、人字齿等，如图 7-28 所示，齿轮端面、齿廓曲线为渐开线的齿轮称为标准齿轮，标准直齿圆柱齿轮是齿轮中常用的一种。

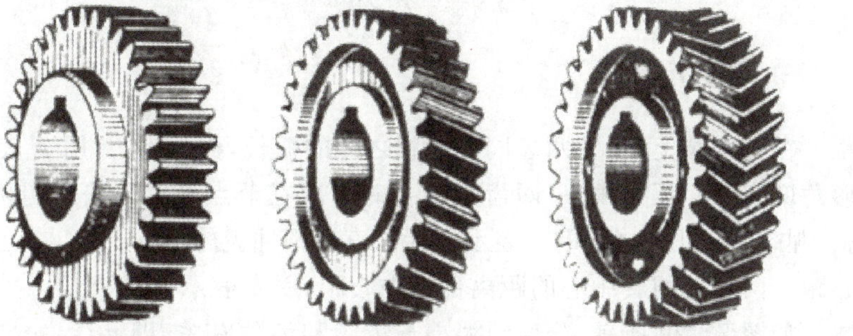

(a) 直齿轮　　(b) 斜齿轮　　(c) 人字齿

图 7-28　圆柱齿轮

1. 标准直齿圆柱齿轮各部分名称和主要参数(图 7-29)

1) 齿顶圆　通过齿轮轮齿顶端的圆称为齿顶圆，其直径用 d_a 表示。

2) 齿根圆　通过齿轮轮齿根部的圆称为齿根圆，其直径用 d_f 表示。

3) 分度圆　齿轮设计和加工时计算尺寸的基准圆，它是一个假想圆，在该圆上，齿厚 s 与齿槽宽 e 相等，分度圆直径用 d 表示。

4) 节圆　在两齿轮啮合时，齿廓的接触点 C 将齿轮的连心线分为两段。分别以 O_1、O_2 为圆心，以 O_1C、O_2C 为半径所画的圆，称为节圆，其直径用 d' 表示。齿轮的传动就可以假想成这两个圆在作无滑动的纯滚动。正确安装的标准齿轮，其分度圆和节圆直径相等，即 $d=d'$。

5) 齿顶高　分度圆到齿顶圆之间的径向距离，称为齿顶高，用 h_a 表示。

6) 齿根高　分度圆到齿根圆之间的径向距离，称为齿根高，用 h_f 表示。

7) 齿高　齿顶圆到齿根圆之间的径向距离，称为齿高，用 h 表示，$h=h_a+h_f$。

8) 齿厚　在分度圆上，同一齿两侧齿廓之间的弧长，称为齿厚，用 s 表示。

9) 齿间　在分度圆上，齿槽宽度的一段弧长，称为齿间，也称为齿槽宽，用 e 表示。

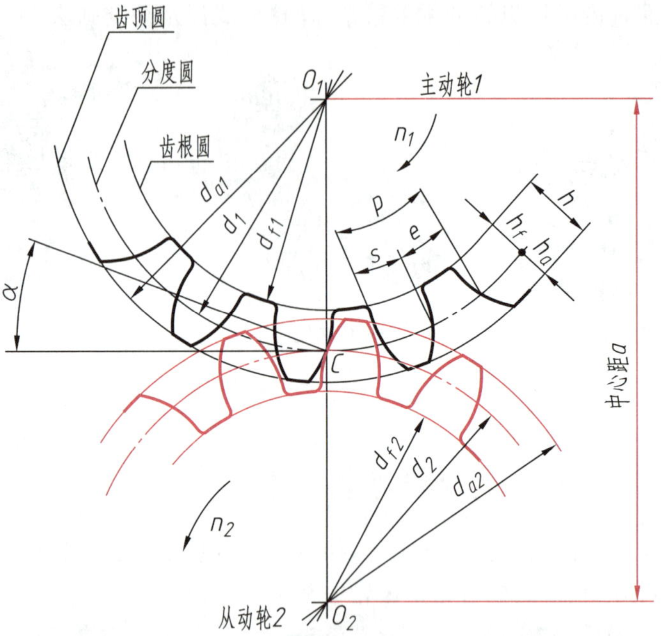

图 7-29　齿轮各部分名称和代号

10）齿距　在分度圆上，相邻两齿同侧齿廓之间的弧长，称为齿距，用 p 表示。

11）齿形角(啮合角、压力角)　两齿轮啮合时齿廓在节点处的公法线与两节圆的公切线所夹的锐角，称为啮合角或压力角，用 α 表示。标准直齿圆柱齿轮的 $\alpha=20°$。

12）中心距　两齿轮回转中心的距离称为中心距，用 a 表示。

13）模数　如图 7-29 所示，分度圆大小与齿距和齿数有关，即 $\pi d=pz$ 或 $d=zp/\pi$，令 $m=p/\pi$，则 $d=mz$。

m 称为模数，单位为 mm，模数的大小直接反映出轮齿的大小。一对相互啮合的齿轮，其模数必须相等。为了便于设计和制造齿轮，减少齿轮加工的刀具，模数已标准化，其系列值如表 7-5 所示。

表 7-5　齿轮标准模数系列(GB/T 1357—2008)　　mm

第一系列	1	1.25	1.5	2	2.5	3	4	5	6
	8	10	12	16	20	25	32	40	50
第二系列	1.125	1.375	1.75	2.25	2.75	3.5	4.5	5.5	(6.5)
	7	9	11	14	18	22	28	36	45

注：优先选用第一系列，其次选用第二系列，括号内的模数尽可能不用。

2. 标准直齿圆柱齿轮各部分尺寸计算公式

标准直齿圆柱齿轮各部分尺寸计算公式及计算举例见表 7-6。

表 7-6　直齿圆柱齿轮轮齿的各部分尺寸关系

基本参数：　模数 m　齿数 z					
名称	代号	尺寸公式	名称	代号	尺寸公式
分度圆	d	$d=mz$	齿根圆直径	d_f	$d_f=d-2h_f=m(z-2.5)$
齿顶高	h_a	$h_a=m$	齿距	p	$p=\pi m$
齿根高	h_f	$h_f=1.25m$	齿厚	s	$s=p/2$
齿高	h	$h=h_a+h_f=2.25m$	中心距	a	$a=(d_1+d_2)/2$ $=m(z_1+z_2)/2$
齿顶圆直径	d_a	$d_a=d+2h_a=m(z+2)$			

三、标准直齿圆柱齿轮的规定画法

1. 单个圆柱齿轮的规定画法

单个齿轮的表达一般采用两个视图，将与轴线平行的视图画成剖视图（全剖或半剖），与轴线垂直的视图应将键槽的位置和形状表达出来，如图 7-30 所示。齿顶线和齿顶圆用粗实线绘制；分度线和分度圆用细点画线绘制；在视图中，齿根线和齿根圆用细实线绘制，也可省略不画。在剖视图中，当剖切平面通过齿轮轴线时，齿根线用粗实线绘制，轮齿按不剖处理，即轮齿部分不画剖面线。

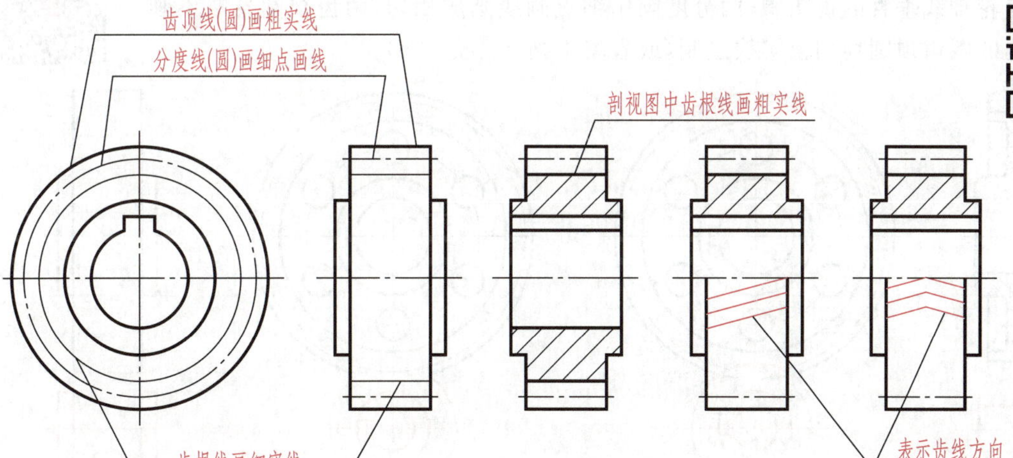

图 7-30　单个齿轮的画法

对于斜齿、人字齿齿轮，常采用半剖视图，并在半个视图中用三条细实线表示齿线方向（图 7-30）。

齿轮的零件图应按零件图的全部内容绘制和标注完整，并且在其零件图的右上角画出有关齿轮的啮合参数和检验精度的表格并注明有关参数，如图 7-31 所示。

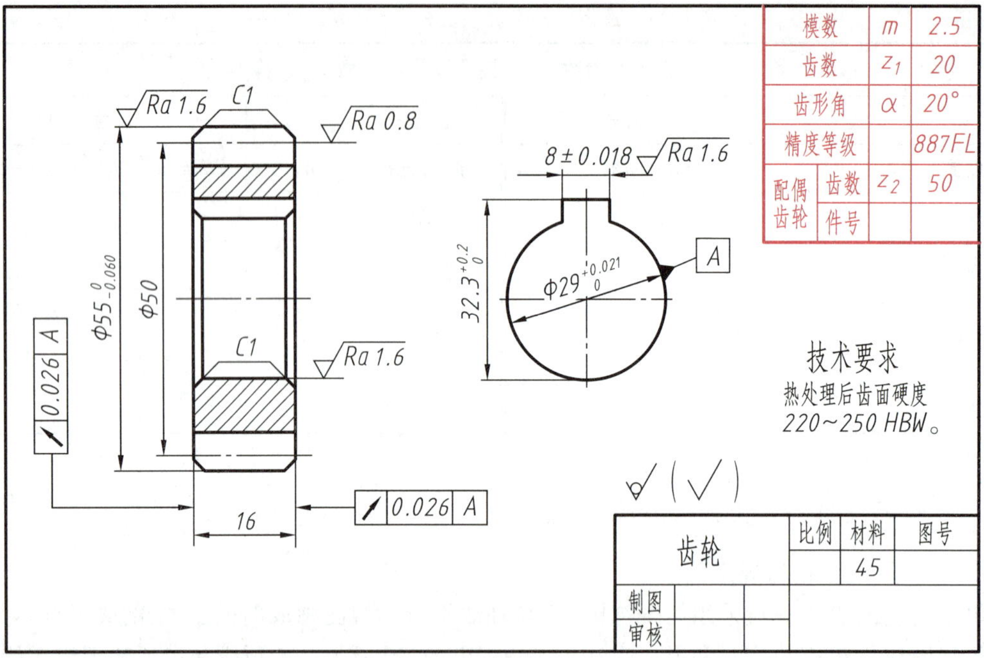

图 7-31 齿轮零件图

2. 圆柱齿轮啮合的规定画法

与齿轮轴线垂直的视图中,两分度圆用细点画线画成相切,两齿根圆省略不画,啮合区内的两齿顶圆均用粗实线绘制,或省略不画(图 7-32b)。

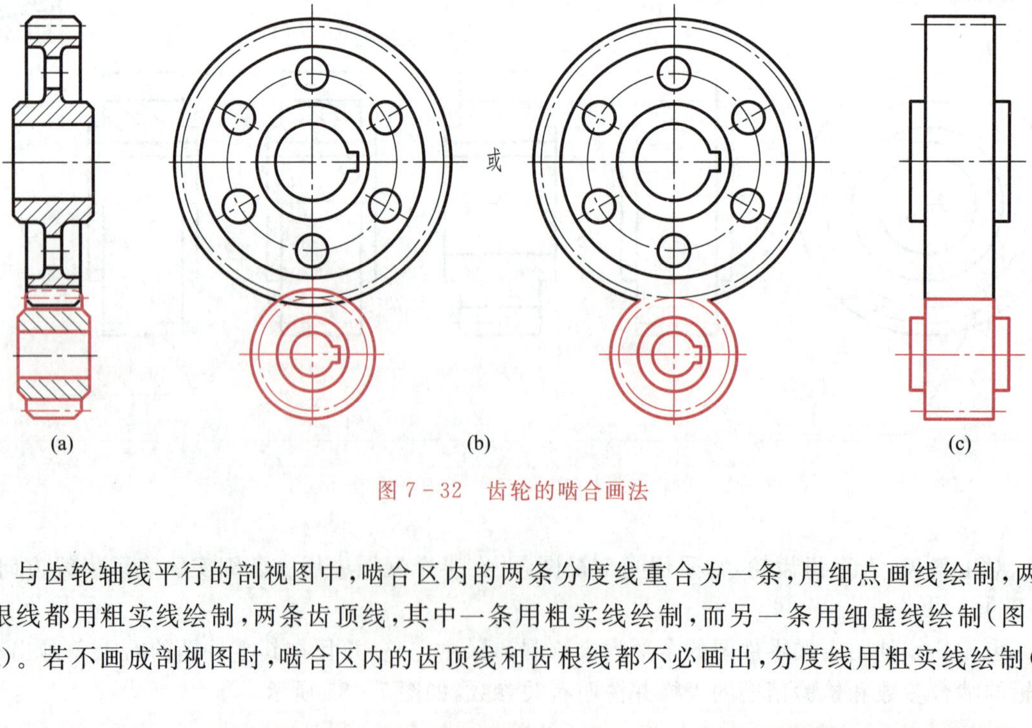

图 7-32 齿轮的啮合画法

与齿轮轴线平行的剖视图中,啮合区内的两条分度线重合为一条,用细点画线绘制,两条齿根线都用粗实线绘制,两条齿顶线,其中一条用粗实线绘制,而另一条用细虚线绘制(图 7-32a)。若不画成剖视图时,啮合区内的齿顶线和齿根线都不必画出,分度线用粗实线绘制(图

7-32c)。

在齿轮啮合的剖视图中，由于齿根高和齿顶高相差 $0.25m$，因此一个齿轮的齿顶线与另一个齿轮的齿根线之间，应有 $0.25m$ 的间隙(图 7-33)。

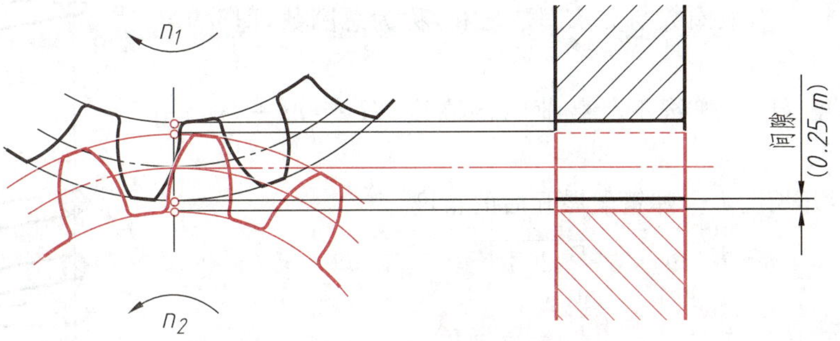

图 7-33　两个齿轮啮合的间隙

§7-4　弹簧

弹簧是另一类在工程上被广泛使用的常用件。通常用来减振、夹紧、测力和贮存能量。弹簧的种类多，常见的有螺旋弹簧和涡卷弹簧等。根据受力情况不同，螺旋弹簧又可分为压缩弹簧、拉伸弹簧和扭转弹簧等，常用的各种弹簧如图 7-34 所示。弹簧的用途很广，本节只介绍圆柱螺旋压缩弹簧。

图 7-34　常用弹簧的种类

一、圆柱螺旋压缩弹簧各部分名称(图 7-35)及尺寸计算

1) 簧丝直径(线径)d　弹簧钢丝的直径。

2) 弹簧外径 D　弹簧的最大直径。

3) 弹簧内径 D_1　弹簧的最小直径，$D_1=D-2d$。

4) 弹簧中径 D_2　即弹簧内径和外径的平均值，

$$D_2=(D+D_1)/2=D_1+d=D-d$$

5) 节距 t　除支承圈外，相邻两有效圈上对应点之间的轴向距离。

6) 支承圈数 n_0　为了使压缩弹簧工作时受力均匀，保证轴线垂直于支承面，通常将弹簧的两端并紧磨平。这部分圈数只起支承作用，称为支承圈数，常见的有 1.5 圈、2 圈、2.5 圈 3 种。其中 2.5 圈用得最多。

7）有效圈数 n　弹簧能保持相同节距的圈数。

8）总圈数 n_1　有效圈数与支承圈数之和，称为总圈数，即 $n_1 = n + n_0$。

9）自由高度 H_0　弹簧不受载荷时的高度，$H_0 = nt + (n_0 - 0.5)d$。

10）弹簧展开长度 L　弹簧丝展开后的长度

$$L = n_1\sqrt{(\pi D_2)^2 + t^2}$$

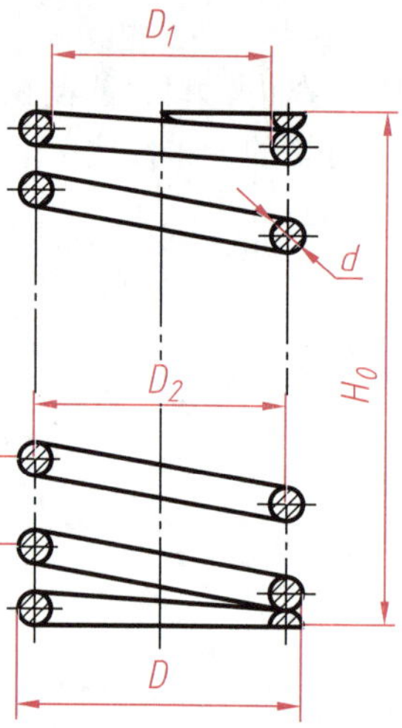

图 7-35　弹簧各部分名称

二、圆柱螺旋压缩弹簧的规定画法

1）在平行于弹簧轴线的视图中，各圈的轮廓线画成直线。

2）圆柱螺旋弹簧均可画成右旋，但左旋弹簧不论画成左旋或右旋，一律要注出旋向“左”字。

3）压缩弹簧在两端并紧磨平时，不论支承圈数多少或末端并紧情况如何，均按支承圈数为 2.5 圈的形式画出。

4）有效圈数在四圈以上的螺旋弹簧，允许每端只画两圈（不包括支承圈）。中间部分省略后，允许适当缩短图形长度，但应注明弹簧设计要求的自由高度。

图 7-36 所示为圆柱螺旋压缩弹簧的画法步骤。

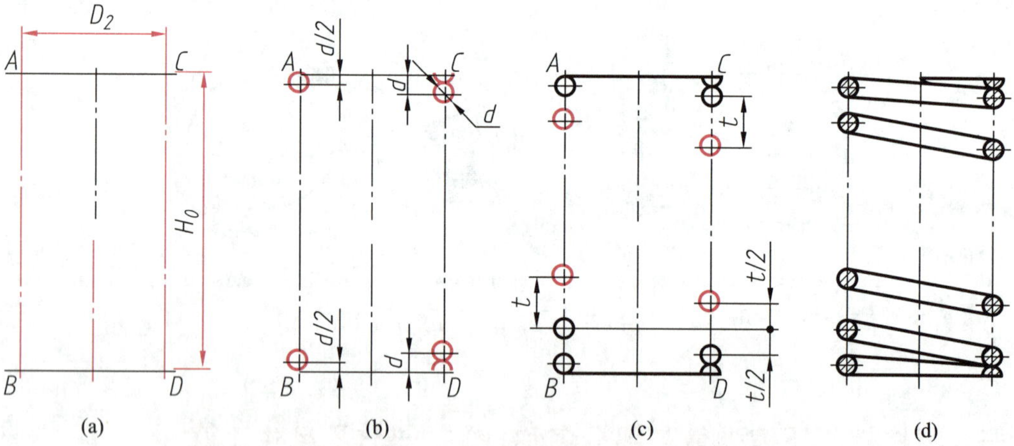

图 7-36　圆柱螺旋压缩弹簧的画法

三、弹簧在装配图中的画法

在装配图中，弹簧的画法要注意以下几点：

（1）弹簧被剖切后，不论中间各圈是否省略，被弹簧挡住的结构一般不画，其可见部分应从弹簧的中径画起，如图 7-37a 所示。

（2）当弹簧钢丝的直径在图形上小于或等于 2 mm 时，其断面可以涂黑表示或采用示意画法，如图 7－37b 所示。

(3) 当弹簧钢丝直径在图形上小于或等于 1 mm 时，允许采用示意画法，如图 7－37c 所示。

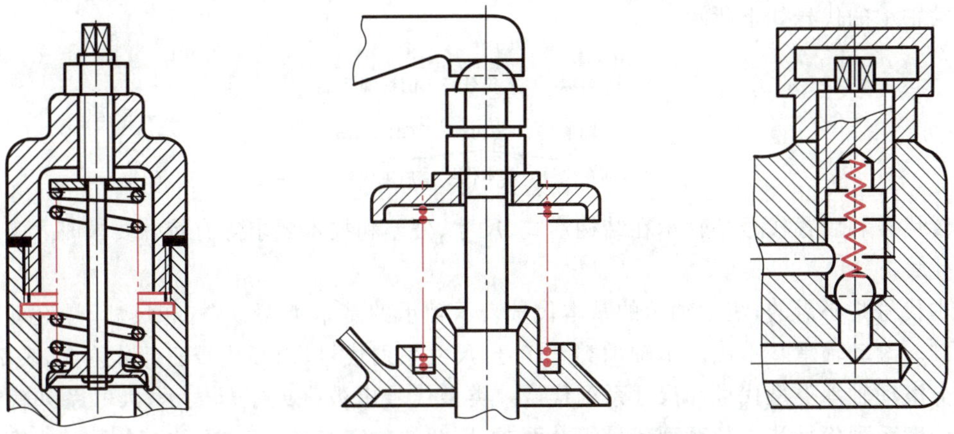

(a) (b) (c)

图 7－37 弹簧在装配图中的画法

§7－5 滚动轴承

滚动轴承是支承轴的一种标准组件。由于具有结构紧凑、摩擦力小、拆装方便等优点，所以在各种机器、仪表等产品中得到广泛应用。

滚动轴承由内圈、外圈、滚动体和保持架等零件组成，如图 7－38 所示。

一、滚动轴承的结构和分类

常用的滚动轴承有以下三种，它们通常是按受力方向分类。

1）向心轴承　承受径向载荷，如图 7－38a 所示。

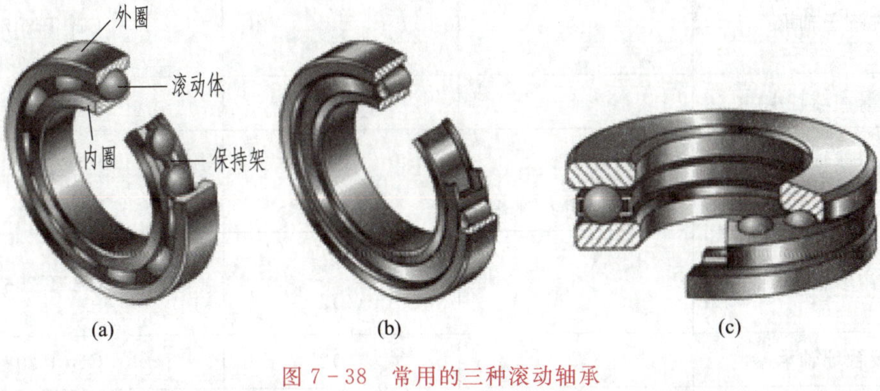

(a) (b) (c)

图 7－38 常用的三种滚动轴承

2）向心推力轴承　能同时承受径向和轴向载荷，如图 7－38b 所示。

3）推力轴承　承受轴向载荷，如图 7－38c 所示。

二、滚动轴承代号

滚动轴承的代号如下所示：

名称 代号 国标编号

轴承 6208 GB/T 276

前置代号 基本代号 后置代号

前置代号和后置代号是轴承在结构形式、尺寸、公差和技术要求等有特殊要求时才需要给出的补充代号。

基本代号是必需的，滚动轴承的基本代号表示轴承的基本类型、结构和尺寸，是滚动轴承代号的基础。滚动轴承基本代号由轴承类型代号、尺寸系列代号、内径代号三部分构成，表 7-7 列出了部分滚动轴承类型代号和尺寸系列代号。类型代号由数字或字母表示；尺寸系列代号由轴承宽(高)度系列代号和直径系列代号组合而成，用两位数字表示，其中左边一位数字为宽(高)度系列代号(凡括号中的数值，在注写时省略)，右边一位数字为直径系列代号；内径代号的意义及注写示例见表 7-8。

表 7-7 滚动轴承类型代号和尺寸代号

轴承类型名称	类型代号	尺寸系列代号	标准编号
双列角接触球轴承	0	32 33	GB/T 296
调心球轴承	1	(0)2 (0)3	GB/T 281
调心滚子轴承 推力调心滚子轴承	2	13 92	GB/T 288 GB/T 5859
圆锥滚子轴承	3	02 03	GB/T 297
双列深沟球轴承	4	(2)2	GB/T 276
推力球轴承 双向推力球轴承	5	11 22	GB/T 301
深沟球轴承	6	18 (0)2	GB/T 276
角接触球轴承	7	(0)2	GB/T 292
推力圆柱滚子轴承	8	11	GB/T 4663

续表

轴承类型名称	类型代号	尺寸系列代号	标准编号
外圈无挡圈圆柱滚子轴承 双列圆柱滚子轴承	N NN	10 30	GB/T 283 GB/T 285
圆锥孔外球面球轴承	UK	2	GB/T 3882
四点接触球轴承	QJ	(0)2	GB/T 294

表 7-8 轴承内径代号

轴承公称内径/mm		内径代号	注写示例及说明
0.6～10 (非整数)		用公称内径(mm)直接表示,在其与尺寸系列代号之间用“/”分开	618/2.5—深沟球轴承,类型代号 6,尺寸系列代号 18,内径 $d=2.5$ mm
1～9(整数)		用公称内径(mm)直接表示,对深沟及角接触球轴承用 7、8、9 直径系列,内径与尺寸系列代号之间用“/”分开	618/5—深沟球轴承,类型代号 6,尺寸系列代号 18,内径 $d=5$ mm 725—角接触球轴承,类型代号 7,尺寸系列代号(0)2,内径 $d=5$ mm
10～17	10 12 15 17	00 01 02 03	6201—深沟球轴承,类型代号 6,尺寸系列代号(0)2,内径 $d=12$ mm
20～480 (22、28、32)除外		公称内径除以 5 的商数,商数只有一位数时,需在商数前加“0”	23208—调心滚子轴承,类型代号 2,尺寸系列代号 32,内径代号 08,则内径 $d=5\times8$ mm$=40$ mm
>500 以及 22、28、32		用公称内径(mm)直接表示,在其与尺寸系列代号之间用“/”分开	230/500—调心滚子轴承,类型代号 2,尺寸系列代号 30,内径 $d=500$ mm

例如:滚动轴承　61204

该轴承的规定标记为:轴承　61204 GB/T 276—1994

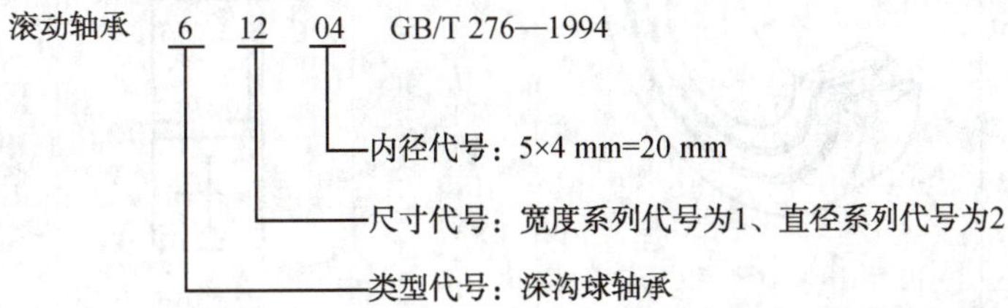

三、滚动轴承的画法(GB/T 4459.7—1998)

滚动轴承是标准组件,因此除轴承生产厂家外,一般设计人员不需单独绘制轴承零件图,只在装配图中按照国家标准采用简化画法或规定画法来表示滚动轴承。

其中,简化画法分为通用画法和特征画法两种。在装配图中,若不必确切地表示滚动轴承的外形轮廓、载荷特征和结构特征,可采用通用画法来表示,即在轴的两侧用粗实线矩形框及位于线框中央正立的十字形符号表示,十字形符号不应与线框接触(图 7-39)。若要较形象地表示滚动轴承的结构特征,可采用特征画法表示(常用滚动轴承的特征画法见表 7-9)。

在装配图中,若要更详细地表达滚动轴承的主要结构形状,可采用规定画法来表示(常用滚动轴承的规定画法见表 7-9)。在规定画法中,滚动轴承的保持架及倒角省略不画,滚动体不画剖面线,各套圈的剖面线方向一致且间距相同。为简化作图,当采用规定画法时,一般只需在轴的一侧用规定画法表达轴承,在轴的另一侧采用通用画法表达即可(图 7-39)。

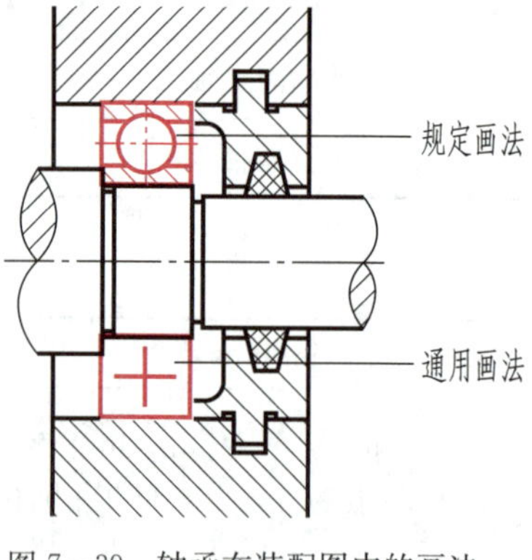

图 7-39 轴承在装配图中的画法

表 7-9 常用滚动轴承的画法

轴承名称	结构形式	应用	规定画法	特征画法
深沟球轴承 6000 型(绘图时需查 D, d, B)	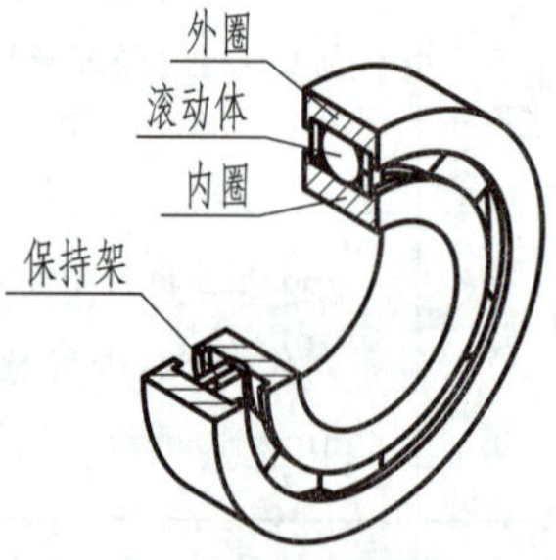	主要承受径向力	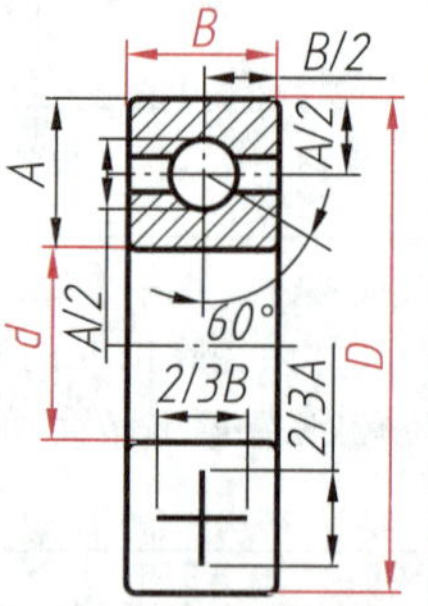	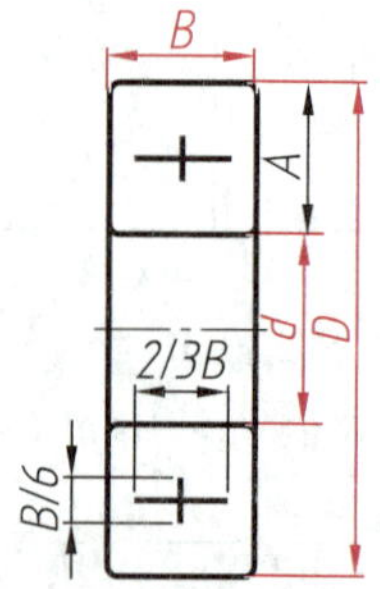
圆锥滚子轴承 3000 型(绘图时需查 D, d, T, C, B)	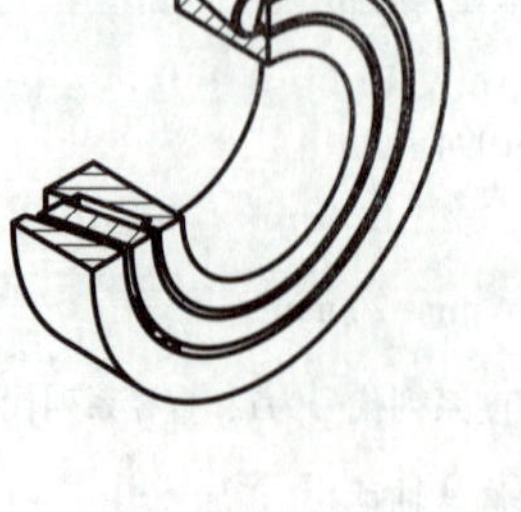	可同时承受径向力和轴向力	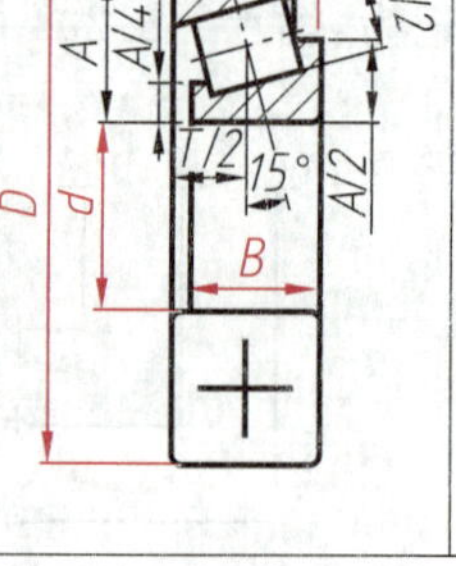	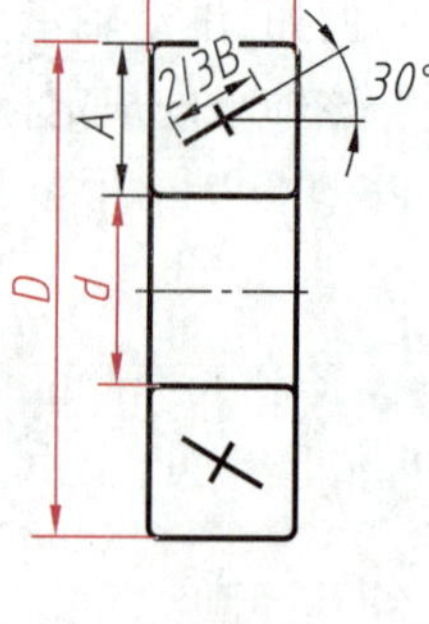

续表

轴承名称	结构形式	应用	规定画法	特征画法
平底推力球轴承 5000 型(绘图时需查 D,d,T)	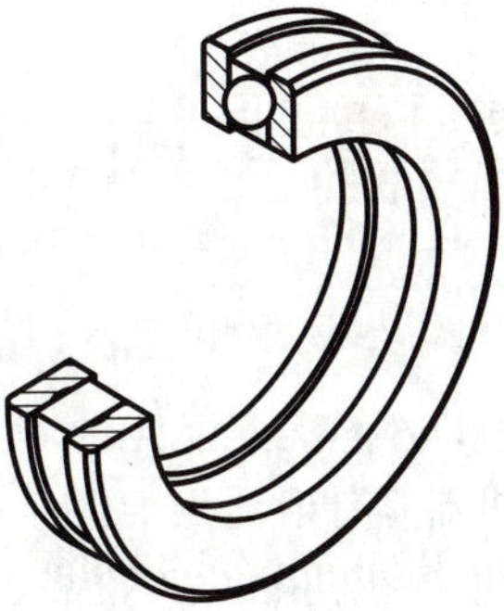	承受单向的轴向力	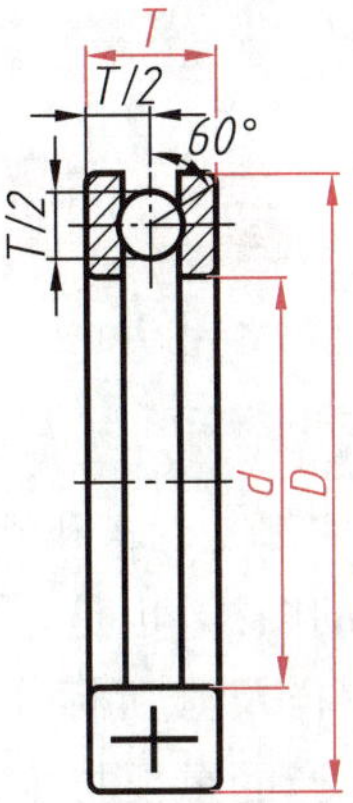	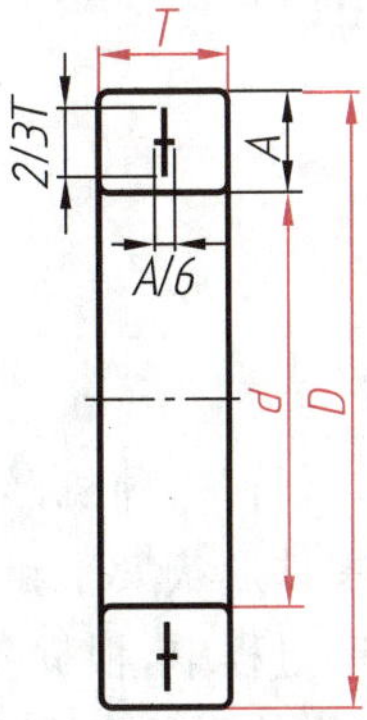

第八章 零 件 图

任何一种机器或部件都是由若干个零件组成，所以零件是最基本的单元，而零件图是表达单个零件形状大小和特征的图样，也是在制造和检验机器零件时所用的图样，又称零件工作图。在生产过程中，根据零件图样及其所标注的尺寸和技术要求进行生产准备、加工制造及检验。所以，零件图是指导零件生产的重要技术文件。本章将重点介绍零件图的绘制与阅读。

§8-1 零件图的作用和内容

一张完整的零件图应包括以下内容(图 8-1)：

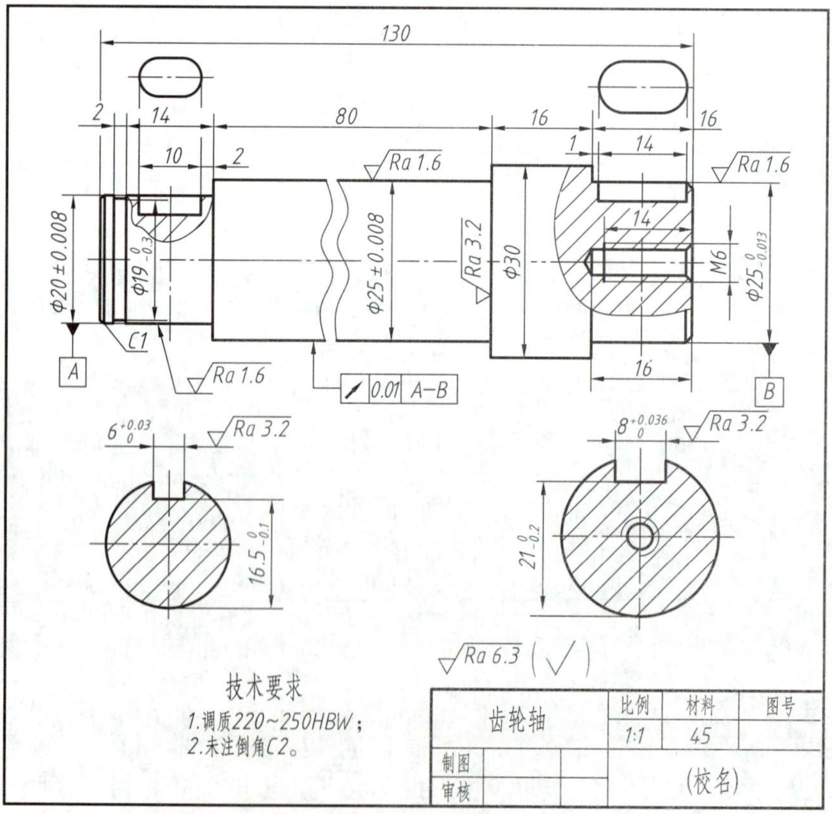

图 8-1 齿轮轴零件图

(1) 一组视图　综合运用所学的视图、剖视、断面及其他规定和简化画法等表达方法，用最简练、最恰当的方式完整、清晰地表达零件各部分的结构形状。

(2) 完整的尺寸　用以确定零件各部分的大小和位置。零件图上应标注出加工制造和检验零件是否合格所需的全部尺寸。

(3) 技术要求　用一些规定的符号、数字、字母和文字注明，简明、准确地说明零件在使用、制造和检验时应达到的一些技术要求(如表面粗糙度、尺寸公差、几何公差、热处理、表面处理等)。

(4) 标题栏　在图纸的右下角位置的标题栏内，应注明零件的名称、材料、数量、比例、图号、设计及审核人员的签名、单位等。

§8-2　零件图的视图选择及尺寸标注

一、零件图的视图选择

(1) 零件分析，首先要分析零件的功能、类型、特征，由哪些基本体构成，相互关系如何，其加工方法及加工状态如何，明确了以上信息，才可以确定零件的摆放位置，应尽可能符合零件的加工位置或工作位置。

(2) 主视图是一组图形的核心，主视图应尽可能多地表达零件结构形状特征，所以应以表示零件信息量最大的那个视图作为主视图。

(3) 在零件结构形状图示清楚的前提下，使视图(包括剖视图、断面图等)的数量最少，并且力求制图简便。

(4) 尽量避免使用细虚线表达零件的结构。

(5) 避免不必要的细节重复。

图 8-2 所示的柱塞泵壳体，按其工作位置放置后，其主视图的投射方向有 A、B、C、D 四个方向可供选择，所选 B 或 D 作为主视图的投射方向，均不能表达壳体主体的形状特征。若沿 C 向投射，则左视图中有三个小孔的凸台只能用细虚线表示，经过综合比较，沿 A 向投射能较好地反映零件的形状特征，所以确定 A 向为主视图投射方向，主视图采用局部剖，便于清晰地反映零件内部结构形状，同时又保留了部分前后不同的外部结构；俯视图采用局部剖，既反映了内部孔、腔的结构形状，又显示了顶上凸台及底板的部分形状，内、外均兼顾，加上 E 向的局部视图，直接反映底板的内、外结构形状，这样就完整清楚地表达了柱塞泵壳体的各部分结构。

选择其他视图：对主视图没表达清楚的结构形状，必须选择其他视图来补充表达。图 8-3 所示的轴，除主视图外，又采用了断面图、局部视图和局部放大图来表达销孔、键槽和退刀槽等局部结构。选择其他视图的原则是：每增加一个视图，必有一个表达目的。

二、零件图的尺寸标注

零件图的尺寸是加工和检验零件的重要依据，是零件图的重要内容之一。如果尺寸标注有误，就会给零件的制造带来麻烦，甚至造成较大的经济损失。

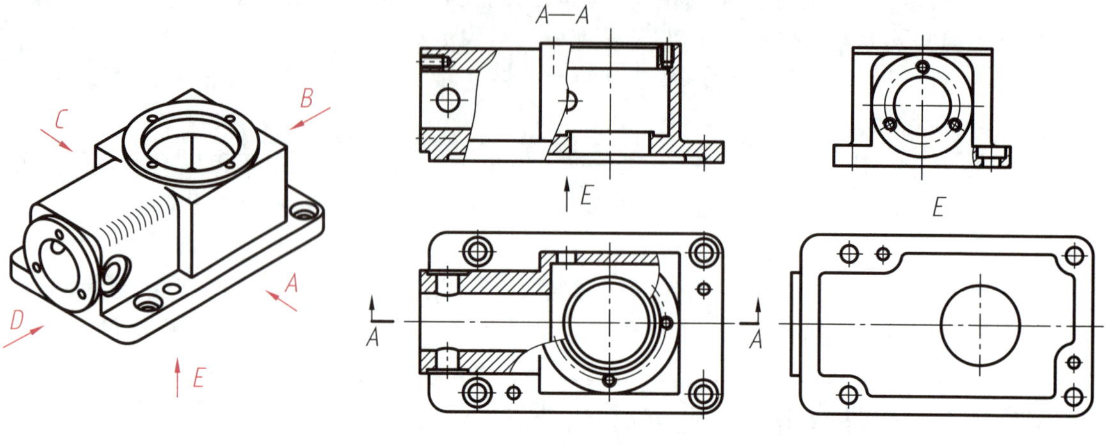

(a) (b)

图 8-2 柱塞泵壳体主视图选择

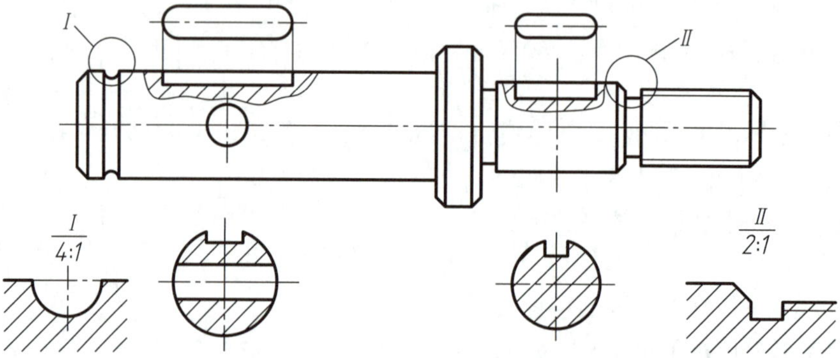

图 8-3 零件主视图和其他视图选择

标注零件图的尺寸，除满足正确、完整、清晰的要求外，还必须是标注合理。即要求图样上所标注的尺寸既要符合零件的设计要求，又要符合生产实际，便于加工和测量，并有利于装配。然而要做到这一点是比较难的，需要具备较多的机械设计和工艺方面的知识，只有学习有关后续课程并通过大量生产实践后才能逐步解决，本门课程只是先打好基础。

1. 尺寸基准

标注尺寸的起点，称为尺寸基准（简称基准）。一般选择零件上的一些面（如重要端面、底面、对称面等）、线（如轴线、对称中心线等）、点作为基准。零件上的尺寸基准有两种，即设计基准（主要基准）和工艺基准（辅助基准）。基准选定后，重要尺寸应从基准直接标注。

从设计角度考虑，为满足零件在机器或部件中对其结构，性能的特定要求而选定的一些基准，称为设计基准。设计基准可确定机器或部件上零件的位置。

从加工工艺的角度考虑，为便于零件的加工、测量、和装配而选定的一些基准，称为工艺基准。

2. 尺寸标注注意事项

1）零件的重要尺寸必须从基准直接注出。零件上的重要尺寸通常是指有装配要求、配合要求、精度要求、性能或形状要求等的一些尺寸，由于零件的加工总存在误差，为使零件的重要尺寸不受其他尺寸的影响，应在零件图中把重要尺寸直接注出，如图 8-4 中轴承座轴线的高度尺寸。

2）避免注成封闭尺寸链。如图 8-5a 所示，尺寸是同一方向串联并头尾相接组成封闭的图形，称为封闭尺寸链。若尺寸 a 比较重要，则尺寸 a 将受到尺寸 b、c、d 的影响。为保证 a 的精度，常将不重要的尺寸 c 不标注，使尺寸 a 和 b 的误差都积累到不重要的尺寸 c 上，如图 8-5b 所示。

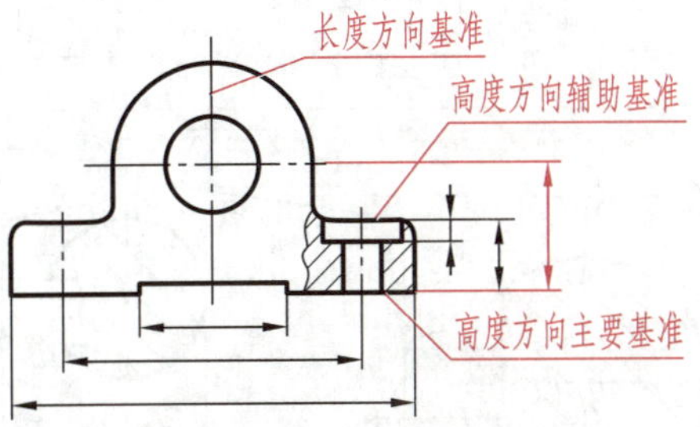

图 8-4　尺寸基准

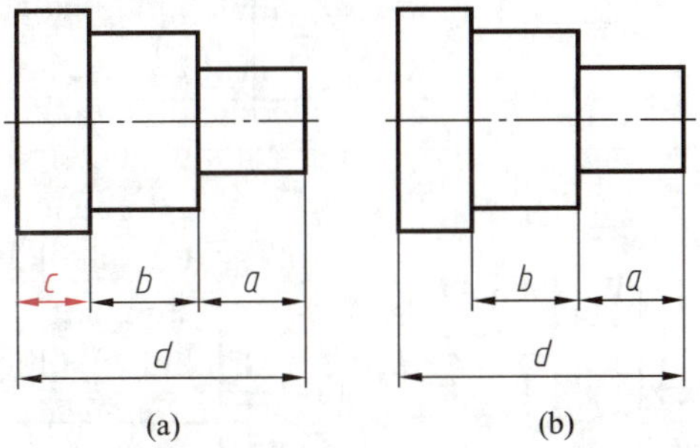

图 8-5　避免注成封闭尺寸链

3）标注尺寸要便于加工，并尽量使用通用量具，如图 8-6a、b 所示。

4）标注尺寸时应考虑便于测量，如图 8-6c、d 所示。

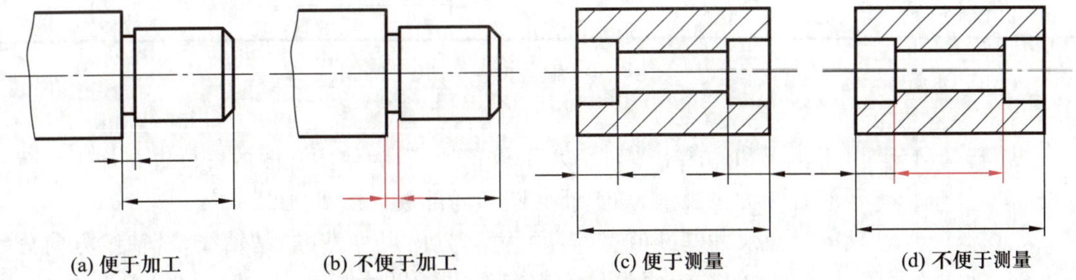

图 8-6　标注尺寸便于加工和测量

三、典型零件分析

零件的种类很多，结构形状也千差万别，通常根据结构和用途相似的特点及加工制造的特点，结合零件的结构形状特征，将一般零件分为以下四类。

1. 轴套类零件

轴类零件是旋转体零件，一般属于同轴回转体，其轴向尺寸远大于径向尺寸，即轴向长度远大于直径，常由外圆柱面、圆锥面、内孔和螺纹及相应的端面所组成，沿轴线方向通常有轴肩、倒角、退刀槽、键槽等结构要素（图 8-7）。

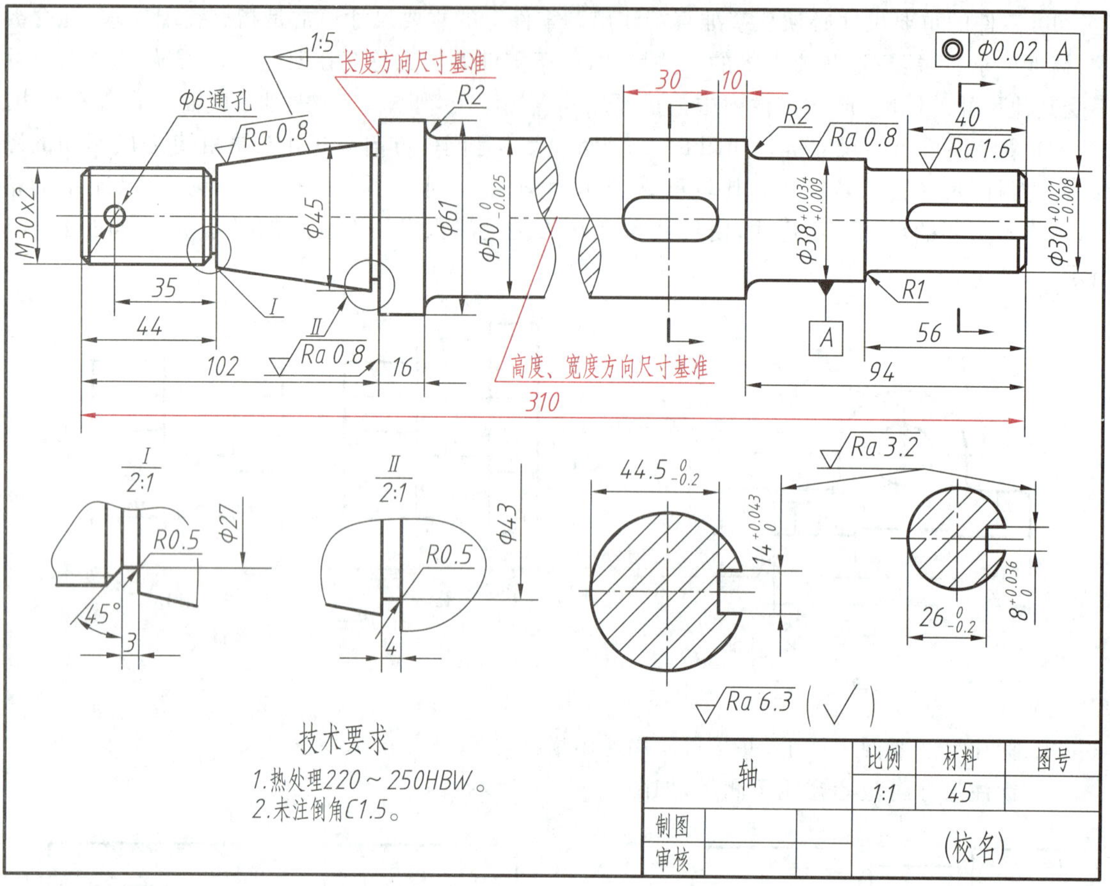

图 8-7　轴套类零件图

视图选择分析：由于车床和磨床上零件为水平放置加工，为使主视图放置位置与加工位置一致，故将零件轴线水平放置作为主视图，加上断面图和局部放大图等（图 8-7）。

尺寸标注分析：轴的径向尺寸基准（包括高度、宽度方向尺寸基准）是轴线，沿轴线方向分别注出各段轴的直径尺寸。$\phi61$ 的左端面为长度方向的主要尺寸基准，从基准出发向左注出 102 为轴的左端面，并注出轴的总长尺寸 400。中间键槽长度在轴线方向的定位尺寸为 10，其长度方向的定形尺寸为 30，其键槽宽度和深度尺寸在移出断面图中标注。

根据结构形状的不同，轴类零件可分为光轴、阶梯轴、空心轴和曲轴等。

2. 盘盖类零件

盘盖类零件为偏平的盘状结构，多数属于同轴回转体，一般都能在车床上加工成形，其径向尺寸远大于轴向尺寸。常见的盘盖类零件有端面、透盖、闷盖、泵盖、阀盖、法兰盘、齿轮盘、带轮等。

视图选择分析：盘盖类零件一般选用轴线水平放置的全剖主视图，并常用左视图或右视图表达其上分布的孔或槽（图 8-8）。

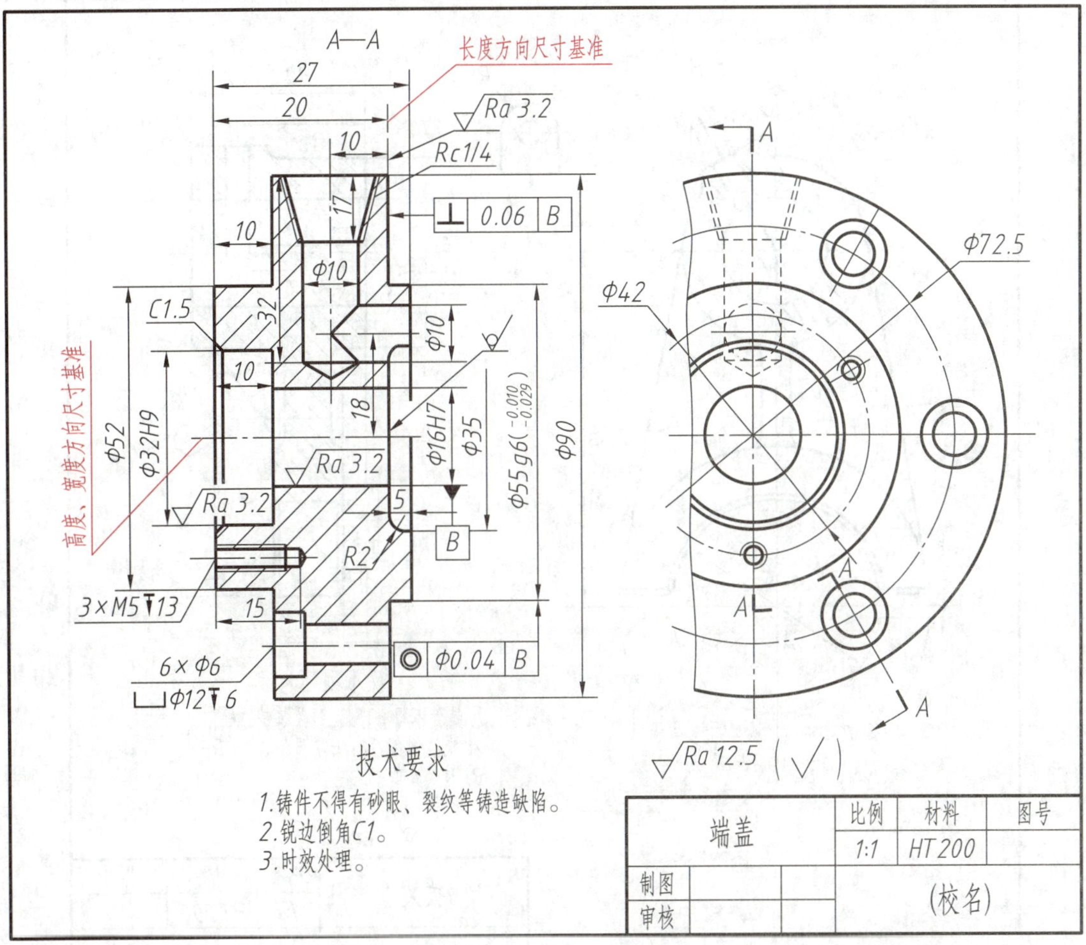

图 8-8　盘盖类零件图

尺寸标注分析：盘盖类零件的宽度和高度方向的基准都是回转轴线，长度方向的主要基准是经过加工的较大端面。圆周上均匀分布的小孔的定位圆直径是这类零件典型定位尺寸。

3. 叉架类零件

常见的轴承座、支架、拨叉零件属于叉架类零件，这类零件的毛坯形状比较复杂，一般需经过铸造，锻造加工和切削加工等多道工序。

叉架类零件由一个或多个圆筒加上一些板状体支承或连接形成（图 8-9）。

视图选择分析：因叉架类零件　般都是锻件或铸件，往往要在多种机床上加工，各工序的加工位置不尽相同。因此，加工位置、工作位置常不确定，该类零件应以反映零件形体特征的投射方向为主视图方向，除主视图外一般还需 1～2 个基本视图及斜视图等（图 8-9）。

尺寸标注分析：叉架类零件在长、宽、高三个方向的主要基准一般为孔的中心线（或轴线）、对称平面和较大的加工面。定位尺寸较多，孔的中心线（或轴线）之间、孔的中心线（或轴线）到平面或平面到平面间的距离一般都要注出。

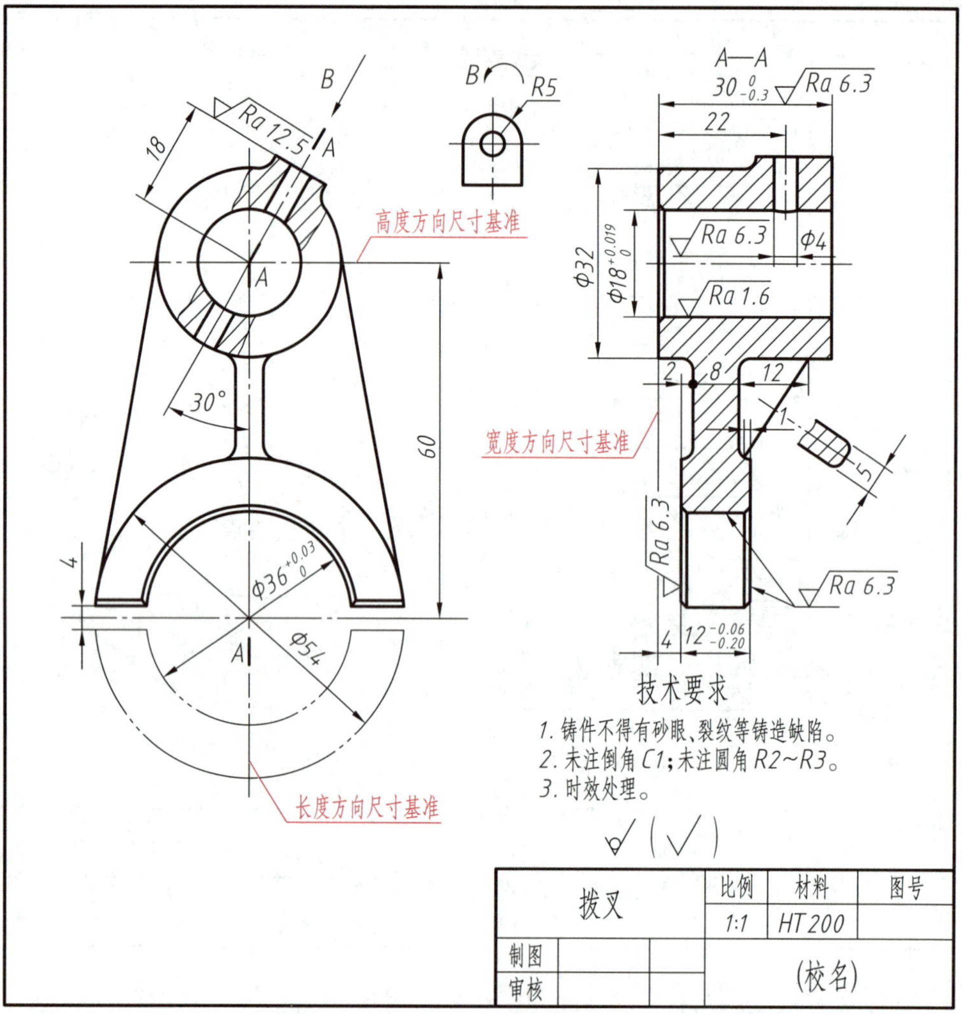

图 8－9　叉架类零件图

4. 箱体类零件

结构特征：呈内空状，结构较复杂。箱壁常有支承运动件的孔、凸台等结构。一般多为铸件。

视图选择分析：箱体类零件的加工工序较多，装夹位置又不固定，因此常以工作位置放置零件，以反映零件形体特征为主视图，除主视图外一般还需 2～3 个基本视图及局部视图和斜视图等(图 8－10)。

尺寸标注分析：箱体类零件的长、宽、高三个方向的主要基准采用重要的轴线、对称平面和较大的加工端面。因结构形状复杂，定位尺寸多，各孔中心线(或轴线)间的距离一定要直接注出来。

除了上述类型零件外，还有一些其他类型的零件，例如冲压件、注塑件和镶嵌件等。它们的表达方法与上述类型零件的表达方法类似。

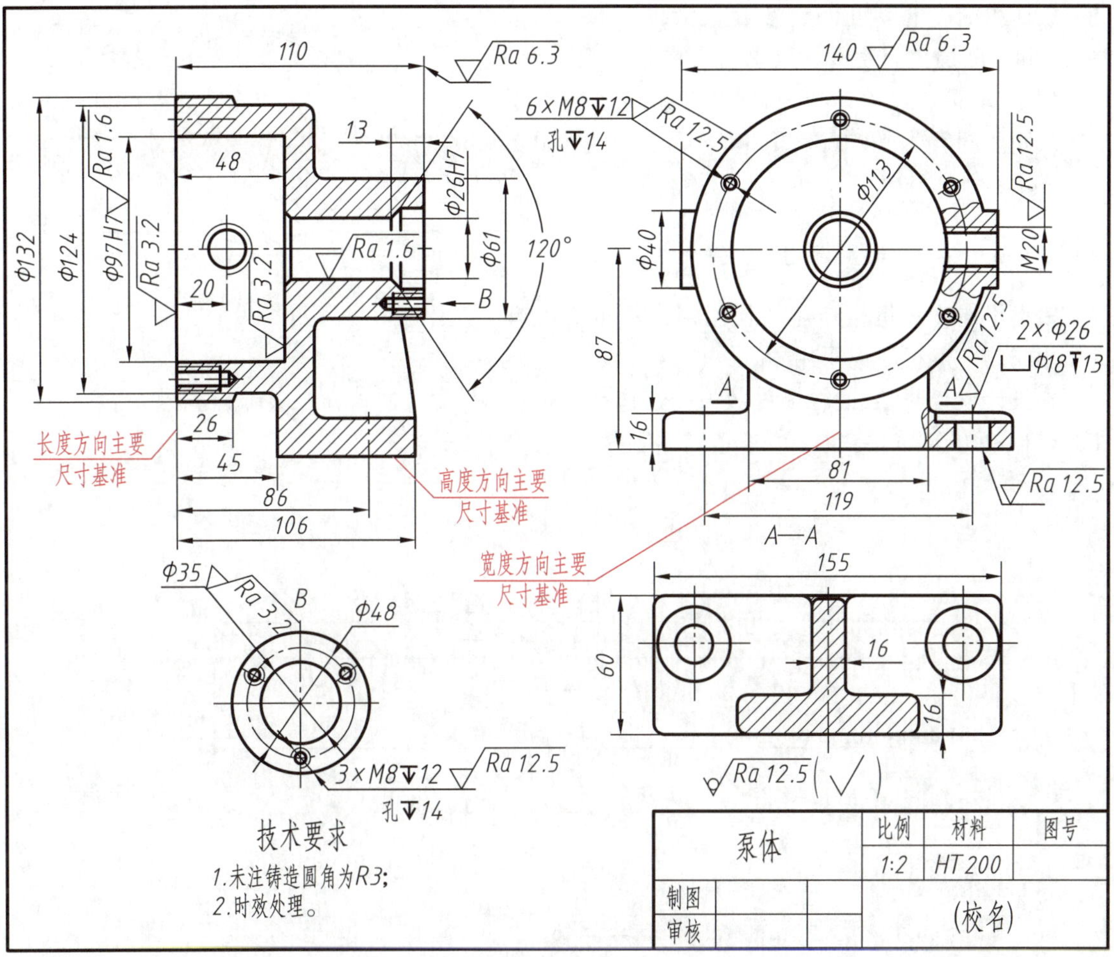

图 8-10　箱体类零件图

§8-3　表面结构表示法

零件图中除了视图和尺寸外，还应具备加工和检验零件的技术要求，技术要求主要包括零件的表面结构、尺寸公差、几何公差、对零件的材料、热处理和表面修饰的说明、对于特殊加工和检验的说明。

一、表面粗糙度的基本概念

表面结构参数分为三类，即三种轮廓（*R*、*W*、*P*），*R* 轮廓采用的是粗糙度参数。*W* 轮廓采用的是波纹度参数。*P* 轮廓采用的是原始轮廓参数。其中，评价零件的表面质量最常用的是 *R* 轮廓。不论采用何种加工所获得的零件表面，都不是绝对平整和光滑的，零件表面存在的微观凹凸不平轮廓峰谷，这种表示零件表面具有较小间距和峰谷所组成的微观几何形状特征，称为表面粗糙度，如图 8-11 所示。

表面粗糙度的高度评定参数有轮廓算术平均偏差 Ra 和轮廓最大高度 Rz。Ra 应用范围最为广泛。Ra 是指在取样长度 l 范围内，被测轮廓线上各点至基准线距离的算术平均值，如图 8－12 所示，可用下式来表示：

$$Ra=\frac{1}{l}\int_0^l |z(x)|\,\mathrm{d}x=\frac{1}{n}\sum_{i=1}^{n}|z_i|$$

表面粗糙度对机械产品的使用寿命和可靠性有重要影响。一般标注应采用 Ra。

在设计零件时，表面粗糙度数值的选择是根据零件在机器中的作用决定的。可参考以下原则：

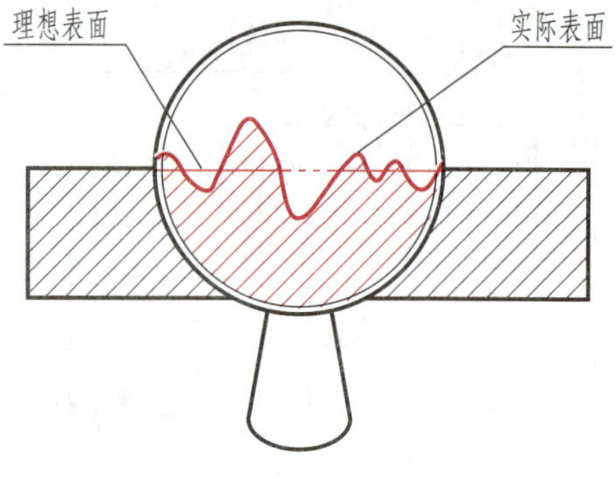

图 8－11　表面粗糙度的形成

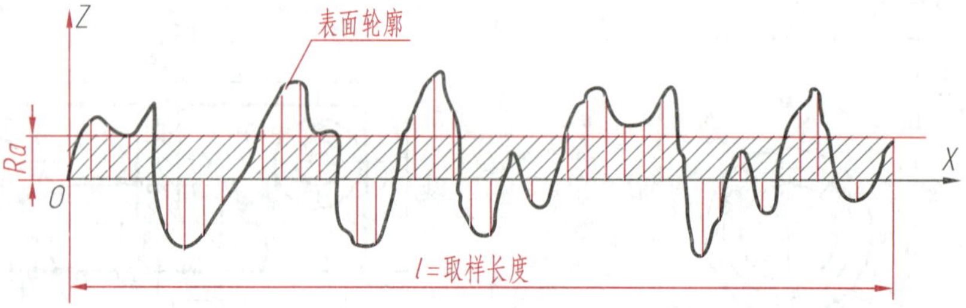

图 8－12　轮廓算术平均偏差

（1）工作表面比非工作表面的粗糙度数值小；

（2）摩擦表面比不摩擦表面的粗糙度数值小。

表 8－1 列出了不同加工方法所能达到的表面粗糙度。

表 8－1　不同加工方法所能达到的表面粗糙度（仅供标注时参考）

表面特征	表面粗糙度（Ra）数值	加工方法举例
明显可见刀痕	Ra100、Ra50、Ra25	粗车、粗刨、粗铣、钻孔
微见刀痕	Ra12.5、Ra6.3、Ra3.2	精车、精刨、精铣、粗铣、粗磨
看不见加工痕迹，微斜加工方向	Ra1.6、Ra0.8、Ra0.4	超精车、精磨、精铰、研磨
暗光泽面	Ra0.2、Ra0.1、Ra0.05	研磨、珩磨、超精磨、抛光

二、表面结构符号的表示

表面结构基本图形符号的画法如图 8－13 所示，符号的各部分尺寸与字体大小有关，并有多种规格。对于 3.5 号字，有 $H_1=5$ mm、$H_2=10.5$ mm，符号线宽 $d'=0.35$ mm。表 8－2 列出了表面结构的基本图形符号和完整图形符号。

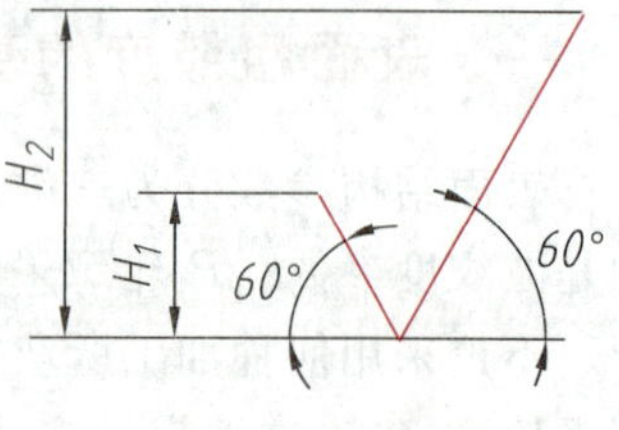

图 8－13　表面结构基本图形符号的画法

表 8-2　表面结构符号

序号	符号	意义及说明
1		基本图形符号，未指定工艺方法的表面，当通过一个注释解释时可单独使用
2		扩展图形符号，用去除材料方法获得的表面；仅当其含义是“被加工表面”时可单独使用
3		扩展图形符号，不去除材料的表面，也可用于表示保持上道工序形成的表面，不管这种状况是通过去除材料或不去除材料形成的
4		完整图形符号，在以上各种符号的长边上加一横线，以便注写对表面结构的各种要求

在完整符号中，对表面结构的单一要求和补充要求应注写在图 8-14 所示的指定位置。

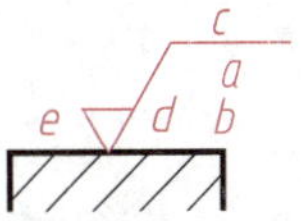

图 8-14　补充要求的注写位置

位置 a 和 b——注写符号所指表面，其表面结构的评定要求；

位置 c——注写符号所指表面的加工方法，如车、磨、镀等；

位置 d——注写符号所指表面的表面纹理和纹理的方向要求，如“=”“X”“M”；

位置 e——注写符号所指表面的加工余量，以 mm 为单位给出数值。

表 8-3 列出了几种表面结构代号和符号及说明。

表 8-3　表面结构代号

序号	符号	意义及说明
1	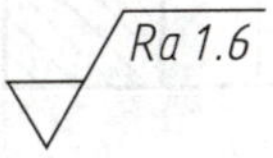	表示去除材料，单向上限值，默认传输带，R 轮廓，算术平均偏差 1.6 μm，评定长度为 5 个取样长度(默认)，“16%规则”(默认)
2	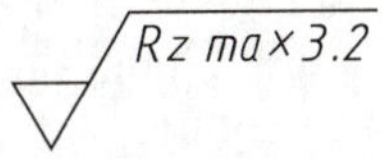	表示去除材料，单向上限值，默认传输带，R 轮廓，轮廓最大高度的最大值 3.2 μm，评定长度为 5 个取样长度(默认)，“最大规则”
3	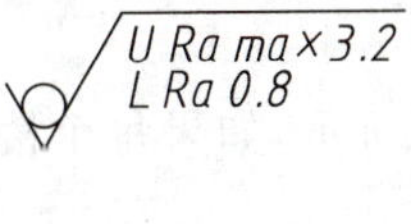	表示不允许去除材料，双向极限值，两极限值均使用默认传输带，R 轮廓，上限值：算术平均偏差 3.2 μm，评定长度为 5 个取样长度(默认)，“最大规则”；下限值：算术平均偏差 0.8 μm，评定长度为 5 个取样长度(默认)，“16%规则”(默认)
4	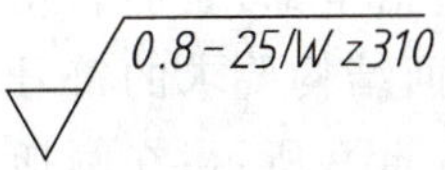	表示去除材料，单向上限值，传输带 0.8～25 mm，W 轮廓，波纹度最大高度 10 μm，评定长度包含 3 个取样长度，“16%规则”(默认)

注：16%规则是所有表面结构标注的默认规则。最大规则应用于表面结构要求时，参数代号中应加上“max”。

三、表面结构要求在图样中的注法

1）表面结构要求对每一表面一般只标注一次，并尽可能注在相应的尺寸及其公差的同一视图上。

2）表面结构的注写和读取方向与尺寸注写和读取方向一致，如图 8－15 所示。

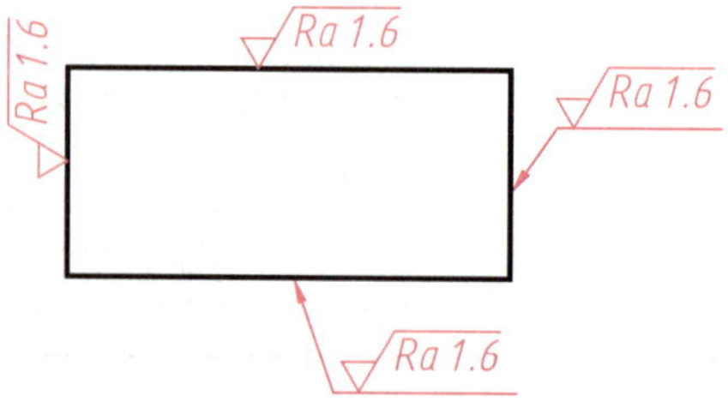

图 8－15　表面结构的注写和读取方向与尺寸方向一致

3）表面结构要求可标注在轮廓线上，其符号尖端应从材料外部指向零件表面。必要时，表面结构符号也可用带箭头或黑点的指引线引出标注，如图 8－16 所示。

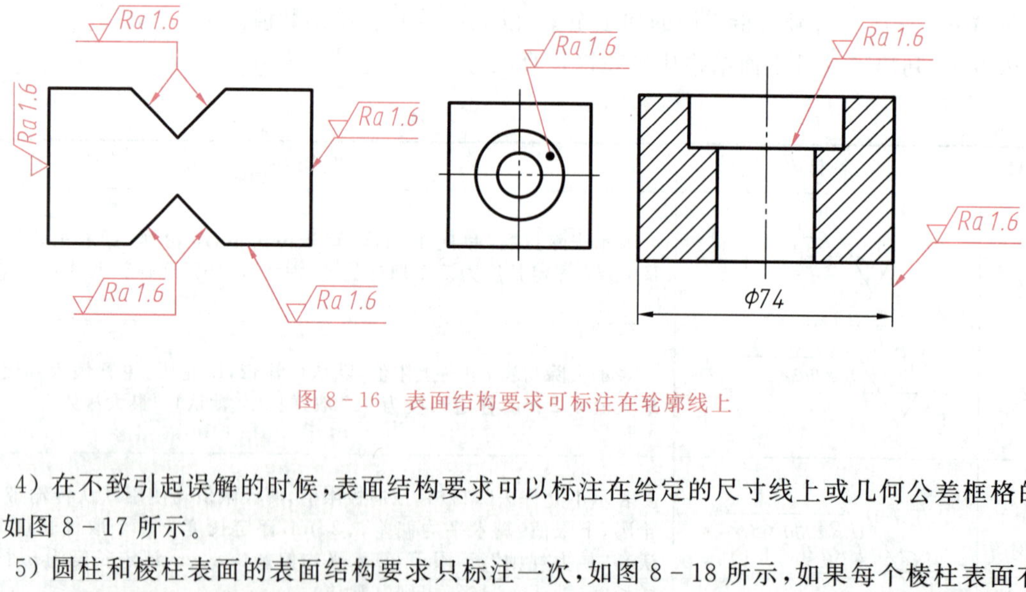

图 8－16　表面结构要求可标注在轮廓线上

4）在不致引起误解的时候，表面结构要求可以标注在给定的尺寸线上或几何公差框格的上方，如图 8－17 所示。

5）圆柱和棱柱表面的表面结构要求只标注一次，如图 8－18 所示，如果每个棱柱表面有不同的表面结构要求，则应分别单独标注。

6）有相同表面结构要求的简化注法。如果在工件的多数（包括全部）表面有相同的表面结构要求，则其表面结构要求可统一标注在图样的标题栏附近。表面结构要求的符号后面应有以下两种情况：在圆括号内给出无任何其他标注的基本符号，如图 8－19 所示；在圆括号内给出不同的表面结构要求，如图 8－20 所示。

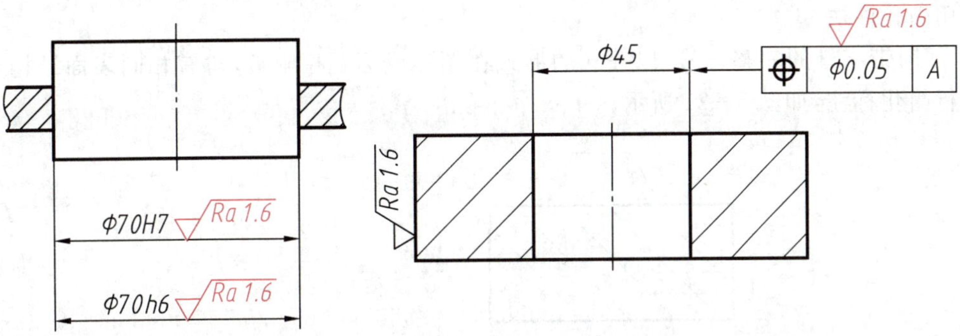

图 8－17　表面结构要求可以标注在给定的尺寸线上或几何公差框格的上方

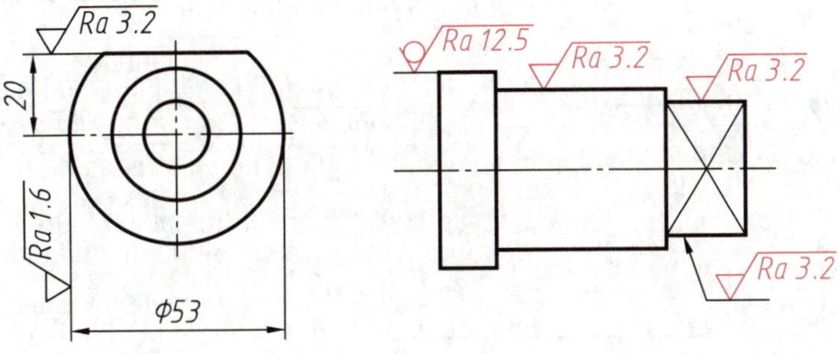

图 8－18　圆柱和棱柱表面的表面结构要求只标注一次

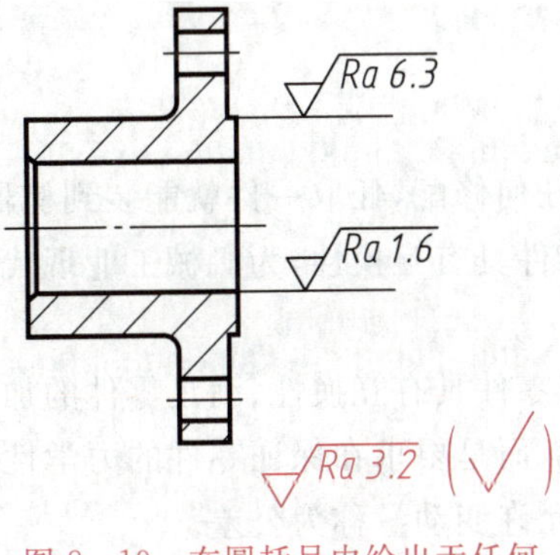

图 8－19　在圆括号内给出无任何其他标注的基本符号

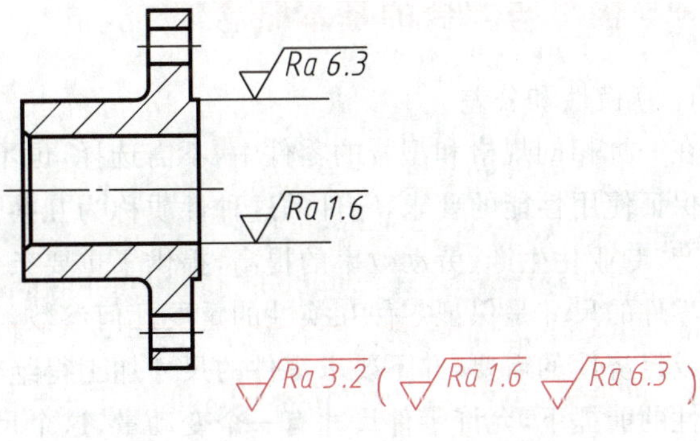

图 8－20　在圆括号内给出不同的表面结构要求

7）多个表面有共同要求的注法。当多个表面具有相同的表面结构要求或图纸空间有限时，可以采用简化注法。

① 可用带字母的完整符号，以等式的形式在图形或标题栏附近，对有相同表面结构要求的表面进行简化标注，如图 8－21 所示。

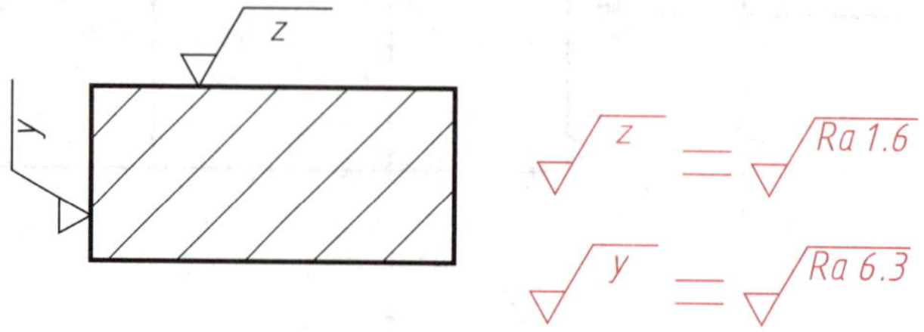

图 8－21　用带字母的符号以等式形式的表面结构简化注法

② 可用表 8－2 的表面结构符号，以等式的形式给出对多个表面共同的表面结构要求，如图 8－22 所示。

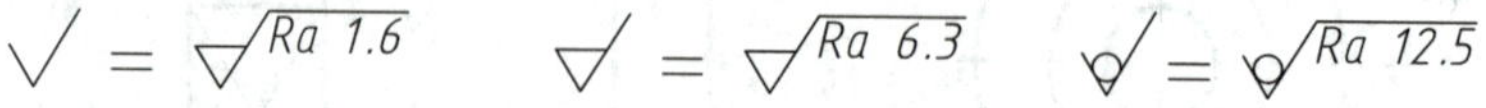

图 8－22　只用表面结构符号的简化注法

§8－4　极限与配合、几何公差

一、极限与配合的基本概念

1. 互换性和公差

在一批相同规格和型号的零件中，不需选择，也不经过任何修配，任取一件就能装到机器上，并能保证使用性能的要求，零件的这种性质称为互换性。零件具有互换性，为机械工业现代化协作生产、专业化生产、劳动效率的提高，提供了重要条件。

零件的尺寸是保证零件互换性的重要几何参数，为了使零件具有互换性、满足零件的加工工艺性或经济性的需要，并不要求零件的尺寸加工得绝对准确，而是要求在保证零件的力学性能和互换性的前提下，允许零件尺寸有一个变动量，这个尺寸的允许变动量称为公差。

2. 基本术语

关于尺寸公差的一些名词术语，下面以图 8－23 所示的圆孔尺寸为例来加以说明。

1）公称尺寸　由图样规范确定的理想形状要素的尺寸 $\phi30$。

2）极限尺寸　尺寸要素允许尺寸的两个极端，尺寸要素允许的最大尺寸称为上极限尺寸 $\phi30.01$，尺寸要素允许的最小尺寸称为下极限尺寸 $\phi29.99$。

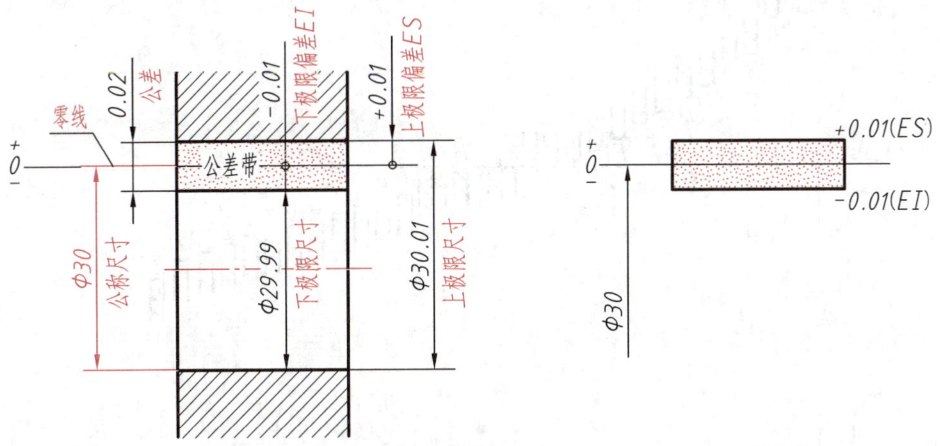

(a) 尺寸公差名词解释　　　(b) 公差带图

图 8-23　极限与配合的基本术语及名词解释

3) 极限偏差　极限尺寸与公称尺寸的代数差称为极限偏差，极限偏差分上极限偏差和下极限偏差两种。孔的上极限偏差用 ES、下极限偏差用 EI 表示，轴的上极限偏差用 es、下极限偏差用 ei 表示。上、下极限偏差可以是正值、负值或零。

ES＝30.01－30＝＋0.01；

EI＝29.99－30＝－0.01。

4) 尺寸公差(简称公差)　允许零件尺寸的变动量。公差等于上极限尺寸减下极限尺寸，也等于上极限偏差减下极限偏差所得的代数差：

公差＝上极限尺寸－下极限尺寸＝30.01－29.99＝0.02；

公差＝上极限偏差－下极限偏差＝0.01－(－0.01)＝0.02。

5) 零线　偏差值为零的一条基准直线。零线常用公称尺寸的尺寸界线表示。

6) 公差带图　在零线区域内，由孔或轴的上、下极限偏差围成的方框简图称为公差带图(图 8-23b)。

7) 尺寸公差带　在公差带图中，由代表上、下极限偏差的两条直线所限定的一个区域。

8) 标准公差　由国家标准所列的，用以确定公差带大小的公差值。标准公差用符号“IT”表示，分为 20 个等级，即 IT01、IT0、IT1、IT2、…、IT18。IT01 公差值最小，IT18 公差值最大，标准公差反映了尺寸的精确程度。其值可在附表 20 中查得。

9) 基本偏差　公差带图中离零线最近的那个极限偏差称为基本偏差。

10) 基本偏差系列　为了便于制造业的管理，国家标准对孔和轴各规定了 28 个基本偏差，该 28 个基本偏差就构成基本偏差系列。基本偏差的代号用拉丁字母表示，大写字母表示孔、小写字母表示轴(图 8-24)。由图中可知，孔的基本偏差从 A～H 为下极限偏差，从 J～ZC 为上极限偏差。而轴的基本偏差则相反，从 a～h 为上极限偏差，从 j～zc 为下极限偏差。图中 h 和 H 的基本偏差为零，它们分别代表基准轴和基准孔。JS 和 js 对称于零线，其上、下极限偏差分别为＋IT/2 和－IT/2。其值可从附表 21 中查得。

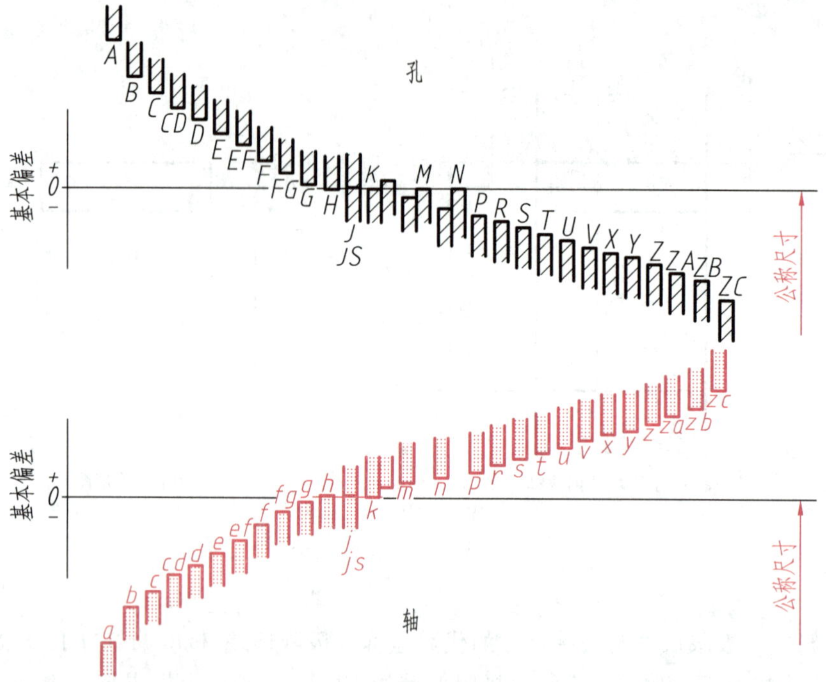

图 8-24　基本偏差系列

3. 配合

公称尺寸相同的相互结合的孔与轴（也包括非圆表面）公差带之间的关系称为配合，即配合就是指公称尺寸相同的孔与轴结合后的松紧程度。

配合的三种形式：

1）间隙配合。孔与轴配合时，孔的公差带在轴的公差带之上，具有间隙（包括最小间隙等于零）的配合，二者结合后，可作相对运动，如图 8-25a 所示。

2）过盈配合。孔与轴配合时，孔的公差带在轴的公差带之下，具有过盈（包括最小过盈等于零）的配合，二者结合后，不能作相对运动，如图 8-25b 所示。

3）过渡配合。孔与轴配合时，孔的公差带与轴的公差带相互交叠，可能具有间隙或过盈的配合，如图 8-25c 所示。

4. 配合制度

为了便于选择配合，减少零件加工的专用刀具和量具，国家标准对配合规定了两种基准制。

1）基孔制配合　基本偏差为一定的孔的公差带，与不同基本偏差的轴的公差带形成各种配合的一种制度，如图 8-26 所示。基孔制配合中的孔称为基准孔，基准孔的下极限偏差为零，并用代号 H 表示。

2）基轴制配合　基本偏差为一定的轴的公差带，与不同基本偏差的孔的公差带形成各种配合的一种制度，如图 8-27 所示。基轴制中的轴称为基准轴，基准轴的上极限偏差为零，并用代号 h 表示。

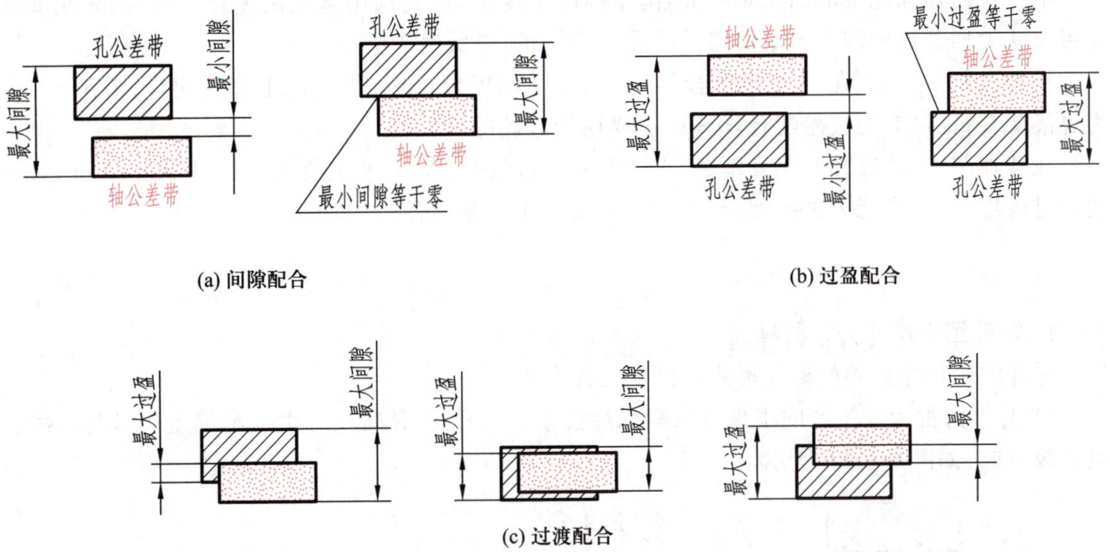

图 8-25　配合的种类

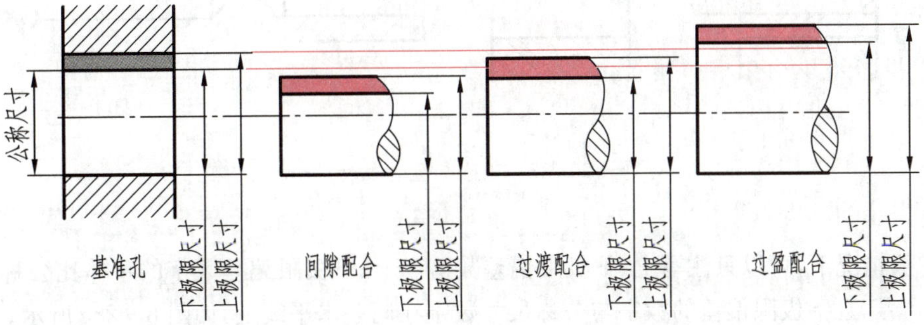

图 8-26　基孔制配合

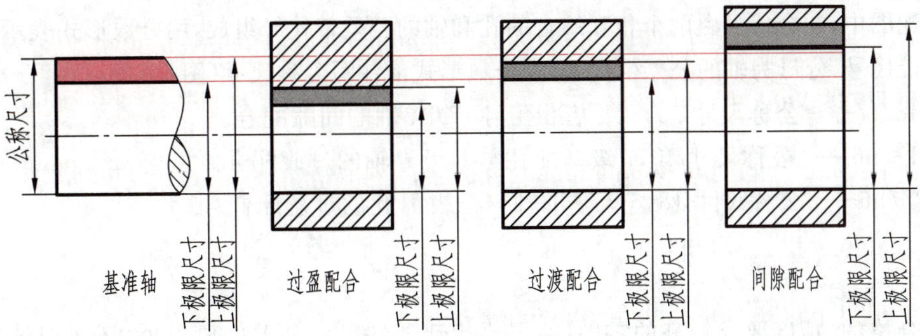

图 8-27　基轴制配合

由于孔的加工比轴的加工难度大，国家标准中规定，优先选用基孔制配合。同时，采用基孔制可以减少加工孔所需要的定值刀具的品种和数量，降低生产成本。

在基孔制中，基准孔 H 与轴配合，a～h 用于间隙配合；j～n 主要用于过渡配合；n、p、r 可能为过渡配合，也可能为过盈配合；p～zc 主要用于过盈配合。

在基轴制中，基准轴 h 与孔配合，A～H 用于间隙配合；J～N 主要用于过渡配合；N、P、R 可能为过渡配合，也可能为过盈配合；P～ZC 主要用于过盈配合。

二、极限与配合的标注

1. 零件图中尺寸公差的标注

零件图中尺寸公差的标注形式有以下三种形式：

1）对于大批大量生产的零件可以只标注公差带代号，公差带代号由基本偏差代号与标准公差等级组成，如图 8－28b 所示。

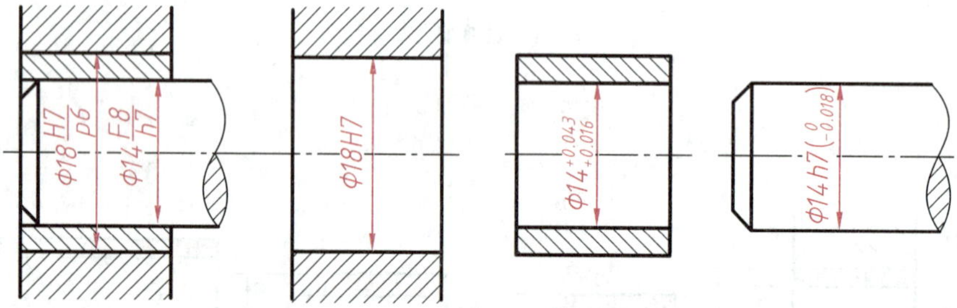

图 8－28　极限与配合的标注

2）一般情况下，可以只注写上、下极限偏差数值。上、下极限偏差数字的字体比公称尺寸数字的字体小一号，且下极限偏差的数字与公称尺寸数字在同一水平线上，如图 8－28c 所示。

3）在公称尺寸后面，既注公差带代号，又注上、下极限偏差值，但极限偏差值要加括号，如图 8－28d 所示。

2. 装配图中配合代号的标注

在装配图中，配合代号由两个相互结合的孔和轴的公差带代号组成，用分数形式表示。分子为孔的公差带代号，分母为轴的公差带代号，在分数形式前注写公称尺寸（图 8－28a）。

ϕ30H8/f7——公称尺寸 30，8 级基准孔与 7 级 f 轴的间隙配合。

ϕ40H7/n6——公称尺寸 40，7 级基准孔与 6 级 n 轴的过渡配合。

ϕ18P7/h6——公称尺寸 18，6 级基准轴与 7 级 P 孔的过盈配合。

三、几何公差简介

一个合格的、精度要求较高的零件，除了要达到零件尺寸公差的要求外，还要保证对零件几何公差的要求。GB/T 1182—2008《产品几何技术规范（GPS）几何公差 形状、方向、位置和跳动公差标注》中，对零件的几何公差标注规定了基本的要求和方法。几何公差是指零件各部分形状、方向、位置和跳动误差所允许的最大变动量，它反映了零件各部分的实际要素对理想要素的误差程度。合理确定零件的几何公差，才能满足零件的使用性能与装配要求，它同零件的尺寸公差、表面结构一样，是评定零件质量的一项重要指标。

如图 8－29a 所示的圆柱，由于加工误差的原因，应该是直母线实际加工成了曲母线，这就形成了圆柱母线的形状误差。此外，直线、平面、圆、轮廓线和轮廓面偏离理想形状的情况，也形成形状误差。

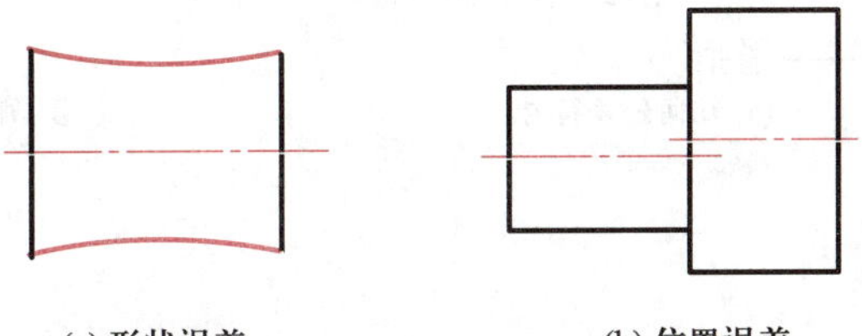

(a) 形状误差　　(b) 位置误差

图 8－29　形状误差和位置误差的形成

如图 8－29b 所示的台阶轴，由于加工误差的原因，出现了两段圆柱体的轴线不在一条直线上的情况，这就形成了轴线的实际位置与理想位置的位置误差。此外，零件上各几何要素的相互垂直、平行、倾斜、对称等对理想位置的偏离情况，会形成方向或位置误差。

1. 几何公差代号、基准代号

几何公差各项目符号见表 8－4 所示。

表 8－4　几何公差种类名称及符号

公差类型	特征项目	名称	符号
形状公差	形状或位置	直线度	—
		平面度	▱
		圆度	○
		圆柱度	⌭
	轮廓	线轮廓度	⌒
		面轮廓度	⌓
方向公差	定向	平行度	//
		垂直度	⊥
		倾斜度	∠
位置公差	定位	同轴(同心)度	◎
		对称度	⌯
		位置度	⌖
跳动公差	跳动	圆跳动	↗
		全跳动	⌰

几何公差在一个长方形框格内填写，框格用细实线绘制，可分两格或多格，一般水平放置或垂直放置，第一格填写几何公差项目符号，其长度应等于框格的高度；第二格填写公差数值及有关公差带符号，其长度应与标注内容的长度相适应；第三格及其以后的框格，填写基准代号及其他符号，其长度应与有关字母的宽度相适应。图 8－30 表示几何公差符号、基准符号的内容，其中 h 为图样中字高。

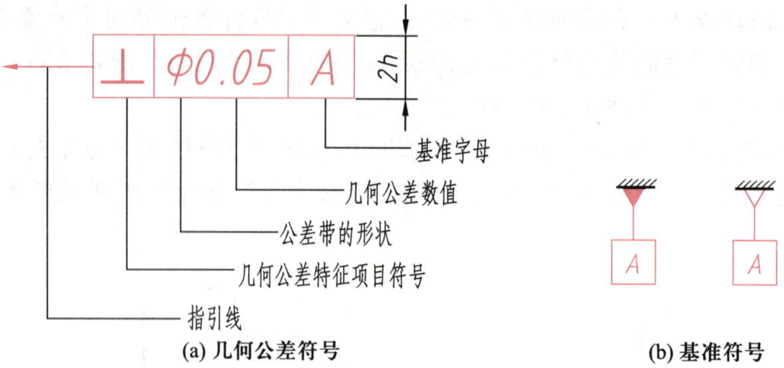

图 8-30　几何公差符号的画法

2. 几何公差的标注

用带箭头的指引线将框格与被测要素相连，按下列方式标注。

1）当被测要素是零件体表面上的线或面时，指引线的箭头应垂直指向被测要素的轮廓线或其延长线上，并与相应要素的尺寸线明显地错开，如图 8-31 所示。

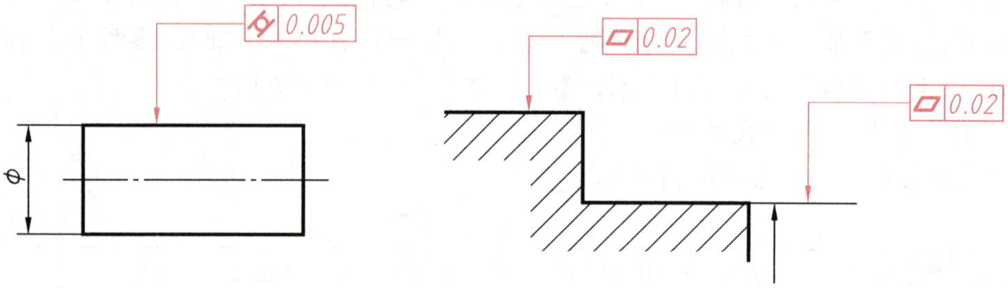

图 8-31　几何公差的标注(一)

2）当被测要素是轴线或对称面时，指引线的箭头应与该要素的尺寸线对齐，如图 8-32b所示。

3）基准代号由三角形、方框、连线和字母组成。当基准要素是轴线或对称面时，基准符号应与该要素的尺寸线对齐，如图 8-32b 所示；当基准要素是零件体表面上的轮廓线和面时，基准符号应画在轮廓线外侧或其延长线上，如图 8-32a 所示，并与该要素的尺寸线明显地错开。

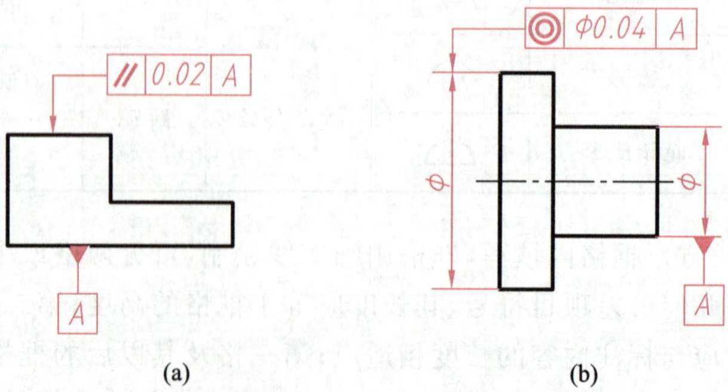

图 8-32　几何公差的标注(二)

图 8－33 所示是气门阀杆的几何公差标注示例。

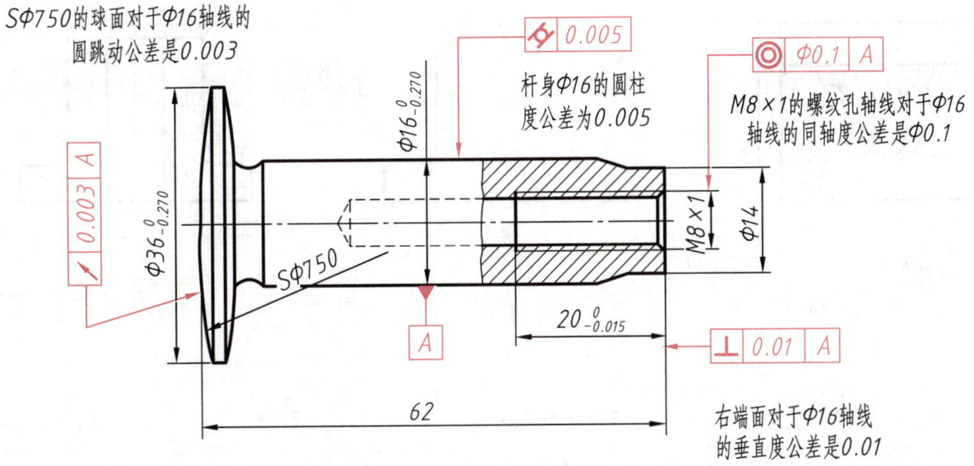

图 8－33　气门阀杆几何公差标注

§8－5　零件上常见的工艺结构及尺寸标注

零件的结构形状不仅要满足零件在机器中使用的要求，而且在制造零件时还要符合制造工艺的要求。下面介绍零件的一些常见的工艺结构。

一、铸造零件的工艺结构

在铸造零件时，一般先用木材或其他容易加工制作的材料制成模样，将模样放置于型砂中，当型砂压紧后，取出模样，再在型腔内浇入铁水或钢水，待冷却后取出铸件毛坯。对零件上有配合关系的接触表面，还应切削加工，才能使零件达到最后的技术要求。

1. 起模斜度

在铸件造型时为了便于起出木模，在木模的内、外壁沿起模方向作成 1∶10～1∶20 的斜度，称为起模斜度。在画零件图时，起模斜度可不画出、不标注，必要时在技术要求中用文字加以说明，如图 8－34a 所示。

2. 铸造圆角及过渡线

为了便于铸件造型时起模，防止铁水冲坏转角处、冷却时产生缩孔和裂纹，将铸件的转角处制成圆角，这种圆角称为铸造圆角，如图 8－34b 所示。画图时，应注意毛坯面的转角处都应有圆角；若为加工面，由于圆角被加工掉了，因此要画成尖角，如图 8－34c 所示。

图 8－35 是由于铸造圆角设计不当造成的裂纹和缩孔情况。铸造圆角在图中一般应该画出，圆角半径一般取壁厚的 0.2～0.4 倍，同一铸件圆角半径大小应尽量相同或接近。铸造圆角可以不标注尺寸，而在技术要求中加以说明。

由于铸件毛坯表面的转角处有圆角，其表面交线模糊不清，为了看图和区分不同的表面仍然

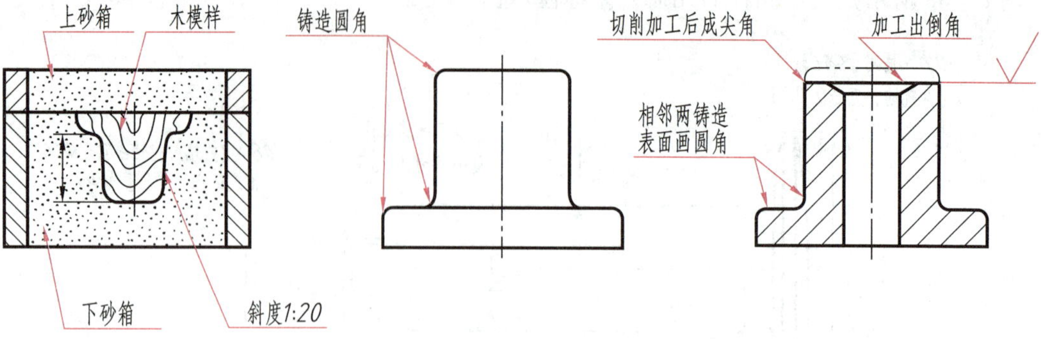

(a) (b) (c)

图 8-34 铸件的起模斜度和铸造圆角

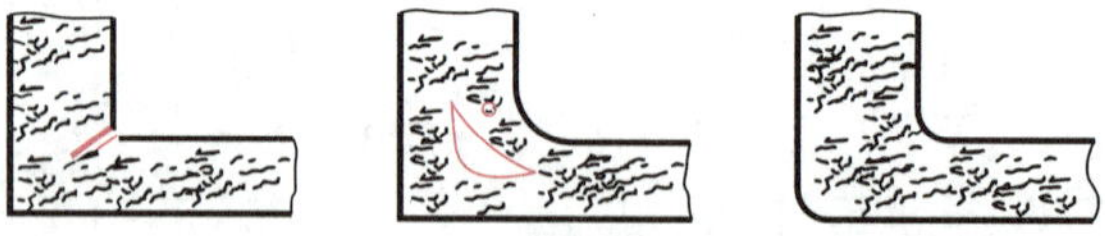

(a) 裂纹 (b) 缩孔 (c) 正常

图 8-35 铸造圆角

要用细实线画出交线来，但交线两端空出不与轮廓线的圆角相交，这种交线称为过渡线。图 8-36 所示为常见过渡线的画法。

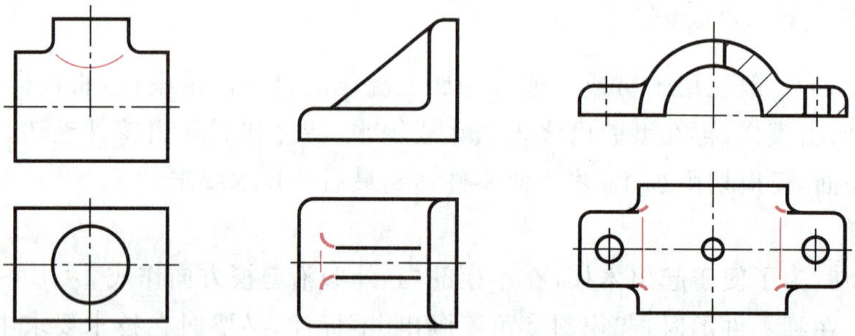

图 8-36 过渡线画法

3. 铸造壁厚

铸件的壁厚要尽量做到基本均匀，如果壁厚不均匀，就会使铁水冷却速度不同，导致铸件内部产生缩孔和裂纹，在壁厚不同的地方可逐渐过渡，如图 8-37 所示。

二、零件机械加工工艺结构

零件的加工面是指切削加工得到的表面，即通过车、钻、铣、刨或镗去除材料的方法加工形成的表面。

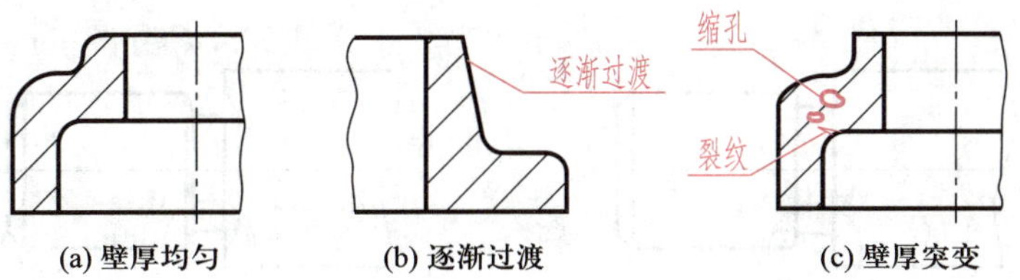

图 8－37　铸件壁厚

1. 倒角和倒圆

为了便于装配及去除零件的毛刺和锐边，常在轴、孔的端部加工出倒角。常见倒角为 45°，也有 30°或 60°的倒角。为避免阶梯轴轴肩的根部因应力集中而容易断裂，故在轴肩根部加工成圆角过渡，称为倒圆。倒角和倒圆的尺寸标注方法如图 8－38 所示，其中 C 表示 45°倒角，n 表示倒角的轴向长度。其他倒角和倒圆的大小可根据轴(孔)直径查阅机械零件设计手册。

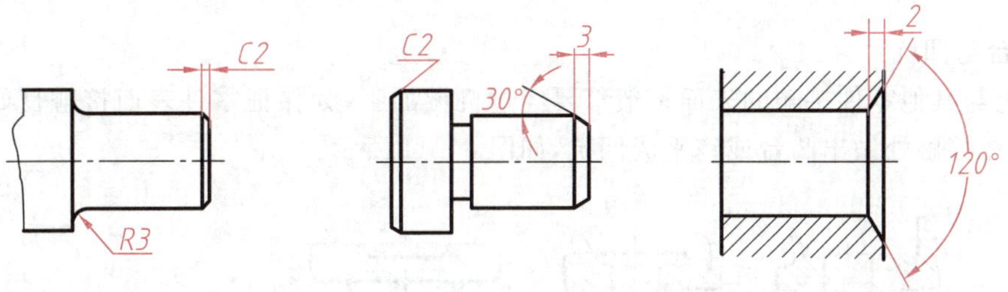

图 8－38　倒角和倒圆

2. 退刀槽和砂轮越程槽

在车削螺纹时，为了便于退出刀具，常在零件的待加工表面的末端车出螺纹退刀槽，退刀槽的尺寸标注一般按“槽宽×直径”的形式标注，如图 8－39b 所示。在磨削加工时，为了使砂轮能稍微超过磨削部位，常在被加工部位的终端加工出砂轮越程槽，如图 8－40 所示，其结构和尺寸可根据轴(孔)直径，查阅机械零件设计手册。其尺寸可按“槽宽×槽深”或“槽宽×直径”的形式注出。

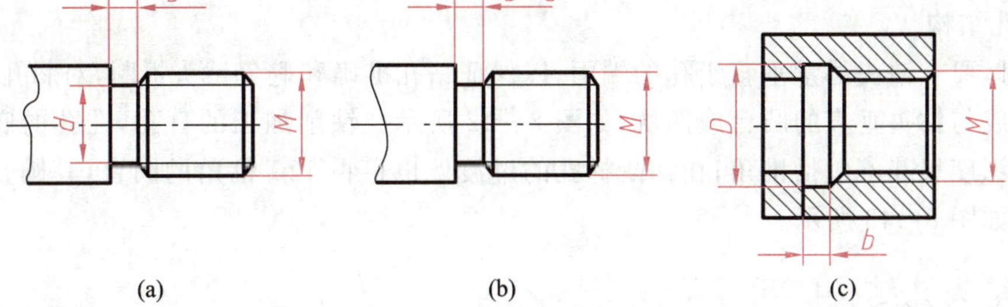

图 8－39　螺纹退刀槽

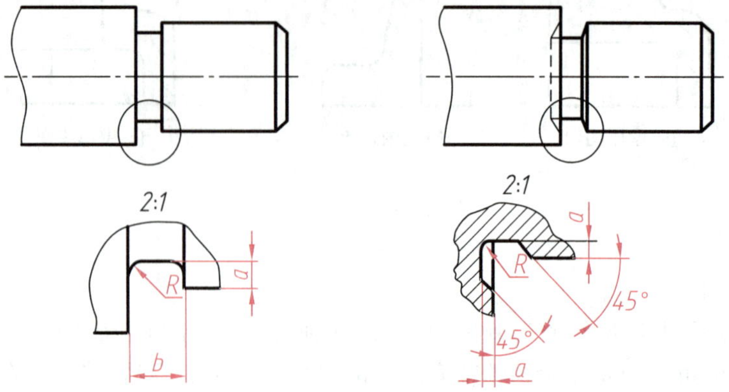

图 8-40　砂轮越程槽

3. 凸台与凹坑

零件上与其他零件接触的表面一般都要经过机械加工，为保证零件表面接触良好和减少加工面积，可在接触处做出凸台或锪平成凹坑，如图 8-41 所示。

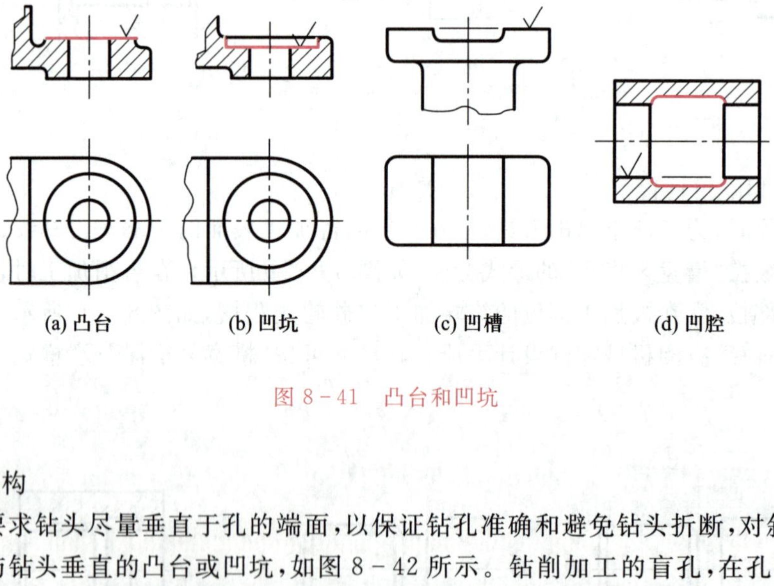

图 8-41　凸台和凹坑

4. 钻孔结构

钻孔时，要求钻头尽量垂直于孔的端面，以保证钻孔准确和避免钻头折断，对斜孔、曲面上的孔，应先制成与钻头垂直的凸台或凹坑，如图 8-42 所示。钻削加工的盲孔，在孔的底部有 120° 锥角，钻孔深度尺寸不包括锥角；在钻阶梯孔的过渡处也存在 120°锥角的圆台，其圆台孔深也不包括锥角，如图 8-43 所示。

三、常见孔结构的尺寸标注

各种孔的标注方法如表 8-5 所示。

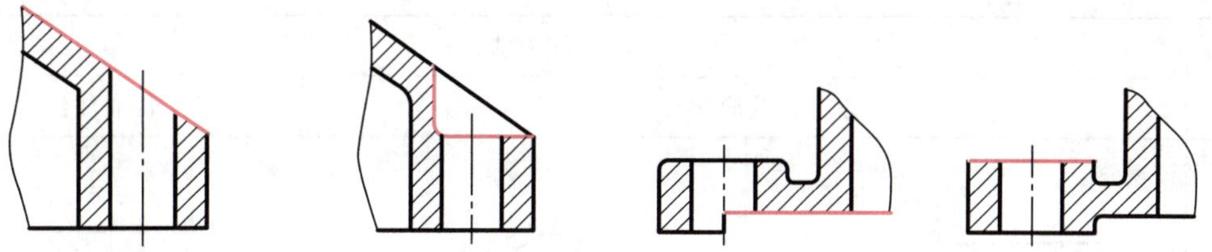

(a) 不合理　　(b) 合理　　(c) 不合理　　(d) 合理

图 8-42　钻孔端面

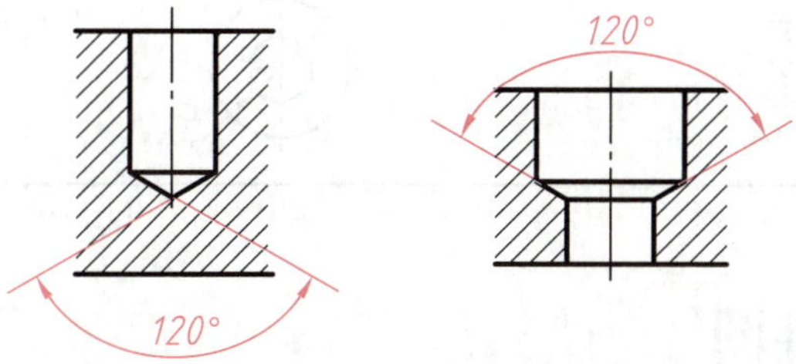

图 8-43　钻孔结构

表 8-5　常见孔结构的尺寸标注

结构类型	标注方法		
	旁注法及简化注法		普通注法
光孔	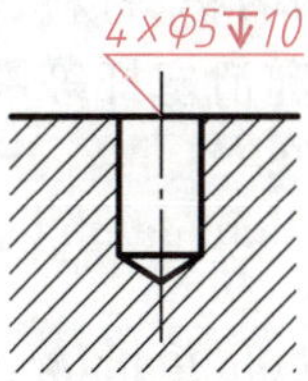	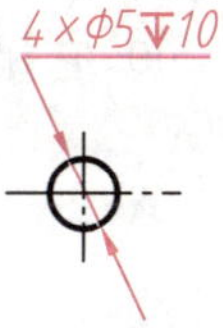	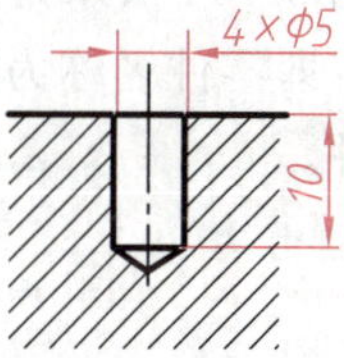
螺孔	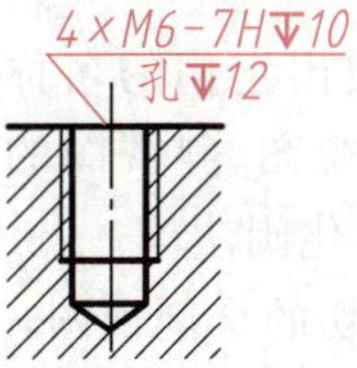	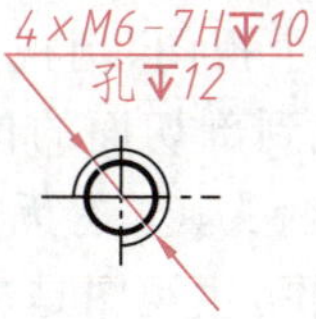	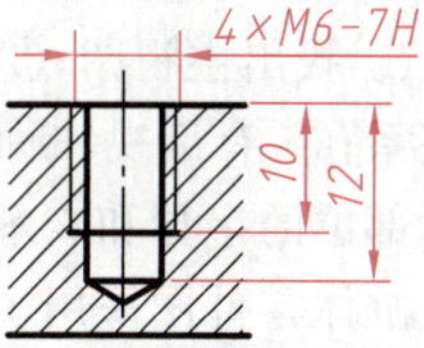
柱形沉孔	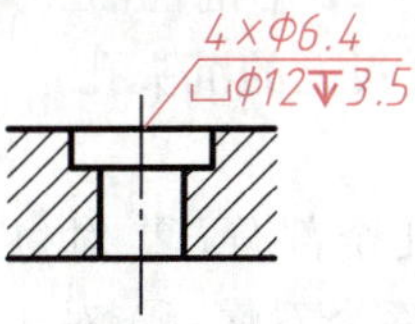	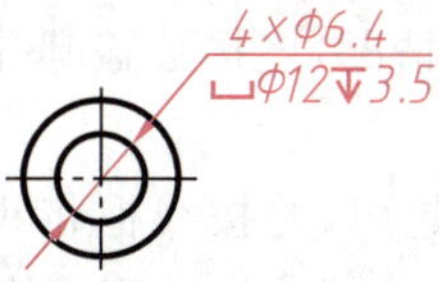	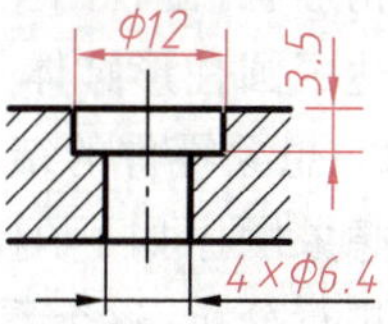

续表

结构类型	标注方法		
	旁注法及简化注法		普通注法
锥形沉孔	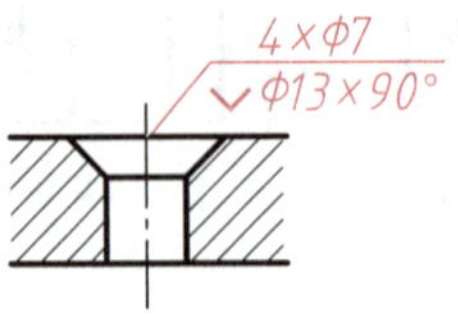	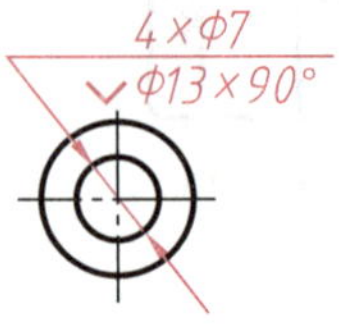	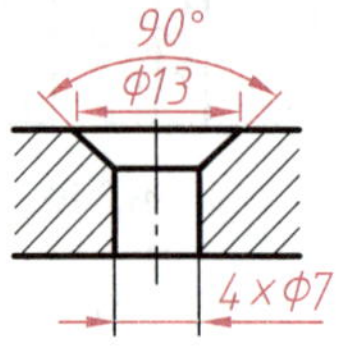
锪形沉孔	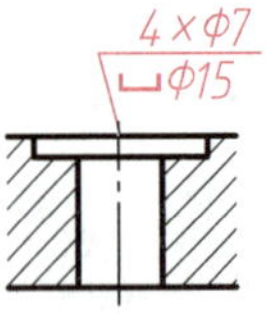	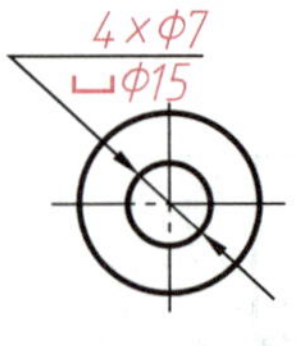	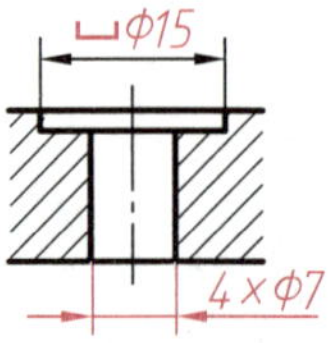

§8-6 读零件图

读零件图就是根据零件图的各视图，分析和想象该零件的结构形状，弄清全部尺寸及各项技术要求等，根据零件的作用及相关工艺知识，对零件进行结构分析。看组合体视图的方法，是看零件图的重要基础。下面以图 8-44 为例说明看零件图的方法步骤。

一、概括了解

图 8-44 所示是液压油缸的缸体，从标题栏中可以知道零件的名称、材料、件数和图样的比例等。即零件名称为缸体，材料为 HT200，它用来安装活塞、缸盖和活塞杆等零件，它属于箱体类零件。

二、看视图，想象结构形状

1. 分析表达方案

① 找出主视图；② 分析有多少个视图、剖视、断面等，同时找出它们的名称、相互位置和投影关系；③ 有剖视、断面的地方要找到剖切面的位置；④ 有局部视图、斜视图的地方，必须找到投射部位的字母和表示投射方向的箭头；⑤ 有无局部放大图及简化画法等。

缸体零件图采用了三个基本视图，主视图是过前后对称面剖切的全剖视图，主要表达缸体内腔结构形状；俯视图主要表达缸体零件外形结构；左视图采用 $A—A$ 半剖视图和局部剖视图，它们表达了圆柱形缸体与底板连接情况，连接缸盖螺孔的分布和底板上的沉头孔。

2. 想象零件的结构形状

想象顺序如下：① 先看大致轮廓，并按线框将视图分解为几个部分；② 对每一部分的外部结构进行分析，逐个看懂；③ 对每一部分的内部结构进行分析，逐个看懂；④ 对于局部难懂的部分还要进行线面分析，搞清投影关系，想象出其结构形状；⑤ 综合分析，得出零件的整体结构和形状。

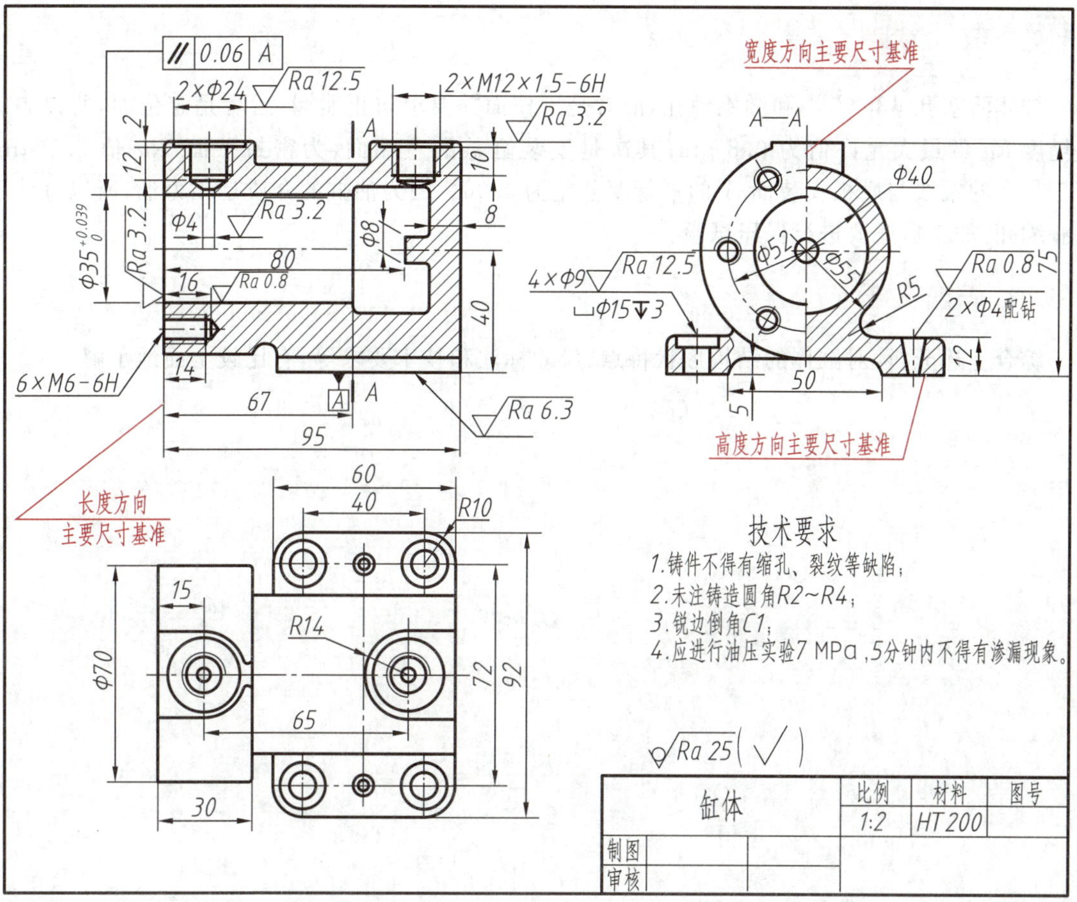

图 8-44　缸体零件图

分析三个视图可知：该零件主要由两大部分构成：① 安装底板，俯视图表达了底板形状和四个沉头孔、两个圆锥销孔的分布情况，以及两个螺孔所在凸台的形状。② 侧垂圆柱（即缸体），缸体外部是阶梯圆柱，左端大，右端小，左、右两端的上方均有一马蹄形凸台，缸体内腔的右端是空刀部分，$\phi 8$ 的凸台起到限定活塞工作位置的作用，上部左、右两个螺孔是连接油管用的螺孔，左视图表达了圆柱形缸体与底板的连接情况，连接缸盖螺孔的分布和底板上的沉头孔。

三、分析尺寸

尺寸分析可按下列顺序进行：① 根据零件的结构特点，分析尺寸基准及尺寸标注形式；② 根据形体和结构分析，了解零件各部分定形尺寸和定位尺寸；③ 确定零件的总体尺寸。

缸体长度方向的主要尺寸基准是左端面，从基准出发标注定位尺寸 80、15，定形尺寸 95、30 等，并以辅助基准标注缸体底板上的定位尺寸 30、40，定形尺寸 60、$R10$。宽度方向的主要尺寸基准是缸体前后对称面的中心线，并注出底板上的定位尺寸 72 和定形尺寸 92、50。高度方向的尺寸基准是缸体底面，并注出定位尺寸 40，定形尺寸 5、12、75。以 $\phi 35^{+0.039}_{0}$ 的轴线为辅助基准标注径向尺寸 $\phi 55$、$\phi 52$、$\phi 40$ 等。

四、看技术要求

缸体活塞孔 $\phi 35^{+0.039}_{0}$ 和圆锥销孔，前者是工作面并要求防止泄漏，后者是定位面，所以表面粗糙度 Ra 的最大允许值为 0.8 μm；其次是安装缸盖的左端面，为密封平面，Ra 值 3.2 μm。$\phi 35^{+0.039}_{0}$ 的轴线与底板安装面 A 的平行度公差为 0.06。因为油缸的介质是压力油，所以缸体不应有缩孔，加工后还要进行保压试验。

五、综合分析

综合上述分析，对缸体的结构形状特点、尺寸标注和技术要求等，有比较全面地了解。

第九章 装 配 图

在工程上，装配图用来表达机器或部件的工作原理、机器或部件中各零件的连接关系和相对位置。设计一个机器或部件时，一般应先按设计要求画出装配图，然后再根据装配图拆画出各个零件图。在生产时，先根据零件图加工生产零件，然后再根据装配图来完成机器或部件的组装。本章主要介绍装配图的绘制及阅读。

§9-1 装配图的作用和内容

一、装配图的作用

机器或部件是由若干个零件按一定的关系和技术要求装配而成。用来表达机器或部件的图样称为装配图。表示一台完整机器的装配图，称为总装图。表示机器中某个部件或组件的装配图，称为部件装配图。通常，总装图只表示各部件间的相对位置和机器的整体情况。图 9-1 所示为滑动轴承三维拆卸图，此图能够直观地表现各零件的相对位置。

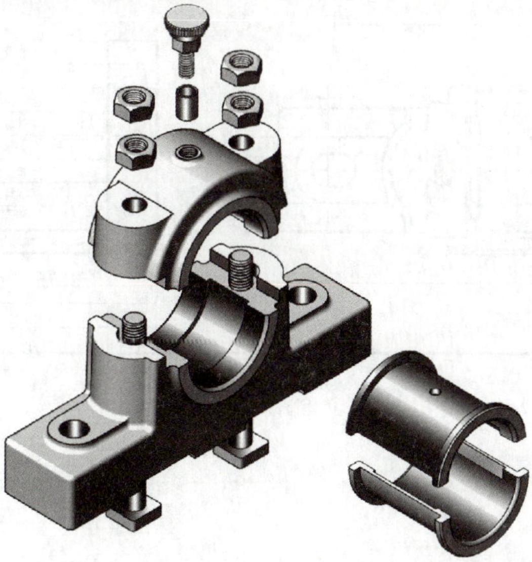

图 9-1 滑动轴承三维拆卸图

装配图是表达设计意图，表达部件的工作原理，零件间的装配关系，是检验、安装、使用、维修产品的重要技术文件。

二、装配图的内容

图 9－2 是图 9－1 所示滑动轴承的装配图，从中可以看出，一张完整的装配图，包括以下四个方面的内容：

1）一组视图　表示各零件间的相对位置关系、相互连接方式和装配关系，表达主要零件的结构特征以及机器或部件的工作原理。

2）必要的尺寸　表示机器或部件规格性能、装配、安装尺寸、总体尺寸和一些重要尺寸。

3）技术要求　用规定的符号或文字说明装配、检验时必须满足的条件。另外，在视图中没有表达出来的技术方面的要求都可以罗列在技术要求中。

4）零件序号、明细栏和标题栏　说明零件的序号、名称、数量和材料等有关事项。

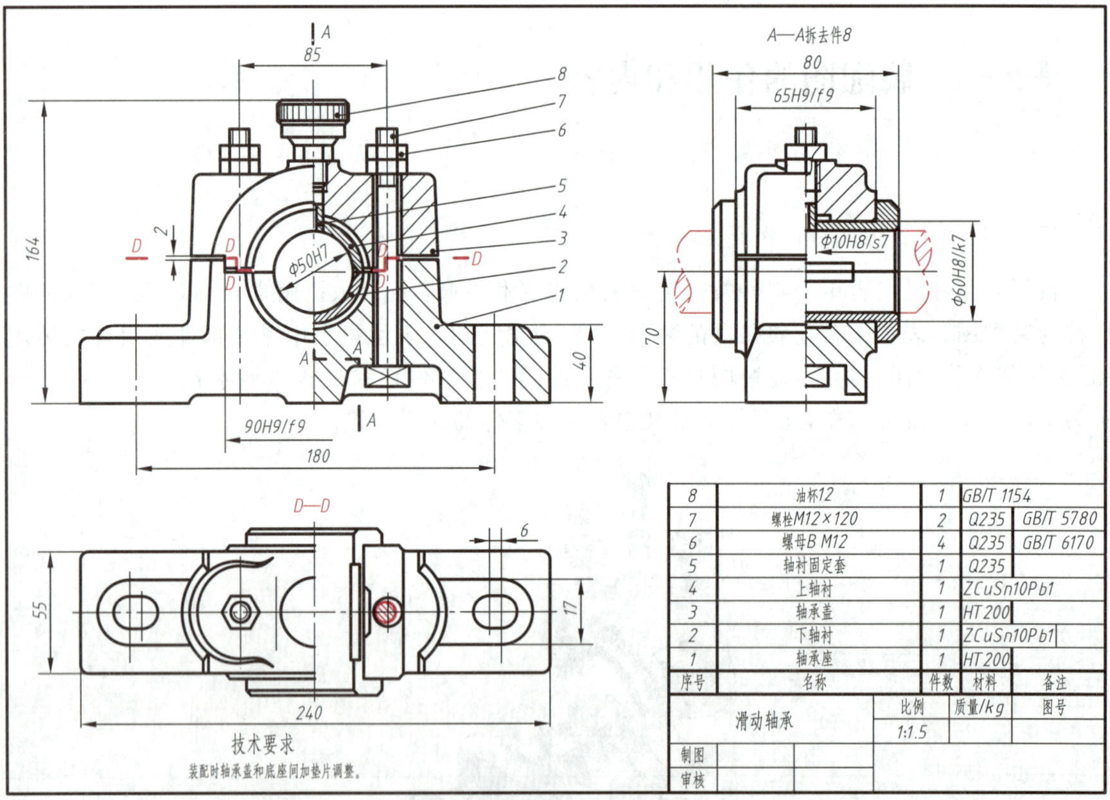

图 9－2　滑动轴承装配图

§9-2 部件的表达方法

装配图仍然用正投影法绘制，前面学过的各种表达方法，如视图、剖视图、断面图等，在装配图的表达中也同样适用。但机器或部件是由若干个零件组装而成，装配图表达的重点在于反映机器或部件的工作原理、零件间的装配连接关系和主要零件的结构特征，所以装配图还有一些规定画法及特殊表达法。

一、装配图的规定画法

图 9-3 所示是典型的旋转轴在机架上固定的连接方式。旋转轴与滚动轴承内圈配合连接，滚动轴承外圈支撑于机架上，起密封作用的端盖用螺钉固定在机架上。

1）零件间的接触面或配合面，规定只画一条线。对于非接触面，即使间隙再小，也必须画两条线[图 9-3(1)、(2)、(3)]。

2）相邻两零件的剖面线要有区别[要么方向相反，要么线间距不等，如图 9-3(4)所示]。同一零件在不同视图上的剖面线方向和间隔均应一致。

3）当剖切平面通过标准件或实心零件的轴线时，如螺纹紧固件、键、销、轴、杆等，这些零件按不剖绘制[图 9-3(5)、(6)]。

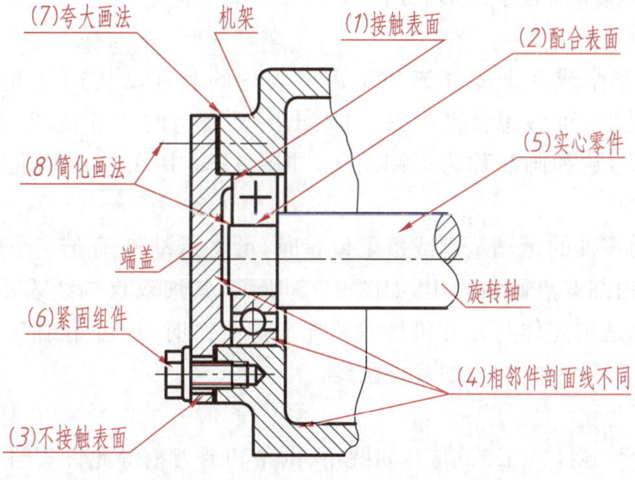

图 9-3　装配图的规定画法

二、装配图的特殊表达法

一般装配图中零件众多，较为复杂。在表达时可以根据需要采用以下特殊表达方法。

1. 沿接合面剖切

绘制装配图时，根据需要可沿某些零件的接合面选取剖切平面，这时在接合面上不应画出剖面线，但被横向剖切的螺钉和定位销等应画剖面线，如图 9-4 中 A—A 所示。

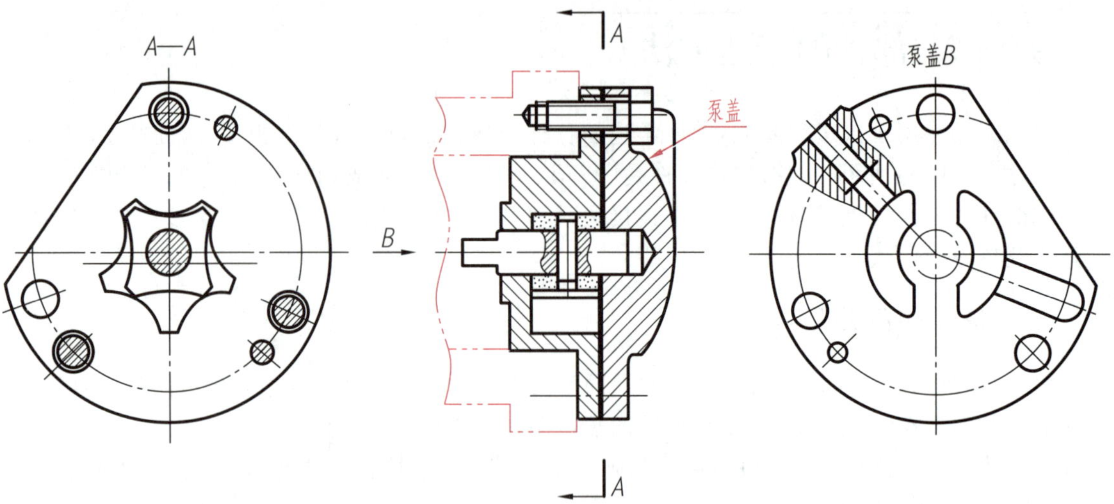

图 9-4　转子油泵的表达

2. 单个零件的表达

在装配图中，如果需要表达某个零件的形状，可另外单独画出该零件的形状，如图 9-4 中的 *B* 向视图是专门表达转子油泵泵盖形状的一个视图。

3. 拆卸画法

在装配图中，当某个或几个零件遮住了需要表达的其他结构或装配关系，或该结构在其他视图中已表示清楚时，可假想将其拆去，只画出所要表达的部分视图，此时应在该视图的上方加注“拆去××等”，这种画法称为拆卸画法，如图 9-2 中 *A*—*A* 视图拆去的件 8。

4. 假想画法

当需要表达运动零件的运动范围或极限位置时，可将运动件画在一个极限位置或中间位置上，另一个极限位置用细双点画线画出，如图 9-5 所示，其细双点画线表示运动部位的左、右侧极限位置。当需要表达装配体与相邻机件的装配连接关系时，也可用细双点画线表示出相邻机件的外形轮廓，如图 9-5 中的红色细双点画线。

5. 简化画法

1）在装配图中，对零件的工艺结构，如圆角、倒角和退刀槽等允许省略不画。对于螺纹连接件等若干相同零件组，允许详细地画出一处或几处，其余则以中心线或轴线表示其位置即可。滚动轴承也可采用简化画法[图 9-3(8)]。

2）在装配图中，为了表达传动机构的传动路线和装配关系，可以假想沿传动路线上各轴线顺序剖切，然后展开在一个平面上投影，画出其剖视图（图 9-5），标注时注明展开。

3）对于装配图中较小的间隙、厚度小于 2 mm 的垫片和弹簧等细小部位，允许将其涂黑代替剖面符号或适当加大尺寸画出[图 9-3(7)]。

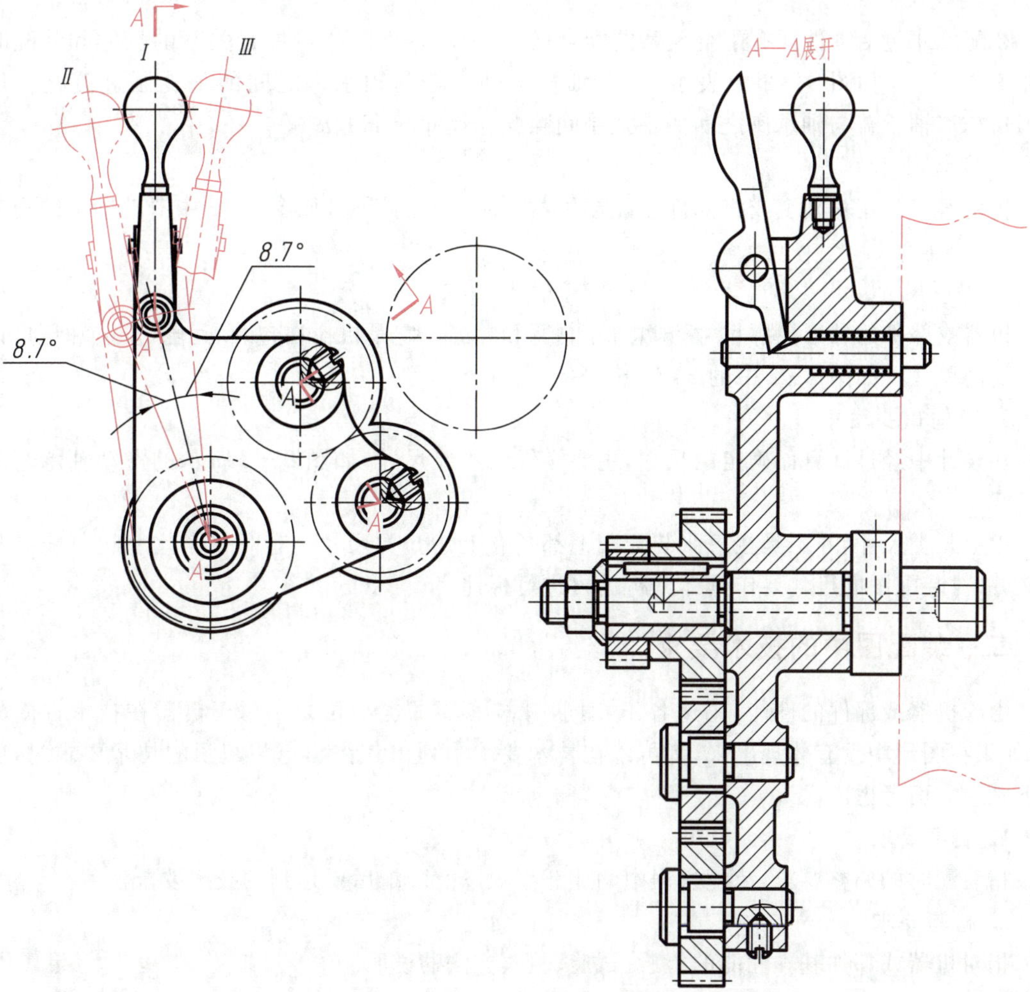

图 9-5　三星齿轮传动机构装配图

§9-3　装配图的尺寸标注和技术要求

一、尺寸标注

装配图的作用不同于零件图，它不是用来制造零件的依据，所以在装配图中不需注出每个零件的全部尺寸，而只需标注出一些跟装配图作用相配合的尺寸，这些尺寸按其作用不同，可分为以下几类：

1. 性能尺寸

性能尺寸是表示产品或部件的性能、规格的重要尺寸，是设计机器、了解和使用机器的重要参数。如图 9-2 中的轴瓦内径 $\phi 50H7$。这个尺寸在一定程度上体现了轴承的承载能力。

2. 装配尺寸

装配尺寸包括零件间有配合关系的配合尺寸，表示零件间相对位置关系的尺寸和装配时需要加工的尺寸。如图 9－2 中表示上、下轴衬与轴承盖与轴承座之间的基孔制过渡配合尺寸 $\phi 60H8/k7$，轴承盖与轴承座之间的基孔制间隙配合尺寸 90H9/f9 等。

3. 安装尺寸

将机器安装在基础上或将部件装配在机器上所需要的尺寸，如图 9－2 中滑动轴承的安装尺寸为 180、40、6、17。

4. 外形尺寸

机器或部件的外形轮廓尺寸，即总长、总宽和总高。它是机器在包装、运输、安装和厂房设计所需要的尺寸。如图 9－2 中的 240、164、80。

5. 其他重要尺寸

在设计中经过计算而确定的尺寸，主要零件的主要尺寸，如图 9－2 所示的滑动轴承上的中心高 70。

以上几类尺寸，并不是在每张装配图上都具有上述 5 类尺寸。有时一个尺寸也可能有几种含义，故对装配图的尺寸要作具体分析后再进行标注。

二、装配图中的技术要求

由于机器或部件的性能、用途各不相同，其技术要求也不相同。对于机器在技术方面的要求，如果在图形中没有体现出来，都可以在技术要求中列出。在确定装配图的技术要求时，应从以下三个方面考虑。

1. 装配要求

指装配时的调整要求，装配过程中的注意事项以及装配后要达到的技术要求。

2. 检验要求

指对机器或部件基本性能的检验、试验、验收方法的说明。

3. 使用要求

对机器或部件的性能、维护、保养、使用注意事项的说明。

§9－4 装配图的零件序号和明细栏

为了便于看图和装配工作，必须对装配图中的所有零部件进行编号，同时要编制相应的明细栏。

一、零件序号的编排方法和规定

装配图中的序号由指引线、小黑点和数字组成。指引线应自零件的可见轮廓线内引出，并在引出端画小黑点，在另一端横线上（或圆内）填写零件的序号。指引线、横线和圆圈都用细实线画出。指引线之间不允许相交，避免与剖面线平行。序号的数字要比装配图上尺寸数字大一号或两号，如图 9－6 所示。

每种不同的零件编写一个序号，规格相同的零件只编一个序号。标准化组件，如油杯、滚动轴承和电动机等，可看成是一个整体，只编注一个序号，如图 9－2 中的油杯。

零件的序号应沿水平或垂直方向，按顺时针或逆时针方向排列，并尽量使序号间隔相等，如图 9－2 所示。

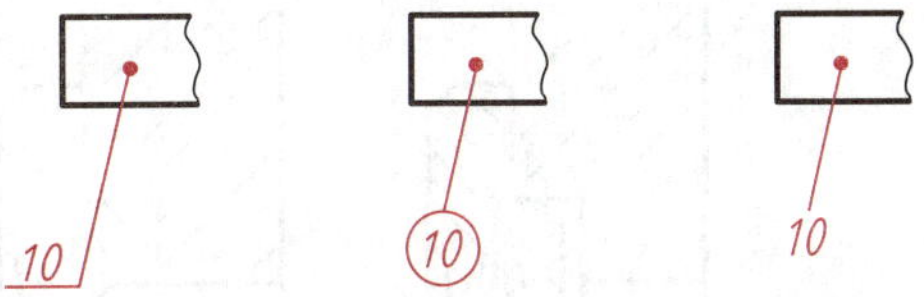

图 9－6　零件序号的编写方法

对紧固件或装配关系清楚的零件组，允许采用公共指引线。如指引线所指部位较薄小，不便画小黑点时，可在指引线末端画出箭头，并指向该部位的轮廓线，如图 9－7 所示。

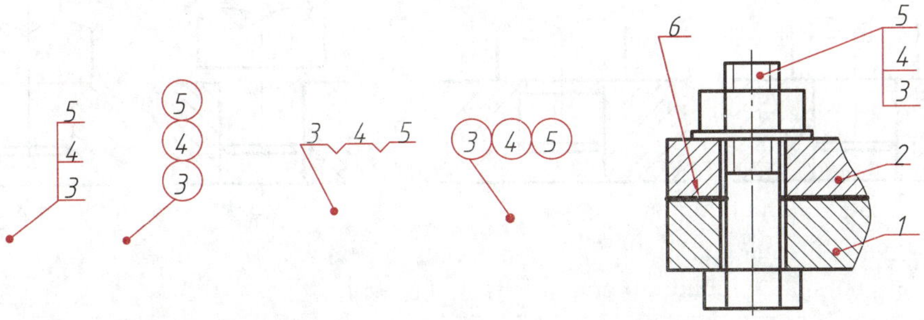

图 9－7　公共指引线

二、明细栏

明细栏是装配图中全部零件的详细目录，一般绘制在标题栏上方。零件的序号自下而上填写。如果位置不够，可将明细栏分段画在标题栏的左方，若零件过多，在图样上画不下，则可在另一张图纸上单独编写。明细栏的格式及填写内容见第 1 章图 1－15、图 1－16。

§9－5　机器上常见的装配结构

为了保证机器或部件能顺利装配，画装配图时，需根据装配工艺的要求考虑部件结构的合理性。不合理的结构将造成部件装拆困难，达不到设计要求。

1）两零件接触时，在同一方向上只能有一组接触表面（图 9－8）。

2）轴与孔的端面相接触时，孔边要倒角或轴边要切槽，以保证端面紧密接触（图 9－9）。

3）滚动轴承，如以轴肩或阶梯孔定位，要考虑维修时拆装方便（图 9－10）。

4）当零件用螺纹紧固件连接时，应考虑螺纹紧固件装拆方便，如图 9－11 和图 9－12 所示。

5）工程上常见的螺母防松及防漏结构如图 9－13 所示。

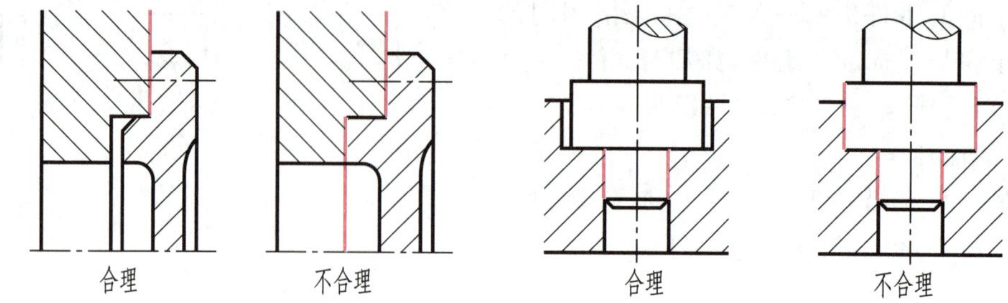

图 9-8　同一方向上接触面的画法

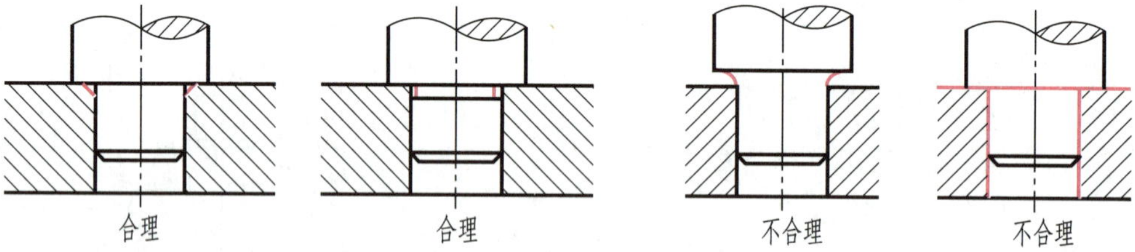

图 9-9　轴肩与孔的结构画法

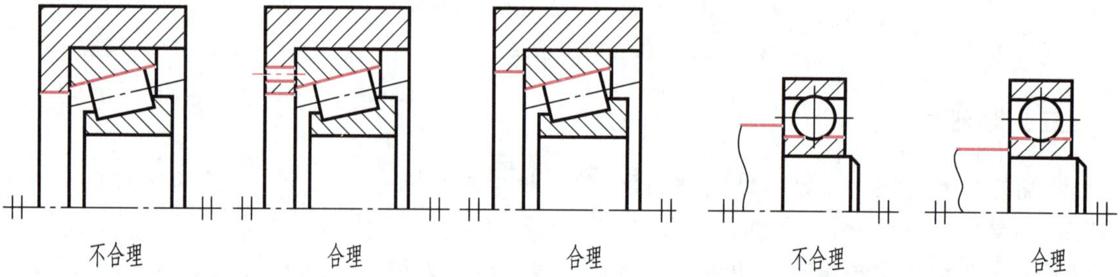

图 9-10　滚动轴承轴肩或孔肩定位结构

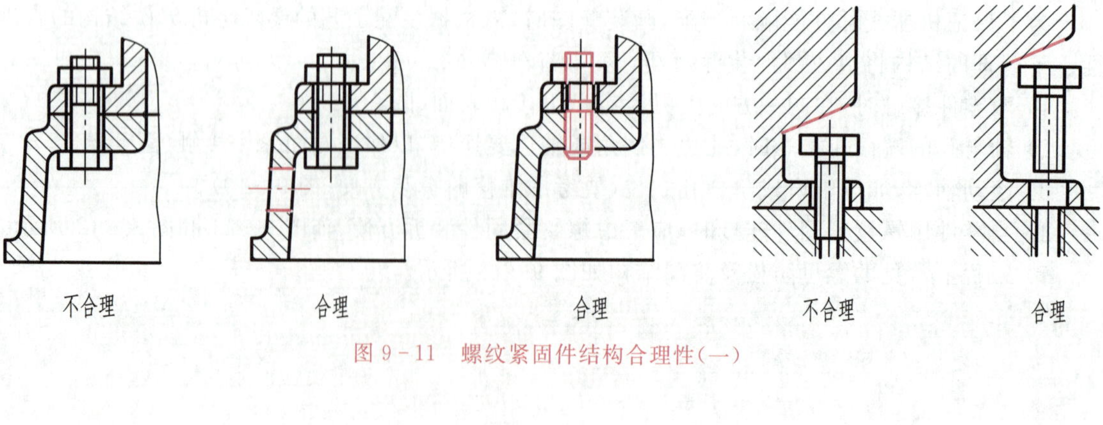

图 9-11　螺纹紧固件结构合理性(一)

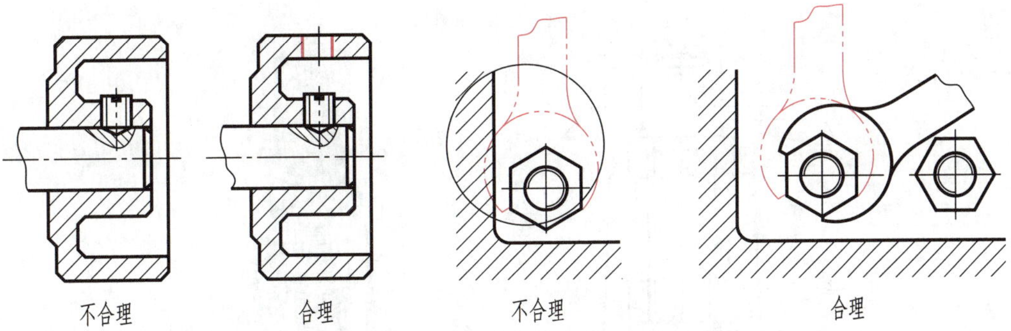

图 9-12　螺纹紧固件结构合理性(二)

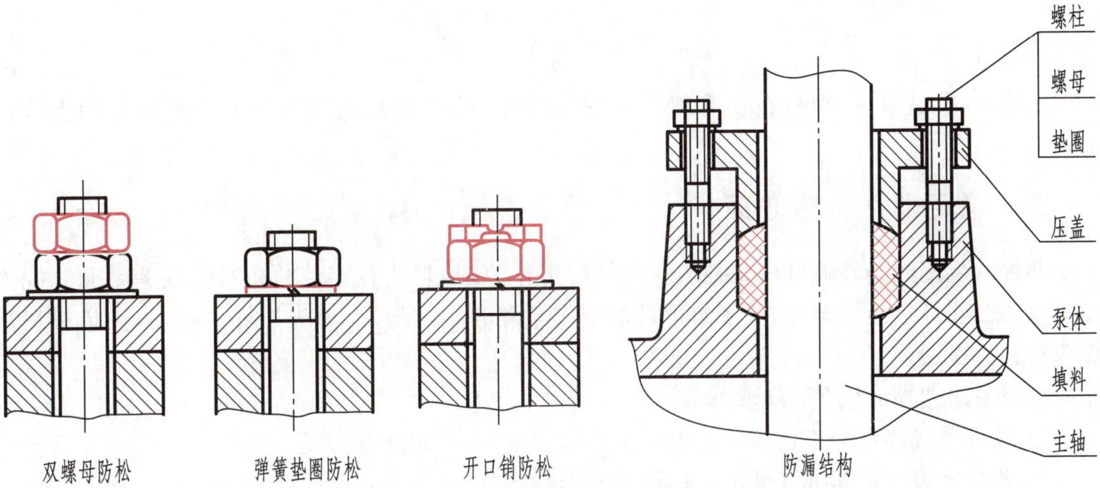

图 9-13　防松和防漏结构

§9-6　部件装配图的画法

在新产品的设计和仿制产品中，都要求绘制装配图。下面以千斤顶为例，介绍画装配图的方法与步骤。

一、分析部件

画图前，首先应对所画对象进行必要的分析，了解部件的功用、工作原理、结构特点以及零件间的装配连接关系，了解零件间的相对位置和拆卸方法等。

在机械设备的安装或汽车修理过程中，常用千斤顶来顶举重物。千斤顶的顶举高度是有限的。图 9-14 是千斤顶装配示意图。螺母 *3* 装入底座 *1*，并用紧定螺钉 *7* 定位限转。螺杆 *4* 顶部成球面状，外面套一个顶垫 *5*，顶垫上部成平面形状，放置欲顶起的重物。顶垫用螺钉 6 与螺杆连接而又不固定，目的是防止顶垫随螺杆一起转动时不致脱落。绞杆穿在螺杆上部的孔中。

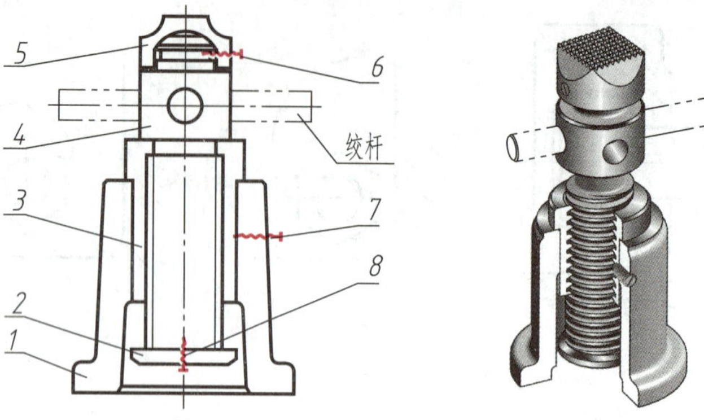

(a)　　(b)

图 9-14　千斤顶装配示意图

工作时，旋转绞杆，螺杆在制有螺纹的螺母内作上下移动，放在顶垫上的重物随即上升或下降。

二、确定部件表达方案

部件的装配图必须做到清楚地表达部件的工作原理，表达各零件的相对位置关系和装配连接关系。在选择表达方案时，要了解部件的工作原理和结构情况，首先选好主视图，然后根据需要选择其他视图。

主视图的选择应满足以下要求：

1）按机器或部件的工作位置放置。工作位置倾斜时，可将其放正。

2）清楚地表达机器或部件的工作原理和形状特征。

3）清楚地表达各零件的相对位置关系和装配连接关系。

其他视图的选择：

分析部件中还有哪些工作原理、装配关系和主要零件的结构没有表达清楚，然后确定选用适当的其他视图。至于各视图采用何种表达方法，应根据需要来确定，但每个零件至少应在某个视图中出现一次。

为了清楚地表达千斤顶的工作原理、传动路线和装配关系，选择垂直于螺杆的轴线方向作为主视图的投射方向，并将主视图画成全剖视图。俯视图 *A—A* 沿螺母与螺杆的接合面剖切，表达螺母和底座的外形，俯视方向再取一局部视图 *C* 表达顶垫顶面结构，过螺杆上部孔的轴线剖切断面图 *B—B*，表达螺杆上部穿绞杆的两通孔的局部结构（图 9-15d）。

三、具体画图

1）选比例，定图幅，画出各视图的主要基准线，如轴线、中心线、零件的主要轮廓线。根据装配体的大小和复杂程度合理布局各视图的位置。同时还应考虑尺寸标注、编注序号和明细栏所占的位置（图 9-15a）。

2）根据装配关系，沿装配干线逐一画出各零件的投影：底座（图 9-15a）；螺母（图 9-15b）、螺杆（图 9-15c）；顶垫、挡圈、螺钉（图 9-15d）。

3)画出各零件的细节部分,检查所画视图,加深图线(图 9-15d)。

4)标注尺寸和注写技术要求,编写序号,填写标题栏、明细栏(图 9-15e)。

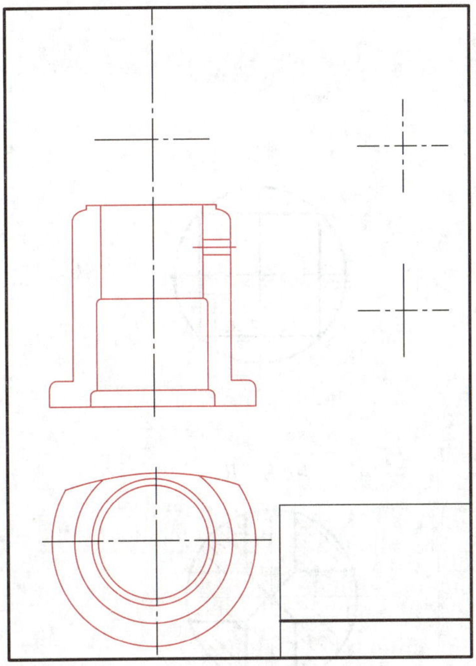

(a) 绘底座投影

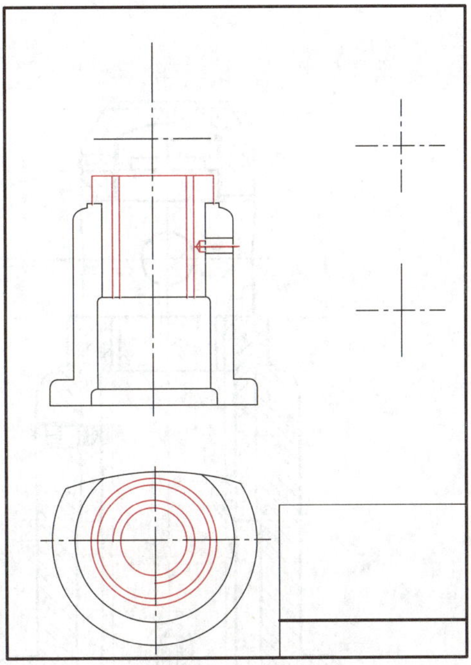

(b) 绘螺母投影

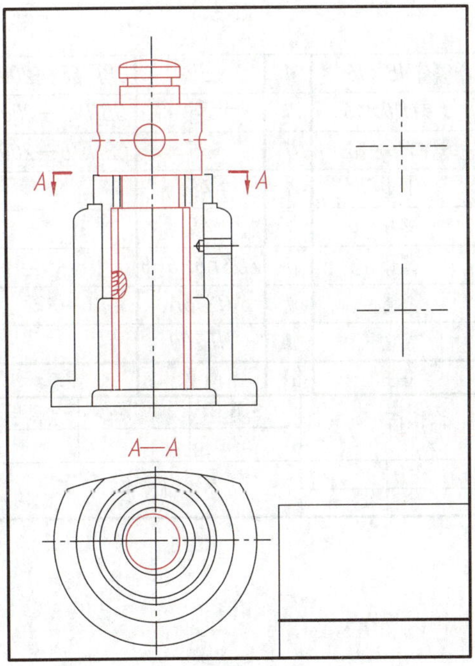

(c) 绘螺杆投影

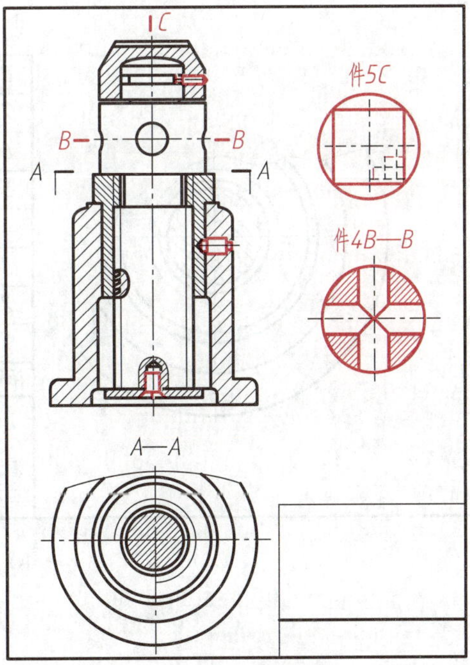

(d) 绘顶垫、挡圈和螺钉

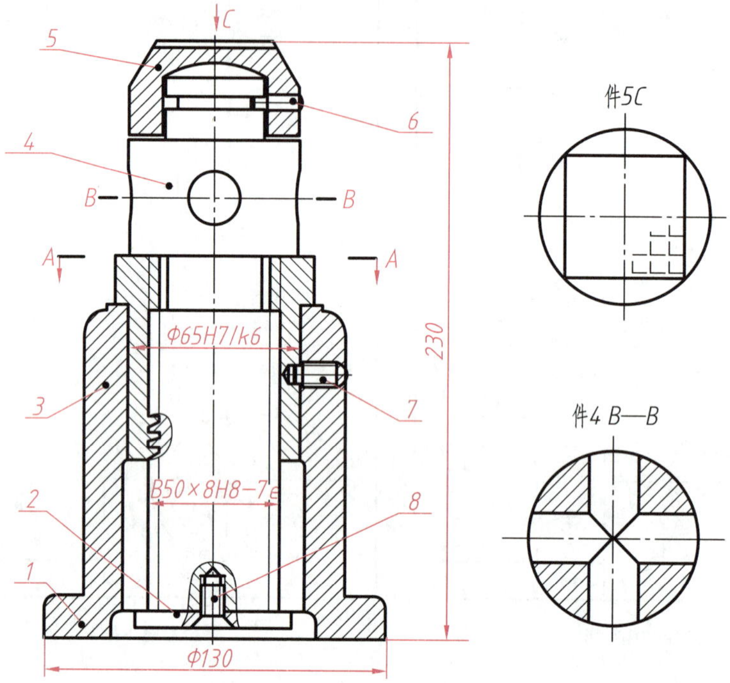

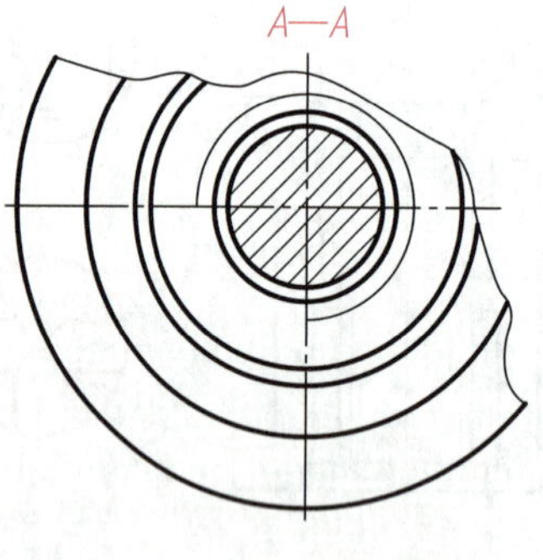

序号	备注	名称	数量	材料
8	螺钉M8×16	1	35	GB/T68—2000
7	螺钉M10×16	1	35	GB/T71—2000
6	螺钉M6×16	1	35	GB/T75—2000
5	顶垫	1	45	
4	螺杆	1	45	
3	螺母	1	ZQSn6-6-5	
2	挡圈	1	Q235A	
1	底座	1	HT200	

千斤顶		比例	质量/kg	图号
		1:2		
制图		(校名)		
审核				

(e)

图 9-15　装配图画法步骤

§9-7 读装配图和由装配图拆画零件图

一、读装配图的方法和步骤

在产品的设计、装配、使用以及技术交流的过程中，都需要读装配图，在制造和维修机器时，也要通过读装配图来了解机器的工作原理和构造。因此，工程技术人员必须具备识读装配图的能力。下面以图 9-16 的微动机构装配图为例，说明识读装配图的方法与步骤。

1. 概括了解

首先观察标题栏和明细栏，从标题栏中了解部件的名称和用途，从明细栏中可以了解零件的数量和种类，从视图的配置、尺寸的标注和技术要求，可知该部件的结构特点和大小。同时，还可参阅其他有关资料，如设计说明书、使用说明书等。

对于图 9-16 所示的微动机构，从标题栏和明细栏中可以了解到它是用于一种氩弧焊机上的一种装置，由 12 种零件组成，以及各零件的名称、材料和数量，标准件、外购件的规格和数量等。该装配图选用了主视图、左视图、*C* 向局部视图和 *B*—*B* 断面图表达。主视图为全剖视图，剖切平面通过微动机构中心轴线进行剖切。导杆 *12* 为实心杆件，按照不剖绘制。为表达导杆 *12* 两端内孔的结构，对其取局部剖。主视图主要表达微动机构内相邻零件间的装配关系。左视图采用了半剖，表达微动机构的外形和内部结构。*C* 向视图表达了支座的底板形状和 4 个安装孔的位置。*B*—*B* 断面图表达了导套 *9* 与导杆 *12* 的连接关系和平键的安装关系。

2. 了解装配关系和工作原理

根据装配图的主要装配干线，弄清相关零件间的装配连接关系，并分析其传动路线和工作原理。

该部件为氩弧焊机的微调装置，是一种螺纹传动机构。

从主视图中可以看出，沿主视图所表达的装配干线上，手轮 *1* 通过紧定螺钉 *2* 连接在螺杆 *6* 上，轴套 *5* 与导套 *9* 通过紧定螺钉 *4* 来连接，在手轮 *1* 和轴套 *5* 之间装有垫圈 3，支座承受了整个微调装置的重量。导杆 12 的右端头有一个螺孔 M10，这个螺孔用于固定焊枪。当转动手轮 *1* 时，螺杆 *6* 作旋转运动，导杆 *12* 在导套 *9* 内作轴向移动进行微调。导杆 *12* 上装有平键 *11*，它在导套 *9* 的槽内起导向作用。由于导套 *9* 用紧定螺钉 *7* 限转，所以导杆 *12* 只作轴向移动。轴套 *5* 对螺杆 *6* 起支承和轴向定位的作用，在安装时，应调整好位置，然后用紧定螺钉 *4* M3×8 固定。手轮 *1* 的轮毂部分嵌装一个铜套，热压成形后加工。

3. 分析零件的结构形状

读懂装配图中主要零件的结构形状，是读装配图的重要环节。在主视图中找出支座 *8* 的投影，根据投影关系和同一零件在各视图中的剖面线方向、间隔相同的规定，从其他视图中找出相应投影，分离出支座，综合分析各投影，想象其主要结构形状。

支座在装配体中起着包容和支承整条装配干线的作用。其中间有 $\phi30$ 的内孔，从 *C* 向视图中可以看出，底部的安装部位是圆盘，沿圆周均匀分布了 4 个安装孔，中间的支柱部分是空心圆柱体（图 9-17）。

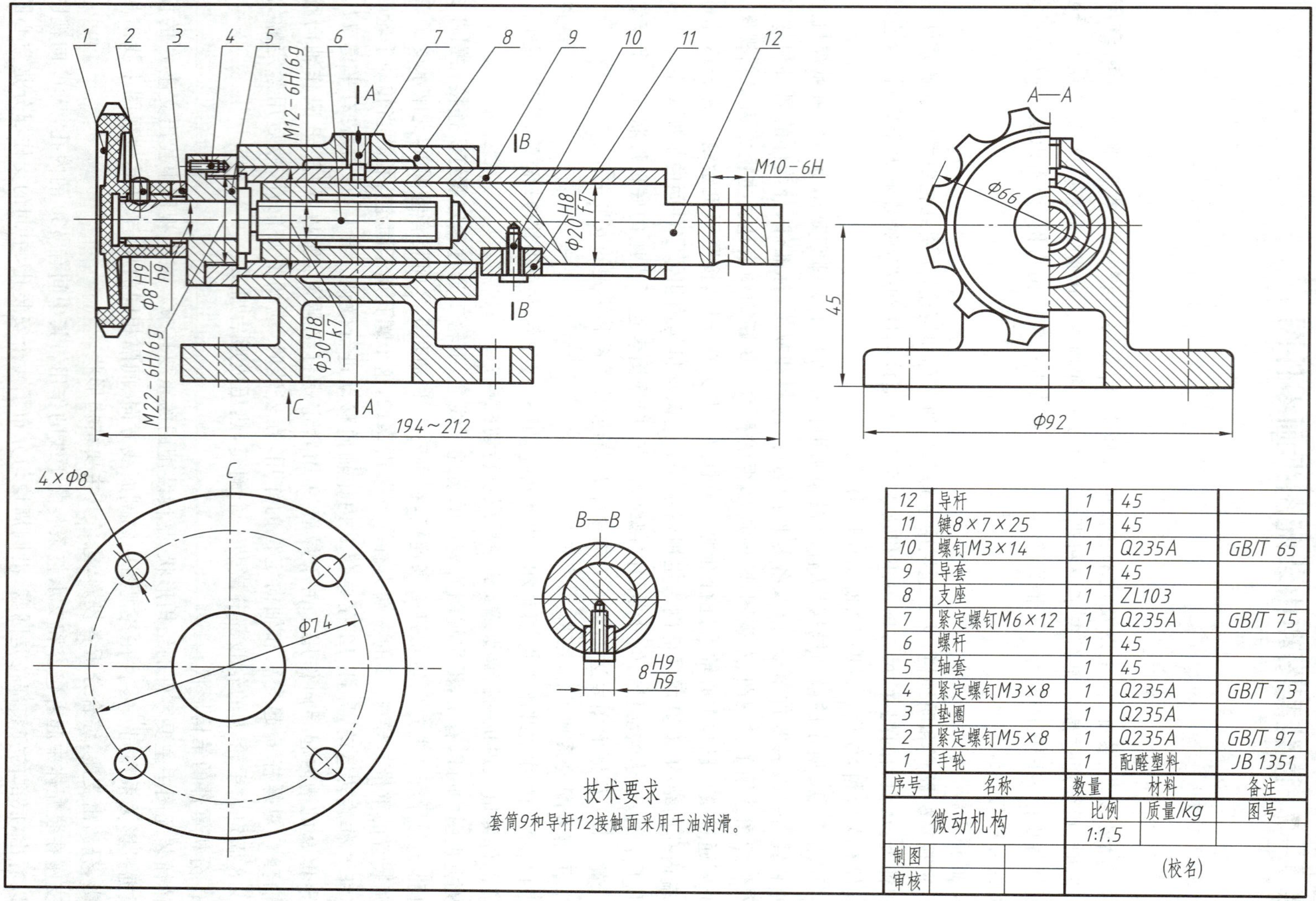

序号	名称	数量	材料	备注
12	导杆	1	45	
11	键8×7×25	1	45	
10	螺钉M3×14	1	Q235A	GB/T 65
9	导套	1	45	
8	支座	1	ZL103	
7	紧定螺钉M6×12	1	Q235A	GB/T 75
6	螺杆	1	45	
5	轴套	1	45	
4	紧定螺钉M3×8	1	Q235A	GB/T 73
3	垫圈	1	Q235A	
2	紧定螺钉M5×8	1	Q235A	GB/T 97
1	手轮	1	配醛塑料	JB 1351

微动机构	比例	质量/kg	图号
	1:1.5		
制图			
审核	(校名)		

图 9-16 装配图的读图

4. 分析尺寸

按装配图中标注尺寸的功用分类，分析了解各类尺寸。导杆 *12* 与导套 *9* 的配合尺寸ϕ20H8/f7，导套 *9* 与支座 *8* 的配合尺寸 ϕ30H8/k7，导杆中心高 45，安装底盘直径 ϕ92 和安装尺寸 ϕ74 等。

微调机构的多处配合尺寸是保证微调装置工作性能的重要技术要求，应分析理解它们的配合制度是基孔制或基轴制；配合种类为何选用间隙、过盈或过渡配合。

5. 归纳总结

综合归纳上述读图内容，把它们有机地联系起来，系统地理解工作原理和结构特点；各零件的功能形状和装配关系；分析出装配干线的装拆顺序等。

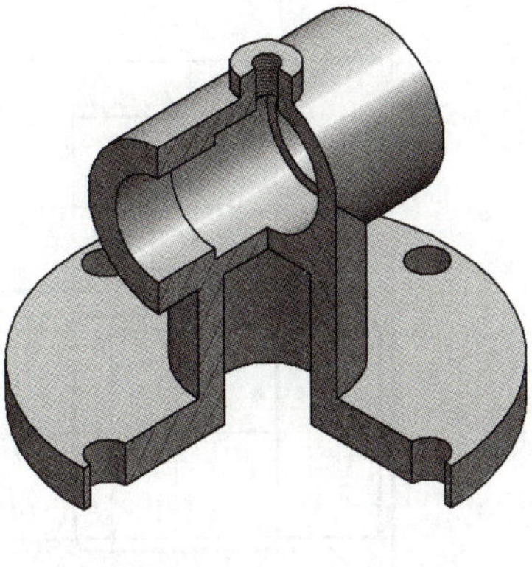

图 9－17　支座结构形状

二、由装配图拆画零件图

在机器或部件的设计过程中，根据已设计出的装配图绘制零件图简称为拆画零件图。以拆画支座零件为例讨论拆画过程。

1. 分离零件

如前述在读装配图时分离支座的投影，补齐装配图中被遮挡的轮廓线，对装配图中未表达清楚的结构进行补充设计。

2. 确定表达方案并绘图

因零件图与装配图的表达重点不同，拆画时的表达方案不一定照搬装配图，而应针对零件的形状特征分析选择表达方案，重新选择的方案可能与装配图基本相同或完全不同。

由于装配图的主视图能反映支座的主要形体特征，零件图的主视图就可借鉴该图。对于剖开的结构，其内部形状已经表达清楚，要省略细虚线。对于外部形状不复杂的零件，可以采用全剖，如主视图的表达，而左视图采用了半剖视图。省略了俯视图，而是用了 *C* 向的局部视图来表达支座底盘的形状，这样使零件的整个结构形状表达得简明和清晰。

零件上的细小工艺结构，如倒角、退刀槽和圆角等在装配图中往往省略不画，在拆画零件图时应将其补充完整。装配图中的螺纹连接是按外螺纹画法绘制的，拆画零件图时要特别注意外螺纹结构要改用内螺纹画法。

3. 标注零件图尺寸

拆画零件图中尺寸应该完全按照零件图的相关要求进行标注。这里需要特别说明的是如何将装配图中的配合尺寸改写成零件图中的公差尺寸。在图 9－16 微动机构的装配图中，配合尺寸 ϕ30H8/k7 表示支座 *8* 的内孔表面与导套 9 外表面之间的基孔制过渡配合，支座在这里扮演孔的角色，H8 是孔的公差，因此在零件图 9－18 中标注支座内孔直径时应写成 ϕ30H8。对于标准结构，如螺钉沉头孔、键槽、倒角等，应根据有关标准查阅其参数值确定。

4. 确定技术要求

1）根据零件部位的作用，合理选用并标注表面粗糙度。

2）根据零件加工工艺，查阅资料提出工艺规范等技术要求。

按上步骤画出支座零件图如图 9－18 所示。

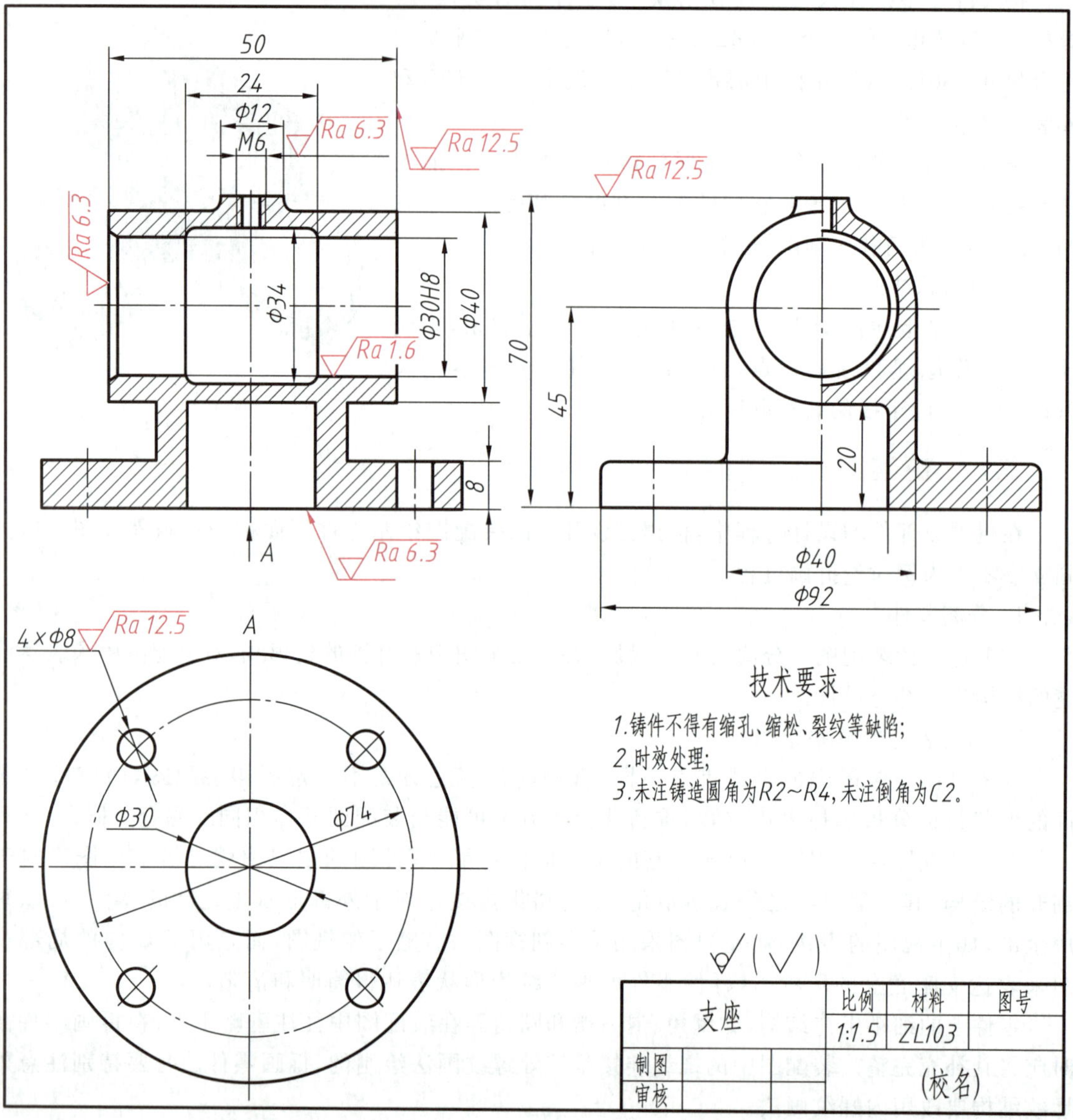

图 9－18　支座零件图

第十章　其他工程图样

在工程技术领域,工程图样是表达设计思想,实现技术交流和指导生产的重要技术文件。由于行业不同,用途不同,工程图样的表现形式也有所不同。对于工程技术人员而言,有必要了解除机械图样以外的其他工程图样。

§10-1　电气图

电气图是电气技术领域中各种图样的总称,它的作用是表达电气设备的工作原理、功能及构成,说明电气设备的装接要求和使用方法。电气图的主要表达形式为简图和表格。电气图的种类繁多,常用的有系统图、电路图、接线图、印制电路板图等。

一、电气图的基本知识

1. 电气制图的一般规则

国家标准 GB/T 6988.1—2008 规定了电气制图的一般规则,它是绘制和识读各种电气的基本规范。电气图纸的有关规定还可参见国家标准《技术制图》。

(1) 箭头和指引线

电气图中使用的箭头有开口和实心两种形式。开口箭头用于连接线上(图 10-5),表示电气能量流和信息流的方向;实心箭头用于指引线和尺寸线末端(表 10-1)。

表 10-1　指　引　线

末端位置	轮廓线内	轮廓线上	电路线上
标记形式	黑点	箭头	短斜线
示例	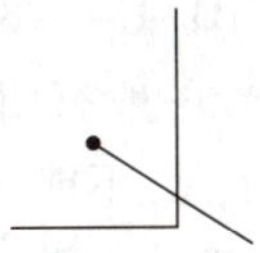	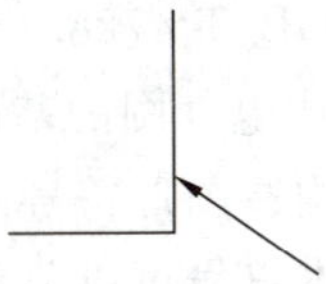	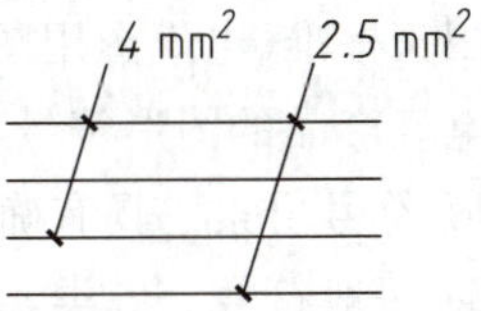

(2) 连接线

在电气图中,连接线用于连接各种元器件图形符号,以表达元器件之间的关系。连接线一般用细实线，计划扩展的内容用细虚线。

连接线识别标记的两种标注形式如图 10－1a 所示。为了使图面清晰，多根平行的连接线或一组导线可采用单线表示法，如图 10－1b 所示。为了避免连接线穿越太多图线，可将连接线中断，并在两端加注相应的标记。

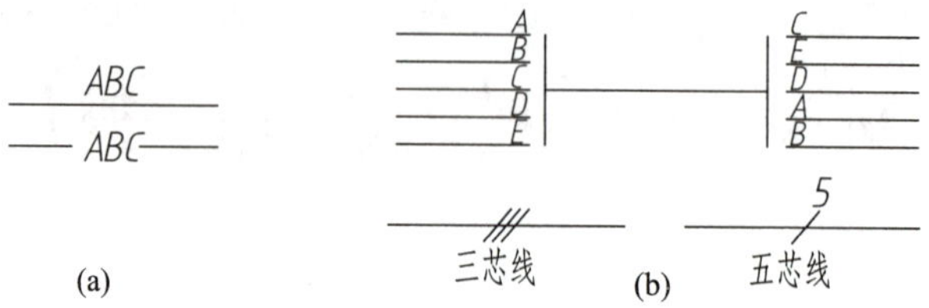

图 10－1　连接线的标注与简化

(3) 围框

当需要在图上表明功能单元、结构单元或项目组的范围时，可以用细点画线围框将该部分围起来，如图 10－2 所示。围框的形状可以是不规则的。如果在表示一个单元的围框内含有不属于该单元的元器件符号时，则应将这些符号用细双点画线的围框围起来，并加注代号或注解，如图 10－2 中部的细双点画线围框。

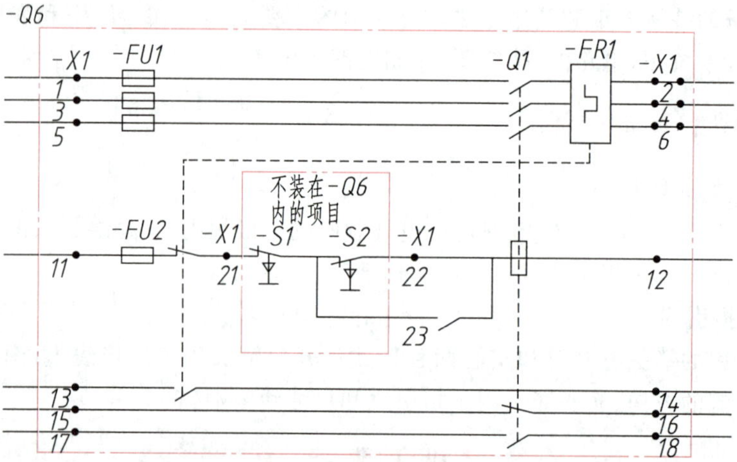

图 10－2　围框应用示例

2. 图形符号

国家标准《电气图用图形符号》(GB/T 4728.1～5—2005，GB/T 4728.6～13—2008) 规定了各类电气产品的图形符号，它们是构成电气图的基础。图形符号一般有四种基本形式：

1) 符号要素　具有确定意义的构造图形符号的最简图形单元，不能单独使用。

2) 一般符号　各类元器件的基本符号可以单独使用，用来表示一类或该类产品特征。常用的一般符号如图 10－3 所示。

3) 限定符号　是加在其他符号上提供附加信息的图形符号，不能单独使用。

4) 方框符号　只表示元件、设备的组合及其功能，不给出其细节和连接。常用在使用单线

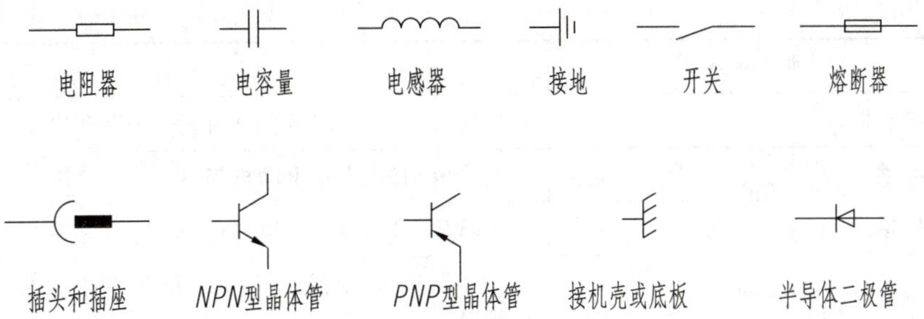

图 10-3　常用元件的一般符号

表示法的电气图中。

一般符号和限定符号的组合如图 10-4 所示。

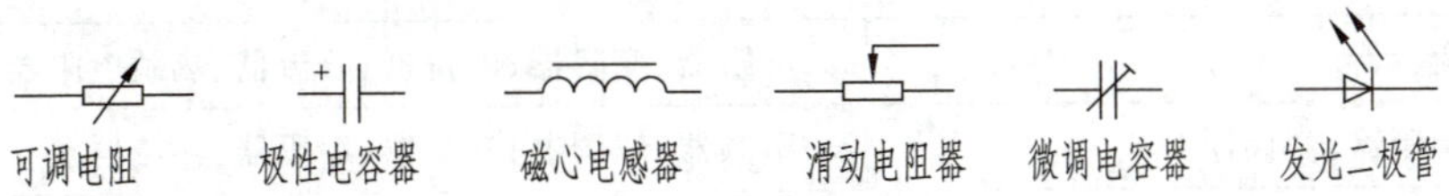

图 10-4　限定符号(与一般符号组合)应用示例

3. 文字符号

电气技术中的文字符号分为基本文字符号(单字母或双字母)和辅助文字符号。文字符号的第一位,按规定只允许用基本文字符号。

(1) 基本文字符号

1) 单字母符号　电气设备、装置和元器件划分为 23 个大类,每个大类用一个专用的单字母表示。表 10-2 中列出了表示 23 大类电气设备、装置和元器件的基本文字符号。标准规定优先采用单字母符号。

表 10-2　项目种类和字母代码表

字母代码	项目种类	举例
A	组件、部件	分立元件放大器、磁放大器、印制电路板等
B	变换器(从非电量到电量或相反)	热电传感器、压力变换器、送话器、拾音器、扬声器、耳机、磁头等
C	电容器	可变电容器、微调电容器、极性电容器等
D	二进制逻辑单元、延迟器件、存储器件	数字集成电路的器件、双稳态元件、单稳态元件、寄存器等
E	杂项、其他元件	光器件、发热器件、空气调节器等
F	保护器件	熔断器、限压保护器件、避雷器等
G	电源、发电机、信号源	电池、电源设备、同步发电机、旋转式变频机、振荡器等
H	信号器件	光指示器、声指示器、指示灯等
K	继电器、接触器	双稳态继电器、交流继电器、接触器等

续表

字母代码	项目种类	举例
L	电感器、电抗器	感应线圈、线路陷波器、电抗器(关联和串联)等
M	电动机	同步电动机、力矩电动机等
O	模拟元件	运算放大器、混合模拟/数字器件等
P	测量设备、试验设备	指示器件、记录器件、积算测量器件、信号发生器、电压表、时钟等
Q	电力电路的开关、器件	断路器、隔离开关、电动机保护开关等
R	电阻器	电阻器、变阻器、电位器、分流器、热敏电阻器等
S	(控制、记忆、信号)电路的开关、选择器	(近代制、按钮、限制、选择)开关、(压力、位置、转数、温度、液体标高)传感器等
T	变压器	电阻器、变阻器、电位器、分流器、热敏电阻器等
U	调制器、变换器	鉴频器、解调器、变频器、编码器、整流器等
V	电真空器件、半导体器件	电子管、半导体管、二极管、显像管等
W	传输通道、波导、开线	导线、电缆、波导、偶极天线、拉杆天线等
X	端子、插头、插座	插头和插座、测试插孔、端子板、焊接端子片、连接片等
Y	电气操作的机械器件	电磁制动器、电磁离合器、气阀、电动阀、电磁阀等
Z	滤波器、均衡器、限幅器	晶体滤波器、陶瓷滤波器、网络等

2) 双字母符号　在单字母符号后面加上一个字母就组成了双字母符号。只有在需要将大类进一步划分时，才采用双字母符号。

(2) 辅助文字符号

辅助文字符号用于说明设备、装置、元器件和线路的功能、状态和特征，如 SYN 表示同步、L 表示限制、RD 表示红色等。

辅助文字符号可以加在单字母符号后面组成双字母符号，如 SP 表示压力传感器、YB 表示电磁制动器等。

辅助文字符号还可以单独使用，如 ON 表示接通、PE 表示保护接地。

4. 项目代号

(1) 项目和项目代号

在电气图中，把用图形符号表示的基本件、部件、组件、功能单元、设备和系统等称为项目。项目的规模差别很大，可以大到电力系统、设备系统、电机或变压器，也可以小到电阻、电容或端子板。项目代号是用来识别图形、图表、表格中和设备中的项目种类，并提供项目的层次关系、实际位置等信息的一种特定的文字符号。图形符号只有与项目代号配合在一起，才能反映一个产品的具体意义和在整个设备中的层次关系及实际位置。

(2) 项目代号的形式及构成

一个完整的项目代号包括 4 个部分，其形式如下：

=(高层代号)+(位置代号)-(种类代号):(端子代号)

每一部分称为代号段,每个代号段都用字母和数字构成,以表达相关的信息。各代号段用特定的前缀符号加以区分。4 个代号段的名称及前缀符号如表 10-3 所示。

表 10-3　项目代号的形式及符号

段别	前缀符号	名称	示例	说　明
第 1 段	=	高层代号	=T2	系统或设备中任何较高层次(对给予代号的项目而言)项目的代号
第 2 段	+	位置代号	+D14	项目在组件、高备、系统或建筑物中的实际位置的代号
第 3 段	-	种类代号	-K3	主要用以识别项目种类的代号
第 4 段	:	端子代号	:11	用以同外电路进行电气连接的电气导电件的代号

(3) 项目代号的使用

项目代号的使用方法见表 10-4。

表 10-4　项目代号的使用方法

类别	组成形式	示例	主要作用	备注
方法 1	仅用某一段代号	视情况选用	表达不同信息	用于较简单情况
方法 2	第 1 段加第 3 段	=1-T1	提供层次和功能关系	主要用于初步设计
方法 3	第 2 段加第 3 段	+5-G1	反映项目安装位置	同位置图结合使用
方法 4	第 1 段加第 3 段再加第 2 段	=PL-A11+S1M4	提供全面信息	用于内容复杂项目

二、常用的几种电气图

1. 系统图和框图

系统图是用符号或带注释的线框概略表示系统和分系统的功能、基本组成、相互关系及主要特征的一种简图(详见 GB/T 6988.3—1997),它主要用于系统设计,为进一步设计编制详细技术文件提供依据,也可与有关电气图配合使用,为操作和维修提供参考。

系统图和框图形式相同,用途也很接近,二者的区别是:系统图通常描述系统和成套装置,层次较高,侧重体系划分;而框图通常描述分系统或设备,层次较低,侧重功能划分。

图 10-5 所示为某轧钢厂电气系统图。图中用带注释的方框表示具有不同功能的分系统,用细实线连接表示各功能分系统之间的关系,连线上表示流向的箭头为开口的;方框左上角的文字为项目代号,如:=K1。

2. 电路图

电路图又称电路原理图(详见 GB/T 6988.4—2002),它是用图形符号并按工作顺序排列,详细表示电路、设备或成套装置的全部组成和连接关系,而不考虑实际位置的一种简图。

电路图详细表达电气设备各组成部分的工作原理、电路特征和技术性能指标,为电气设备的装配、工艺编制、检测调试和故障分析提供信息,是编制接线图、印制电路板图等图样的依据。电路图中的元器件由注有项目代号和主要参数的图形符号表示,如图 10-6 所示。

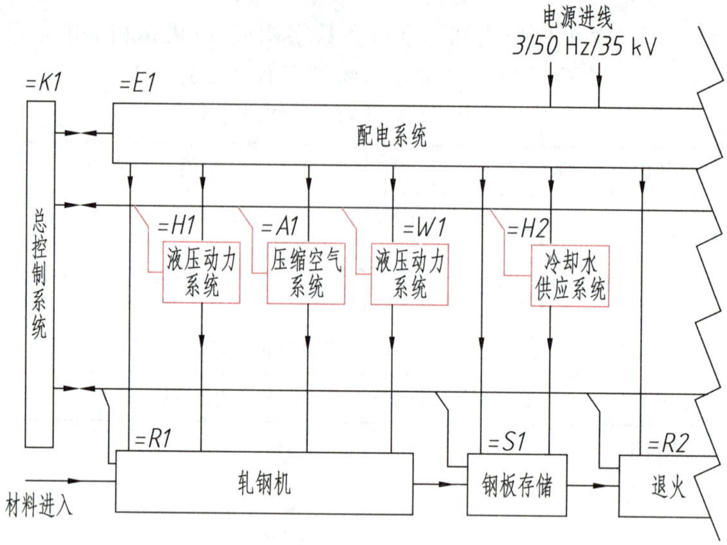

图 10-5　某轧钢厂系统图

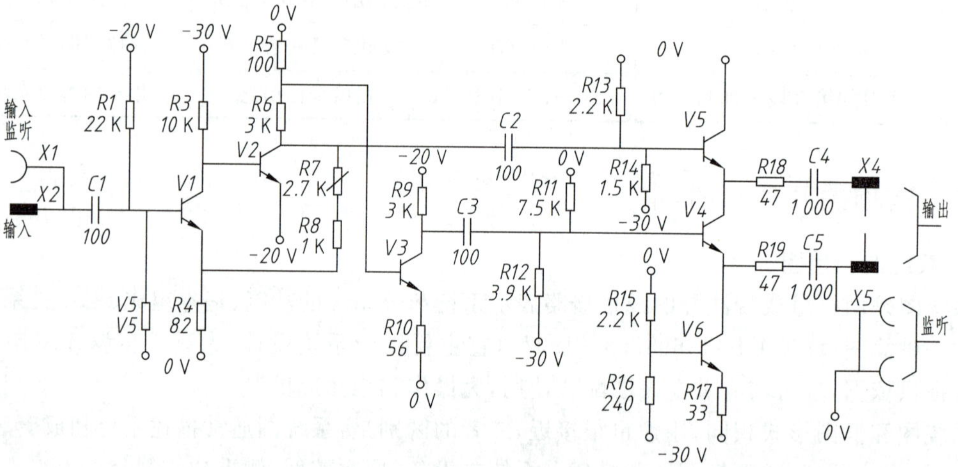

图 10-6　电路图及其元器件表示

K 表示 kΩ；电容不标单位，单位为 pF

3. 接线图和接线表

接线图或接线表一方面用于表示单元内部的连接关系，这时一般可以不表示单元之间的外部连接关系，称为单元接线图和接线表。另一方面用于表示单元之间的互相连接关系，这时一般可以不表示单元内部连接关系，称为互连接线图或接线表。图 10-7 和表 10-5 为单元接线图和接线表。

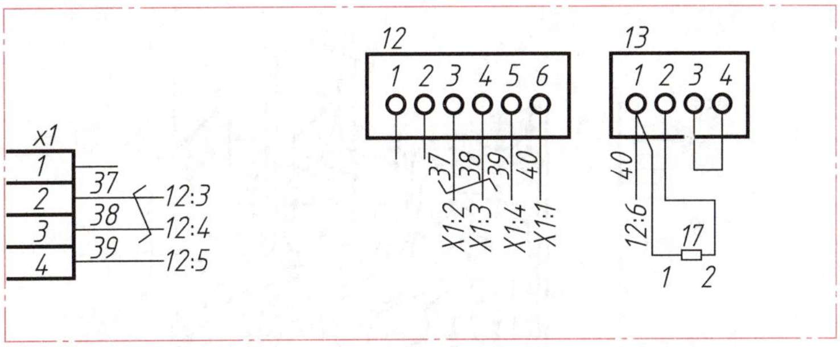

图 10-7　用中断线表示的单元接线图

表 10-5　表示图 10-7 内容的单元接线表

线缆号	线号	线缆型号及规格	连接点Ⅰ		连接点Ⅱ		长度/mm	附注
			项目代号	端子号	项目代号	端子号		
	37	AVR0.5 mm² 黄	12	3	XI	2	300	绞合
	38	AVR0.5 mm² 红	12	4	XI	3	300	绞合
	39	AVR0.5 mm² 蓝	12	5	XI	4	300	
	40	AVR0.5 mm² 绿	12	6	13	1	300	
	—	AVR0.5 mm² 棕	13	1	17	1	100	
	—	AVR0.5 mm² 黑	13	2	17	2	100	
		AVR0.5 mm² 灰	13	3	13	4	50	连线

4. 印制电路板图

印制电路板是广泛用于各种电子产品的电路连接结构。《印制板制图》是设计制作印制电路板的重要技术资料。绘制印制电路板图应遵守《技术制图》《印制板制图》(GB/T 5489—1985)、《电气制图》等有关国家标准。

印制电路板图包括印制电路板零件图和印制电路板组装件装配图。印制电路板零件图主要包括结构图、导电图形图和标记符号图。印制电路板结构图和组件装配图的绘制与识读与机械图相同,这里不再赘述。下面只简要介绍导电图形图和标记符号图。

(1) 印制电路板导电图形图

如图 10-8 所示,印制电路板导电图形图是在坐标网格上绘制的,现在一般采用计算机绘制。印制电路板导电图形图主要用来表示印制导线、连接盘的形状和它们之间的相互位置。印制电路板的导电图形图还可根据需要制成单面、双面或多层几种形式。

(2) 印制电路板标记符号图

印制电路板标记符号图是按元器件在印制电路板上的实际装接位置,采用元器件的图形符号、简化外形和它们在电路图、系统图或框图中的项目代号及装接位置标记等绘制的图样,如图 10-9 所示。印制电路板标记符号图亦可采用元器件装接位置标记及其在电路图、系统图或框图中的项目代号表示。

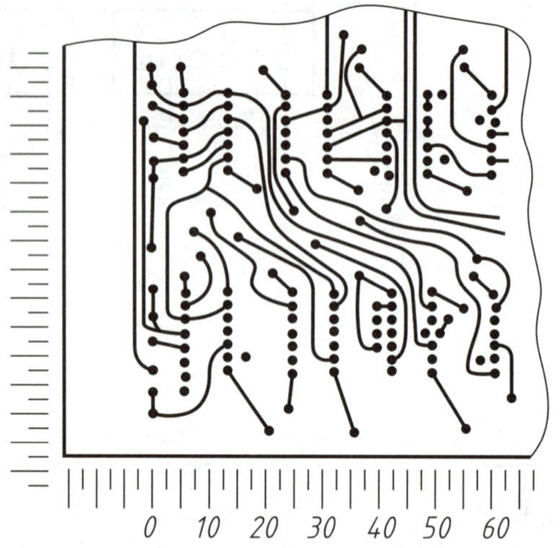

图 10-8 印制电路板导电图形图

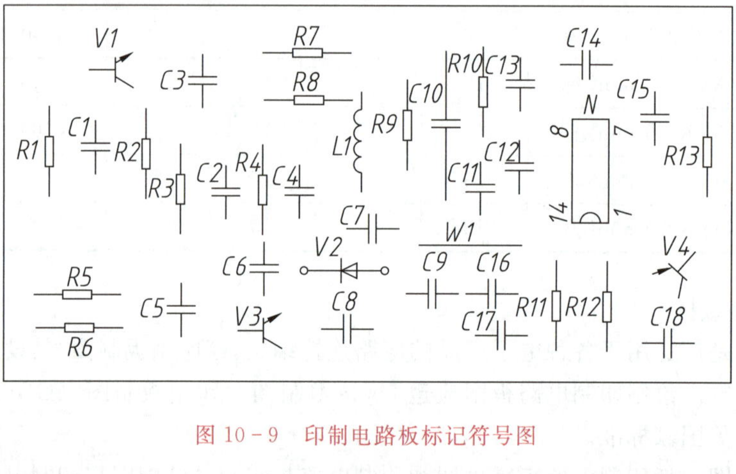

图 10-9 印制电路板标记符号图

§ 10-2 化工图样

在各种化工产品的生产过程中，有着大致相同的基本操作单元，如蒸发、冷凝、精馏、吸收、干燥、混合、反应等。因此，各类化工工艺流程图和化工设备图基本内容和表达方法十分相似。本节主要对化工工艺图和化工设备图进行简介。

一、工艺流程图

工艺流程图还可分为方案流程图和施工流程图，两者的表达形式和主要内容都相同，但因用于不同的设计阶段，其详细程度略有不同。这里只简要介绍施工流程图。施工流程图又称工艺管道及仪表流程图，是用图示法表达化工生产的工艺流程和所需设备、管道、阀门、管件和仪表控制点等的图样，是设备布置和管道布置的设计依据，也是施工、操作、运行及检修的指南。

图 10-10 所示的是配酸岗位管道及仪表流程图，从标题栏及图例中可以了解图样的名称和图形符号、代号的意义，图中标明了各设备的名称、位号及数量，根据图样可大致了解各设备的用途。

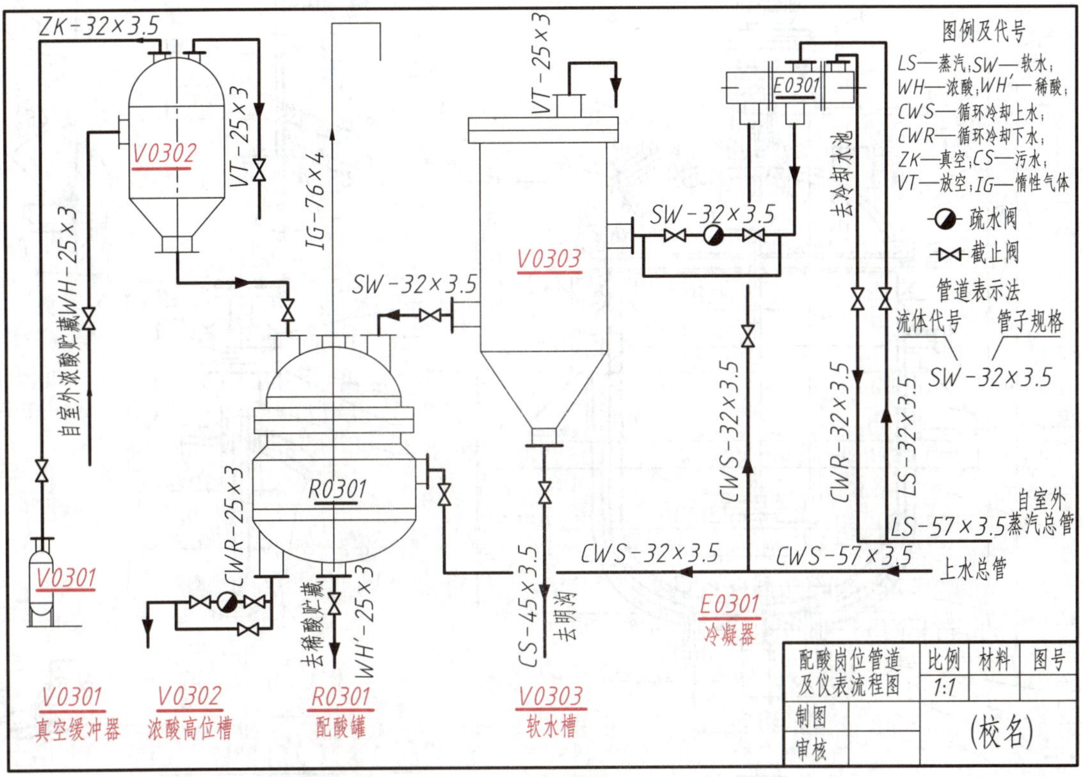

图 10-10　配酸岗位管道及仪表流程图

设备位号为 V0301 的名称为真空缓冲器，V0302 的设备名称是浓酸高位槽，依次还有配酸罐、软水槽和冷凝器。浓酸与来自软水槽的软水在配酸罐中混合，并利用循环水冷却得到稀释后的稀酸去稀酸贮槽。浓酸来自室外浓酸贮罐，软水由室外的蒸气经冷凝器冷凝成软水进入软水槽。

设备用图例表示。按原化工部标准 HG/T 20519.34—1992 规定，图例用细实线绘制，并按流程从左向右排列，设备和机器的相对高低位置要与实际布置相符。

设备须以“位号/名称”的形式进行标注。如“V0303/软水槽”，名称标在流程图的上方或下方，并与相应的设备图例对齐。在设备图例上或近旁也要标注位号。设备的类别代号按原化工部标准 HG/T 20519.35—1992 的规定，见表 10-6。

表 10-6　设备类别代号

设备类别	塔器	泵	压缩机、风机	换热器	反应器	容器(槽、罐)	其他机械	其他设备
代号	T	P	C	E	R	V	M	X

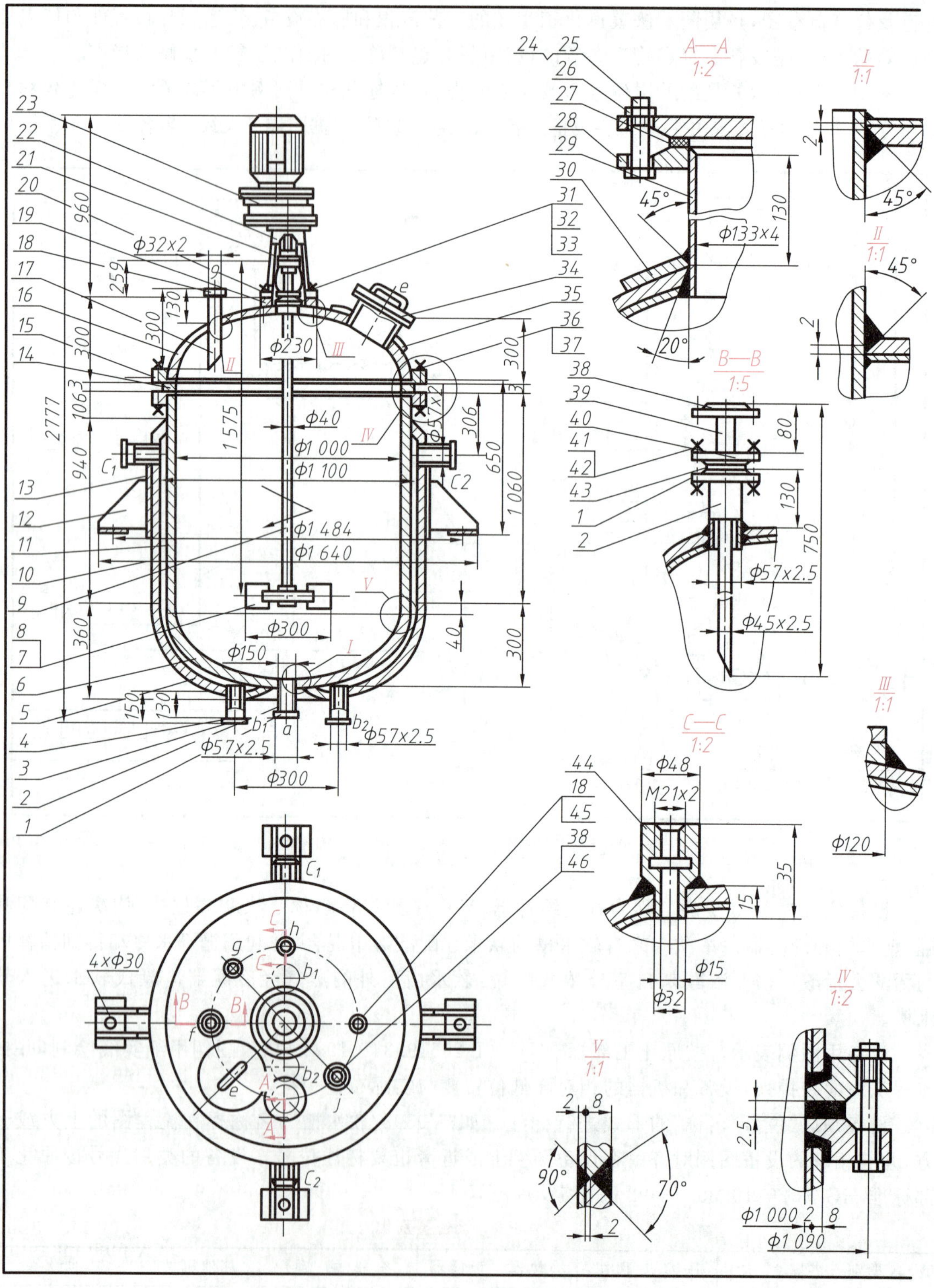

A—A
1:2
B—B
1:5
C—C
1:2
I
1:1
II
1:1
III
1:1
IV
1:2
V
1:1
1
2
3
4
5
6
7
8
9
10
11
12
13
14
15
16
17
18
19
20
21
22
23
24
25
26
27
28
29
30
31
32
33
34
35
36
37
38
39
40
41
42
43
44
45
46
2777
960
259
130
300
106
3
940
360
150
1 575
Φ32×2
Φ230
Φ40
Φ1 000
Φ1 100
Φ1 484
Φ1 640
Φ300
Φ150
Φ57×2.5
Φ57×2
306
650
1 060
40
C1
C2
a
b1
b2
e
f
g
h
j
4×Φ30
45°
20°
130
Φ133×4
80
750
Φ45×2.5
Φ48
M21×2
35
15
Φ15
Φ32
Φ120
90°
70°
2
8
2.5
Φ1 090

图 10-11 反应

技术要求

1. 本设备的釜体用不锈复合钢板制造，复层材料为1Cr18Ni9Ti，其厚度为2 mm。
2. 焊接结构除有图示以外，其他按GB/T 985.1—2008的规定，对接接头采用V形，T形接头采用三角形、法兰焊接按相应标准。
3. 焊条的选用：碳钢与碳钢焊接采用EA4303焊条，不锈钢与不锈钢，不锈钢与碳钢焊接采用E1-23-13-160JFHIS。
4. 釜体与夹套的焊缝应进行超声波与X射线检验，其焊缝质量应符合相关规定，夹套内进行0.5 MPa水压试验。
5. 设备组装后应试运转，搅拌轴转动自如，不应有不正常的噪声和较大的振动等不良现象。搅拌轴下端的径向摆动量不大于0.75 mm。
6. 釜体复层内表面应进行酸洗钝化处理，釜体外表面涂铁红色酚醛底漆。并用80 mm厚软木作保冷层。
7. 安装所用的地脚螺栓直径为M24。

技术特性表

内容	釜内	夹套内
工作压力/MPa	常压	0.3
工作温度/℃	40	-15
换热面积/m²	4	
容积/m³	1	
电动机型号及功率	Y100L1-4　2.2 kW	
搅拌轴转速/(r/min)	200	
物料名称	酸、碱溶液	冷冻盐水

管口表

符号	公称尺寸	连接尺寸、标准	连接面型式	用途或名称
a	50	JB/T 81—2015	平面	出料口
b_{1-2}	50	JB/T 81—2015	平面	盐水进口
c_{1-2}	50	JB/T 81—2015	平面	盐水进口
d	120	JB/T 81—2015	平面	检测口
e	150	JB/T 589—1979		手孔
f	50	JB/T 81—2015	平面	碱液进口
g	25	JB/T 81—2015	平面	碱液出口
h		M27×2	螺纹	碱液出口
i	25	JB/T 81—2015	平面	放空口
j	40	JB/T 81—2015	平面	备用口

序号	代号	名称	数量	材料	备注
46		接管 Φ45×2.5	1	1Cr18Ni9Ti	l=145
45		接管 Φ32×2	1	1Cr18Ni9Ti	l=145
44		接口 M27×2	1	1Cr18Ni9Ti	
43	JB/T 87	垫片 50-2.5	1	石棉橡胶板	
42	GB/T 41	螺母 M12	8		
41	GB/T 5780	螺母 M12×45	8		
40	JB/T 86.1	法兰盖 50-2.5	1	1Cr18Ni9Ti	钻孔Φ46
39		接管 Φ45×2.5	1	1Cr18Ni9Ti	l=750
38	JB/T 81	法兰 40-2.5	2	1Cr18Ni9Ti	
37	GB/T 41	螺母 M20	36		
36	GB/T 5780	螺栓 M20×110	36		
35	GB/T 4736	补强圈 d_N150×8	1	Q235A	
34	GB/T 589	手孔 A PN1 DN150	1	1Cr18Ni9Ti	
33	GB/T 93	垫圈 12	6		
32	GB/T 41	垫圈 M12	6		
31	GB/T 898	螺柱 M12×35	6		
30	GB/T 4736	补强圈 d_N125×8-C	1	Q235A	
29		接管 Φ133×4	1	1Cr18Ni9Ti	l=145
28	GB/T 81	法兰 120-2.5	1	Q235A	
27	JB/T 87	垫片 120-2.5	1	石棉橡胶板	
26	JB/T 86.1	法兰盖 120-2.5	1	1Cr18Ni9Ti	
25	GB/T 41	螺母 M16	8		
24	GB/T 5780	螺母 M16×65	8		
23		减速器 LJC-250-23	1		
22		机架	1	Q235A	
21		联轴器	1		组合件
20	HG/T 5019	填料箱 DN40	1		组合件
19		底座	1	Q235A	
18	JB/T 81	法兰 25-2.5	2	1Cr18Ni9Ti	
17		接管 Φ32×2	1	1Cr18Ni9Ti	
16	JB/T 4737	椭圆封头 DN1000×10	1	1Cr18Ni9Ti(里)	Q235(外)
15	JB/T 4702	法兰 C PⅢ 1000-2.5	2	1Cr18Ni9Ti(里)	Q235(外)
14	JB/T 4704	垫片 1000-2.5	1	石棉橡胶板	
13		垫板 208×180	4	Q235A	t=10
12	JB/T 4725	耳座 B3	4	Q235AF	
11	GB/T 9019	釜体 DN1000×10	1	1Cr18Ni9Ti(里)	Q235(外)
10	GB/T 9019	夹套 DN1000×10	1	Q235A	l=970
9		轴 Φ40	1	1Cr18Ni9Ti	
8	JB/T 1096	键 12×8×40	1	1Cr18Ni9Ti	
7	HG/T 5-221	搅拌器 300-40	1	1Cr18Ni9Ti	
6	JB/T 4737	椭圆封头 DN1000×10	1	1Cr18Ni9Ti(里)	Q235(外)
5	JB/T 4737	椭圆封头 DN1000×10	1	Q235A	
4		接管 Φ57×2.5	4	10	l=155
3	JB/T 81	法兰 50-2.5	4	Q235A	
2		接管 Φ57×2.5	2	1Cr18Ni9Ti	l=145
1	JB/T 81	法兰 50-2.5	2	1Cr18Ni9Ti	

反应器		比例	质量/kg	图号
		1:10	1 100	
制图		(校名)		
审核				

管道用图线表示，其线型和线宽按原化工部标准 HG/T 20519.28—1992 和 HG/T 20519.32—1992 的规定。每一段管道都要标注管道组合号，其中物料代号、主项编号和管道顺序号这三个单元称为管道号(或管段号)。管道等级代号和隔热代号可分别参见原化工部标准 HG/T 20519.30—1992 和 HG/T 20519.38—1992。

二、化工设备图

化工设备图是指化工产品生产过程中所使用的专用设备，如容器、反应器、塔类、炉类等。表示化工设备的形状、结构、大小、性能和制造、安装等技术要求的图样，称为化工设备图。下面对反应釜设备图识图过程作简单介绍，如图 10－11 所示。

1. 概括了解

(1) 从标题栏可知，该图所表达的设备名称为反应釜，其公称直径为 DN1 000，设备容积为 1 m^3，绘图比例为 1∶10。

(2) 从明细栏可知，反应釜由 46 种零部件组成，其中有 32 种标准零部件，均附有 GB/T、JB/T、HG/T 等标准号以及各种零件所对应的数量及所用的材料。

(3) 由技术要求可知，设备釜体的用材要求，焊接结构、焊条选用、焊缝检验的有关规定和相应标准，组装后试运行要求，夹套的水压试验要求等。

(4) 由技术特性表可知，釜内工作压力为常压，工作温度为 40 ℃，物料是酸、碱溶液，夹套工作压力为 0.3 MPa，工作温度为－15 ℃，物料是冷冻盐水；换热面积为 4 m^2；电动机型号为 Y100L1－4，功率为 2.2 kW；搅拌轴转速为 200 r/min。

(5) 由管口表可知，共有 12 个管口，除手孔接法兰盖、温度计口与温度计螺纹连接外，其余管口均与外接管为法兰连接，密封面形式为平面。

2. 视图分析

从视图配置可知，图中采用了主视图、俯视图两基本视图。主视图采用全剖视和管口多次旋转的画法表达反应釜主体的结构形状、装配关系及管口的轴向位置。俯视图采用拆卸画法，即拆去传动装置，表达上、下封头上各管口的位置、壳体器壁上各管口的周向方位以及耳式支座的周向分布。

另有 8 个局部放大图，分别表达主要接管的装配结构、设备法兰与釜体的装配结构和复合钢板上焊缝的焊接结构。

3. 零部件及尺寸分析

设备由带夹套的釜体和传动装置两大部分组成。

设备的釜体(件 *11*)与下封头(件 *6*)焊接，与上封头(件 *16*)采用设备法兰连接，由此组成设备的主体。主体的侧面和底部外焊有夹套，夹套的筒体(件 *10*)与封头(件 *5*)采用焊接。另有一些标准零部件(如手孔、支座等)及接管，都采用焊接方法固定在设备的筒体、封头上。主视图左面的尺寸 106 mm 确定了夹套在设备主体上的轴向位置，主视图右面的尺寸 650 mm 确定了耳式支座焊接在夹套壁上的轴向位置。

由于反应釜内的物料(酸和碱)对金属有腐蚀作用，为了保证产品质量、延长设备的使用寿命和降低成本，设备主体的材料在设计时选用了碳钢(Q235A)与不锈钢(1Cr18Ni9Ti)两种材料的复合钢板制作。从局部放大图Ⅳ、Ⅴ中可以看出，碳钢板厚为8 mm，不锈钢板厚为 2 mm，总厚度为 10 mm。冷却降温用的夹套采用碳钢制作,其钢板厚度为 10 mm。釜体与上封头的连接,为防腐蚀而采用了“衬环平密封面乙型平焊法兰”(件 *15*)的结构,局部放大图Ⅳ表示了连接的结构情况。

从 *B*—*B* 局部放大图中可知,接管 f 是套管式的结构。由接管(件 *39*)内穿过接管(件 *2*)插入釜内,酸液即由内管进入釜内。

传动装置用双头螺柱固定在上封头的底座(件 *19*)上。搅拌器穿过填料箱(件 *20*)伸入釜内,带动搅拌器(件 *7*)搅拌物料。从主视图中可以看出搅拌器的大致形状,搅拌器的传动方式。由电动机带动减速器(件 *23*),经过变速后,通过联轴器(件 *21*)带动搅拌轴(件 *9*)旋转,搅拌物料。减速器是标准化的定型传动装置,其详细结构、尺寸规格和技术说明可查阅有关资料和手册。为了防止釜内物料泄漏出来,由填料箱(件 *20*)将搅拌轴密封。主视图中的折线箭头表示了搅拌轴的旋转方向。

该设备通过焊在夹套上的 4 个耳式支座(件 *12*),用地脚螺栓固定在基础上。

4. 归纳总结

反应釜的工作情况是:物料(酸和碱)分别从顶盖上的接管 f 和 g 流入釜内,进行中和反应;为了提高物料的反应速度和改善反应效果,釜内的搅拌器以 200 r/min 的速度进行搅拌;−15 ℃的冷冻盐水由底部接管 b_1 和 b_2 进入夹套内,再由夹套上部两侧的接管 c_1 和 c_2 排出,将物料中和反应时所产生的热量带走,起到降温的作用,保证釜内物料的反应正常进行;在物料反应过程中,打开顶部的接管 d,可随时测定物料的反映情况(酸碱度);当物料反应达到要求后,即可打开底部的接管 a 将物料放出。

设备的上封头与釜体采用设备法兰连接,可整体打开便于检修和清洗。夹套外部用厚 80 mm 的软木保冷。

§10-3 展开图

在工程制造行业,有许多由金属板材制成的薄壳类零件,也称为钣金件。制造这类零件不仅要有零件图表示零件的形状尺寸和加工要求,还需要有表示零件表面展开形状和尺寸的图样,以便为板材放样下料提供依据,这种图样就称为展开图。

展开图在冶金、石油、化工、电气、汽车、航空、造船等行业的应用尤为广泛,如容器、管道、箱柜、车身、机身、船身等都属于需要展开图的零件。图 10-12 所示的除尘器壳体就是一个由钢板制作的典型的钣金件,其制作过程为:首先按展开图将板材切割成一定形状并弯曲成形,再经过焊接、铆接或咬缝将各构件连接成该零件。

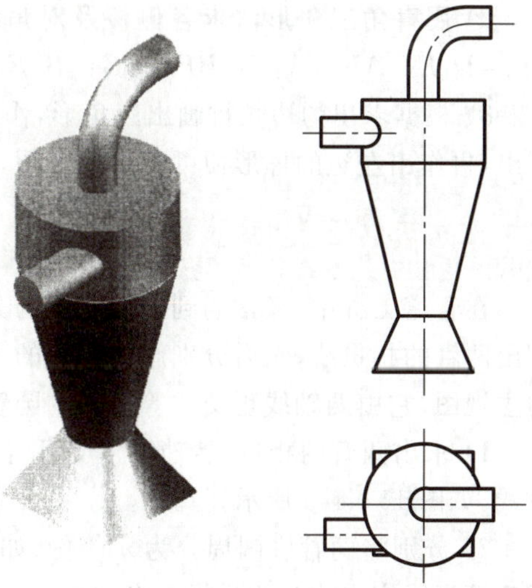

图 10-12　除尘器壳体

一、方漏斗表面展开

图 10－13a 所示是一个漏斗的正投影图，漏斗的四条棱线延长后不交于一点，因此该漏斗不是四棱台。该漏斗的前后侧面是两相等的四边形的侧垂面。左、右两侧面是等腰梯形正垂面。

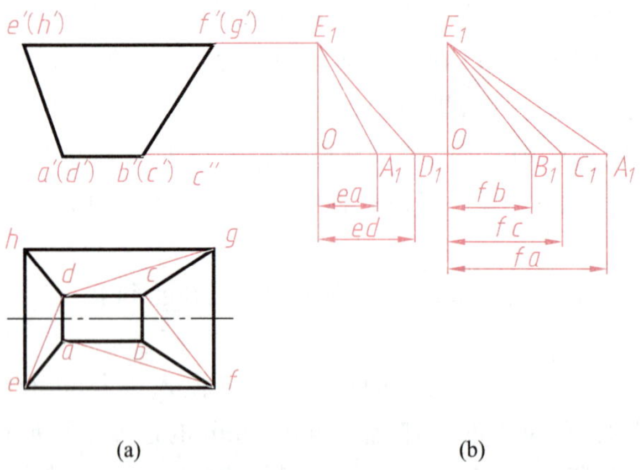

图 10－13　方漏斗展开

各棱都是一般位置直线，且 $AE=DH$、$BF=CG$。作四边形的实形时，将其用对角线划分为两个平面三角形来作图。

作等腰梯形的实形时，也可用其上、下两底边和高的实长作图。考虑接口缝要短，展开时将接口布置在 AE 棱线上。

方漏斗的展开图作图步骤如下：

1）将左边、前边、右边的梯形分为两个三角形。

2）用直角三角形法求各侧棱及对角线的实长，如图 10－13b 所示，得 $AE=DH=A_1E_1$，$DE=D_1E_1$，$AF=A_1F_1$，$BF=CG=B_1F_1$；$CF=C_1F_1$。

3）根据求出的边长拼画出三角形，作出前边、右边的梯形，后边的梯形与前边的梯形相同可作出，再作出左边的梯形便可得出展开图，如图 10－13c 所示。

二、等径三通管表面的展开

在管道工程中，经常遇到各种各样的分支管。绘制这类分支管的表面展开图，首先要准确地作出两管的相贯线，然后分别画出各管的表面及相贯线展开图。图 10－14a 所示为三通管接头的主视图，它由两轴线正交的等直径的圆管组成，其表面展开作图步骤如下：

1）求出两管的相贯线：轴线正交且等径的侧垂和铅垂圆管，其相贯线的正面投影为相交两直线，如图 10－14a 所示。

2）分别将两管底圆周分为 n 等份（如 $n=12$），过各分点作素线。在 V 面投影上，侧垂管和铅垂管素线交点均为相贯线上点的投影 a'、b'等。

3）铅垂圆管展开：水平绘出圆周长 πD。在相应素线上分别截取素线的实长，得相贯线上各

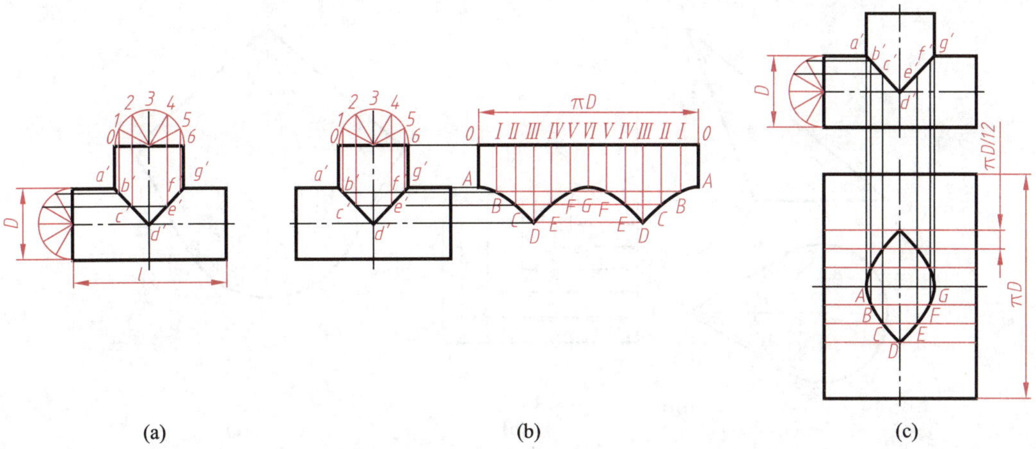

图 10－14　等径三通管展开

点 A、B、C、D、E、F、G 在展开图上的位置。同理作出铅垂圆管后半部分相贯线上各点，以光滑曲线依次连接后，得铅垂圆管的展开图，如图 10－14b 所示。

4）侧垂圆管展开：侧垂圆管展开图是一中间开口的，以该圆管的长 L 为一边长，以 πD（D 为圆管直径）为另一边长的矩形。在展开图上画出各等分素线，截取相应长度，得相贯线上点 A、B、C 等的展开位置。同理作出侧垂圆管后半部分相贯线上各点，以光滑曲线依次连接各点，得相贯线的展开图。它所包围的部分，就是矩形展开图的中间开口部分，如图 10－14c 所示。

三、斜圆锥表面的展开

斜圆锥是其轴线倾斜于底面，而底面为圆的锥体，如图 10－15a 所示。斜圆锥表面的素线的长度不是相等的，因此必须先分别求出各素线的实长，然后将相邻两素线及其所夹底圆弧为三条边（如以 $s_1 1_1$、$s_1 2_1$ 和弧 12 为三条边）的三角形逐个展开。其展开图的作图步骤如下：

1）将底圆周分为 n 等份（如 $n=12$），并画出前半个锥面上各分点素线的两面投影，如图 10－15a 所示。

2）用三角形法求出各分点素线 $S\mathrm{I}$、$S\mathrm{II}$、$S\mathrm{III}$、…的实长 $s_1 1_1$、$s_1 2_1$、$s_1 3_1$、…，如图 10－15b 所示。

3）作 $S0=s'0'$，以 S 为圆心，$S\mathrm{I}=s_1 1_1$ 为半径作一圆弧，又以 0 为圆心，以 $01=\pi D/12$ 为半径作一圆弧（D 为底圆半径），两圆弧相交得 I。同理求点 II、III、…。

4）用曲线光滑连接点 0、I、II、III、…，并作出与之对称的另一半则得展开图，如图 10－15c 所示。

四、变形接头的展开

图 10－16 所示是一种常用的变形接头，它上接圆柱管或圆锥管，下连矩形管。它的侧面是由四个等腰三角形平面和四个相等的倒斜圆锥面所组成。画展开图时，应求出平面与锥面的分

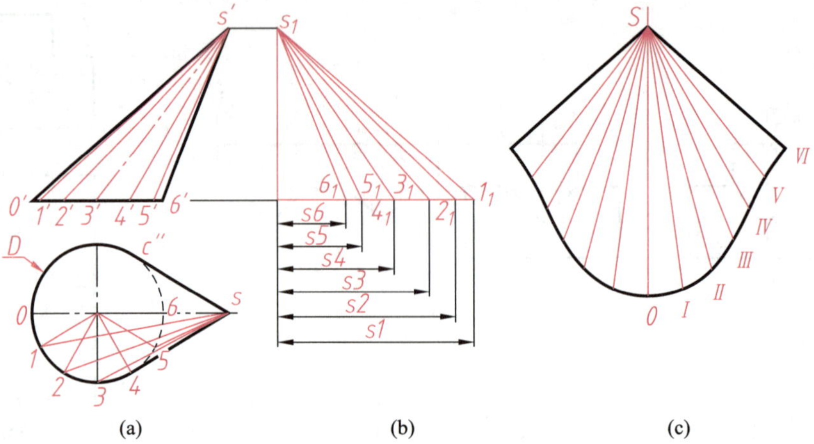

图 10－15　斜圆锥表面展开

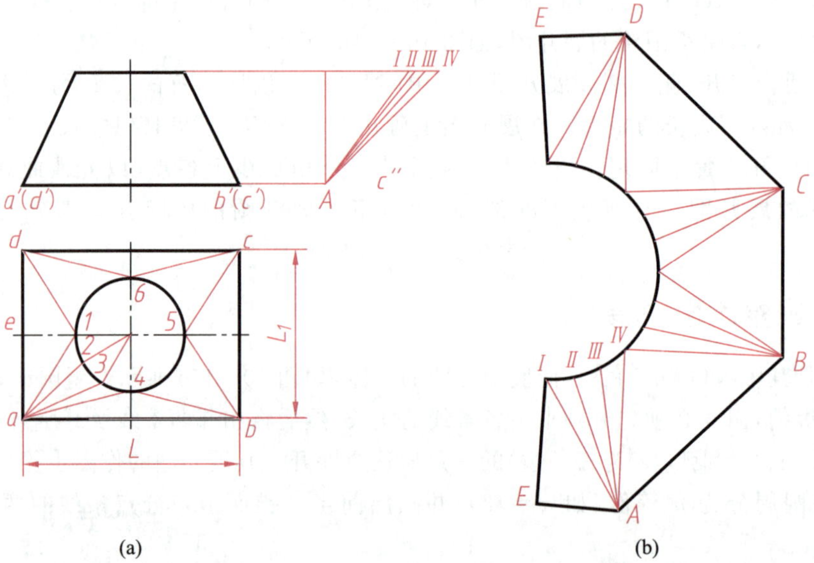

图 10－16　变形接头表面展开

界线及其实长。为使变形接头内壁尽可能光滑，三角形平面应与斜圆锥面相切。划分时可在 H 投影上作四条线，分别平行于矩形下管口的四条边，并与上管口圆相切，得四个切点Ⅰ、Ⅳ、Ⅴ、Ⅵ，如图 10－16a 所示。

只要将四个切点与下管口矩形的各个顶点连起来，就可以把接头表面划分为四个三角形ⅠAD、ⅣAB、ⅤBC、ⅥDC 和四个斜圆锥面 AⅠⅣ、BⅣⅤ、CⅤⅥ、DⅥⅠ。对于斜圆锥面可将其近似地分为若干小三角形，然后求出各个三角形的实形。表面展开的作图步骤如下：

1）分上管口圆周为 12 等份，作出四条斜圆锥的素线，如图 10－16a 所示。

2）用直角三角形法，求斜圆锥面上四条素线和一条接口线 $E\,I$ 的实长，如图 10－16a 所示。

3）根据所得各边的实长，先作出△$A\,IE$ 的实形。然后依次在△$A\,IE$ 的一侧作出各斜圆锥面和三角形的展开图，整个变形接头的展开图如图 10－16b 所示。

附　录

附录一　螺纹

附表 1　普通螺纹的直径与螺距系列(摘自 GB/T 193—2003 和 GB/T 196—2003)　　mm

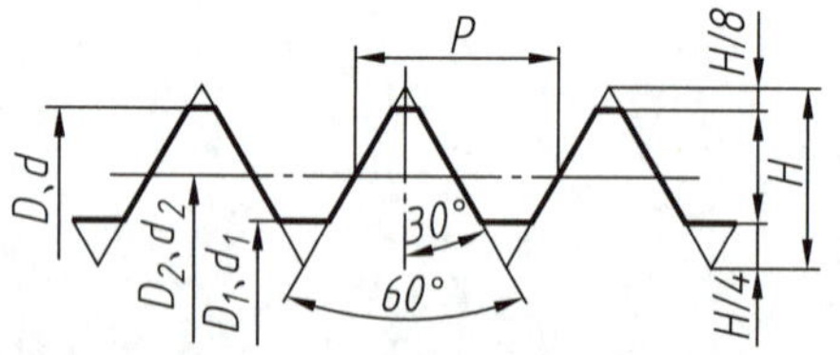

D—内螺纹大径;d—外螺纹大径;D_2—内螺纹中径;d_2—外螺纹中径;D_1—内螺纹小径;d_1—外螺纹小径;P—螺距;H—原始三角形高度

标记示例:

M10－6g

(粗牙普通外螺纹,公称直径 $d=10$ mm。右旋,中径及大径公差带代号均为 6g,中等旋合长度)

M10×1－6H－LH

(细牙普通内螺纹,公称直径 $D=10$ mm,螺距 $P=1$ mm,中径及小径公差带代号均为 6H,中等旋合长度,左旋)

公称直径 d、D			螺距 P		公称直径 d、D			螺距 P	
第一系列	第二系列	第三系列	粗牙	细牙	第一系列	第二系列	第三系列	粗牙	细牙
3			0.5	0.35			(28)		2,1.5,1
	3.5		(0.6)		30			3.5	(3),2,1.5,(1),(0.75)
4			0.7	0.5			(32)		2,1.5
	4.5		(0.75)			33		3.5	(3),2,1.5,1,(0.75)
5			0.8				35		(1.5)
		5.5			36			4	3,2,1.5,(1)
6		7	1	0.75,(0.5)			(38)		1.5
8			1.25	1,0.75,(0.5)		39		4	3,2,1.5,(1)
		9	(1.25)				40		(3),(2),1.5
10			1.5	1.25,1,0.75,(0.5)	42	45		4.5	(4),3,2,1.5,(1)
		11	(1.5)	1,0.75,(0.5)	48			5	
12			1.75	1.5,1.25,1,(0.75),(0.5)			50		(3),(2),1.5
	14		2	1.5,(1.25),1,(0.75),(0.5)		52		5	(4),3,2,1.5,(1)
		15		1.5,(1)			55		(4),(3),2,1.5
16			2	1.5,1,(0.75),(0.5)	56			5.5	4,3,2,1.5,(1)
		17		1.5,(1)			58		(4),(3),2,1.5
20	18		2.5	2,1.5,1,(0.75),(0.5)		60		(5.5)	4,3,2,1.5,(1)
	22						62		(4),(3),2,1.5
24			3	2,1.5,1,(0.75)	64			6	4,3,2,1.5,(1)
		25		2,1.5,(1)			65		(4),(3),2,1.5
		(26)		1.5		68		6	4,3,2,1.5,(1)

注:1. 优先选用第一系列,其次是第二系列,第三系列尽可能不用。

2. M14×1.25 仅用于火花塞;M35×1.5 仅用于滚动轴承锁紧螺母。

3. 括号内的螺距应尽可能不用。

附表 2　梯形螺纹(摘自 GB/T 5796.3—2005)

mm

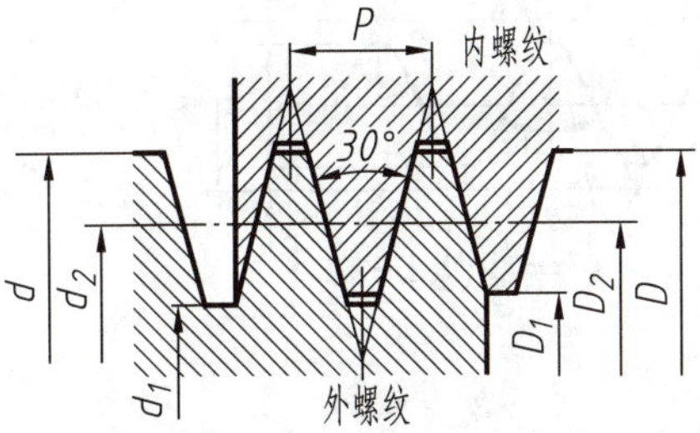

D—内螺纹大径；d—外螺纹大径；D_2—内螺纹中径；d_2—外螺纹中径；D_1—内螺纹小径；d_1—外螺纹小径；P—螺距；a_c—牙顶间隙

标记示例：

Tr40×7−7H

(单线梯形内螺纹，公称直径 $d=40$ mm，螺距 $P=7$ mm，右旋，中径公差带代号为 7H，中等旋合长度)

Tr60×18(P9)LH−8e−L

(双线梯形外螺纹，公称直径 $d=60$ mm，导程为 18 mm，螺距 $P=9$ mm，左旋，中径公差代号为 8e，长旋合长度)

公称直径 d		螺距	中径	大径	小径	
第一系列	第二系列	P	$d_2=D_2$	D	d_1	D_1
8		1.5	7.25	8.30	6.20	6.50
	9	1.5	8.25	9.30	7.20	7.50
		2	8.00	9.50	6.50	7.00
10		1.5	9.25	10.30	8.20	8.50
		2	9.00	10.50	7.50	8.00
	11	2	10.00	11.50	8.50	9.00
		3	9.50	11.50	7.50	8.00
12		2	11.00	12.50	9.50	10.00
		3	10.50	12.50	8.50	9.00
	14	2	13.00	14.50	11.50	12.00
		3	12.50	14.50	10.50	11.00
16		2	15.00	16.50	13.50	14.00
		4	14.00	16.50	11.50	12.00
	18	2	17.00	18.50	15.50	16.00
		4	16.00	18.50	13.50	14.00
20		2	19.00	20.50	17.50	18.00
		4	18.00	20.50	15.50	16.00
	22	3	20.50	22.50	18.50	19.00
		5	19.50	22.50	16.50	17.00
		8	18.00	23.00	13.00	14.00
24		3	22.50	24.50	20.50	21.00
		5	21.50	24.50	18.50	19.00
		8	20.00	25.00	15.00	16.00

公称直径 d		螺距	中径	大径	小径	
第一系列	第二系列	P	$d_2=D_2$	D	d_1	D_1
	26	3	24.5	26.50	22.50	23.00
		5	23.5	26.50	20.50	21.00
		8	22.00	27.00	17.00	18.00
28		3	26.50	28.50	24.50	25.00
		5	25.50	28.50	22.50	23.00
		8	24.00	29.00	19.00	20.00
	30	3	28.50	30.50	26.50	27.00
		6	27.00	31.00	23.00	24.00
		10	25.00	31.00	19.00	20.00
32		3	30.50	32.50	28.50	29.00
		6	29.00	33.00	25.00	26.00
		10	27.00	33.00	21.00	22.00
	34	3	32.50	34.50	30.50	31.00
		6	31.00	35.00	27.00	28.00
		10	29.00	35.00	23.00	24.00
36		3	34.50	36.50	32.50	33.00
		6	33.00	37.00	29.00	30.00
		10	31.00	37.00	25.00	26.00
	38	3	36.50	38.50	34.50	35.00
		7	34.50	39.00	30.00	31.00
		10	33.00	39.00	27.00	28.00
40		3	38.50	40.50	36.50	37.00
		7	36.50	41.00	32.00	33.00
		10	35.00	41.00	29.00	30.00

注：D 为内螺纹，d 为外螺纹。

附表 3　55°密封管螺纹(摘自 GB/T 7306.1—2000、GB/T 7306.2—2000)

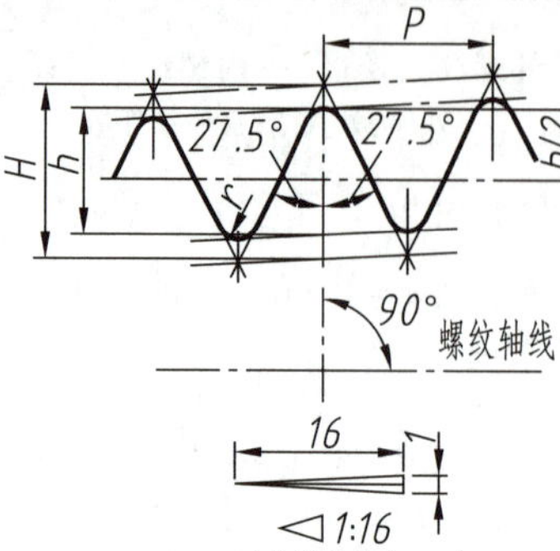

圆锥螺纹基本牙型

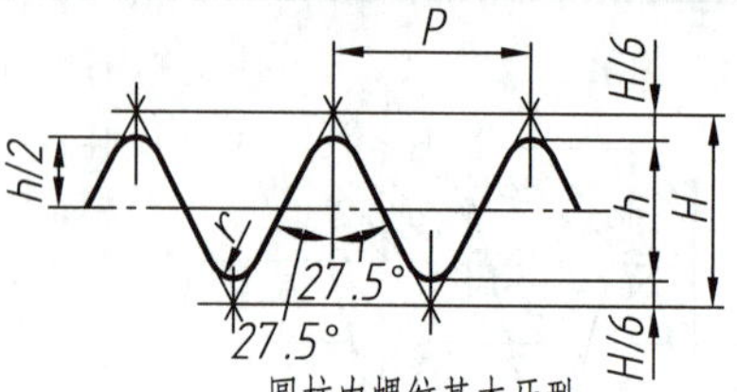

圆柱内螺纹基本牙型

圆锥螺纹基本牙型参数：
$P=25.4/n$
$H=0.960\ 237P$
$h=0.640\ 327P$
$r=0.137\ 278P$

圆柱内螺纹基本牙型参数：
$P=25.4/n, D_2=d_2=d-0.610\ 327P$
$H=0.960\ 491P, D_1=d_1=d-1.280\ 654P$
$h=0.640\ 327P, H/6=0.160\ 082P$
$r=0.137\ 389P$

标记示例：$R_1 1\frac{1}{2}$—LH(圆锥外螺纹，左旋)；　$R_2 1\frac{1}{2}$(圆锥外螺纹，右旋)；

Rp$1\frac{1}{2}$—LH(圆柱内螺纹，左旋)；Rc$1\frac{1}{2}$(圆锥内螺纹，右旋)

螺纹副的标注(内螺纹特征代号在前)：Rp/$R_1 1\frac{1}{2}$—LH (左旋)；Rc/$R_2 1\frac{1}{2}$ (右旋)

尺寸代号	每 25.4 mm 内所包含的牙数 n	螺距 P/mm	牙高 h/mm	圆弧半径 $r\approx$/mm	基准平面上的基本直径***			基准距离 /mm**	有效螺纹长度 /mm
					大径(基准直径) $d=D$/mm	中径 $d_2=D_2$/mm	小径 $d_1=D_1$/mm		
1/16	28	0.907	0.581	0.125	7.723	7.142	6.561	4.0	6.5
1/8	28				9.728	9.147	8.566		
1/4	19	1.337	0.856	0.184	13.157	12.301	11.445	6.0	9.7
3/8	19				16.662	15.806	14.950	6.4	10.1
1/2	14	1.814	1.162	0.249	20.955	19.793	18.631	8.2	13.2
3/4	14				26.441	25.279	24.117	9.5	14.5
1	11	2.309	1.479	0.317	33.249	31.770	30.291	10.4	16.8
$1\frac{1}{4}$	11				41.910	40.431	38.952	12.7	19.1
$1\frac{1}{2}$	11	2.309	1.479	0.317	47.803	46.324	44.845	12.7	19.1
2	11				59.614	58.135	56.656	15.9	23.4
$2\frac{1}{2}$	11	2.309	1.479	0.317	75.184	73.705	72.226	17.5	26.7
3	11				87.774	86.405	84.926	20.6	29.8
$3\frac{1}{2}$*	11	2.309	1.479	0.317	100.330	98.851	97.372	22.2	31.4

* 尺寸代号为 $3\frac{1}{2}$ 的螺纹，限用于蒸汽机车。

** 基准距离即旋合基准长度。

*** 基准平面即内螺纹的孔口端面；外螺纹的基准长度处垂直于轴线的断面。

附表 4　55°非密封管螺纹(摘自 GB/T 7307—2001)

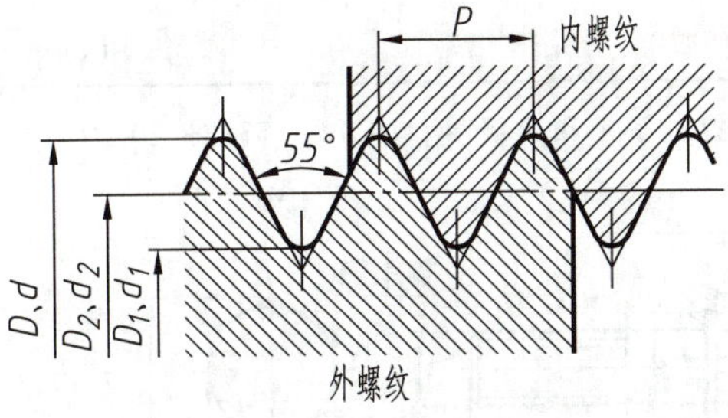

螺纹的公差等级代号：对外螺纹分 A、B 两级标记；对内螺纹则不作标记。

标记示例：

G1 $\frac{1}{2}$A　(A 级外螺纹，右旋)

G1 $\frac{1}{2}$－LH　(内螺纹，左旋)

表示螺纹副时，仅需标注外螺纹的标记代号。

尺寸代号	每 25.4 mm 内所包含的牙数 n	螺距 P/mm	螺纹直径	
			大径 D、d/mm	小径 D_1、d_1/mm
1/8	28	0.907	9.728	8.566
1/4	19	1.337	13.157	11.445
3/8			16.662	14.950
1/2	14	1.814	20.955	18.631
5/8			22.911	20.587
3/4			26.441	24.117
7/8			30.201	27.877
1	11	2.309	33.249	30.291
$1\frac{1}{8}$			37.897	34.939
$1\frac{1}{4}$			41.910	38.952
$1\frac{1}{2}$			47.803	44.845
$1\frac{3}{4}$			53.746	50.788
2			59.614	56.656
$2\frac{1}{4}$			65.710	62.752
$2\frac{1}{2}$			75.184	72.226
$2\frac{3}{4}$			81.534	78.576
3			87.884	84.926

附录二 常用标准件

附表 5 六角头螺栓

mm

六角头螺栓—C 级(摘自 GB/T 5780—2016) 六角头螺栓—A 和 B 级(摘自 GB/T 5782—2000)

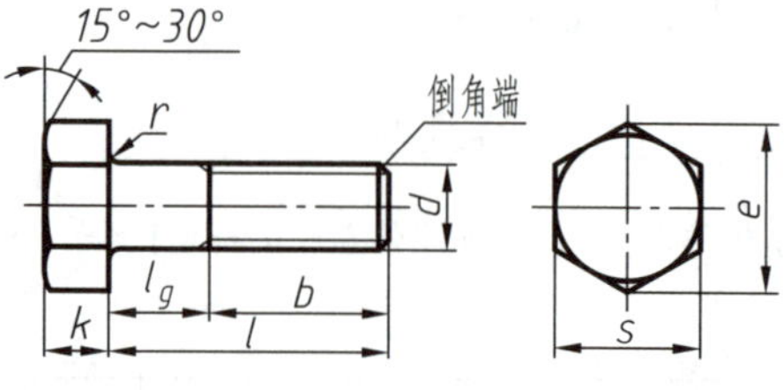

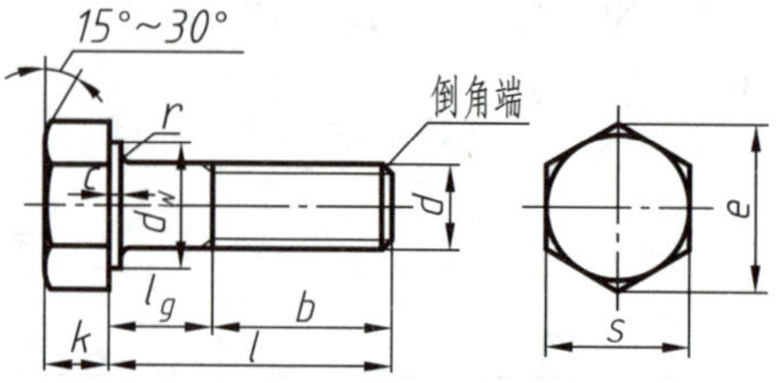

标记示例：

螺栓 GB/T 5782 M12×80(螺纹规格为 M12,公称长度 $l=80$ mm,性能等级为 8.8 级、表面不经处理、产品等级为 A 级的六角头螺栓)

螺纹规格 d		M5	M6	M8	M10	M12	M16	M20	M24	M30	M36
b 参考	$l \leqslant 125$	16	18	22	26	30	38	46	54	66	78
	$125 < l \leqslant 200$	—	—	28	32	36	44	52	60	72	84
	$l > 200$	—	—	—	—	—	57	65	73	85	97
c		0.5	0.5	0.6	0.6	0.6	0.8	0.8	0.8	0.8	0.8
d_w	A	6.88	8.88	11.63	14.63	16.63	22.49	28.19	33.61	—	—
	B	6.74	8.74	11.47	14.47	16.47	22	27.7	33.25	42.75	51.11
k		3.5	4	5.3	6.4	7.5	10	12.5	15	18.7	22.5
r		0.2	0.25	0.4	0.4	0.6	0.6	0.8	0.8	1	1
e	A	8.79	11.05	14.38	17.77	20.03	26.75	33.53	39.98	—	—
	B	8.63	10.89	14.20	17.59	19.85	26.17	32.95	39.55	50.85	60.79
s		8	10	13	16	18	24	30	36	46	55
l		25~50	30~60	35~80	40~100	45~120	50~160	65~200	80~240	90~300	110~360
l_g		$l_g=l-b$									
l 系列		6、8、10、12、16、20、25、30、35、40、50、55、60、65、70、80、90、100、110、120、130、140、150、160、180、200、220、240、260、280、300、320、340、360、380、400、420、440、460、480、500									

注:1. 螺纹规格为 M1.6~M64。

2. A 级用于 $d \leqslant 24$ mm 和 $l \leqslant 10d$ 或 $\leqslant 150$ mm(按较小值)的螺栓;B 级用于 $d > 24$ mm 和 $l > 10d$ 或 > 150 mm(按较小值)的螺栓。

3. 螺纹末端应倒角,当 $d \leqslant$ M4 时,可为辗制末端。

附表 6　双头螺柱　　mm

$b_m=1d$(GB/T 897—1988)；　$b_m=1.5d$(GB/T 899—1988)；

$b_m=1.25d$(GB/T 898—1988)；　$b_m=2d$(GB/T 900—1988)

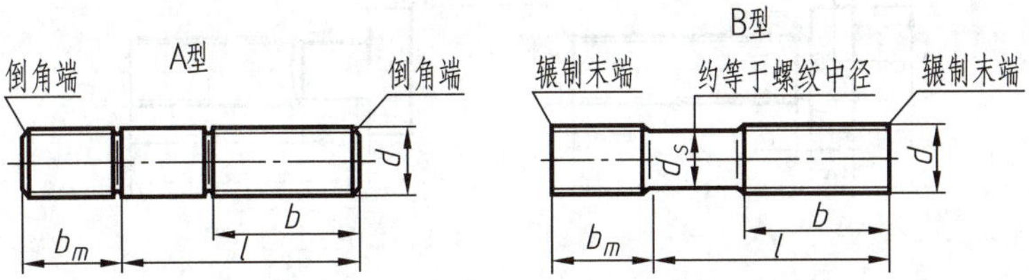

标记示例：

螺柱 GB/T 900　M10×50

（两端均为普通粗牙螺纹、$d=$M10，公称长度 $l=50$ mm，性能等级为 4.8 级，不经表面处理、B 型、$b_m=2d$ 的双头螺柱）

螺柱 GB/T 900　AM10－M10×1×50

（旋入机体的一端为普通粗牙螺纹、旋螺母端为螺距 $P=1$ mm 的细牙普通螺纹、$d=$M10，公称长度 $l=50$ mm，性能等级为 4.8 级，不经表面处理、A 型、$b_m=2d$ 的双头螺柱）

螺纹规格 d	b_m				l/b
	GB/T 897	GB/T 898	GB/T 899	GB/T 900	
M4	—	—	6	8	$\frac{16\sim22}{8}$　$\frac{25\sim40}{14}$
M5	5	6	8	10	$\frac{16\sim22}{10}$　$\frac{25\sim50}{16}$
M6	6	8	10	12	$\frac{20\sim22}{10}$　$\frac{25\sim30}{14}$　$\frac{32\sim75}{18}$
M8	8	10	12	16	$\frac{20\sim22}{12}$　$\frac{25\sim30}{16}$　$\frac{32\sim90}{22}$
M10	10	12	15	20	$\frac{25\sim28}{14}$　$\frac{30\sim38}{16}$　$\frac{40\sim120}{26}$　$\frac{130}{32}$
M12	12	15	18	24	$\frac{25\sim30}{16}$　$\frac{32\sim40}{20}$　$\frac{45\sim120}{30}$　$\frac{130\sim180}{36}$
M16	16	20	24	32	$\frac{30\sim38}{20}$　$\frac{40\sim50}{30}$　$\frac{60\sim120}{38}$　$\frac{130\sim200}{44}$
M20	20	25	30	40	$\frac{35\sim40}{25}$　$\frac{45\sim60}{35}$　$\frac{65\sim120}{46}$　$\frac{130\sim200}{52}$
(M24)	24	30	36	48	$\frac{45\sim50}{30}$　$\frac{55\sim75}{45}$　$\frac{80\sim120}{54}$　$\frac{130\sim200}{60}$
(M30)	30	38	45	60	$\frac{60\sim65}{40}$　$\frac{70\sim90}{50}$　$\frac{95\sim120}{66}$　$\frac{130\sim200}{72}$　$\frac{210\sim250}{85}$
M36	36	45	54	72	$\frac{65\sim75}{45}$　$\frac{80\sim110}{60}$　$\frac{120}{78}$　$\frac{210\sim300}{97}$
l 系列	16、(18)、20、(22)、25、(28)、30、(32)、35、(38)、40、45、50、55、60、(65)、70、(75)、80、(85)、90、(95)、100～260(10 进位)、280、300				

注：1. l 系列中尽可能不采用括号的规格，末端按 GB/T 2—2001 规定。

2. $b_m=1d$ 一般用于钢；$b_m=(1.25\sim1.5)d$ 一般用于钢对铸铁连接；$b_m=2d$ 一般用于钢对铝合金的连接。

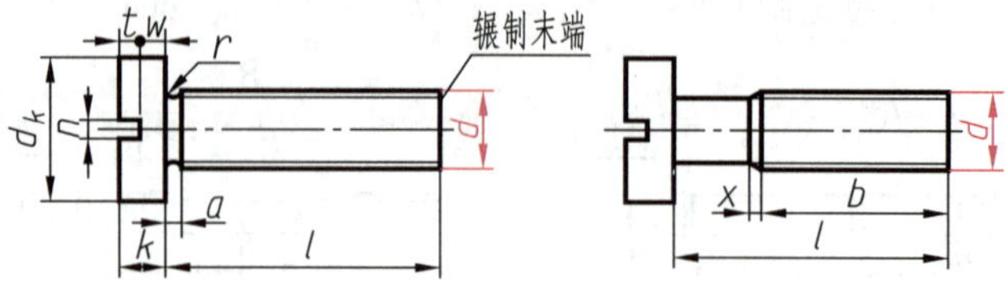

标记示例：

螺钉 GB/T 65　M5×20

(螺纹规格为 M5,公称长度 l=20 mm,性能等级为 4.8 级,表面不经处理的 A 级开槽圆柱头螺钉)

螺纹规格 d	M1.6	M2	M2.5	M3	M4	M5	M6	M8	M10
P(螺距)	0.35	0.4	0.45	0.5	0.7	0.8	1	1.25	1.5
a_{max}	0.7	0.8	0.9	1	1.4	1.6	2	2.5	3
b_{min}	25	25	25	25	38	38	38	38	38
d_{kmax}	3.00	3.80	4.50	5.50	7	8.50	10.00	13.00	16.00
k_{max}	1.10	1.40	1.80	2.00	2.60	3.30	3.9	5.0	6.0
n 公称	0.4	0.5	0.6	0.8	1.2	1.2	1.6	2	2.5
r_{min}	0.1	0.1	0.1	0.1	0.2	0.2	0.25	0.4	0.4
t_{min}	0.45	0.6	0.7	0.85	1.1	1.3	1.6	2	2.4
w_{min}	0.4	0.5	0.7	0.75	1.1	1.3	1.6	2	2.4
x_{max}	0.9	1	1.1	1.25	1.75	2	2.5	3.2	3.8
公称长度	2~16	2.5~20	3~25	4~40	5~40	6~50	8~60	10~80	12~80
l 系列	2、2.5、3、4、5、6、8、10、12、(14)、16、20、25、30、35、40、45、50、(55)、60、(65)、70、(75)、80								

注:1. l 系列中括号内的规格尽可能不采用。

2. M1.6~M3 公称长度在 30 mm 以内的螺钉,制出全螺纹;M4~M10 公称长度在 40 mm 以内的螺钉,制出全螺纹。

附表 8　开槽盘头螺钉(摘自 GB/T 67—2016)　mm

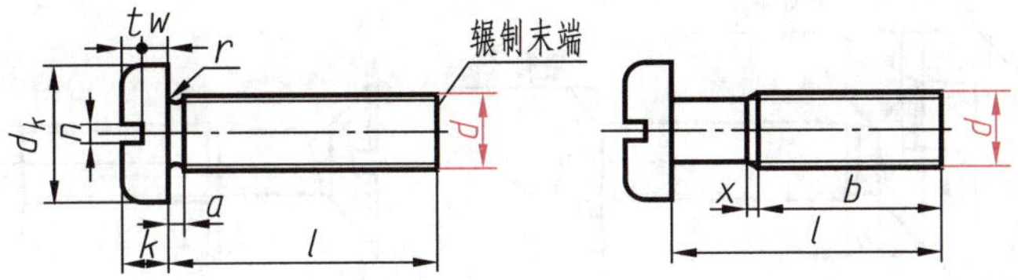

标记示例：

螺钉 GB/T 67　M5×20

(螺纹规格为 M5，公称长度 l＝20 mm，性能等级为 4.8 级，表面不经处理的 A 级开槽盘头螺钉)

螺纹规格 d	M1.6	M2	M2.5	M3	M4	M5	M6	M8	M10
P(螺距)	0.35	0.4	0.45	0.5	0.7	0.8	1	1.25	1.5
a_{max}	0.7	0.8	0.9	1	1.4	1.6	2	2.5	3
b_{min}	25	25	25	25	38	38	38	38	38
d_{kmax}	3.2	4.0	5.0	5.6	8.00	9.50	12.00	16.00	20.00
k_{max}	1.00	1.30	1.50	1.80	2.40	3.00	3.6	4.8	6.0
n 公称	0.4	0.5	0.6	0.8	1.2	1.2	1.6	2	2.5
r_{min}	0.1	0.1	0.1	0.1	0.2	0.2	0.25	0.4	0.4
t_{min}	0.35	0.5	0.6	0.7	1	1.2	1.4	1.9	2.4
w_{min}	0.3	0.4	0.5	0.7	1	1.2	1.4	1.9	2.4
x_{max}	0.9	1	1.1	1.25	1.75	2	2.5	3.2	3.8
公称长度	2～16	3～20	3～25	4～30	5～40	6～50	8～60	10～80	12～80
l 系列	2、2.5、3、4、5、6、8、10、12、(14)、16、20、25、30、35、40、45、50、(55)、60、(65)、70、(75)、80								

注：1. l 系列中括号内的规格尽可能不采用。

2. M1.6～M3 公称长度在 30 mm 以内的螺钉，制出全螺纹；M4～M10 公称长度在 40 mm 以内的螺钉，制出全螺纹。

 mm

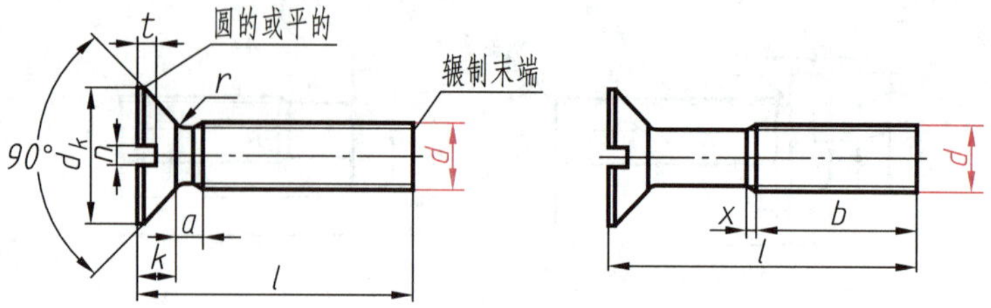

标记示例：

螺钉 GB/T 68 M5×20

(螺纹规格为 M5，公称长度 l=20 mm，性能等级为 4.8 级，表面不经处理的 A 级开槽沉头螺钉)

螺纹规格 d	M1.6	M2	M2.5	M3	M4	M5	M6	M8	M10
P(螺距)	0.35	0.4	0.45	0.5	0.7	0.8	1	1.25	1.5
a_{max}	0.7	0.8	0.9	1	1.4	1.6	2	2.5	3
b_{min}	25	25	25	25	38	38	38	38	38
d_{kmax}(公称)	3	3.8	4.7	5.5	8.4	9.3	11.3	15.8	18.3
k_{max}(公称)	1	1.2	1.5	1.65	2.7	2.7	3.3	4.65	5
n(公称)	0.4	0.5	0.6	0.8	1.2	1.2	1.6	2	2.5
r_{maz}	0.4	0.5	0.6	0.8	1	1.3	1.5	2	2.5
t_{max}	0.5	0.6	0.75	0.85	1.3	1.4	1.6	2.3	2.6
x_{max}	0.9	1	1.1	1.25	1.75	2	2.5	3.2	3.8
公称长度 l	2.5~16	3~20	4~25	5~30	6~40	8~50	8~60	10~80	12~80
l 系列	2.5、3、4、5、6、8、10、12、(14)、16、20、25、30、35、40、45、50、(55)、60、(65)、70、(75)、80								

注：1. l 系列中括号内的规格尽可能不采用。

2. M1.6~M3 公称长度在 30 mm 以内的螺钉，制出全螺纹；M4~M10 公称长度在 40 mm 以内的螺钉，制出全螺纹。

附表 10　开槽紧定螺钉

mm

开槽锥端紧定螺钉
（摘自 GB/T 71—1985）

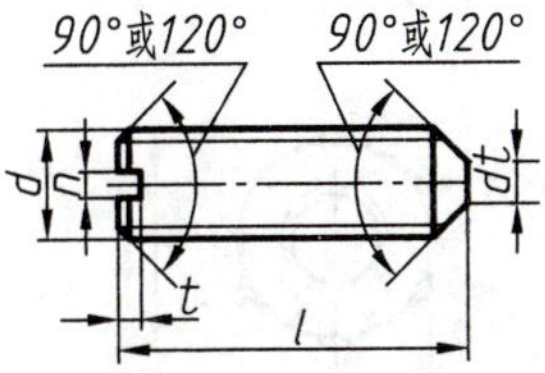

开槽平端紧定螺钉
（摘自 GB/T 73—1985）

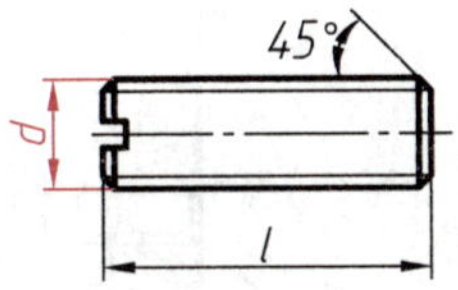

开槽长圆柱端紧定螺钉
（摘自 GB/T 75—1985）

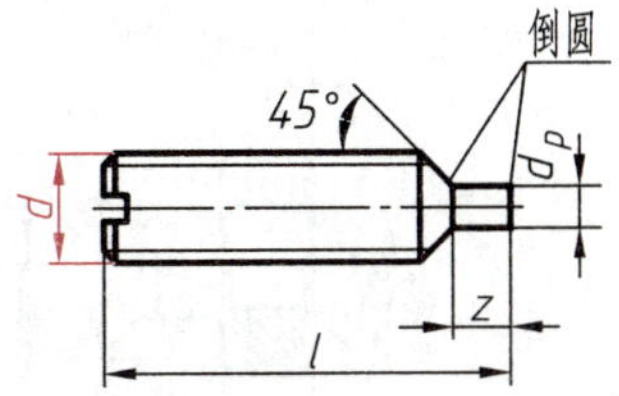

标记示例：

螺钉 GB/T 71　M5×12－14H

（螺纹规格 d＝M5，公称长度 l＝12 mm，性能等级为 14H 级的开槽锥端紧定螺钉）

螺纹规格 d		M1.6	M2	M2.5	M3	M4	M5	M6	M8	M10	M12
P（螺距）		0.35	0.4	0.45	0.5	0.7	0.8	1	1.25	1.5	1.75
n		0.25	0.25	0.4	0.4	0.6	0.8	1	1.2	1.6	2
t		0.74	0.84	0.95	1.05	1.42	1.63	2	2.5	3	3.6
d_t		0.16	0.2	0.25	0.3	0.4	0.5	1.5	2	2.5	3
d_p		0.8	1	1.5	2	2.5	3.5	4	5.5	7	8.5
z		1.05	1.25	1.25	1.75	2.25	2.75	3.25	4.3	5.3	6.3
l	GB/T 71—1985	2～8	3～10	3～12	4～16	6～20	8～25	8～30	10～40	12～50	14～60
	GB/T 73—1985	2～8	2～10	2.5～12	3～16	4～20	5～25	6～30	8～40	10～50	12～60
	GB/T 75—1985	2.5～8	3～10	4～12	5～16	6～20	8～25	8～30	10～40	12～50	14～60
l 系列		2、2.5、3、4、5、6、8、10、12、(14)、16、20、25、30、35、40、45、50、(55)、60									

注：1. l 系列中括号内的规格尽可能不采用。

2. 螺纹公差：6g；力学性能等级：14H、22H。

1 型六角螺母—A 和 B 级（摘自 GB/T 6170—2015）

1 型六角螺母—细牙—A 和 B 级(摘自 GB/T 6171—2016)

六角螺母—C 级(摘自 GB/T 41—2016)

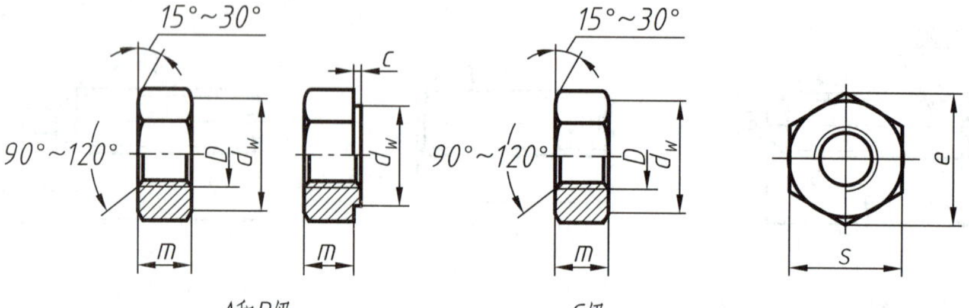

A和B级　　　　C级

标记示例：

螺母 GB/T 41　M12

(螺纹规格为 M10、性能等级为 5 级，表面不经处理，产品等级为 C 级的 1 型螺母)

螺母 GB/T 6171　M24×2

(螺纹规格为 M24、螺距 P=2 mm、性能等级为 10 级，表面不经处理、产品等级为 B 级的 1 型细牙螺母)

螺纹规格 D	D	M4	M5	M6	M8	M10	M12	M16	M20	M24	M30	M36	M42	M48
	$D\times P$	—	—	—	M8×1	M10×1	M12×1.5	M16×1.5	M20×2	M24×2	M30×2	M36×3	M42×3	M48×3
c		0.4	0.5		0.6			0.8					1	
s_{max}		7	8	10	13	16	18	24	30	36	46	55	65	75
e_{min}	A、B 级	7.66	8.79	11.05	14.38	17.77	20.03	26.75	32.95	39.55	50.58	60.79	72.02	82.6
	C 级	—	8.63	10.89	14.2	17.59	19.85	26.17	32.95	39.55	50.85	60.79	72.02	82.6
m_{max}	A、B 级	3.2	4.7	5.2	6.8	8.4	10.8	14.8	18	21.5	25.6	31	34	38
	C 级	—	5.6	6.1	7.9	9.5	12.2	15.9	18.7	22.3	26.4	31.5	34.9	38.9
d_{wmin}	A、B 级	5.9	6.9	8.9	11.6	14.6	16.6	22.5	27.7	33.2	42.7	51.1	60.6	69.4
	C 级	—	6.9	8.7	11.5	14.5	16.5	22	27.7	33.2	42.7	51.1	60.6	69.4

注:1. P 为螺距。

2. A 级用于 $D\leqslant16$ 的螺母，B 级用于 $D>16$ 的螺母，C 级用于 $D\geqslant5$ 的螺母。

3. 螺纹公差:A、B 级为 6H，C 级为 7H；力学性能等级:A、B 级为 6、8、10 级，C 级为 4、5 级。

小平垫圈—A 级(摘自 GB/T 848—2002)

平垫圈—A 级(摘自 GB/T 97.1—2002)

平垫圈倒角型—A 级(摘自 GB/T 97.2—2002)

平垫圈—C 级(摘自 GB/T 95—2002)

大垫圈—A 级(摘自 GB/T 96.1—2002)

大垫圈—C 级(摘自 GB/T 96.2—2002)

特大垫圈—C 级(摘自 GB/T 5287—2002)

平垫圈

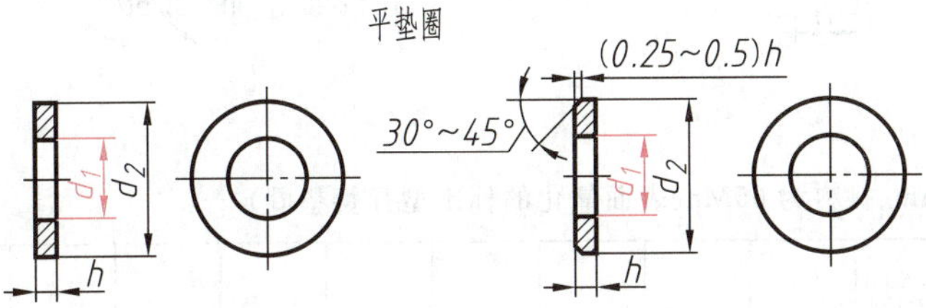

标记示例：

垫圈 GB/T 95 8

(标准系列，公称尺寸 $d=8$ mm、由钢制造的性能等级为 200HV 级、不经表面处理、产品等级为 A 级的平垫圈)

公称尺寸(螺纹规格) d	标准系列									特大系列			大系列			小系列		
	GB/T 95 (C 级)			GB/T 97.1 (A 级)			GB/T 97.2 (A 级)			GB/T 5287 (C 级)			GB/T 96 (A、C 级)			GB/T 848 (A 级)		
	d_1 min	d_2 max	h	d_1 min	d_2 max	h	d_1 min	d_2 max	h	d_1 min	d_2 max	h	d_1 min	d_2 max	h	d_1 min	d_2 max	h
4	—	—	—	4.3	9	0.8	—	—	—	—	—	—	4.3	12	1	4.3	8	0.5
5	5.5	10	1	5.3	10	1	5.3	10	1	5.5	18	2	5.3	15	1.2	5.3	9	1
6	6.6	12	1.6	6.4	12	1.6	6.4	12	1.6	6.6	22	2	6.4	18	1.6	6.4	11	1.6
8	9	16	1.6	8.4	16	1.6	8.4	16	1.6	9	28	3	8.4	24	2	8.4	15	1.6
10	11	20	2	10.5	20	2	10.5	20	2	11	34	3	10.5	30	2.5	10.5	18	1.6
12	13.5	24	2.5	13	24	2.5	13	24	2.5	13.58	44	4	13	37	3	13	20	2
14	15.5	28	2.5	15	28	2.5	15	28	2.5	15.5	50	4	15	44	3	15	24	2.5
16	17.5	30	3	17	30	3	17	30	3	17.5	56	5	17	50	3	17	28	2.5
20	22	37	3	21	37	3	21	37	3	22	72	6	22	60	4	21	34	3
24	26	44	4	25	44	4	25	44	4	26	85	6	26	72	5	25	39	4
30	33	56	4	31	56	4	31	56	4	33	105	6	33	92	6	31	50	4
36	39	66	5	37	66	5	37	66	5	39	125	8	39	110	8	37	60	5
42*	45	78	8	—	—	—	—	—	—	—	—	—	45	125	10	—	—	—
48*	52	92	8	—	—	—	—	—	—	—	—	—	52	145	10	—	—	—

注：1. C 级垫圈没有 Ra 3.2 μm 和去毛刺的要求。

2. A 级适用于精装配系列，C 级适用于中等装配系列。

3. GB/T 848—2002 主要用于圆柱头螺钉，其他用于标准六角头螺栓、螺钉、螺母。

* 尚未列入相应的产品标准规格。

附表 13　标准型弹簧垫圈(摘自 GB/T 93—1987)

mm

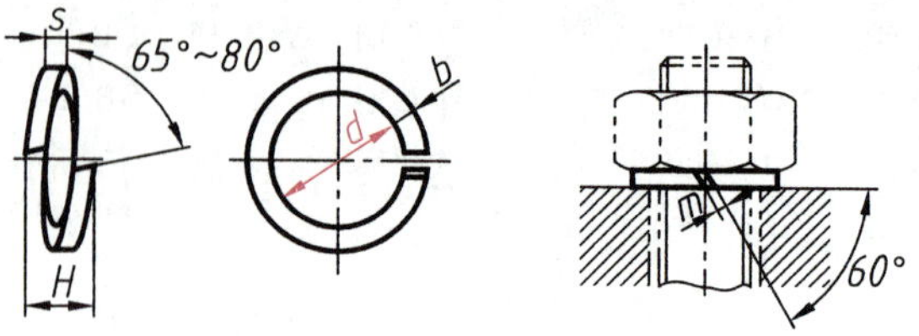

标记示例：

垫圈 GB/T 93　16

(公称尺寸 d=16 mm、材料为 65Mn、表面氧化的标准型弹簧垫圈)

规格(螺纹大径)	4	5	6	8	10	12	16	20	24	30	36	42	48
d	4.1	5.1	6.1	8.1	10.2	12.2	16.2	20.2	24.5	30.5	36.6	42.6	48.5
$S=b$	1.1	1.3	1.6	2.1	2.6	3.1	4.1	5	6	7.5	9	10.5	12
$m\leqslant$	0.55	0.65	0.8	1.05	1.3	1.55	2.05	2.5	3	3.75	4.5	5.25	6
H	2.2	2.6	3.2	4.2	5.2	6.2	8.2	10	12	15	22.5	26.5	30

注：m 应大于零。

附表 14　圆柱销　不淬硬钢和奥氏体不锈钢(摘自 GB/T 119.1—2000)

mm

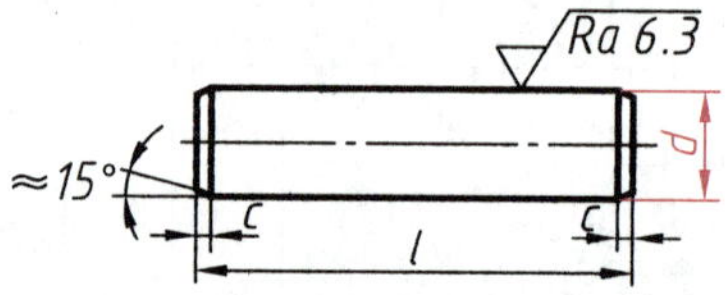

标记示例：

销 GB/T 119.1　6m6×30

(公称直径 d=6 mm、公称长度 l=30 mm、公差为 m6、材料为钢、不经淬火、不经表面处理的圆柱销)

d(公称)	2	3	4	5	6	8	10	12	16	20	25
$c\approx$	0.35	0.50	0.63	0.80	1.2	1.6	2.0	2.5	3.0	3.5	4.0
l 范围	6～20	8～30	8～40	10～50	12～60	14～80	18～95	22～140	26～180	35～200	50～200
l 公称长度系列	2、3、4、5、6～32(2 进位)、35～100(5 进位)、120～200(20 进位)										

注：1. 公称长度大于 20 mm，按 20 mm 递增。

2. 公差 m6：$Ra\leqslant0.8$ μm；公差 h6：$Ra\leqslant1.6$ μm。

附表 15 圆锥销(摘自 GB/T 117—2000) mm

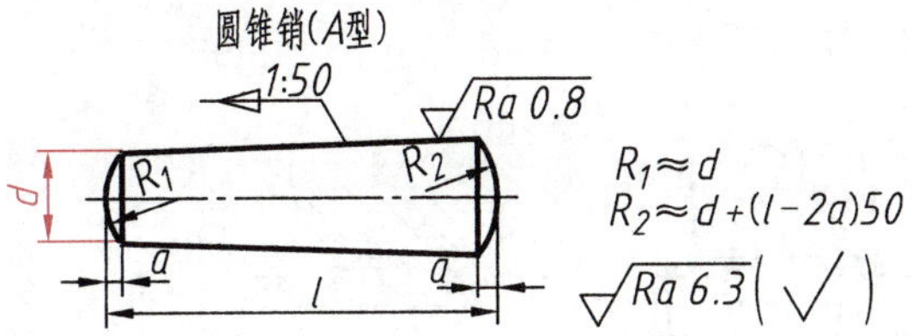

标记示例:

销 GB/T 117 A10×60

(公称直径 d=10 mm、长度 l=60 mm、材料为 35 钢、热处理硬度 28~38 HRC、表面氧化处理的 A 型圆锥销)

d(公称)	2	2.5	3	4	5	6	8	10	12	16	20	25
a≈	0.25	0.3	0.4	0.5	0.63	0.8	1.0	1.2	1.6	2.0	2.5	3.0
l 范围	10~35	10~35	12~45	14~55	18~60	22~90	22~120	26~160	32~180	40~200	45~200	50~200
l 公称长度系列	2、3、4、5、6~32(2 进位)、35~100(5 进位)、120~200(20 进位)											

附表 16 开口销(摘自 GB/T 91—2000) mm

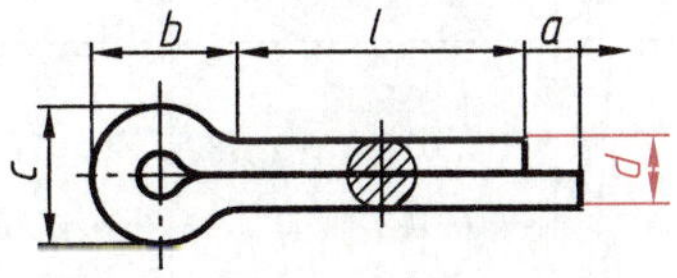

标记示例:

销 GB/T 91 5×50

(公称直径 d=5 mm、长度 l=50 mm、材料低碳钢、不经表面处理的开口销)

d	公称	0.8	1	1.2	1.6	2	2.5	3.2	4	5	6.3	8	10	12
	max	0.7	0.9	1	1.4	1.8	2.3	2.9	3.7	4.6	5.9	7.5	9.5	11.4
	min	0.6	0.8	0.9	1.3	1.7	2.1	2.7	3.5	4.4	5.7	7.3	9.3	11.1
c_{max}		1.4	1.8	2	2.8	3.6	4.6	5.8	7.4	9.2	11.8	15	19	24.8
b≈		2.4	3	3	3.2	4	5	6.4	8	10	12.6	16	20	26
a_{max}		1.6		2.5				3.2	4				6.3	
l 范围		5~16	6~20	8~26	8~32	10~40	12~50	14~65	18~80	22~100	30~120	40~160	45~200	70~200
l 公称长度系列		4、5、6~32(2 进位)、36、40~100(5 进位)、120~200(20 进位)												

注:销孔的公称直径等于 $d_{公称}$,d_{min}≤(销的直径)≤d_{max}。

附表 17　平键和键槽的剖面尺寸(GB/T 1095—2003)

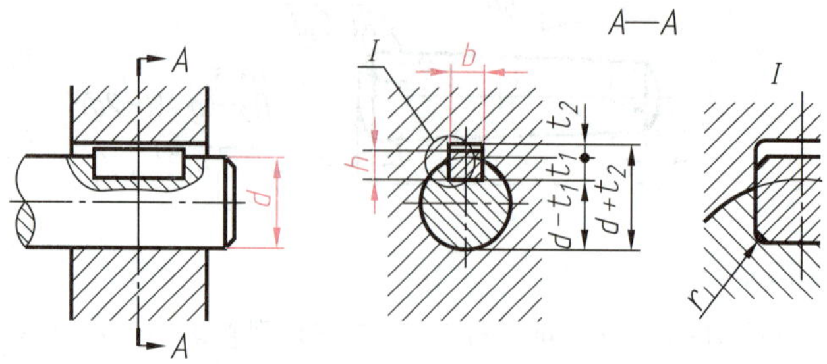

mm

轴	键	键槽											
公称直径 d	键尺寸 $b\times h$	宽度 b						深度				半径 r	
		公称尺寸	极限偏差					轴 t_1		毂 t_2			
			正常连接		紧密连接	松连接							
			轴 N9	毂 JS9	轴和毂 P9	轴 H9	毂 D10	基本尺寸	极限偏差	基本尺寸	极限偏差	min	max
自 6～8	2×2	2	−0.004 −0.029	±0.012 5	−0.006 −0.031	+0.025 0	+0.060 +0.020	1.2	+0.1 0	1.0	+0.1 0	0.08	0.16
>8～10	3×3	3						1.8		1.4			
>10～12	4×4	4	0 −0.030	±0.015	−0.012 −0.042	+0.030 0	+0.078 +0.030	2.5		1.8			
>12～17	5×5	5						3.0		2.3		0.16	0.25
>17～22	6×6	6						3.5		2.8			
>22～30	8×7	8	0 −0.036	±0.018	−0.015 −0.051	+0.036 0	+0.098 +0.040	4.0	+0.2 0	3.3	+0.2 0		
>30～38	10×8	10						5.0		3.3		0.25	0.40
>38～44	12×8	12	0 −0.043	±0.021 5	−0.018 −0.061	+0.043 0	+0.120 +0.050	5.0		3.3			
>44～50	14×9	14						5.5		3.8			
>50～58	16×10	16						6.0		4.3			
>58～65	18×11	18						7.0		4.4			
>65～75	20×12	20	0 −0.052	±0.026	−0.022 −0.074	+0.052 0	+0.149 +0.065	7.5		4.9		0.40	0.60
>75～85	22×14	22						9.0		5.4			
>85～95	25×14	25						9.0		5.4			
>95～110	28×16	28						10.0		6.4			
>110～130	32×18	32						11.0		7.4			

注：在国家标准表中没有第一列“公称直径 d”这项内容，作者加上这一列是帮助初学者根据轴径 d 来确定键尺寸 $b\times h$。

附表 18　普通型　平键(GB/T 1096—2003)

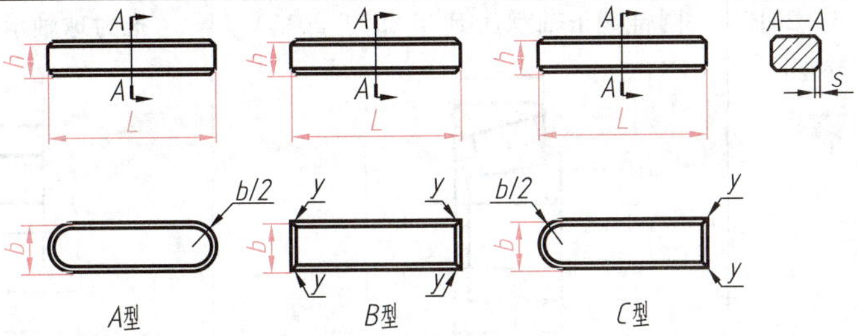

注：$y \leqslant s_{max}$

标记示例：

GB/T 1096　键 18×11×100　（普通 A 型平键，$b=18$ mm，$h=11$ mm，$L=100$ mm）

GB/T 1096　键 B 18×11×100　（普通 B 型平键，$b=18$ mm，$h=11$ mm，$L=100$ mm）

GB/T 1096　键 C 18×11×100　（普通 C 型平键，$b=18$ mm，$h=11$ mm，$L=100$ mm）

mm

宽度 b	公称尺寸	2	3	4	5	6	8	10	12	14	16	18	20	22
	极限偏差(h8)	0 −0.014		0 −0.018			0 −0.022		0 −0.027				0 −0.033	
高度 h	公称尺寸	2	3	4	5	6	7	8	8	9	10	11	12	14
	极限偏差 矩形(h11)	—		—			0 −0.090					0 −0.110		
	极限偏差 方形(h8)	0 −0.014		0 −0.018			—					—		
倒角或倒圆 s		0.16～0.25			0.25～0.40			0.40～0.60					0.60～0.80	
长度 L														
公称尺寸	极限偏差(h14)													
6	0 −0.36			—	—	—	—	—	—	—	—	—	—	—
8					—	—	—	—	—	—	—	—	—	—
10						—	—	—	—	—	—	—	—	—
12	0 −0.43					—	—	—	—	—	—	—	—	—
14							—	—	—	—	—	—	—	—
16							—	—	—	—	—	—	—	—
18								—	—	—	—	—	—	—
20	0 −0.52							—	—	—	—	—	—	—
22		—			标准				—	—	—	—	—	—
25		—							—	—	—	—	—	—
28		—								—	—	—	—	—
32	0 −0.62	—								—	—	—	—	—
36		—									—	—	—	—
40		—	—								—	—	—	—
45		—	—					长度				—	—	—
50		—											—	—
56	0 −0.74	—	—	—										—
63		—	—	—	—									
70		—	—	—	—									
80		—	—	—	—	—								
90	0 −0.87	—	—	—	—	—					范围			
100		—	—	—	—	—	—							
110		—	—	—	—	—	—							

附表19 滚动轴承

mm

深沟球轴承(GB/T 276—2013)

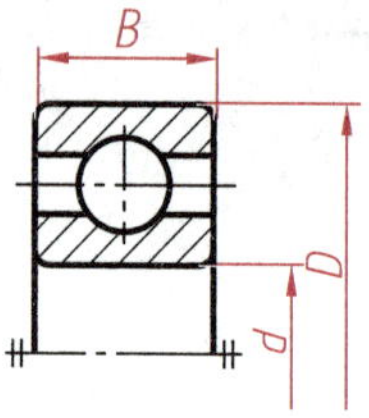

标记示例:

滚动轴承 6308 GB/T 276—2013

轴承代号	d	D	B
尺寸系列(02)			
6202	15	35	11
6203	17	40	12
6204	20	47	14
6205	25	52	15
6206	30	62	16
6207	35	72	17
6208	40	80	18
6209	45	85	19
6210	50	90	20
6211	55	100	21
6212	60	110	22
尺寸系列(03)			
6302	15	42	13
6303	17	47	14
6304	20	52	15
6305	25	62	17
6306	30	72	19
6307	35	80	21
6308	40	90	23
6309	45	100	25
6310	50	110	27
6311	55	120	29
6312	60	130	31
6313	65	140	33

圆锥滚子轴承(GB/T 297—2015)

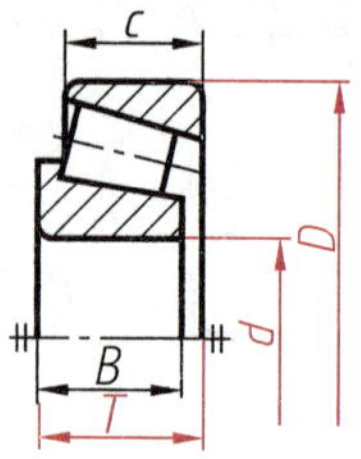

标记示例:

滚动轴承 30209 GB/T 297—2015

轴承代号	d	D	B	C	T
尺寸系列(02)					
30203	17	40	12	11	13.25
30204	20	47	14	12	15.25
30205	25	52	15	13	16.25
30206	30	62	16	14	17.25
30207	35	72	17	15	18.25
30208	40	80	18	16	19.75
30209	45	85	19	16	20.75
30210	50	90	20	17	21.75
30211	55	100	21	18	22.75
30212	60	110	22	19	23.75
30213	65	120	23	20	24.75
尺寸系列(03)					
30302	15	42	13	11	14.25
30303	17	47	14	12	15.25
30304	20	52	15	13	16.25
30305	25	62	17	15	18.25
30306	30	72	19	16	20.75
30307	35	80	21	18	22.75
30308	40	90	23	20	25.25
30309	45	100	25	22	27.25
30310	50	110	27	23	29.25
30311	55	120	29	25	31.5
30312	60	130	31	26	33.5
30313	65	140	33	28	36.0

推力球轴承(GB/T 301—2015)

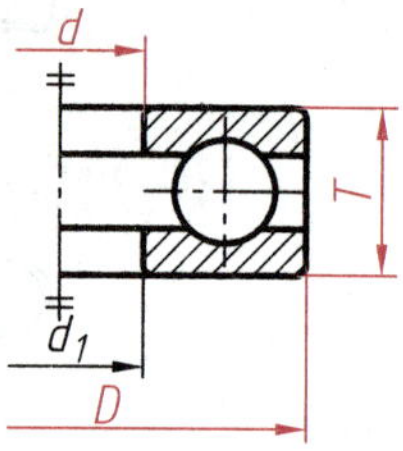

标记示例:

滚动轴承 51205 GB/T 301—2015

轴承代号	d	D	T	$d_{1\,\min}$
尺寸系列(02)				
51202	15	32	12	17
51203	17	35	12	19
51204	20	40	14	22
51205	25	47	15	27
51206	30	52	16	32
51207	35	62	18	37
51208	40	68	19	42
51209	45	73	20	47
51210	50	78	22	52
51211	55	90	25	57
51212	60	95	26	62
尺寸系列(13)				
51304	20	47	18	22
51305	25	52	18	27
51306	30	60	21	32
51307	35	68	24	37
51308	40	78	25	42
51309	45	85	28	47
51310	50	95	31	52
51311	55	105	35	57
51312	60	110	35	62
51313	65	115	36	67
51314	70	125	40	72
51315	75	135	44	77

附录三　极限与配合

附表 20　标准公差数值(GB/T 1800.2—2009)

公称尺寸/mm		标准公差等级																	
		IT1	IT2	IT3	IT4	IT5	IT6	IT7	IT8	IT9	IT10	IT11	IT12	IT13	IT14	IT15	IT16	IT17	IT18
大于	至	μm											mm						
—	3	0.8	1.2	2	3	4	6	10	14	25	40	60	0.1	0.14	0.25	0.4	0.6	1	1.4
3	6	1	1.5	2.5	4	5	8	12	18	30	48	75	0.12	0.18	0.3	0.48	0.75	1.2	1.8
6	10	1	1.5	2.5	4	6	9	15	22	36	58	90	0.15	0.22	0.36	0.58	0.9	1.5	2.2
10	18	1.2	2	3	5	8	11	18	27	43	70	110	0.18	0.27	0.43	0.7	1.1	1.8	2.7
18	30	1.5	2.5	4	6	9	13	21	33	52	84	130	0.21	0.33	0.52	0.84	1.3	2.1	3.3
30	50	1.5	2.5	4	7	11	16	25	39	62	100	160	0.25	0.39	0.62	1	1.6	2.5	3.9
50	80	2	3	5	8	13	19	30	46	74	120	190	0.3	0.46	0.74	1.2	1.9	3	4.6
80	120	2.5	4	6	10	15	22	35	54	87	140	220	0.35	0.54	0.87	1.4	2.2	3.5	5.4
120	180	3.5	5	8	12	18	25	40	63	100	160	250	0.4	0.63	1	1.6	2.5	4	6.3
180	250	4.5	7	10	14	20	29	46	72	115	185	290	0.46	0.72	1.15	1.85	2.9	4.6	7.2
250	315	6	8	12	16	23	32	52	81	130	210	320	0.52	0.81	1.3	2.1	3.2	5.2	8.1
315	400	7	9	13	18	25	36	57	89	140	230	360	0.57	0.89	1.4	2.3	3.6	5.7	8.9
400	500	8	10	15	20	27	40	63	97	155	250	400	0.63	0.97	1.55	2.5	4	6.3	9.7
500	630	9	11	16	22	32	44	70	110	175	280	440	0.7	1.1	1.75	2.8	4.4	7	11
630	800	10	13	18	25	36	50	80	125	200	320	500	0.8	1.25	2	3.2	5	8	12.5
800	1 000	11	15	21	28	40	56	90	140	230	360	560	0.9	1.4	2.3	3.6	5.6	9	14
1 000	1 250	13	18	24	33	47	66	105	165	260	420	660	1.05	1.65	2.6	4.2	6.6	10.5	16.5
1 250	1 600	15	21	29	39	55	78	125	195	310	500	780	1.25	1.95	3.1	5	7.8	12.5	19.5
1 600	2 000	18	25	35	46	65	92	150	230	370	600	920	1.5	2.3	3.7	6	9.2	15	23
2 000	2 500	22	30	41	55	78	110	175	280	440	700	1 100	1.75	2.8	4.4	7	11	17.5	28
2 500	3 150	26	36	50	68	96	135	210	330	540	860	1 350	2.1	3.3	5.4	8.6	13.5	21	33

注:1. 公称尺寸大于 500 mm 的 IT1 至 IT5 的标准公差数值为试行。

2. 公称尺寸小于或等于 1 mm 时,无 IT14 至 IT18。

附表 21 优选配合中轴的极限偏差(GB/T 1800.2—2009)

μm

公称尺寸/mm		公差带												
		c	d	f	g	h				k	n	p	s	u
大于	至	11	9	7	6	6	7	9	11	6	6	6	6	6
—	3	−60 −120	−20 −45	−6 −16	−2 −8	0 −6	0 −10	0 −25	0 −60	+6 0	+10 +4	+12 +6	+20 +14	+24 +18
3	6	−70 −145	−30 −60	−10 −22	−4 −12	0 −8	0 −12	0 −30	0 −75	+9 +1	+16 +8	+20 +12	+27 +19	+31 +23
6	10	−80 −170	−40 −76	−13 −28	−5 −14	0 −9	0 −15	0 −36	0 −90	+10 +1	+19 +10	+24 +15	+32 +23	+37 +28
10	14	−95 −205	−50 −93	−16 −34	−6 −17	0 −11	0 −18	0 −43	0 −110	+12 +1	+23 +12	+29 +18	+39 +28	+44 +33
14	18													
18	24	−110 −240	−65 −117	−20 −41	−7 −20	0 −13	0 −21	0 −52	0 −130	+15 +2	+28 +15	+35 +22	+48 +35	+54 +41
24	30													+61 +48
30	40	−120 −280	−80 −142	−25 −50	−9 −25	0 −16	0 −25	0 −62	0 −160	+18 +2	+33 +17	+42 +26	+59 +43	+76 +60
40	50	−130 −290												+86 +70
50	65	−140 −330	−100 −174	−30 −60	−10 −29	0 −19	0 −30	0 −74	0 −190	+21 +2	+39 +20	+51 +32	+72 +53	+106 +87
65	80	−150 −340											+78 +59	+121 +102
80	100	−170 −390	−120 −207	−36 −71	−12 −34	0 −22	0 −35	0 −87	0 −220	+25 +3	+45 +23	+59 +37	+93 +71	+146 +124
100	120	−180 −400											+101 +79	+166 +144
120	140	−200 −450	−145 −245	−43 −83	−14 −39	0 −25	0 −40	0 −100	0 −250	+28 +3	+52 +27	+68 +43	+117 +92	+195 +170
140	160	−210 −460											+125 +100	+215 +190
160	180	−230 −480											+133 +108	+235 +210
180	200	−240 −530	−170 −285	−50 −96	−15 −44	0 −29	0 −46	0 −115	0 −290	+33 +4	+60 +31	+79 +50	+151 +122	+265 +236
200	225	−260 −550											+159 +130	+287 +258
225	250	−280 −570											+169 +140	+313 +284
250	280	−300 −620	−190 −320	−56 −108	−17 −49	0 −32	0 −52	0 −130	0 −320	+36 +4	+66 +34	+88 +56	+190 +158	+347 +315
280	315	−330 −650											+202 +170	+382 +350
315	355	−360 −720	−210 −350	−62 −119	−18 −54	0 −36	0 −57	0 −140	0 −360	+40 +4	+73 +37	+98 +62	+226 +190	+426 +390
355	400	−400 −760											+244 +208	+471 +435
400	450	−440 −840	−230 −385	−68 −131	−20 −60	0 −40	0 −63	0 −155	0 −400	+45 +5	+80 +40	+108 +68	+272 +232	+530 +490
450	500	−480 −880											+292 +252	+580 +540

附表 22 优先配合中孔的极限偏差(GB/T 1800.2—2009) μm

公称尺寸/mm		公差带												
		C	D	F	G	H				K	N	P	S	U
大于	至	11	9	8	7	7	8	9	11	7	7	7	7	7
—	3	+120 +60	+45 +20	+20 +6	+12 +2	+10 0	+14 0	+25 0	+60 0	0 −10	−4 −14	−6 −16	−14 −24	−18 −28
3	6	+145 +70	+60 +30	+28 +10	+16 +4	+12 0	+18 0	+30 0	+75 0	+3 −9	−4 −16	−8 −20	−15 −27	−19 −31
6	10	+170 +80	+76 +40	+35 +13	+20 +5	+15 0	+22 0	+36 0	+90 0	+5 −10	−4 −19	−9 −24	−17 −32	−22 −37
10	14	+205 +95	+93 +50	+43 +16	+24 +6	+18 0	+27 0	+43 0	+110 0	+6 −12	−5 −23	−11 −29	−21 −39	−26 −44
14	18													
18	24	+240 +110	+117 +65	+53 +20	+28 +7	+21 0	+33 0	+52 0	+130 0	+6 −15	−7 −28	−14 −35	−27 −48	−33 −54
24	30													−40 −61
30	40	+280 +120	+142 +80	+64 +25	+34 +9	+25 0	+39 0	+62 0	+160 0	+7 −18	−8 −33	−17 −42	−34 −59	−51 −76
40	50	+290 +130												−61 −86
50	65	+330 +140	+174 +100	+76 +30	+40 +10	+30 0	+46 0	+74 0	+190 0	+9 −21	−9 −39	−21 −51	−42 −72	−76 −106
65	80	+340 +150											−48 −78	−91 −121
80	100	+390 +170	+207 +120	+90 +36	+47 +12	+35 0	+54 0	+87 0	+220 0	+10 −25	−10 −45	−24 −59	−58 −93	−111 −146
100	120	+400 +180											−66 −101	−131 −166
120	140	+450 +200	+245 +145	+106 +43	+54 +14	+40 0	+63 0	+100 0	+250 0	+12 −28	−12 −52	−28 −68	−77 −117	−155 −195
140	160	+460 +210											−85 −125	−175 −215
160	180	+480 +230											−93 −133	−195 −235
180	200	+530 +240	+285 +170	+122 +50	+61 +15	+46 0	+72 0	+115 0	+290 0	+13 −33	−14 −60	−33 −79	−105 −151	−219 −265
200	225	+550 +260											−113 −159	−241 −287
225	250	+570 +280											−123 −169	−267 −313
250	280	+620 +300	+320 +190	+137 +56	+69 +17	+52 0	+81 0	+130 0	+320 0	+16 −36	−14 −66	−36 −88	−138 −190	−295 −347
280	315	+650 +330											−150 −202	−330 −382
315	355	+720 +360	+350 +210	+151 +62	+75 +18	+57 0	+89 0	+140 0	+360 0	+17 −40	−16 −73	−41 −98	−169 −226	−369 −426
355	400	+760 +400											−187 −244	−414 −471
400	450	+840 +440	+385 +230	+165 +68	+83 +20	+63 0	+97 0	+155 0	+400 0	+18 −45	−17 −80	−45 −108	−209 −272	−467 −530
450	500	+880 +480											−229 −292	−517 −580

附录四 常用金属材料

附表 23 常用铸铁

名称	牌号	牌号表示方法说明	硬度/HBW	特性及用途举例
灰铸铁	HT100	“HT”是灰铸铁的代号，它后面的数字表示抗拉强度的大小。“HT”是“灰铁”两字汉语拼音的第一个字母 (GB/T 9439—2010)	140～230	属低强度铸铁。用于盖、手把、手轮等不重要零件
	HT150		145～240	属中等强度铸铁。用于一般铸件，如机床座、端盖、带轮、工作台等
	HT200 HT250		165～255	属高强度铸铁，用于较重要铸件，如气缸、齿轮、凸轮、机座、床身、飞轮、带轮、齿轮箱、阀、联轴器、衬套、轴承座等
	HT300 HT350		177～260 200～270	属高强度、高耐磨铸铁。用于重要铸件，如齿轮、凸轮、床身、高压液压筒、液压泵和滑阀的壳体、车床卡盘等
球墨铸铁	QT400—15 QT450—10	“QT”是球墨铸铁的代号，它后面的数字分别表示抗拉强度和断后伸长率的大小(%)，“QT”是“球铁”两字汉语拼音的第一个字母 (GB/T 1348—2009)	130～180 160～210	具有较高的强度和塑性。广泛用于机械制造业中受磨损和受冲击的零件，如曲轴、轮轴、齿轮、油缸套、活塞环、摩擦片、中低压阀门、千斤顶底座、轴承座等
	QT500—7 QT600—3 QT700—2		170～230 190～270 225～305	

附表 24 常用钢材

名称	牌号	牌号表示方法说明	特性及用途举例
碳素结构钢	Q215A	“Q”是“屈”字汉语拼音第一个字母，后面的数字是屈服强度值，分 A、B、C、D 四个质量等级，A 即为 A 级的等级代号，沸腾钢在牌号尾部加符号“F” (GB/T 700—2006)	塑性大，抗拉强度低，易焊接。用于炉撑、铆钉、垫圈、开口销等
	Q235A Q235AF		有较高的强度和硬度，断后伸长率也相当大，可以焊接，用途很广，是一般机械上的主要材料，用于低速轻载齿轮、键、拉杆、钩子、螺栓、套圈等
	Q275A		断后伸长率低，抗拉强度高，耐磨性好，焊接性不够好。用于制造不重要的轴、键、弹簧等

续表

名称		牌号	牌号表示方法说明	特性及用途举例
优质碳素结构钢	普通含锰量钢	15	牌号数字表示钢中以平均万分数表示的碳质量分数。如“45”表示碳质量分数为0.45%（GB/T 699—2015）	塑性、韧性、焊接性能和冷冲性能均极好，但强度低。用于螺钉、螺母、法兰盘、渗碳零件等
		20		用于不轻受很大应力而要求很大韧性的各种零件，如杠杆、轴套、拉杆等。还可用于表面硬度高而心部强度要求不大的渗碳与碳氮共渗零件
		35		不经热处理可用于中等载荷的零件，如拉杆、轴、套筒、钩子等；经调质处理后适用于强度及韧性要求较高的零件，如传动轴等
		45		用于强度要求较高的零件，通常在调质或正火后使用，用于制造齿轮、机床主轴、花键轴、联轴器等。由于它的淬透性差，因此截面大的零件很少采用
		60		这是一种强度和弹性相当高的钢。用于制造连杆、轧辊、弹簧轴等
	较高含锰量钢	75		用于板弹簧、螺旋弹簧以及受磨损的零件
		15Mn		它的性能与15钢相似，但淬透性及强度和塑性比15钢高。用于制造中心部分力学性能要求较高且须渗碳的零件。焊接性好
		45Mn		用于受磨损的零件，如转轴、心轴、齿轮、叉等。焊接性差。还可做受较大载荷的离合器盘、花键轴、轴、曲轴等
		65Mn		钢的强度高，淬透性较大，脱碳倾向小。但有过热敏感性，易生淬火裂纹，并有回火脆性。适用于较大尺寸的各种扁、圆弹簧，以及其他经受摩擦的农机具零件
合金结构钢		15Cr	1）合金结构钢前面两位数字表示钢中以平均万分数表示的碳质量分数； 2）合金元素以化学符号表示； 3）合金元素的质量分数小于1.5%时仅注出元素符号 （GB/T 3077—2015）	船舶主机用螺栓、活塞销、凸轮、凸轮轴、汽轮机套环及机车用小零件等，用于心部韧性较高的渗碳零件
		40Cr		较重要的调质零件，如齿轮、连杆、进气阀、辊子、轴
		20CrMnTi		工艺性能特优，用于汽车、拖拉机上的重要齿轮和一般强度、韧性较高的减速器齿轮，供渗碳处理
		30CrMnTi		汽车、拖拉机上强度特高的渗碳齿轮

续表

名称	牌号	牌号表示方法说明	特性及用途举例
不锈钢	12Cr13 20Cr13	1）不锈钢前面的数字表示钢中以平均万分数表示的碳质量分数； 2）合金元素以化学符号表示； 3）合金元素的质量分数以平均百分数的质量表示，小于1%时仅注出元素符号 （GB/T 20878—2007）	对水蒸气、空气、酸类有很好防腐蚀性能，并具有高冲击韧性。用于制造汽轮机叶片、水压机、阀门等
	06Cr18Ni11Ti		用于化工设备的各种锻件，航空发动机排气系统的喷管及集合器等零件
弹簧钢	60Si2Mn	表示方法与合金结构钢相同 （GB/T 1222—2007）	渗透性好，具有较高强度及回火稳定性，但表面易脱碳，用于制造高强度的弹簧，如受振强烈的板弹簧等
铸钢	ZG200－400 ZG270－500	"ZG"表示"铸钢"，后面两组数字分别表示屈服强度和抗拉强度 （GB/T 11352—2009）	用于铸造机身、气缸、十字头、活塞、轴承外壳、阀门等
	ZG310－570 ZG340－640		用于铸造联轴器、飞轮、气缸、齿轮、齿轮圈及重负荷机架等

参 考 文 献

[1] 全国技术产品文件标准化技术委员会.技术产品文件标准汇编:机械制图卷[M].中国标准出版社,2007.

[2] 全国技术产品文件标准化技术委员会.技术产品文件标准汇编:技术制图卷[M].中国标准出版社,2007.

[3] 何铭新,钱可强,徐祖茂.机械制图[M].7 版.北京:高等教育出版社,2016.

[4] 谭建荣,等.图学基础教程[M].2 版.北京:高等教育出版社,2006.

[5] 陆国栋,等.图学应用教程[M].2 版.北京:高等教育出版社,2010.

[6] 丁一、钮志红.机械制图[M].北京:高等教育出版社,2012.

[7] 刘小年,郭克希.工程制图[M].2 版.北京:高等教育出版社,2010.

[8] 赵大兴.工程制图[M].2 版.北京:高等教育出版社,2009.

[9] 孙根正,王永平.工程制图基础[M].3 版.北京:高等教育出版社,2010.